L'APPROXIMATION

PAR

Serge BERNSTEIN

ET

C. DE LA VALLÉE POUSSIN

CHELSEA PUBLISHING COMPANY
BRONX, NEW YORK

THE PRESENT VOLUME CONSISTS OF A REPRINT, IN ONE VOLUME, OF TWO BOOKS FROM A SERIES OF MONOGRAPHS PUBLISHED UNDER THE DIRECTION OF ÉMILE BOREL: LEÇONS SUR LES PROPRIÉTÉS EXTRÉMALES ET LA MEILLEURE APPROXIMATION DES FONCTIONS ANALYTIQUES D'UNE VARIABLE RÉELLE, BY SERGEI NATANOVICH BERNSHTEIN, FIRST PUBLISHED IN PARIS IN 1926; AND LEÇONS SUR L'APPROXIMATION DES FONCTIONS D'UNE VARIABLE RÉELLE, BY CHARLES DE LA VALLÉE POUSSIN, FIRST PUBLISHED IN PARIS IN 1919. BOTH WORKS HEREIN ARE TEXTUALLY UNALTERED, EXCEPT FOR THE CORRECTION OF ERRATA

REPRINTED (ALKALINE PAPER), NEW YORK, NEW YORK, 1970

LIBRARY OF CONGRESS CATALOGUE CARD NUMBER 67-16996

STANDARD BOOK NUMBER 8284-0198-5

PRINTED IN THE UNITED STATES OF AMERICA

LEÇONS

SUR LES

PROPRIÉTÉS EXTRÉMALES

ET LA

MEILLEURE APPROXIMATION

DES

FONCTIONS ANALYTIQUES

D'UNE VARIABLE RÉELLE

PROFESSÉES A LA SORBONNE

PAR

Serge BERNSTEIN

Membre de l'Académie des Sciences d'Ukraine.

PRÉFACE.

Depuis les mémorables travaux de Poincaré, Hadamard et Borel, l'étude de la croissance ou des propriétés extrémales de différentes classes de fonctions dans le domaine complexe est devenu l'objet le plus important de la Théorie générale des fonctions analytiques. Mais les méthodes de ces recherches inspirées, en général, par Cauchy et Weierstrass ne paraissent plus applicables, lorsqu'on passe dans le domaine réel. On est obligé alors de se forger un nouvel instrument, et c'est aux méthodes de Tchebyscheff convenablement adaptées que l'on doit songer.

Aussi le but principal de cet opuscule qui reproduit (à quelques additions près) les Leçons que j'ai eu l'honneur de professer à la Sorbonne au mois de mai 1923 est de montrer, en traitant des problèmes analytiques précis, le parti que la Théorie des fonctions peut tirer des idées de Tchebyscheff.

J'ai commencé par présenter les théorèmes fondamentaux de la théorie de la meilleure approximation sous une forme aussi générale que possible. Ceci nous permet d'appliquer un même procédé général pour obtenir dans le premier Chapitre un grand nombre de propriétés extrémales (connues ou nouvelles) sur un segment donné, des polynomes et des fractions rationnelles, satisfaisant à une ou plusieurs conditions. Ce Chapitre contient la base algébrique de toute la théorie, mais on y trouvera déjà des problèmes transcendents. Ainsi au paragraphe 6 je traite la question de l'écart minimum du produit

$$P_n(x) f(x),$$

où $f(x)$ est une fonction positive donnée quelconque et $P_n(x)$ un polynome de degré n soumis à certaines conditions. On trouve, par exemple, en posant $f(x)=e^{-h^2x^2}$ que l'écart minimum L sur le segment $(-1, +1)$ de $(x^n+p\ x^{n-1}+\ldots+p_n)e^{-h^2x^2}$ est asymptotiquement égal (pour n très grand) à $\frac{e^{-\frac{h^2}{2}}}{2^{n-1}}$.

La seconde partie du Chapitre est consacrée à l'étude des relations entre le maximum d'un polynome et de ses dérivées successives sur un segment donné; et enfin, au dernier paragraphe, j'étudie spécialement le cas des polynomes monotones.

Le second Chapitre contient l'étude des propriétés extrémales sur tout l'axe réel des fractions algébriques et des fonctions entières transcendantes de genre zéro et un. Les résultats de cette étude conduisent à des conséquences importantes concernant les séries de polynomes, de fractions rationnelles et de fonctions entières convergentes sur tout l'axe réel.

Malgré la différence essentielle entre les propriétés de ces trois genres de séries, leur étude est basée sur les mêmes principes et conduit à des rapprochements remarquables qu'il importe de signaler ici.

Il est évident qu'une série de polynomes ne peut pas converger uniformément sur tout l'axe réel. Pour remédier à cet inconvénient on peut introduire une fonction de comparaison continue et positive $\varphi(x)$, et chercher à rendre minimum sur l'axe réel entier le maximum de la différence

$$\varepsilon_n=\left|\frac{f(x)-P_n(x)}{\varphi(x)}\right|,$$

où $f(x)$ est la fonction qu'on étudie et $P_n(x)$ un polynome arbitraire de degré n. En admettant que $\lim\limits_{x=\pm\infty}\frac{f(x)}{\varphi(x)}=0$, on obtient alors la proposition générale suivante : S'il existe une fonction entière paire à coefficients positifs $\varphi_1(x)$ de genre 1, $[\varphi_1(0)>0]$ telle que $\varphi(x)\geqq\varphi_1(x)$ pour toute valeur de x, il est possible de faire tendre ε_n vers zéro uniformément sur tout l'axe réel, quelle que soit la fonction donnée $f(x)$. Au contraire, si ε_n tend uniformément vers zéro et que $\varphi(x) \leqq \varphi_0(x)$, où $\varphi_0(x)$ est une fonction entière de genre zéro, la fonction $f(x)$ est elle-même une fonction entière de genre o (ou exceptionnellement de genre 1). On peut présenter cette proposition sous une autre forme qui est souvent plus commode pour les applications : soit $F(x)$ une fonction continue tendant vers zéro à l'infini, il est toujours possible alors, quel que soit le nombre positif ε, de former un polynome $P_n(x)$ de telle sorte qu'on ait sur tout l'axe réel

$$\left| F(x) - \frac{P_n(x)}{\varphi(x)} \right| < \varepsilon,$$

pourvu que $\varphi(x) \geqq \varphi_1(x)$, où $\varphi_1(x)$ est une fonction entière paire à coefficients non négatifs de genre 1.

Pour l'approximation uniforme des fonctions continues sur l'axe réel entier par des fractions rationnelles on a une proposition analogue.

Toute fonction continue $f(x)$ de la variable réelle x, telle que $\lim_{x=\pm\infty} f(x) = A$, peut être approchée uniformément sur tout l'axe réel au moyen de fractions rationnelles possédant des pôles donnés $\alpha_n \pm i\beta_n$, pourvu que la série

$$\sum \frac{\beta_n}{\alpha_n^2 + \beta_n^2}$$

soit divergente. Au contraire, si la fonction $f(x)$ jouit de la propriété qu'il est possible, quel que soit le nombre positif ε, de construire une fraction rationnelle $\frac{P(x)}{Q(x)}$, telle que l'on ait sur tout l'axe réel

$$\left| f(x) - \frac{P(x)}{Q(x)} \right| < \varepsilon,$$

les racines $\alpha_n \pm i\beta_n$ de $Q(x)$ satisfaisant à la condition que

$$\sum \frac{\beta_n}{\alpha_n^2 + \beta_n^2}$$

est bornée, la fonction $f(x)$ est une fonction méromorphe ne pouvant admettre dans tout le plan d'autres pôles que $\alpha_n \pm i\beta_n$.

Je n'insisterai pas sur les diverses applications dont ces propositions sont susceptibles en me bornant à signaler que la première va nous permettre de démontrer (dans le paragraphe 2 de la première Note) le théorème fondamental de MM. Carleman et Denjoy relatif aux fonctions que ces auteurs appellent quasi analytiques.

Le seconde partie du Chapitre II s'occupe principalement de la question des relations qui existent entre les maxima des modules des fonctions entières sur une droite déterminée (l'axe réel, en particulier) et ceux de leurs dérivées successives. Un des problèmes essentiels qui se rattachent à cette étude est la détermination de l'écart minimum L d'une fonction entière $f(x) = \Sigma a_n x^n$ dont on connaît un des coefficients a_k de la série de Taylor. Pour préciser le problème, il est nécessaire d'introduire la notion de degré p d'une fonction entière qui est égal à $\overline{\lim}\, n \sqrt[n]{|a_n|} = p$: on trouve ainsi que $L = k!\,|a_k| \left(\frac{p}{e}\right)^k$. Ce résultat généralise et approfondit une propriété fondamentale des polynomes trigonométriques que j'ai donnée dans mon Mémoire « Sur l'ordre de la meilleure approximation des fonctions continues » (1912) et permet d'en tirer une théorie générale des séries de fonctions entières de degré fini analogue à la théorie de la convergence des séries trigonométriques qui résulte du théorème particulier que je viens de rappeler. Ainsi, en particulier, une fonction continue quelconque admettant des asymptotes rectilignes peut être développée en une série de fonctions entières convenablement choisies de degrés infiniment croissants uniformément convergente sur l'axe reel; et, au contraire, si une fonction est développable en une série uniformément convergente sur tout l'axe réel de fonctions entières de degrés bornés, elle est elle-même une fonction entière de degré borné.

Le troisième Chapitre est consacré à l'étude de la meilleure approximation des fonctions analytiques admettant des singularités données. M. de la Vallée Poussin ayant examiné la même question dans la dernière partie de ses belles *Leçons sur l'approximation des fonctions continues*, professées également à la Sorbonne (en 1918), j'étudie ici principalement ceux des problèmes qui n'ont pas été abordés par le savant géomètre belge : par exemple, la recherche des termes successifs du développement asymptotique de la meilleure approximation et, surtout, le problème difficile de la meilleure approximation d'une fonction admettant un point singulier essentiel.

La plupart des sujets exposés dans ce Cours s'y trouvent traités pour la première fois, et je regrette que mon éloignement de la vie mathématique moderne ne m'ait pas permis de perfectionner et compléter ces Leçons en utilisant les nouvelles recherches des autres auteurs.

Le programme que je m'étais tracé au début n'est pas épuisé par ce qui précède : j'avais, en effet, annoncé à mes auditeurs que la dernière partie du Cours serait consacrée à l'étude, au point de vue de la meilleure approximation, du problème de prolongement analytique et de ses généralisations dans le domaine réel. Le temps m'ayant manque de le faire alors, j'ai cru utile d'ajouter à la fin du Livre une Note étendue sur ce sujet intéressant. Une seconde Note de quelques pages seulement, contient une proposition sur les fonctions entières paires de genre o.

Qu'il me soit permis maintenant de présenter cet Ouvrage comme un humble hommage de reconnaissance à MM. les professeurs de la Faculté des Sciences de Paris qui, par leur invitation si flatteuse pour moi, m'ont rendu à la vie scientifique après de longues années d'isolement.

Je remercie tout particulièrement M. E. Borel d'avoir bien voulu accueillir ce travail dans sa « Collection de Monographies », et MM. J. Hadamard, H. Lebesgue, P. Montel, E. Vessiot de m'avoir fait l'honneur de s'intéresser à ce Cours.

La publication de cet Ouvrage a été retardée et compliquée à cause de mon absence, et je tiens à remercier ici la Maison

Gauthier-Villars de ne pas avoir craint les difficultés qui en provenaient, qu'elle a su vaincre grâce à ses brillants moyens techniques, universellement connus. Je remercie, enfin, mes amis MM. W. Goncharjtoff et S. Mandelbroy que je suis heureux de compter au nombre de mes élèves, de m'avoir aidé pour la correction des épreuves et de m'avoir indiqué quelques points à éclaircir dans la rédaction de ces Leçons.

Serge Bernstein.

Paris, août 1925.

TABLE DES MATIÈRES.

Pages.

Préface v

CHAPITRE I.

PROPRIÉTÉS EXTRÉMALES SUR UN SEGMENT FINI DES POLYNOMES ET D'AUTRES FONCTIONS DÉPENDANT D'UN NOMBRE DONNÉ DE PARAMÈTRES.

1. Systèmes de fonctions de Tchebyscheff 1
2. Théorèmes généraux 2
3. Polynomes de Tchebyscheff s'écartant le moins possible de zéro sur un segment donné 6
4. Propriétés extrémales des fractions rationnelles sur un segment fini donné 10
5. Propriétés extrémales des polynomes soumis à plusieurs conditions. 15
6. Détermination de l'écart minimum de $P_n(x) f(x)$, où $f(x)$ est une fonction quelconque donnée 24
7. Systèmes de fonctions de Descartes 26
8. Polynomes oscillateurs 28
9. Le problème de la meilleure approximation de $|x|$ par des polynomes de degré donné 31
10. Relations entre le module maximum d'un polynome et celui de ses dérivées sur un segment donné 37
11. Détermination du module maximum de la dérivée d'un polynome monotone dans un intervalle donné 47

CHAPITRE II.

PROPRIÉTÉS EXTRÉMALES SUR TOUT L'AXE RÉEL DES FONCTIONS DÉPENDANT D'UN NOMBRE FINI OU INFINI DE PARAMÈTRES.

12. Propriétés extrémales sur tout l'axe réel des fractions algébriques. 51
13. Applications 60
14. Propositions préliminaires sur les fonctions entières 75
15. Propriétés extrémales des fonctions entières de genre zéro 81
16. Propriétés extrémales des fonctions entières de genre 1 97

CHAPITRE III.

ÉTUDE DE LA MEILLEURE APPROXIMATION PAR DES POLYNOMES DES FONCTIONS ANALYTIQUES POSSÉDANT DES SINGULARITÉS DONNÉES.

Pages.

17. Considérations générales. Approximation des fonctions entières transcendantes 110
18. Cas d'un point singulier algébrique ou logarithmique sur l'axe réel. 119
19. Détermination des termes successifs de l'expression asymptotique de la meilleure approximation 124
20. Détermination de la valeur asymptotique de la meilleure approximation dans le cas où la fonction admet deux pôles conjugués sur l'ellipse de convergence 129
21. Valeur asymptotique de la meilleure approximation d'une fonction possédant une singularité essentielle 137
22. Applications 142
23. Étude du cas où les signes des coefficients du développement de Laurent sont quelconques 149

PREMIÈRE NOTE.

Génération et généralisation des fonctions analytiques d'une variable réelle 162

Introduction 162

I. *Fonctions analytiques et quasi analytiques* (P) 163
1. Définition et premières conséquences 163
2. Domaine d'existence d'une fonction analytique ou quasi analytique 165
3. Propriétés différentielles des fonctions analytiques 169
4. Propriétés différentielles et exemples de fonctions quasi analytiques 170

II. Fonctions quasi analytiques (D) de M. Denjoy 175
5. Problème général du prolongement d'une fonction réelle au point de vue de l'approximation polynomiale 175
6. Problème de M. Hadamard et théorème de MM. Denjoy et Carleman 177
7. Transformation de la condition (D) 179
8. Lien entre le problème de M. Hadamard et le problème de l'approximation d'une fonction sur tout l'axe réel 181

III. *Fonctions extrapolables* 185
9. Problème général de l'extrapolation polynomiale 185
10. Extrapolation stable et instable 187

Pages.

IV. *Fonctions à variation totale absolument bornée*.................. 189

11. Fonctions absolument monotones...................... 189

12. Fonctions à variation totale absolument bornée.......... 193

13. Généralisations.................................... 196

DEUXIÈME NOTE.

Sur une propriété des fonctions entières de genre zéro...... 198

LEÇONS SUR LES PROPRIÉTÉS EXTRÉMALES

ET

LA MEILLEURE APPROXIMATION

DES

FONCTIONS ANALYTIQUES

D'UNE VARIABLE RÉELLE

CHAPITRE I.

PROPRIÉTÉS EXTRÉMALES SUR UN SEGMENT FINI DES POLYNOMES ET D'AUTRES FONCTIONS DÉPENDANT D'UN NOMBRE DONNÉ DE PARAMÈTRES.

1. Systèmes de fonctions de Tchebyscheff. — Nous dirons que les fonctions $\varphi_0(x)$, $\varphi_1(x)$, ..., $\varphi_n(x)$, bornées et continues sur un segment fini ou infini E, forment un système de Tchebyscheff (système T) sur ce segment, si une équation de la forme

$$F_n(x) = a_0\,\varphi_0(x) + \ldots + a_n\,\varphi_n(x), \tag{1}$$

où tous les coefficients a_0, a_1, ..., a_n ne sont pas nuls à la fois, admet au plus n racines sur le segment donné en considérant comme double une racine, où la fonction $F_n(x)$ ne change pas de signe au passage par cette racine intérieure [1]. Il est néces-

---

[1] Dans le cas où les deux extrémités de E sont considérées comme deux points distincts, il doit être possible, en outre, de construire une fonction $F_n(x)$ qui s'annule en changeant de signe seulement en $\overline{n-1}$ points arbitrairement donnés de E.

saire, pour qu'il en soit ainsi, que le déterminant

$$(2)\quad D(x)=\begin{vmatrix} \varphi_0(x), & \varphi_1(x), & \ldots, & \varphi_n(x) \\ \varphi_0(x_1), & \varphi_1(x_1), & \ldots, & \varphi_n(x_1) \\ \ldots\ldots, & \ldots\ldots, & \ldots, & \ldots\ldots, \\ \varphi_0(x_n), & \varphi_1(x_n), & \ldots, & \varphi_n(x_n) \end{vmatrix} = A_0\,\varphi_0(x)+\ldots+A_n\varphi_n(x)$$

ne puisse s'annuler pour aucune valeur x de l'intervalle E différente de $x_1, x_2, \ldots, x_n$ et qu'il change de signe au passage par ces valeurs.

Exemples. — 1° Les fonctions $1, x, x^2, \ldots, x^n$ forment un système T sur tout segment fini. — 2° Les fonctions $\frac{1}{R(x)}, \frac{x}{R(x)}, \ldots, \frac{x^n}{R(x)}$ forment un système T sur tout segment, où la fonction $R(x)$, supposée bornée et continue, ne s'annule pas. Si $R(x)$ est un polynome de degré n qui n'a pas de racines réelles, les fonctions considérées forment un système T sur tout l'axe réel, à condition de ne pas distinguer les points $+\infty$ et $-\infty$. — 3° Les fonctions $1, \cos x, \sin x, \ldots, \cos nx, \sin nx$ forment un système T dans l'intervalle $(0, 2\pi)$ à condition de ne pas distinguer les extrémités : 0 et 2π; en effet, par le changement de variables $t=\operatorname{tang}\frac{x}{2}$, on transforme

$$F(x)=a_0+a_1\cos x+b_1\sin x+\ldots+a_n\cos nx+b_n\sin nx$$

en une fraction rationnelle $\frac{P_{2n}(t)}{(1+t^2)^n}$, où $P_{2n}(t)$ est un polynome de degré $2n$ en t, et, par conséquent, sous la réserve faite plus haut, $F(x)=0$ admet au plus $2n$ racines.

Les systèmes T jouissent de propriétés remarquables bien connues [1] qui résultent uniquement de leur définition donnée au début et que nous rappelons brièvement.

2. Théorèmes généraux. — Nous appellerons les expres-

---

[1] *Voir*, en particulier, TCHEBYSCHEFF, *Sur les questions de minima qui se rattachent à la représentation approximative des fonctions* (*Œuvres*, t. I); DE LA VALLÉE POUSSIN, *Leçons sur l'approximations des fonctions d'une variable réelle*; S. BERNSTEIN, *Sur l'ordre de la meilleure approximation des fonctions continues* (*Mémoires publiés par l'Académie de Belgique*, 1912).

sions $F_n(x)$, données par la formule (1), *polynomes généralisés* du système T considéré. Soit à présent $f(x)$ une fonction bornée et continue sur le segment E. On dit que $P_n(x)$ *est un polynome d'approximation généralisé de* $f(x)$ *sur le segment* E, *si parmi tous les polynomes* $F_n(x)$ *le polynome* $P_n(x)$ *jouit de la propriété que le maximum de* $|f(x) - P_n(x)|$ *sur* E *est le plus petit possible.*

Théorème fondamental. — *Toute fonction bornée et continue* $f(x)$ *admet un polynome unique d'approximation* $P_n(x)$ *de la nature indiquée; la condition nécessaire et suffisante pour que* $P_n(x)$ *soit un polynome d'approximation, est que le nombre de points où la différence* $f(x) - P_n(x)$ *atteint son maximum avec des signes opposés, soit au moins égal à* $\overline{n+2}$.

L'existence du polynome $P_n(x)$ résulte du fait qu'il dépend d'un nombre limité de paramètres bornés supérieurement en valeur absolue grâce à ce que le déterminant $D(x)$, donné par (2), est différent de zéro, lorsque les nombres $x, x_1, \ldots, x_n$ sont distincts [car les coefficients d'un polynome $Q_n(x)$ sont des fonctions bornées des valeurs que $Q_n(x)$ prend en $\overline{n+1}$ points distincts fixes donnés arbitrairement].

D'autre part, s'il existe un polynome $P_n(x)$ pour lequel le maximum M de la différence $f(x) - P_n(x)$ est atteint avec des signes opposés en $\overline{n+2}$ points au moins, on ne pourra trouver d'autre polynome $Q_n(x)$ de même nature pour lequel on ait constamment $|f(x) - Q_n(x)| < M$, car cela exigerait que le polynome

$$[f(x) - P_n(x)] - [f(x) - Q_n(x)] = Q_n(x) - P_n(x),$$

soit en $\overline{n+2}$ points successifs de signes contraires et, par conséquent, s'annule en $\overline{n+1}$ points contrairement à la définition des systèmes T. Au contraire, si le nombre de points, où l'écart maximum M est atteint avec des signes opposés, était inférieur à $\overline{n+2}$, on pourrait décomposer le segment E en $\overline{n+1}$ intervalles, dans chacun desquels on a successivement l'une des deux inégalités

$$-M \leqq f(x) - P_n(x) < M - \alpha \qquad \text{ou} \qquad M \geqq f(x) - P_n(x) > -M + \alpha,$$

α étant un nombre positif assez petit; par conséquent, en construisant [1] un polynome $F_n(x)$ du système considéré ayant pour zéros les n points communs à deux intervalles, on voit que $F_n(x)$ prendra successivement des signes contraires dans ces intervalles, et par conséquent, en choisissant convenablement le facteur λ, on aura certainement pour toute valeur de x du segment E

$$|f(x) - P_n(x) - \lambda F_n(x)| < M;$$

le polynome $P_n(x)$ ne serait donc pas un polynome d'approximation, de sorte que la condition énoncée pour que $P_n(x)$ soit un polynome d'approximation est aussi nécessaire. Cela prouve également que le polynome d'approximation est unique, car s'il en existait deux : $P_n(x)$ et $\pi_n(x)$, ceux-ci ne pourraient pas avoir $\overline{n+2}$ points d'écart communs, où $P_n(x) = \pi_n(x)$, (sans être identiques), mais alors $Q_n(x) = \dfrac{P_n(x) + \pi_n(x)}{2}$ serait aussi un polynome d'approximation $\left[\text{qui ne fournirait pas une approximation moins bonne que } P_n(x) \text{ et } \pi_n(x)\right]$ pour lequel le maximum de la différence $f(x) - Q_n(x)$ serait atteint en un nombre de points inférieur à $\overline{n+2}$.

Le maximum M de $|f(x) - P_n(x)|$, où $P_n(x)$ est le polynome d'approximation généralisé de la fonction $f(x)$ sur le segment E, est appelé *meilleure approximation* de $f(x)$ au moyen du système de fonctions considéré.

M. de la Vallée Poussin a démontré, au sujet de la valeur de cette meilleure approximation, la proposition importante suivante :

Si la différence $f(x) - F_n(x)$, où $F_n(x)$ est un polynome généralisé du système T *donné, prend en $\overline{n+2}$ points consé-*

---

(1) Dans le cas où les écarts maxima seraient atteints aux deux bords de E (considérés comme distincts), le nombre des points d'écarts étant $\overline{n - 2h}$, le segment E devra être décomposé en n intervalles; $F_n(x)$ devra avoir pour racines seulement les $\overline{n-1}$ points frontières des n intervalles du segment E (*voir* la remarque au bas de la page 1).

cutifs $x_1, x_2, \ldots, x_{n+2}$ *des valeurs de signes contraires* λ_i, *toutes ces valeurs* λ_i *ne peuvent être en même temps supérieures, en valeur absolue, à la meilleure approximation* M *de* $f(x)$ *au moyen du système* T *considéré.*

En effet, si l'on avait, quel que soit i, $M < |\lambda_i|$, cela exigerait que le polynome généralisé

$$P_n(x) - F_n(x) = [f(x) - F_n(x)] - [f(x) - P_n(x)]$$

soit de signes alternés aux $\overline{n+2}$ points $x_1, x_2, \ldots, x_{n+2}$.

Dans la suite nous aurons à étudier des problèmes, où au lieu de considérer l'ensemble de tous les polynomes généralisés $F_n(x)$ du système donné nous n'envisagerons que ceux de ces polynomes qui satisfont encore à certaines conditions supplémentaires. Il importe de signaler dès à présent un cas important, où les théorèmes que nous venons d'établir s'appliquent sans modification essentielle.

Supposons que les fonctions $\varphi_0(x), \varphi_1(x), \ldots, \varphi_n(x)$ forment un système de Tchebyscheff non seulement sur le segment E, mais encore dans un domaine E_1 comprenant E à son intérieur. Envisageons alors tous les polynomes $F_n(x)$ qui satisfont à la condition supplémentaire que

$$F_n(a_1) = A_1, \qquad \ldots, \qquad F_n(a_k) = A_k,$$

où $a_1, a_2, \ldots, a_k$ sont k points déterminés de E_1 n'appartenant pas au segment E, et $A_1, A_2, \ldots, A_k$ sont k nombres donnés. Il est aisé de voir que la différence entre deux polynomes de cette nature ne pourra avoir plus de $\overline{n-k}$ racines sur E sans être identiquement nulle. Par conséquent, par les mêmes raisonnements que plus haut, nous obtenons les propositions suivantes :

Généralisation du théorème fondamental. — *Parmi les polynomes* $F_n(x)$ *considérés, il existe un polynome unique* $P_n(x)$ *tel que le maximum de* $|f(x) - P_n(x)|$ *sur le segment* E *soit le plus petit possible; la condition nécessaire et suffisante pour que le polynome* $P_n(x)$ *jouisse de cette propriété est qu'il existe au moins* $\overline{n-k+2}$ *points successifs, où la différence*

$f(x) - P_n(x)$ prend sa valeur absolue maxima avec des signes alternés.

GÉNÉRALISATION DU THÉORÈME DE M. DE LA VALLÉE POUSSIN. — *Si $F_n(x)$ est un polynome de la classe considérée, tel que la différence $f(x) - F_n(x)$ prend en $\overline{n-k+2}$ points successifs de E des valeurs de signes opposés $\lambda_1, \ldots, \lambda_{n-k+2}$, il ne peut exister de polynome $P_n(x)$ satisfaisant aux mêmes conditions et qui jouisse en outre de la propriété que sur tout le segment* E

$$|f(x) - P_n(x)| < |\lambda_i| \qquad (i = 1, 2, \ldots, \overline{n-k+2}).$$

3. **Polynomes de Tchebyscheff s'écartant le moins possible de zéro sur un segment donné.** — Considérons le polynome de degré n

$$\text{(3)} \qquad L \cos n \arccos x = \frac{L}{2}\left[\left(x + \sqrt{x^2 - 1}\right)^n + \left(x - \sqrt{x^2 - 1}\right)^n\right]$$

qui, en $\overline{n+1}$ points du segment $(-1, +1)$, $\cos\frac{k\pi}{n}$, où $k = 0$, $1, \ldots, n$, reçoit avec des signes alternés sa valeur absolue maxima.

En vertu des théorèmes qui précèdent, nous voyons immédiatement que ce polynome donne la solution des deux problèmes suivants résolus par Tchebyscheff :

PREMIER PROBLÈME. — *Déterminer entre tous les polynomes de degré n*

$$\text{(4)} \qquad f_n(x) = x^n + p_1 x^{n-1} + \ldots + p_n,$$

où $p_1, p_2, \ldots, p_n$ sont des nombres quelconques, celui qui s'écarte le moins possible de zéro sur le segment $(-1, +1)$, ainsi que la valeur de cet écart. En posant $L = \frac{1}{2^{n-1}}$, on voit que le polynome (3) a le coefficient de x^n égal à 1 et, par conséquent, il fournit la solution, car, d'après ce qui précède,

$$P_{n-1} = -(p_1 x^{n-1} + \ldots + p_n)$$

sera le polynome d'approximation de degré $\overline{n-1}$ de x^n, lorsque l'écart maximum de $f_n = x^n - P_{n-1}$ sera atteint en $\overline{n+1}$ du segment $(+1, -1)$ avec des signes opposés.

Ainsi, un polynome de la forme (4) ne peut rester constamment inférieur à $\frac{1}{2^{n-1}}$ sur le segment $(-1, +1)$.

De même, le polynome

$$\frac{h^n}{2^{n-1}} \cos n \arc\cos \frac{x-a}{h} \tag{5}$$

sera celui des polynomes de la forme (4) qui s'écarte le moins possible de zéro dans l'intervalle $(a-h,\ a+h)$, de sorte qu'*aucun polynome de degré* n

$$f_n(x) = x^n + p_1 x^{n-1} + \ldots + p_n$$

ne peut rester dans un intervalle de longueur $2h$ *inférieur en valeur absolue à* $\frac{h^n}{2^{n-1}}$, et le seul polynome pour lequel cette valeur ne soit pas dépassée est le polynome (5), où a est le milieu du segment considéré.

Deuxième problème. — *Déterminer le polynome de degré* n *qui s'écarte le moins possible de zéro sur le segment* $(-1, +1)$ *parmi ceux qui prennent une valeur déterminée* M *en un point réel donné* d *extérieur au segment* (¹),

D'après le théorème fondamental généralisé, le polynome cherché devra atteindre sa valeur absolue maxima en $\overline{n+1}$ points du segment $(-1, +1)$ avec des signes alternés. Par conséquent, le polynome cherché sera

$$\frac{2M \cos n \arc\cos x}{(d+\sqrt{d^2-1})^n + (d-\sqrt{d^2-1})^n}, \tag{6}$$

de sorte qu'aucun polynome de degré n, prenant la valeur M en d, ne pourra rester constamment inférieur en valeur absolue à

$$L = \frac{2M}{(d+\sqrt{d^2-1})^n + (d-\sqrt{d^2-1})^n} \tag{7}$$

sur le segment $(-1, +1)$.

Donc réciproquement, si un polynome de degré n reste inférieur

---

(¹) *Voir* Tchebyscheff, *Sur les fonctions qui s'écartent peu de zéro* (*Œuvres*, t. II).

ou égal à L en valeur absolue sur le segment $(-1, +1)$, il ne pourra dépasser la valeur

$$(8) \qquad M = \frac{L}{2}\left[(d+\sqrt{d^2-1})^n + (d-\sqrt{d^2-1})^n\right]$$

au point d, et cette valeur sera atteinte effectivement par le polynome $L \cos n \arc\cos x$ seulement.

De même, si l'on remplace le segment $(-1, +1)$ par $(a-h, a+h)$ et le point extérieur d par $a+d$, on devra remplacer le polynome (6) par

$$(9) \qquad \frac{2Mh^n \cos n \arc\cos \frac{x-a}{h}}{(d+\sqrt{d^2-h^2})^n + (d-\sqrt{d^2-h^2})^n},$$

de sorte que

$$(10) \qquad L = \frac{2Mh^n}{(d+\sqrt{d^2-h^2})^n + (d-\sqrt{d^2-h^2})^n}.$$

Remarquons que, si n est très grand et si nous supposons pour fixer les idées $d > 0$, on a l'égalité asymptotique

$$(11) \qquad L \sim \frac{2Mh^n}{(d+\sqrt{d^2-h^2})^n},$$

qu'il est utile d'exprimer en langage géométrique :

$$(12) \qquad L \sim \frac{2M}{R^n},$$

où R *est le rapport de la somme des axes de l'ellipse passant par le point donné et ayant pour foyers les extrémités du segment considéré, à la longueur de ce segment lui-même.*

Arrêtons-nous ici sur une application importante du premier problème. A cet effet, démontrons d'abord le théorème suivant :

Théorème. — *Si l'on a deux fonctions $f(x)$ et $\varphi(x)$, dont les dérivées d'ordre $n+1$ satisfont sur un segment déterminé* AB *à la condition*

$$(13) \qquad 0 < f^{(n+1)}(x) < \varphi^{(n+1)}(x),$$

leurs meilleures approximations $E_n[f(x)]$ *et* $E_n[\varphi(x)]$ *par des polynomes ordinaires de degré n sur ce segment satisfont à l'inégalité*

$$E_n[f(x)] < E_n[\varphi(x)]. \tag{14}$$

En effet, si $P_n(x)$ est le polynome d'approximation de $f(x)$, la différence $f(x) - P_n(x)$ qui a au moins $\overline{n+1}$ racines sur le segment considéré ne peut en avoir davantage du moment que sa dérivée d'ordre $\overline{n+1}$ est positive, et, en vertu du théorème de Budan et Fourier, le signe de $f(x) - P_n(x)$ sera également positif à l'extrémité (droite) B du segment. D'ailleurs, les extrémités A et B sont des points d'écart maximum de $f(x) - P_n(x)$ car $f'(x) - P'_n(x)$ ne peut avoir plus de n racines. D'autre part, en admettant, contrairement à ce que nous voulons démontrer, que le maximum de la différence $|\varphi(x) - Q_n(x)|$, où $Q_n(x)$ est le polynome d'approximation de $\varphi(x)$, soit inférieur à $E_n[f(x)]$, il en résulterait qu'aux $\overline{n+2}$ points où

$$|f(x) - P_n(x)| = E_n[f(x)],$$

la fonction

$$F(x) = f(x) - P_n(x) - \varphi(x) + Q_n(x)$$

aurait le signe de $f(x) - P_n(x)$; elle aurait donc exactement $\overline{n+1}$ racines, puisqu'elle ne peut en avoir plus à cause de $F^{(n+1)}(x) < 0$, et en vertu du même théorème de Fourier, $F(x)$ serait négative à l'extrémité B, ce qui est en contradiction avec le fait qu'elle doit y prendre le même signe que $f(x) - P_n(x)$. Il est également impossible d'admettre que $E_n f(x) = E_n \varphi(x)$, car il en résulterait, d'après ce qui précède,

$$(1+\lambda) E_n f(x) \leqq E_n[f(x) + \lambda\varphi(x)] \leqq (1+\lambda) E_n \varphi(x),$$

donc

$$\begin{aligned} E_n[f(x) + \lambda\varphi(x)] &= (1+\lambda) E_n f(x) \\ &= (1+\lambda) E_n \varphi(x) = E_n f(x) + \lambda E_n \varphi(x), \end{aligned}$$

quel que soit le nombre positif λ; or,

$$|f(x) + \lambda\varphi(x) - P_n(x) - \lambda Q_n(x)| \leqq E_n f(x) + \lambda E_n \varphi(x),$$

de sorte que $P_n(x) + \lambda Q_n(x)$ serait le polynome d'approximation de $f(x)+\lambda\varphi(x)$, ce qui exigerait que tous les $\overline{n+2}$ points où les maxima de $|f(x)-P_n(x)|$ et de $|\varphi(x)-Q_n(x)|$ sont atteints soient les mêmes, mais alors la fonction $F(x)$ aurait n racines doubles, et cela est impossible puisque $F^{(n+1)}(x)<0$. Le théorème est ainsi démontré.

Corollaire. — *Si* $|f^{(n+1)}(x)|<\varphi^{(n+1)}(x)$, on a

$$E_n[f(x)]<2E_n[\varphi(x)]. \tag{15}$$

En effet,

$$E_n[f(x)]=E_n\left[\frac{f+\varphi+f-\varphi}{2}\right]\leqq E_n\left[\frac{f+\varphi}{2}\right]+E_n\left[\frac{f-\varphi}{2}\right]<2E_n[\varphi(x)].$$

En utilisant la solution du premier problème, nous obtenons ainsi les deux propositions suivantes :

Si sur un segment de longueur $2h$, *on a*

$$0<N<f^{(n+1)}(x)<M,$$

on a aussi

$$\frac{2N}{(n+1)!}\left(\frac{h}{2}\right)^{n+1}<E_n f(x)<\frac{2M}{(n+1)!}\left(\frac{h}{2}\right)^{n+1}. \tag{16}$$

Si l'on a seulement $|f^{(n+1)}(x)|<M$, *on a aussi*

$$E_n[f(x)]<\frac{4M}{(n+1)!}\left(\frac{h}{2}\right)^{n+1}. \tag{17}$$

De l'inégalité (16) nous concluons, en particulier, que si sur un segment de longueur $2h$

$$f^{(n+1)}(x)>N>0,$$

il existe nécessairement des points sur ce segment, où

$$|f(x)]>\frac{2N}{(n+1)!}\left(\frac{h}{2}\right)^{n+1}. \tag{18}$$

4. Propriétés extrémales des fractions rationnelles sur un segment fini donné. — Considérons à présent la fonction

$$F(x)=L\cos(n\varphi+\delta_1+\delta_2+\ldots+\delta_l), \tag{19}$$

où $\cos\varphi = x$, $\sin\varphi = \sqrt{1 - x^2}$;

$$\cos\delta_k = \frac{a_k x - 1}{x - a_k}, \qquad \sin\delta_k = \frac{\sqrt{(a_k^2 - 1)(1 - x^2)}}{x - a_k}, \tag{20}$$

en supposant que a_k sont des nombres quelconques non situés sur le segment $(-1, +1)$. Pour plus de netteté, admettons d'abord que les nombres a_k soient réels (inégaux ou égaux, peu importe) et convenons *d'attribuer à la racine* $\sqrt{a_k^2 - 1}$ *le signe de* a_k. Dans ces conditions, lorsque x croît de -1 à $+1$, φ décroît [1] de π à zéro, et δ_k, d'après la convention faite, va également décroître, puisque $\sin\delta_k$ est négatif, tandis que $\cos\delta_k$ décroît de $+1$ à -1, de sorte que l'angle δ_k tourne dans le sens négatif de zéro à $-\pi$. Par conséquent, l'angle total

$$n\varphi + \delta_1 + \delta_2 + \ldots + \delta_l$$

décroît de $n\pi$ à $-l\pi$. Par conséquent

$$L\cos(n\varphi + \delta_1 + \delta_2 + \ldots + \delta_l)$$

passe $\overline{n + l + 1}$ fois par la valeur absolue maxima L avec des signes alternés, lorsque x varie de -1 à $+1$. Admettons à présent que certains des nombres a_k soient complexes, mais conjugués deux à deux, par exemple, a_1 et a_2. Au sujet de $\sqrt{a_k^2 - 1}$ *convenons de lui attribuer celle de ses deux valeurs, pour laquelle*

$$R_k = \left| a_k + \sqrt{a_k^2 - 1} \right| > 1; \tag{21}$$

il est facile de voir que R_k représente ainsi la demi-somme des axes de l'ellipse passant par a_k et ayant $(+1, -1)$ pour foyers, car on a identiquement

$$a_k = \frac{1}{2}\left[\left(a_k + \sqrt{a_k^2 - 1}\right) + \frac{1}{a_k + \sqrt{a_k^2 - 1}}\right] = \frac{1}{2}\left[R_k e^{i\theta} + \frac{1}{R_k} e^{-i\theta}\right]$$
$$= \frac{1}{2}\left[\left(R_k + \frac{1}{R_k}\right)\cos\theta + i\left(R_k - \frac{1}{R_k}\right)\sin\theta\right],$$

de sorte que a_k se trouve sur l'ellipse dont les axes sont égaux,

---

[1] En faisant abstraction de l'indétermination de l'angle à la période 2π près qui n'a pas d'importance.

respectivement, à $\left(R_k + \frac{1}{R_k}\right)$ et $\left(R_k - \frac{1}{R_k}\right)$. Ceci posé, je dis que la somme $\delta_1 + \delta_2$, qui correspond aux deux nombres conjugués a_1 et a_2, représentera un angle réel qui décroîtra de zéro à -2π, lorsque x varie de -1 à $+1$. En effet, des équations (20), nous tirons par différentiation

$$(22) \qquad \delta'_1 + \delta'_2 = \frac{1}{\sqrt{1-x^2}}\left[\frac{\sqrt{a_1^2-1}}{x-a_1} + \frac{\sqrt{a_2^2-1}}{x-a_2}\right]$$

$$= \frac{x\left(R - \frac{1}{R}\right)\cos\theta - \frac{1}{2}\left(R^2 - \frac{1}{R^2}\right)}{(x-a_1)(x-a_2)\sqrt{1-x^2}},$$

si

$$a_1 = \frac{1}{2}\left(R\,e^{i\theta} + \frac{1}{R}\,e^{-i\theta}\right), \qquad a_2 = \frac{1}{2}\left(R\,e^{-i\theta} + \frac{1}{R}\,e^{i\theta}\right).$$

Donc, en remarquant que l'expression (22) reste négative, lorsque x varie de -1 à $+1$, nous concluons que $\delta_1 + \delta_2$ décroît en même temps [1] de 2π, puisque au début et à la fin $\cos(\delta_1 + \delta_2)$ reprend la valeur 1. Ainsi, dans tous les cas, $F(x)$ atteint alternativement les valeurs $\pm L$ en $\overline{n+l+1}$ points du segment $(-1, +1)$. Or,

$$(19\ bis) \qquad F(x) = L\,\frac{e^{i(n\varphi+\delta_1+\ldots+\delta_l)} + e^{-i(n\varphi+\delta_1+\ldots+\delta_l)}}{2}$$

$$= L\,\frac{\left\{\begin{array}{l}(x+\sqrt{x^2-1})^n\left[(a_1x-1)+\sqrt{(a_1^2-1)(x^2-1)}\right]\ldots \\ \quad\times\left[(a_lx-1)+\sqrt{(a_l^2-1)(x^2-1)}\right] \\ \quad+(x-\sqrt{x^2-1})^n\left[(a_1x-1)-\sqrt{(a_1^2-1)(x^2-1)}\right]\ldots\end{array}\right\}}{2(x-a_1)\ldots(x-a_l)}$$

représente une fraction rationnelle, ayant au dénominateur un polynome arbitrairement donné $R(x)$ de degré l n'ayant pas de racines dans l'intervalle $(-1, +1)$, le numérateur étant de degré $n+l$. Grâce à la propriété de $F(x)$ que nous venons d'établir et au théorème fondamental du paragraphe **2**, nous

---

(1) D'ailleurs $\delta_1 + \delta_2$ ne pourrait varier d'un nombre multiple de 2π, car $\cos(\delta_1 + \delta_2)$ est représentée par une fraction rationnelle du second degré en x qui ne saurait avoir plus de deux racines.

obtenons immédiatement la solution du problème suivant résolu par Tchebyscheff [1].

Troisième problème. — *Déterminer entre toutes les fractions de la forme*

$$\frac{P(x)}{Q(x)} = \frac{x^{n+l} + p_1 x^{n+l-1} + \ldots + p_{n+l}}{x^l + b_1 x^{l-1} + \ldots + b_l}, \tag{23}$$

où $Q(x)$ *est un polynome déterminé n'ayant pas de racines sur le segment* $(-1, +1)$, *celle qui s'écarte le moins possible de zéro sur ce segment.*

En désignant par $a_1, a_2, \ldots, a_l$ les racines de $Q(x)$, nous voyons que la fonction $F(x)$ que nous venons de construire (19 *bis*) sera de la forme (23), pourvu qu'on détermine le nombre L par la condition que le coefficient de x^{n+l} dans le numérateur de $F(x)$ soit égal à 1 ; par conséquent,

$$F(x) = L\cos(n\varphi + \delta_1 + \delta_2 + \ldots + \delta_l)$$

fournit la solution du problème, puisque son écart maximum L sera atteint avec des signes opposés en $\overline{n+l+1}$ points du segment $(-1, +1)$. La valeur

$$L = \frac{1}{2^{n-1}\left[a_1 + \sqrt{a_1^2 - 1}\right]\ldots\left[a_l + \sqrt{a_l^2 - 1}\right]}, \tag{24}$$

qu'on est ainsi amené à prendre dans $F(x)$ [le coefficient de x^{n+l} dans (19 *bis*) s'obtient en prenant la limite de $\frac{F(x)}{x^n}$ pour x infini], représente donc la limite au-dessous de laquelle aucune fraction rationnelle de la forme (23) ne peut rester constamment comprise pour $|x| \leqq 1$; cette limite L sera d'ailleurs dépassée par toutes les fractions autres que $F(x)$.

Remarque. — La formule (24) s'obtient pour $n > 0$; dans le cas de $n = 0$, le raisonnement est encore valable, mais l'identifi-

(1) *Sur les questions de minima qui se rattachent à la représentation approximative des fonctions* (*Œuvres*, t. I).

cation conduit à la valeur

$$(24\ bis)\qquad L_1 = \frac{2}{\left\{\begin{array}{l}(a_1+\sqrt{a_1^2-1})\ldots(a_l+\sqrt{a_l^2-1})\\ +(a_1-\sqrt{a_1^2-1})\ldots(a_l-\sqrt{a_l^2-1})\end{array}\right\}},$$

qui ne rentre pas comme cas particulier dans la formule (24).

Si le segment $(+1, -1)$ est remplacé par $(+h, -h)$, il faut remplacer $a_1, \ldots, a_l$ par $\frac{a_1}{h}, \ldots, \frac{a_l}{h}$ dans les formules (24) et (24 *bis*) en multipliant le numérateur par h^n. Indiquons une application des dernières formules aux fonctions trigonométriques.

Quatrième problème. — *Déterminer la fonction*

$$(25)\qquad F(\varphi) = \cos n\varphi + p_1 \sin n\varphi + p_2 \cos(n-1)\varphi + \ldots + p_{2n},$$

$p_1, p_2, \ldots, p_{2n}$ *étant des nombres quelconques qui s'écartent le moins possible de zéro dans l'intervalle* $(-\varphi_0 + \varphi_0)$, *et la valeur de cet écart.*

En posant

$$\cos\varphi = \frac{1-x^2}{1+x^2}, \qquad \sin\varphi = \frac{2x}{1+x^2} \qquad \left(\text{où } x = \operatorname{tang}\frac{\varphi}{2}\right),$$

nous obtenons

$$F(\varphi) = \frac{x^{2n} + q_1 x^{2n-1} + \ldots + q_{2n}}{(1+x^2)^n},$$

et il faut déterminer les coefficients $q_1, q_2, \ldots, q_{2n}$ par la condition que cette fraction rationnelle s'écarte le moins possible de zéro dans l'intervalle $\left(-\operatorname{tang}\frac{\varphi_0}{2}, +\operatorname{tang}\frac{\varphi_0}{2}\right)$, ce qui nous ramène au problème que nous venons de résoudre. Donc, en appliquant la formule (24 *bis*) avec la modification que nous avons indiquée pour le cas où le segment $(-1, +1)$ est remplacé par $(-h, +h)$, nous trouvons que le minimum de l'écart de $F(\varphi)$ est

$$(26)\qquad L_1 = \frac{2}{\left(\frac{1}{h}+\sqrt{\frac{1}{h^2}+1}\right)^{2n}+\left(\frac{1}{h}-\sqrt{\frac{1}{h^2}+1}\right)^{2n}}$$

$$= \frac{2}{\left[\cot\frac{\varphi_0}{2}+\frac{1}{\sin\frac{\varphi_0}{2}}\right]^{2n}+\left[\cot\frac{\varphi_0}{2}-\frac{1}{\sin\frac{\varphi_0}{2}}\right]^{2n}}$$

$$= \frac{2}{\left[\frac{2\cos^2\frac{\varphi_0}{4}}{\sin\frac{\varphi_0}{2}}\right]^{2n}+\left[\frac{2\sin^2\frac{\varphi_0}{4}}{\sin\frac{\varphi_0}{2}}\right]^{2n}}$$

$$= \frac{2}{\left(\cot\frac{\varphi^0}{4}\right)^{2n}+\left(\tang\frac{\varphi^0}{4}\right)^{2n}}.$$

Ainsi, tant que l'intervalle reste inférieur à 2π, l'écart L_1 tend vers zéro lorsque n croît indéfiniment. On pourrait, évidemment, résoudre le même problème sans supposer l'intervalle symétrique par rapport à zéro, mais les formules deviennent plus compliquées. Signalons encore que la considération de la fonction (19) permet de résoudre la question analogue au deuxième problème du paragraphe 3, relative à l'écart minimum sur le segment $(-1, +1)$ d'une fonction rationnelle à dénominateur donné, dont on connaît la valeur en un point donné extérieur.

5. Propriétés extrémales des polynomes soumis à plusieurs conditions. — Proposons-nous à présent de résoudre la généralisation suivante du premier problème du paragraphe 3.

Cinquième problème. — *Déterminer entre tous les polynomes de degré n,*

$$f_n(x) = x^n + p_1 x^{n-1} + \ldots + p_n$$

qui admettent l racines fixes $a_1, a_2, \ldots, a_l$ extérieures (1) *au*

(1) Ces racines peuvent être complexes, mais dans ce cas elles doivent être conjuguées deux à deux.

segment $(-1, +1)$ *celui qui s'écarte le moins possible de zéro sur ce segment, ainsi que la valeur de cet écart.*

Nous ne pourrons pas résoudre ce problème pour n quelconque, mais il est aisé d'en donner la solution asymptotique, lorsque n croît indéfiniment. A cet effet, posons

$$Q(x) = (x - a_1)\dots(x - a_l),$$

et en conservant les notations du paragraphe précédent, ainsi que les conventions au sujet de la valeur de $\sqrt{a_k^2 - 1}$, construisons la fonction

$$(27)\quad \begin{aligned} &\cos(n\varphi - \delta_1 - \delta_2 - \dots - \delta_l) \\ &= \frac{\left\{\begin{aligned} &(x + \sqrt{x^2-1})^n\left[a_1 x - 1 - \sqrt{(x^2-1)(a_1^2-1)}\right]\dots \\ &\quad\times\left[a_l x - 1 - \sqrt{(x^2-1)(a_l^2-1)}\right] \\ &\quad+(x - \sqrt{x^2-1})^n\left[a_1 x - 1 + \sqrt{(x^2-1)(a_1^2-1)}\right]\dots \end{aligned}\right\}}{2\,Q(x)} \\ &= \frac{P(x)}{Q(x)}. \end{aligned}$$

De la discussion faite au paragraphe précédent, il résulte que $\frac{P(x)}{Q(x)}$ atteint son module maximum 1 en $\overline{n - l + 1}$ points du segment $(-1, +1)$.

Remarquons, d'autre part, que l'on a identiquement

$$(28)\quad ax - 1 - \sqrt{(x^2-1)(a^2-1)} = \frac{(x-a)^2}{ax - 1 + \sqrt{(x^2-1)(a^2-1)}}.$$

Donc,

$$(29)\quad \begin{aligned} &\left[ax - 1 - \sqrt{(x^2-1)(a^2-1)}\right]_{x=a} \\ &= \left[ax - 1 - \sqrt{(x^2-1)(a^2-1)}\right]'_{x=a} = 0. \end{aligned}$$

Cela étant, supposons, pour simplifier l'écriture, que toutes les racines de $Q(x)$ soient simples. Nous aurons donc, en développant $\frac{P(x)}{Q^2(x)}$ en fractions simples,

$$(30)\quad \begin{aligned} \frac{P(x)}{Q^2(x)} &= \sum_{h=1}^{h=l} \frac{P(a_h)}{Q_h^2(a_h)}\,\frac{1}{(x-a_h)^2} \\ &\quad+ \sum_{h=1}^{h=l}\left[\frac{P(x)}{Q_h^2(x)}\right]'_{x=a_h}\frac{1}{x-a_h} + S(x), \end{aligned}$$

où

$$Q_h(x) = \frac{Q(x)}{x - a_h},$$

et $S(x)$ est un polynome de degré $n - l$. Par conséquent, de (27) et (29), nous concluons que la partie fractionnaire de $\frac{P(x)}{Q^2(x)}$ tend vers zéro $\left[\text{comme } \frac{nl}{R^n}\right.$, où R est la demi-somme des axes de la plus petite des ellipses passant par a_h et ayant $(-1, +1)$ pour foyers$\left.\right]$ pour n croissant indéfiniment, pourvu que x soit différent de a_1, a_2, ..., a_l. La même conclusion subsiste, lorsque certaines des racines sont multiples $\left[\right.$il n'y a qu'à ajouter des termes supplémentaires dans le développement de $\frac{P(x)}{Q^2(x)}$ qui tendent tous vers zéro, car a_h étant une racine d'ordre p, $P^{(k)}(a_h)$ tend vers zéro, à cause de (28), pour toute valeur de $k < 2p\left.\right]$

Par conséquent, en multipliant (30) par $Q(x)$ et tenant compte de (27), nous obtenons

$$S(x)\,Q(x) = \cos(n\varphi - \delta_1 - \delta_2 - \ldots - \delta_l) + \varepsilon_n, \tag{31}$$

où ε_n tend vers zéro avec $\frac{l}{n}$. En tirant, enfin, de (27) que le coefficient de x^{n-l} de $S(x)$ est égal à

$$\frac{1}{L} = 2^{n-1}[a_1 - \sqrt{a_1^2 - 1}]\ldots[a_l - \sqrt{a_l^2 - 1}],$$

nous voyons que

$$L\,S(x)\,Q(x) = L[\cos(n\varphi - \delta_1 - \delta_2 - \ldots - \delta_l) + \varepsilon_n]$$

est un polynome de la classe voulue $f_n(x)$. Or, en $\overline{n+1-l}$ points du segment, où le cosinus prend successivement les valeurs ± 1, $L\,S(x).Q(x)$ prendra les valeurs $L(\pm 1 + \varepsilon_n)$, donc l'écart d'aucun polynome $f_n(x)$ ne peut être inférieur à $L(1 - |\varepsilon_n|)$ (en vertu du théorème généralisé de M. de la Vallée Poussin, § 2), et le polynome $L\,S(x)Q(x)$ lui-même a un écart qui ne dépasse pas $L(1 + |\varepsilon_n|)$. Donc,

$$L = \frac{(a_1 + \sqrt{a_1^2 - 1})\ldots(a_l + \sqrt{a_l^2 - 1})}{2^{n-1}} \tag{32}$$

est la valeur asymptotique du minimum de l'écart sur (— 1, + 1) des polynomes f_n s'annulant en a_1, a_2, ..., a_l, si $\frac{l}{n}$ tend vers zéro.

On peut donner la forme géométrique suivante à l'égalité (32) :

$$\text{(33)} \qquad L = \frac{R_1 R_2 \ldots R_l}{2^{n-1}},$$

où R_h est la demi-somme des axes de l'ellipse passant par a_h et ayant pour foyers (— 1, + 1).

Corollaire. — *Un polynome*

$$f_n(x) = x^n + p_1 x^{n-1} + \ldots + p_n,$$

qui possède $\overline{n-l}$ *racines au plus à l'intérieur de l'ellipse ayant* R *pour demi-somme d'axes et* (— 1, + 1) *pour foyers, ne peut rester sur le segment* (— 1, + 1) *inférieur en valeur absolue à*

$$\frac{R^l}{2^{n-1}}(1 + \varepsilon_n),$$

où ε_n *tend vers zéro avec* $\frac{l}{n}$.

C'est une conséquence immédiate de l'égalité (33).

Il est aisé de montrer que l'égalité (33), que nous avons établie dans l'hypothèse que les points a_h sont tous extérieurs au segment (— 1, + 1), est également valable, si l'on rejette cette restriction. En effet, soit $l = l_1 + l_2$, où l_1 est le nombre de racines extérieures et l_2 le nombre de racines données situées sur le segment (— 1, + 1). Si la formule (33) était applicable, elle se réduirait alors à

$$\text{(33 bis)} \qquad L = \frac{R_1 R_2 \ldots R_{l_1}}{2^{n-1}},$$

car pour un point du segment (— 1, + 1), on a $R_h = 1$. Il est clair d'abord que l'écart minimum L ne saurait être inférieur à (33 *bis*), car c'est la valeur qu'on trouverait, si on laissait arbitraires les l_2 racines, en fixant seulement les l_1 premières. D'autre part, on augmenterait l'écart minimum si l'on imposait aux l_1 racines intérieures d'être doubles, et on l'augmenterait encore plus, en remplaçant ces $2l_1$ racines par des racines très voisines conjuguées deux à deux, ayant la même partie réelle, respectivement, que chacune des racines données. Or ce dernier écart minimum L_1, d'après la formule (33), serait inférieur à

$$\frac{R_1 R_2 \ldots R_{l_1} \rho^{2l_2}}{2^{n-1}},$$

où ρ est aussi voisin de 1 qu'on le veut. D'où il résulte que la formule (33 *bis*) est bien exacte.

En faisant un changement de variables linéaire, nous pouvons remplacer le segment $(-1, +1)$ par un segment quelconque de longueur $2h$ et nous arrivons à ce résultat : *L'écart minimum sur un segment de longueur $2h$ d'un polynome*

$$f_n(x) = x^n + p_1 x^{n-1} + \ldots + p_n$$

ayant des racines données $a_1, a_2, \ldots, a_l$ est égal asymptotiquement (pour $n = \infty$) *à*

$$L = \frac{R_1 R_2 \ldots R_l}{2^{n-1}} h^{n-l}, \tag{34}$$

R_k *désignant la demi-somme des axes de l'ellipse passant par le point a_k et ayant pour foyers les extrémités du segment considéré.*

La fonction $L \cos(n\varphi - \delta_1 - \delta_2 - \ldots - \delta_l)$, dont la partie fractionnaire est asymptotiquement nulle, peut servir pour la résolution de beaucoup d'autres problèmes relatifs aux propriétés extrémales des polynomes assujettis à plusieurs conditions données.

Sixième problème. — *Déterminer la valeur asymptotique de l'écart minimum L sur le segment $(-1, +1)$ d'un polynome de degré n très élevé, assujetti à s'annuler aux points a_1, $a_2, \ldots, a_l$ et à prendre la valeur M en un point réel donné c extérieur au segment $(-1, +1)$.* Il suffit, d'après la formule (31), de choisir L de façon que

$$\pm L[\cos(n\varphi - \delta_1 - \delta_2 - \ldots - \delta_l)]_{x=e} = M,$$

ou bien, puisqu'il ne s'agit que de la valeur asymptotique, on a, après avoir substitué c dans (27),

$$\pm L \frac{\left\{\begin{array}{l}(|c| + \sqrt{c^2 - 1})^n [a_1 |c| - 1 - \sqrt{(c^2-1)(a_1^2-1)}] \ldots \\ \times [a_l |c| - 1 - \sqrt{(c^2-1)(a_l^2-1)}]\end{array}\right\}}{2(c-a_1)\ldots(c-a_l)} = M,$$

d'où

$$(35) \qquad L = 2 \left| \frac{M(c-a_1)\ldots(c-a_l)}{\left\{\begin{array}{l}[a_1|c| - 1 - \sqrt{(c^2-1)(a_1^2-1)}]\ldots \\ \times [a_l|c| - 1 - \sqrt{(c^2-1)(a_l^2-1)}]\end{array}\right\}} \right| \times \frac{1}{(|c| + \sqrt{c^2-1})^n}.$$

En comparant la formule (35) à (7), nous voyons que les conditions relatives aux racines changent la valeur asymptotique L, mais n'influent pas sur son ordre de grandeur.

Septième problème. — *Déterminer la valeur asymptotique* L *de l'écart minimum du polynome* $P_n(x)$ *de degré n assujetti aux conditions*

$$P_n(b_1) = M_1, \qquad P_n(b_2) = M_2, \qquad \ldots, \qquad P_n(b_l) = M_l,$$

les points b_h *extérieurs au segment* $(-1, +1)$ *étant supposés réels et positifs, et de plus,* $b_1 < b_h$ (pour $h > 1$).

Cherchons à identifier

$$P_n(x) = \pm L[\cos(n\varphi - \delta_1 - \delta_2 - \ldots - \delta_{l-1}) + \varepsilon_n]$$

par un choix convenable des l constantes : L, $a_1, \ldots, a_{l-1}$ dont dépend le second membre; si cela est possible, L représentera, d'après le théorème généralisé de M. de la Vallée Poussin, la valeur asymptotique cherchée. Pour simplifier l'écriture, supposons $l = 3$.

Nos conditions se réduisent donc à

$$(36)\quad \begin{cases} M_1 = \dfrac{\pm L}{2}\left[\dfrac{\left\{\begin{array}{l}(b_1+\sqrt{b_1^2-1})^n\left[a_1 b_1-1-\sqrt{(a_1^2-1)(b_1^2-1)}\right]\\ \qquad\times\left[a_2 b_1-1-\sqrt{(a_2^2-1)(b_1^2-1)}\right]\end{array}\right\}}{(b_1-a_1)(b_2-a_2)}+\varepsilon_n\right],\\[2ex] M_2 = \dfrac{\pm L}{2}\left[\dfrac{\left\{\begin{array}{l}(b_2+\sqrt{b_2^2-1})^n\left[a_1 b_2-1-\sqrt{(a_1^2-1)(b_2^2-1)}\right]\\ \qquad\times\left[a_2 b_2-1-\sqrt{(a_2^2-1)(b_2^2-1)}\right]\end{array}\right\}}{(b_2-a_1)(b_2-a_2)}+\varepsilon'_n\right],\\[2ex] M_3 = \dfrac{\pm L}{2}\left[\dfrac{\left\{\begin{array}{l}(b_3+\sqrt{b_3^2-1})^n\left[a_1 b_3-1-\sqrt{(a_1^2-1)(b_3^2-1)}\right]\\ \qquad\times\left[a_2 b_3-1-\sqrt{(a_2^2-1)(b_3^2-1)}\right]\end{array}\right\}}{(b_3-a_1)(b_3-a_2)}+\varepsilon''_n\right], \end{cases}$$

où ε_n, ε'_n, ε''_n tendent vers zéro avec $\frac{1}{n}$, si les points a_1, a_2 sont extérieurs au segment $(-1, +1)$.

Par conséquent, si l'on remarque que $(b_1+\sqrt{b_1^2-1})^n$ est très petit par rapport aux expressions

$$(b_2+\sqrt{b_2^2-1})^n \quad \text{et} \quad (b_3+\sqrt{b_3^2-1})^n,$$

on voit que pour satisfaire aux équations (36), où M_1 n'est pas nul, il faudra que les facteurs respectifs de ces expressions dans la seconde et la troisième équation, soient voisins de zéro. Donc, en prenant $a_1 \sim b_2$ et $a_2 \sim b_3$, on est conduit pour la détermination de la valeur asymptotique de L à l'équation unique

$$(37)\quad M_1 = \frac{\pm L}{2}(b_1+\sqrt{b_1^2-1})^n \frac{\left\{\begin{array}{l}\left[b_1 b_2-1-\sqrt{(b_1^2-1)(b_2^2-1)}\right]\\ \times\left[b_1 b_3-1-\sqrt{(b_1^2-1)(b_3^2-1)}\right]\end{array}\right\}}{(b_1-b_2)(b_1-b_3)},$$

qui se déduit de la première des équations (36), en y remplaçant a_1 par b_2 et a_2 par b_3. D'où

$$(35\ bis)\quad L = 2\left|\frac{M_1(b_1-b_2)(b_1-b_3)}{\left\{\begin{array}{l}\left[b_1 b_2-1-\sqrt{(b_1^2-1)(b_2^2-1)}\right]\\ \times\left[b_1 b_3-1-\sqrt{(b_1^2-1)(b_3^2-1)}\right]\end{array}\right\}}\right|\frac{1}{(b_1+\sqrt{b_1^2-1})^n}.$$

On obtiendrait une formule analogue pour l quelconque.

Ce qu'il est essentiel de remarquer, c'est que la valeur asymptotique L est indépendante des valeurs M_2, M_3, ..., M_l de $P_n(x)$ aux points plus éloignés, pourvu que ces dernières valeurs ne croissent pas indéfiniment vis-à-vis de M_1 [la conclusion subsisterait même, si l'on savait seulement que

$$\frac{M_h}{M_1}\left(\frac{b_1+\sqrt{b_1^2-1}}{b_h+\sqrt{b_h^2-1}}\right)^n$$

tend vers zéro].

Par des considérations analogues on prouvera que *si* $P_n(a)=1$, $P'_n(a)=0$ $(a>1)$, *on a*

$$L=\frac{4n\sqrt{a^2-1}}{(a+\sqrt{a^2-1})^n}; \tag{38}$$

si, de plus, $P''_n(a)=0$, *on aura*

$$L=\frac{4n^2(a^2-1)}{(a+\sqrt{a^2-1})^n}; \tag{38 bis}$$

En effet, pour trouver (38), par exemple, on est amené à identifier

$$\begin{aligned}P_n(x)=1+c_1(x-a)^2+\ldots+c_{n-1}(x-a)^n&=\pm L\,S(x)(x-a_1)\\&=\pm L[\cos(n\varphi-\delta_1)+\varepsilon_n];\end{aligned}$$

donc, en posant $a_1=a+\alpha$,

$$L\,S(a)\,\alpha=\pm1,$$
$$L[S(a)+\alpha S'(a)]=0,$$

d'où

$$\alpha=-\frac{S(a)}{S'(a)},\qquad L=\pm\frac{S'(a)}{S^2(a)}.$$

Or, en vertu de (27) et (30), $\frac{S(x)}{S'(x)}$ tend vers zéro comme $\frac{1}{n}$ à l'extérieur du segment $(-1,+1)$. Par conséquent, α tendant vers zéro, on a pour la valeur asymptotique de L

$$L=\frac{n[a+\sqrt{a^2-1}]^n}{4(a^2-1)^{\frac{3}{2}}}:\left[\frac{(a+\sqrt{a^2-1})^n}{4(a^2-1)}\right]^2=\frac{4n\sqrt{a^2-1}}{(a+\sqrt{a^2-1})^n}.$$

Considérons encore la généralisation suivante du premier problème.

Huitième problème. — *Déterminer la valeur asymptotique* L

de l'écart minimum sur le segment $(-1, +1)$ *des polynomes*

$$P_n(x) = x^n + \sigma_1 x^{n-1} + p_2 x^{n-2} + \ldots + p_n,$$

où σ_1 *est un coefficient donné.*

On aura la valeur cherchée L, si l'on construit un polynome $P_n(x)$ dont le module maximum sera atteint asymptotiquement en n points du segment $(-1, +1)$ avec des signes opposés. Nous sommes ainsi amenés à identifier $P_n(x)$ à la partie entière de $L\cos(n\varphi - \delta_1)$ que l'on peut obtenir en développant la fraction rationnelle

$$L\cos(n\varphi - \delta_1) = \frac{Lx^n}{2}\,\frac{\left\{\begin{aligned}&\left[1+\sqrt{1-\frac{1}{x^2}}\right]^n\left[a_1-\frac{1}{x}-\sqrt{(a_1^2-1)\left(1-\frac{1}{x^2}\right)}\right]\\&+\left[1-\sqrt{1-\frac{1}{x^2}}\right]^n\left[a_1-\frac{1}{x}+\sqrt{(a_1^2-1)\left(1-\frac{1}{x^2}\right)}\right]\end{aligned}\right\}}{1-\dfrac{a_1}{x}},$$

suivant les puissances décroissantes de x. Donc

$$1 = \pm L\, 2^{n-1}\left(a_1 - \sqrt{a_1^2 - 1}\right),$$
$$\sigma_1 = \pm L\, 2^{n-1}\left[a_1\left(a_1 - \sqrt{a_1^2-1}\right) - 1\right];$$

d'où (¹)

$$\sigma_1 = -\sqrt{a_1^2 - 1} \qquad \text{et} \qquad a_1 = \pm\sqrt{1+\sigma_1^2}.$$

Par conséquent,

$$L = \frac{|\sigma_1| + \sqrt{1+\sigma_1^2}}{2^{n-1}}. \tag{39}$$

On peut démontrer (²) également que la valeur asymptotique de l'écart minimum de

$$P_n(x) = x^n + \sigma_1 x^{n-1} + \ldots + \sigma_l x^{n-l} + p_{l+1} x^{n-l-1} + \ldots + p_n,$$

où $\sigma_1, \sigma_2, \ldots, \sigma_l$ sont des coefficients donnés, est déterminée par

---

(¹) D'après la convention faite à la page 11, a_1 aura le signe opposé à celui de σ_1.

(²) J'ai donné pour la première fois la plupart des formules de ce paragraphe dans une Note des *Comptes rendus : Sur les propriétés asymptotiques des polynomes*, 1ᵉʳ décembre 1913.

les formules

$$(39\ bis)\qquad \begin{cases} L = \dfrac{n^{\frac{l}{2}}}{2^{n-1}\left(\dfrac{l}{2}\right)!} & \text{(lorsque } l \text{ est pair),} \\ L = \dfrac{\left(|\sigma_1| + \sqrt{1+\sigma_1^2}\right) n^{\frac{l-1}{2}}}{2^{n-1}\left(\dfrac{l-1}{2}\right)!} & \text{(lorsque } l \text{ est impair).} \end{cases}$$

Les valeurs de $\sigma_2, \ldots, \sigma_l$ (pourvu qu'elles ne croissent pas infiniment) n'interviennent donc pas dans l'expression de la valeur asymptotique L.

6. **Détermination de l'écart minimum de $P_n(x).f(x)$, où $f(x)$ est une fonction quelconque donnée.** — Soit $f(x)$ une fonction continue donnée qui ne s'annule pas sur le segment $(-1, +1)$. En vertu du théorème de Weierstrass, on pourra alors, quelque petit que soit le nombre donné ε, construire un polynome $Q_l(x)$ de degré l assez élevé pour que l'on ait sur tout le segment

$$\left|1 - \frac{Q_l(x)}{f(x)}\right| < \varepsilon, \qquad \left|1 - \frac{f(x)}{Q_l(x)}\right| < \varepsilon;$$

on aura donc aussi

$$(40)\qquad \begin{cases} |P_n(x)f(x) - P_n(x)Q_l(x)| < \varepsilon P_n(x)f(x), \\ |P_n(x)f(x) - P_n(x)Q_l(x)| < \varepsilon P_n(x)Q_l(x). \end{cases}$$

Cela étant, considérons l'ensemble des polynomes $P_n(x)$ de degré n assujettis à des conditions données quelconques; pour fixer les idées, supposons que $P_n(x)$ est assujetti à la seule condition que le coefficient de x^n soit égal à 1. Il existera alors un polynome $P'_n(x)$ de la famille considérée qui réalisera le minimum $L_n^{(l)}$ de l'écart de $P_n(x)\,Q_l(x)$ sur le segment $(-1, +1)$, et un autre $P_n^{(2)}(x)$ qui fournira le minimum L_n de l'écart de $P_n(x)f(x)$. Il résulte des inégalités (40) que, si $|P_n^{(2)}(x)f(x)| \leqq L_n$, on a aussi pour le même polynome $P_n^{(2)}(x)$

$$|P_n^{(2)}(x)\,Q_l(x)| < (1+\varepsilon)\,L_n,$$

de sorte que

$$L_n^{(l)} < (1+\varepsilon)\,L_n$$

et, de même,

$$L_n < (1+\varepsilon) L_n^{(l)}.$$

Donc

$$\frac{L_n^{(l)}}{1+\varepsilon} < L_n < (1+\varepsilon) L_n^{(l)}$$

ou

$$(41) \qquad 1-\varepsilon < \frac{L_n}{L_n^{(l)}} < 1+\varepsilon.$$

La valeur de ε étant indépendante de n, nous en concluons, en désignant par L et $L^{(l)}$, respectivement les valeurs asymptotiques de L_n et $L_n^{(l)}$, pour n très grand, que

$$1-\varepsilon < \frac{L}{L^{(l)}} < 1+\varepsilon$$

et, par conséquent,

$$(42) \qquad \frac{L}{\lim\limits_{l=\infty} L^{(l)}} = 1.$$

On pourra ainsi déterminer L en utilisant la formule (32), où l'on fera croître l indéfiniment.

Applications. — Cherchons, par exemple, la valeur asymptotique pour n très grand de l'écart minimum L sur $(-1, +1)$ de

$$(43) \qquad P_n(x) e^{hx} = (x^n + p_1 x^{n-1} + \ldots + p_n) e^{hx},$$

où h est un nombre positif donné. En posant

$$Q_l(x) = \left(1+\frac{hx}{l}\right)^l,$$

nous avons

$$L^{(l)} = \left(\frac{h}{l}\right)^l \frac{\left[\left(\frac{l}{h}\right)^l + \sqrt{\left(\frac{l}{h}\right)^2 - 1}\right]^l}{2^{n+l-1}} = \frac{\left[1+\sqrt{1-\frac{h^2}{l^2}}\right]^l}{2^{n+l-1}},$$

donc

$$(44) \qquad L = \frac{1}{2^{n-1}}.$$

Ainsi la présence du facteur e^{hx} ne change pas (asymptotiquement) la valeur de l'écart minimum du polynome. Il en sera, bien entendu, tout autrement, si le segment $(-1, +1)$ est remplacé par un segment n'ayant plus l'origine au milieu : en posant, en effet, $y = (x+1)h$, on déduit immédiatement de (43) et (44) que, dans l'intervalle (Oh), l'écart minimum de $P_n(x).e^x$ a pour valeur asymptotique

$$(45) \qquad L = \frac{h^n e^{\frac{h}{2}}}{2^{2n-1}}.$$

De même, pour calculer la valeur asymptotique de l'écart L sur $(-1, +1)$ de $P_n(x)e^{-h^2x^2}$, nous sommes amenés à déterminer l'écart minimum de $P_n(x)\left(1 - \frac{h^2x^2}{l}\right)^l$ qui, d'après (32), a pour valeur asymptotique

$$\frac{\left(1+\sqrt{1-\frac{h^2}{l}}\right)^{2l}}{2^{n+2l-1}};$$

donc, en faisant croître l indéfiniment, nous avons

$$(46) \qquad L = \frac{e^{-\frac{h^2}{2}}}{2^{n-1}}.$$

7. **Systèmes de fonctions de Descartes.** — Il nous sera utile de particulariser les systèmes de Tchebyscheff que nous avons définis au début, pour pouvoir étudier des problèmes dont la solution explicite paraît impossible et même pour résoudre un problème analogue au premier problème du paragraphe 3, où l'on donnerait, au lieu du coefficient de la plus haute puissance de x, un coefficient d'une autre puissance déterminée d'un polynome.

Nous dirons que les fonctions $\varphi_0(x)$, $\varphi_1(x)$, ..., $\varphi_n(x)$ rangées dans un ordre déterminé, forment un système de Descartes (D) sur le segment E, si, d'une part, le nombre de racines de

$$F(x) = a_0\,\varphi_0(x) + a_1\,\varphi_1(x) + \ldots + a_n\,\varphi_n(x)$$

sur E ne peut dépasser le nombre de variations de signe de ses coefficients [lorsque la fonction $F(x)$ ne change pas de signe en passant par une racine intérieure, cette racine est considérée comme double]; et si, d'autre part, $F(x)$ a le signe du premier coefficient non nul au voisinage de l'extrémité gauche du segment E que nous pouvons placer à l'origine, pour fixer les idées [1].

---

[1] Il est évident qu'une partie quelconque de fonctions d'un système de Descartes forme également un système (D).

Il résulte de la seconde propriété des systèmes de Descartes que toutes les fonctions de ces systèmes, sauf tout au plus la première, doivent s'annuler à l'origine. Ainsi, si nous prenons une partie quelconque des fonctions du système D elle formera bien, en vertu de la première propriété, un systéme T; mais, en général, seulement à l'intérieur de E (extrémité gauche exclue). Nous sommes ainsi amenés à envisager des systèmes T qui admettent des points *exceptionnels, où toutes les fonctions du système s'annulent :* la définition des systèmes (T), *à points exceptionnels*, reste la même qu'au paragraphe **1**, pourvu que la racine commune à tous les polynomes du système ne compte pas dans le nombre de ses racines. Cela étant, il est aisé de vérifier que *tous les théorèmes généraux du paragraphe* **2** *subsistent, si l'on se borne à considérer les fonctions $f(x)$ qui s'annulent aux points exceptionnels du système* ([1]).

Un exemple important d'un système de Descartes, sur tout segment fini de l'axe positif ayant son extrémité gauche à l'origine, est fourni par l'ensemble de fonctions x^{α_0}, x^{α_1}, ..., x^{α_n}, pourvu qu'on ait $0 \leqq \alpha_0 < \alpha_1 < \ldots < \alpha_n$. Cela résulte du théorème classique de Descartes pour le cas où les α_k sont des nombres entiers; en remplaçant x par $y^{\frac{1}{p}}$, où p est un entier quelconque, on passe au cas où α_k sont des nombres rationnels arbitraires; donc, par raison de continuité, les fonctions x^{α_k} forment un système D, quels que soient les exposants α_k. Indiquons encore quelques exemples de systèmes de Descartes qui se déduisent de celui-là : 1° $x^{\alpha_k}f(x)$, où $f(x)$ est une fonction continue qui ne s'annule pas sur l'axe positif; 2° $e^{\alpha_k x}$ sur tout segment borné à droite ayant $-\infty$ pour extrémité de gauche.

Il importe de signaler aussi un autre procédé de formation de nouveaux systèmes de Descartes au moyen d'un système D donné; soient $\varphi_0(x)$, $\varphi_1(x)$, ..., $\varphi_n(x)$ les fouctions du système donné;

([1]) Par exemple, les fonctions $\sqrt{1-x^2}$, $x\sqrt{1-x^2}$, ..., $x^n\sqrt{1-x^2}$ forment un système T, ayant comme points exceptionnels ± 1. On vérifiera que le polynome généralisé de ce système $\sin\overline{n+1}\arccos x$ joue sur le segment $(-1, +1)$ le même rôle que $\cos n \arccos x$ parmi les polynomes ordinaires, ce qui permet de résoudre dans le système indiqué des questions analogues aux premier et deuxième problèmes du paragraphe 3.

je dis que le système

$$(47)\quad \begin{cases} \psi_0(x) = A_0\,\varphi_0(x) + A_1\,\varphi_1(x) + \ldots + A_{k_0}\,\varphi_{k_0}(x), \\ \psi_1(x) = A_{k_0+1}\,\varphi_{k_0+1}(x) + A_{k_0+2}\,\varphi_{k_0+2}(x) + \ldots + A_{k_1}\,\varphi_{k_1}(x), \\ \dots\dots\dots\dots\dots\dots\dots\dots\dots\dots\dots\dots, \\ \psi_l(x) = A_{k_{l-1}+1}\,\varphi_{k_{l-1}+1}(x) + \ldots + A_n\,\varphi_n(x) \end{cases}$$

formera aussi un système de Descartes sur le même segment, pourvu que les nombres donnés A_h soient non négatifs. En effet, une somme de la forme $a_0\psi_0(x) + \ldots + a_l\psi_l(x)$ a le même nombre de variations de signe que la somme

$$b_0\,\varphi_0(x) + b_1\,\varphi_1(x) + \ldots + b_n\,\varphi_n(x),$$

à laquelle elle est identiquement égale.

8. **Polynomes oscillateurs.** — Étant donné un système de fonctions de Descartes sur un segment E déterminé $\varphi_0(x)$, $\varphi_1(x)$, ..., $\varphi_n(x)$, on appelle *polynome oscillateur de ce système un polynome*

$$A_0\,\varphi_0(x) + A_1\,\varphi_1(x) + \ldots + A_n\,\varphi_n(x)$$

qui admet $\overline{n+1}$ *extrema absolus de signes alternés et égaux en valeur absolue sur le segment considéré.*

En vertu des remarques qui précèdent, *le polynome oscillateur d'un système* D *est déterminé à un facteur constant près et jouit de la propriété que, si l'on donne un de ses coefficients* (¹) A_k, *il s'écarte le moins possible de zéro sur le segment* E *parmi tous les polynomes du même système admettant le même coefficient* A_k.

Cette propriété des polynomes oscillateurs montre l'importance de leur étude pour la connaissance des propriétés extrémales d'un système de Descartes donné. A cet effet, nous allons donner quelques exemples de polynomes oscillateurs qui se déduisent du

(¹) Il n'y a exception que pour le coefficient A_0, si $\varphi_0(x)$ ne s'annule pas à l'origine; dans ce cas, en effet, le théorème fondamental appliqué à l'ensemble $\varphi_1(x)$, ..., $\varphi_n(x)$ (qui admet O comme point exceptionnel) tombe en défaut, comme nous l'avons indiqué plus haut, lorsque la fonction à approcher $f(x)$ ne s'annule pas à l'origine.

polynome $\cos n \arccos x$, que nous avons considéré précédemment, et que nous utiliserons par la suite pour l'étude d'autres polynomes oscillateurs qu'on ne sait pas construire explicitement.

En remarquant d'abord que $T_n = \cos n \arccos x$ satisfait à l'équation différentielle

$$(1 - x^2) T''_n(x) - x T'_n(x) + n^2 T_n(x) = 0, \tag{48}$$

on trouve que

$$T_n(x) = 2^{n-1} x^n - n 2^{n-3} x^{n-2} + \frac{n(n-3)}{2!} 2^{n-5} x^{n-4} + \ldots + (-1)^l \frac{n(n-l-1)\ldots(n-2l+1)}{l!} 2^{n-2l-1} x^{n-2l} + \ldots \tag{49}$$

Par conséquent, le polynome de degré n

$$\begin{aligned} R_n(x) &= L\, T_{2n}(\sqrt{x}) \\ &= L\Big[2^{2n-1} x^n - n 2^{2n-2} x^{n-1} + \ldots \\ &\qquad + (-1)^l \frac{n(2n-l-1)\ldots(2n-2l+1)}{l!} 2^{2n-2l} x^{n-l} + \ldots\Big] \end{aligned} \tag{50}$$

atteindra son extremum absolu $\pm L$ en $\overline{n+1}$ points du segment 01 $\cos^2 \frac{k\pi}{2n}$, où $k = 0, 1, \ldots, n$. Ainsi $R_n(x)$ *est le polynome oscillateur du système de fonctions :* $1, x, x^2, \ldots, x^n$ *sur le segment* 01.

Donc, *un polynome quelconque de degré* n

$$P_n(x) = A_n x^n + A_{n-1} x^{n-1} + \ldots + A_1 x + A_0$$

ne peut, dans l'intervalle 01, *rester inférieur en valeur absolue à aucun des nombres*

$$\left\{ \begin{array}{c} \left|\dfrac{A_n}{2^{2n-1}}\right|, \quad \left|\dfrac{A_{n-1}}{n 2^{2n-2}}\right|, \quad \ldots, \\ \left|\dfrac{A_{n-l}\, l!}{2^{2n-2l} n(2n-l-1)\ldots(2n-2l+1)}\right|, \quad \ldots, \quad \left|\dfrac{A_1}{2n^2}\right|. \end{array} \right. \tag{51}$$

Réciproquement, si L *est le module maximum de* $P_n(x)$ *dans l'intervalle* 01, *on a nécessairement*

$$|A_p| \leqq 2^{2p} \frac{n(n+p-1)\ldots(2p+1)}{(n-p)!} L. \tag{52}$$

En faisant un changement de variables $x_1 = hx$, on reconnaît immédiatement que, si L est le module maximum de $P_n(x)$ dans un intervalle de longueur h, on a

$$(52\ bis) \qquad |A_p| \leqq \frac{2^{2p}\, n(n+p-1)\ldots(2p+1)}{h^p(n-p)!} L,$$

ou bien pour la dérivée d'ordre p,

$$(53) \qquad |P_n^{(p)}(0)| \leqq \frac{2^{2p}\, n(n+p-1)!\, p!}{h^p(n-p)!\, 2p!} L.$$

En transportant l'intervalle d'une façon quelconque, on voit ainsi que, si dans un intervalle (a, b) on a $|P_n(x)| \leqq L$, on aura, aux extrémités a et b de l'intervalle,

$$(53\ bis) \qquad \begin{aligned} |P_n^{(p)}(a)| &\leqq \frac{2^{2p}\, n(n+p-1)!\, p!}{|b-a|^p(n-p)!\, 2p!} L, \\ |P_n^{(p)}(b)| &\leqq \frac{2^{2p}\, n(n+p-1)!\, p!}{|b-a|^p(n-p)!\, 2p!} L. \end{aligned}$$

Le polynome $T_n(x)$ peut également être utilisé pour la construction du polynome oscillateur du système de fonctions x, x^3, ..., x^{2n+1} sur le segment $\overline{01}$. En effet, on a

$$\begin{aligned} T_{2n+1}(x) = 2^{2n}x^{2n+1} &- (2n+1)\,2^{2n-2}x^{2n-1} + \ldots \\ &+ (-1)^l \frac{(2n+1)(2n-l)\ldots(2n-2l+2)}{l!} \\ &\times 2^{2n-2l}x^{2n-2l+1} + \ldots \pm (2n+1)\,x, \end{aligned}$$

et ce polynome atteint son module maximum 1 aux $\overline{n+1}$ points 1, $\cos\frac{\pi}{2n+1}$, ..., $\cos\frac{n\pi}{2n+1}$ du segment $\overline{01}$.

On en conclut, comme précédemment, qu'*un polynome de la forme*

$$R_n(x) = A_n x^{2n+1} + \ldots + A_1 x^3 + A_0 x$$

ne peut dans l'intervalle $\overline{01}$ *rester inférieur, en valeur absolue, à aucun des nombres*

$$(54) \qquad \left\{ \begin{array}{l} \left|\dfrac{A_n}{2^{2n}}\right|, \quad \ldots, \quad \left|\dfrac{A_{n-l}\, l!}{2^{2n-2l}(2n+1)(2n-2l+2)\ldots(2n-l)}\right|, \quad \ldots, \\ \qquad\qquad \left|\dfrac{A_0}{2n+1}\right|, \end{array} \right.$$

et réciproquement, si le polynome $R_n(x)$ *reste inférieur, en valeur absolue, à* L *dans l'intervalle* 01, *on a*

$$(54\, bis)\quad \begin{cases} |A_n| < 2^{2n}L, \quad |A_p| < 2^{2p}\dfrac{(2n+1)(2p+2)\dots(n+p)}{(n-p)!}L, \\ |A_0| < (2n+1)L. \end{cases}$$

Remarque. — Les mêmes inégalités subsistent, si l'on remplace $R_n(x)$ par un polynome quelconque $S_n(x)$ de degré non supérieur à $2n+2$

$$S_n(x) = B_{n+1}x^{2n+2} + A_n x^{2n+1} + B_n x^{2n} + \dots + A_1 x^3 + B_1 x^2 + A_0 x + B_0,$$

en considérant l'intervalle $(-1, +1)$ au lieu du segment 01, car si l'on se donne un des coefficients A_p, le polynome $S_n(x)$ qui s'écarte le moins possible de zéro sur $(-1, +1)$ est impair $\left[\text{puisque } \left|\dfrac{S_n(x) - S_n(-x)}{2}\right| \text{ ne pourra devenir supérieur au module maximum de } S_n(x)\right]$. On conclut donc des inégalités (54 *bis*) que, si dans un intervalle de longueur $2h$, on a $|S_n(x)| \leqq L$, on aura *au milieu* de cet intervalle

$$(55)\qquad |S_n^{(2p+1)}(x)| \leqq \frac{2^{2p}(2n+1)(n+p)!}{h^{2p+1}(n-p)!}L.$$

On pourrait, par le même procédé, en utilisant le polynome $T_{2n}(x)$, donner des inégalités analogues relativement aux coefficients B_p et aux dérivées paires.

9. **Le problème de la meilleure approximation de $|x|$ par des polynomes de degré donné** ([1]). — Nous allons montrer à présent comment la connaissance de polynomes oscillateurs de certains systèmes particuliers peut être utilisée pour l'étude des polynomes oscillateurs appartenant à d'autres systèmes. A cet effet, démontrons le lemme suivant :

Lemme fondamental. — *Soit* $\varphi_0(x), \varphi_1(x), \dots, \varphi_{2n}(x)$ *un système de fonctions de Descartes sur le segment* OA, *où* $\varphi_k(0) = 0 \ (k = 0, 1, \dots, 2n)$. *Dans ces conditions, le module*

([1]) *Voir* mon Mémoire *Sur la meilleure approximation de* $|x|$ (*Acta mathematica*, t. 37, 1913).

maximum L *du polynome oscillateur*

$$P(x) = \varphi_0(x) + a_1 \varphi_2(x) + \ldots + a_n \varphi_{2n}(x)$$

est supérieur au module maximum M *du polynome oscillateur*

$$Q(x) = \varphi_0(x) + b_1 \varphi_1(x) + \ldots + b_n \varphi_{2n-1}(x).$$

En effet, les polynomes oscillateurs, ayant n racines positives, leurs coefficients sont de signes alternés, et l'on a $a_1 < 0$, $b_1 < 0$. Par conséquent,

$$P(x) - Q(x) = - b_1 \varphi_1(x) + a_1 \varphi_2(x) - b_2 \varphi_3(x) + \ldots + a_n \varphi_{2n}(x)$$

présentera aussi n alternances de signes et admettra, au plus, n racines positives. Or, supposons que, contrairement à ce que nous voulons démontrer, $L < M$; alors aux $\overline{n+1}$ points x_k, où $|Q(x_k)| = M$, $P(x_k) - Q(x_k)$ aurait le signe de $-Q(x_k)$. Donc l'équation

$$P(x) - Q(x) = 0$$

aurait exactement n racines positives $\xi_1, \xi_2, \ldots, \xi_n$, telles que

$$x_1 < \xi_1 < x_2 < \ldots < \xi_n < x_{n+1},$$

de sorte que $P(x) - Q(x)$ aurait dans l'intervalle $O\xi_1$ le signe de $-Q(x_1)$, c'est-à-dire serait négatif [puisque le polynome $Q(x)$ du système D a le signe de son premier coefficient au voisinage de l'origine], tandis que (pour la même raison) il doit avoir le signe de $-b_1$ qui est positif. Ainsi, l'hypothèse $L < M$ est inadmissible. Montrons qu'on ne peut également avoir $L = M$. En effet, $P(x_k) - Q(x_k)$ aurait encore le signe de $-Q(x_k)$, ou bien serait nul, mais cette dernière circonstance ne peut se présenter en tous les $\overline{n+1}$ points x_k; si ceci avait lieu en tous les points, sauf, par exemple, trois, pour fixer les idées, $x_i < x_k < x_l$, $P(x) - Q(x) = 0$ aurait $\overline{n-2}$ racines ξ confondues avec tous les autres points d'écart de $Q(x)$, et, d'autre part, en remarquant que

$$[P(x_k) - Q(x_k)][P(x_i) - Q(x_i)](-1)^{k-i} > 0,$$

nous constatons que le nombre des racines ξ, comprises entre x_i et x_k, doit avoir la parité de $\overline{k-i}$, sans pouvoir cependant être inférieur à $\overline{k-i-1}$ [qui est le nombre des points d'écart de $Q(x)$ situés entre x_i et x_k]; la même remarque s'appliquant à l'intervalle $(x_k x_l)$, nous voyons que chacun de ces intervalles contiendra une racine supplémentaire à moins qu'une des racines de l'intervalle correspondant ne soit double. Donc l'intervalle Ox_i aurait exactement $\overline{i-1}$ racines simples

$$\xi_1 = x_1, \quad \ldots, \quad \xi_{i-1} = x_{i-1}$$

et

$$[P(x_i) - Q(x_i)](-b_1)(-1)^{i-1} > 0,$$

tandis que

$$Q(x_i)(-1)^{i-1} > 0,$$

ce qui est impossible, car $b_1 < 0$ et

$$[P(x_i) - Q(x_i)]\, Q(x_i) < 0.$$

Par conséquent, il est bien démontré que $L > M$.

On peut démontrer également que l'approximation de $\varphi_0(x)$ au moyen d'une somme de la forme $b_1\,\varphi_{h_1}(x) + \ldots + b_n\,\varphi_{h_n}(x)$ est toujours meilleure qu'au moyen de la somme de la forme

$$b_1\,\varphi_{k_1}(x) + \ldots + b_n\,\varphi k_n(x), \quad \text{si } k_1 > h_1$$

et $k_i = h_i\,(i = 2, \ldots, n)$, car dans ce cas les coefficients de $P(x) - Q(x)$ présentent également, au plus, n variations de signe.

On démontre aussi, par un raisonnement analogue, la généralisation suivante du lemme fondamental :

L'écart maximum du polynome oscillateur ([1])

$$A_0\,\varphi_0(x) + A_1\,\varphi_2(x) + \ldots + \varphi_{2m}(x) + \ldots + A_n\,\varphi_{2n}(x)$$

est supérieur à l'écart maximum du polynome oscillateur

$$B_0\,\varphi_1(x) + B_1\,\varphi_3(x) + \ldots \\ + B_{m-1}\,\varphi_{2m-1}(x) + \varphi_{2m}(x) + \ldots + B_n\,\varphi_{2n-1}(x).$$

En appliquant notre lemme fondamental à la suite des fonctions $x, x^2, \ldots, x^{2n+1}$, nous obtenons immediatement que l'écart maximum M du polynome oscillateur

$$Q(x) = x + b_1 x^2 + \ldots + b_n x^{2n}$$

([1]) La condition $\varphi_0(0) = 0$ peut être rejetée ici.

est inférieur à l'écart maximum du polynome oscillateur

$$P(x) = x + a_1 x^3 + \ldots + a_n x^{2n+1},$$

sur le segment 01, c'est-à-dire, d'après (54),

$$(56) \qquad M < \frac{1}{2n+1};$$

et, d'autre part, en considérant la suite $x, x^3, x^4, \ldots, x^{2n}$, nous voyons que le maximum absolu M_1 du polynome oscillateur

$$Q_1(x) = x + c_1 x^4 + \ldots + c_{n-1} x^{2n}$$

est supérieur à $\frac{1}{2n-1}$; donc

$$(57) \qquad M_1 > \frac{1}{2n-1}.$$

De cette dernière inégalité nous pouvons déduire aussi une limite inférieure pour M. En effet, en laissant de côté le cas de $n = 1$, où le polynome oscillateur

$$Q(x) = x - \left(\frac{1}{2} + \frac{1}{\sqrt{2}}\right) x^2$$

se construit immédiatement, et atteint son écart maximum $\frac{1}{2(1+\sqrt{2})}$ aux deux points $x_1 = \sqrt{2} - 1$ et $x_2 = 1$, supposons $n > 1$. Ainsi, par hypothèse, on a sur 01

$$(58) \qquad |x + b_1 x^2 + \ldots + b_n x^{2n}| \leqq M;$$

donc, *a fortiori*, pour toute valeur positive de μ aura-t-on sur le même segment

$$(59) \qquad \left| \frac{x}{1+\mu} + b_1 \left(\frac{x}{1+\mu}\right)^2 + \ldots + b_n \left(\frac{x}{1+\mu}\right)^{2n} \right| \leqq M.$$

Par conséquent, en retranchant l'inégalité (58) de l'inégalité (59), après avoir multiplié cette dernière par $(1+\mu)^2$, nous obtenons une inégalité, valable sur tout le segment 01, de la forme

$$|\mu(x + B_1 x^4 + \ldots + B_{n-1} x^{2n})| \leqq M[(1+\mu)^2 + 1]$$

ou bien

$$|x + B_1 x^4 + \ldots + B_{n-1} x^{2n}| \leqq M \left[\frac{(1+\mu)^2 + 1}{\mu}\right].$$

Mais, en vertu de (57), on doit avoir alors

$$M\frac{(1+\mu)^2+1}{\mu} > \frac{1}{2n-1},$$

et, en posant $\mu = \sqrt{2}$, on en conclut finalement que

$$\text{(60)} \qquad M > \frac{1}{2(1+\sqrt{2})}\,\frac{1}{2n-1}.$$

En désignant par $E_{2n}|x|$ la meilleure approximation de $|x|$ sur $(-1, +1)$ par des polynomes ordinaires de degré $2n$, nous tirons de (56) et (60) que [1]

$$\text{(61)} \qquad \frac{1}{4(1+\sqrt{2})(2n-1)} < E_{2n}|x| < \frac{1}{2n+1}.$$

En effet, il est évident d'abord que $E_{2n}|x|$ est égal à l'écart maximum du polynome oscillateur

$$P(x) = a_0 + x + a_1x^2 + a_2x^4 + \ldots + a_nx^{2n},$$

du système de fonctions $1, x, x^2, x^4, \ldots, x^{2n}$ sur le segment 01, car le polynome d'approximation $R(x)$ d'une fonction paire sur le segment $(-1, +1)$ est lui-même pair [puisque $R(-x)$ devrait être également un polynome d'approximation]. Donc

$$E_{2n}|x| < M < \frac{1}{2n+1}$$

et, d'autre part, comme $P(x) - a_0$ n'est pas un polynome oscillateur, son écart maximum, qui est égal à

$$E_{2n}|x| + |a_0| \leqq 2E_{2n}|x|,$$

est supérieur à M; donc

$$E_{2n}|x| > \frac{1}{2}M > \frac{1}{4(1+\sqrt{2})(2n-1)}.$$

En faisant le changement de variable $x = hx_1$ on déduit de (61)

---

[1] Dans ses « Leçons », M. de la Vallée Poussin a donné une démonstration différente des inégalités équivalentes à (61). On trouvera une étude plus détaillée de cette question dans mon Mémoire des *Acta mathematica*, t. 37 : « Sur la meilleure approximation de $|x|$ ».

que la meilleure approximation de $|x|$ sur le segment $(-h, +h)$, $E_{2n}^{(h)}|x|$ satisfait à l'inégalité

$$\frac{h}{4(1+\sqrt{2})(2n-1)} < E_{2n}^{(h)}|x| < \frac{h}{2n+1}. \tag{62}$$

Sans nous arrêter plus longtemps sur les propriétés de la meilleure approximation de $|x|$, indiquons une autre application du lemme fondamental.

Théorème. — 1° *Si l'on a un polynome ou une série convergente impaire sur le segment* oh

$$S(x) = x + a_1x^3 + \ldots + a_px^{2p+1} + \ldots,$$

dont les coefficients $a_1, a_2, \ldots, a_p, \ldots$ *présentent* $\lambda - 1$ *variations de signe* (1), *cette série ne peut rester inférieure, en valeur absolue, à* $\frac{h}{2\lambda+1}$ *sur ce segment.*

2° *Si l'on a un polynome ou une série convergente sur le segment* oh

$$S_1(x) = x + a_1x^2 + a_2x^3 + \ldots + a_px^p + \ldots,$$

dont les coefficients $a_1, a_2, \ldots$ *présentent* $\lambda - 1$ *variations de signe* (1), *cette série ne peut rester inférieure, en valeur absolue, à* $\frac{h \tang \frac{\pi}{4\lambda}}{\lambda}$ *sur ce segment.*

Il suffit évidemment de se borner au cas de $h = 1$; soient a_{p_1}, $a_{p_2}, \ldots, a_{p_{\lambda-1}}$ les coefficients successifs, où se produit le changement de signe; en posant, pour prouver la première affirmation,

$$\psi_1(x) = a_1x^3 + \ldots + a_{p_1-1}x^{2p_1-1},$$
$$\psi_2(x) = a_{p_1}x^{2p_1+1} + \ldots + a_{p_2-1}x^{2p_2-1},$$
$$\ldots\ldots\ldots\ldots\ldots\ldots,$$

on voit, en vertu de (47), que les fonctions

$$x, \quad x^{3-\varepsilon}, \quad \psi_1(x), \quad x^{2p_1+1-\varepsilon}, \quad \psi_2(x), \quad \ldots, \quad x^{2p_{\lambda-1}+1-\varepsilon}, \quad \psi_\lambda(x)$$

forment un système de Descartes, le nombre positif ε étant aussi petit qu'on le veut. Donc, en tenant compte du lemme fondamental, l'écart maximum de $S(x)$ qui est un polynome généralisé

(1) Sans compter la variation possible de signe entre 1 et a_1.

du système x, $\psi_1(x)$, ..., $\psi_\lambda(x)$ est supérieur à l'écart maximum du polynome oscillateur de la forme

$$x + b_1 x^{3-\varepsilon} + b_2 x^{2p_1+1-\varepsilon} + \ldots + b_\lambda x^{2p_{\lambda-1}+1-\varepsilon},$$

qui, à son tour, à cause du même lemme, est supérieur au module maximum du polynome oscillateur

$$x + b_1 x^{3-2\varepsilon} + b_2 x^{5-2\varepsilon} + \ldots + b_\lambda x^{2\lambda+1-2\varepsilon};$$

or, ε tendant vers zéro, ce dernier module maximum tend vers $\frac{1}{2\lambda+1}$.

Par le même raisonnement, on reconnaît que le module de $S_1(x)$ ne peut rester inférieur à l'écart maximum du polynome oscillateur

$$R(x) = x + b_1 x^2 + \ldots + b_\lambda x^\lambda.$$

Or, on vérifie sans difficulté que

$$R(x) = -\frac{\tang\frac{\pi}{4\lambda}}{\lambda} \cos\lambda \arccos\left[\cos\frac{\pi}{2\lambda} - 2x\cos^2\frac{\pi}{4\lambda}\right],$$

puisqu'on a bien $R(0) = 0$ et $R'(0) = 1$, et que le polynome $R(x)$ atteint son écart maximum en λ points du segment 01. Donc, $S_1(x)$ ne peut effectivement rester inférieur en valeur absolue à $\frac{\tang\frac{\pi}{4\lambda}}{\lambda}$ sur le segment 01.

10. Relations entre le module maximum d'un polynome et celui de sa dérivée sur un segment donné. — Dans notre étude des polynomes oscillateurs (§ 8), nous avons rencontré les inégalités (53) et (55) qui donnent la limite supérieure (effectivement atteinte) des modules des dérivées successives aux extrémités et au milieu d'un segment, lorsque l'on connaît le module maximum du polynome lui-même sur ce segment. Ce qui saute aux yeux à la comparaison de ces inégalités, c'est que l'ordre de croissance possible d'une dérivée aux bords est beaucoup plus grand qu'au milieu du segment; ainsi, si M est le module maximum du polynome $P_n(x)$ de degré n sur le segment $(-1, +1)$, à l'origine $|P'_n(0)| \leqq nM$, mais aux bords $P'_n(\pm 1)$ peut atteindre $n^2 M$. A. Markoff ([1]), qui, pour résoudre une question posée par le célèbre chimiste Mendeleieff, a le premier étudié les relations entre les maxima d'un polynome et de sa dérivée, a montré que *cette valeur* $n^2 M$ *ne pouvait aussi être dépassée par le module de la dérivée en aucun point intérieur du segment.* Mais l'exemple du milieu prouve qu'à l'intérieur cette limite peut, en général, être abaissée, et l'on a en effet, en tout point ([2]) du segment $(-1, +1)$,

$$|P'_n(x)\sqrt{1-x^2}| \leqq nM. \tag{63}$$

Il est aisé de voir que l'inégalité (63) est équivalente à la suivante :

Si une suite de cosinus

$$S_n(\theta) = a_0 + a_1 \cos\theta + \ldots + a_n \cos n\theta$$

ne dépasse pas M *en valeur absolue, alors*

$$|S'_n(\theta)| \leqq nM. \tag{64}$$

En effet, par le changement de variables $x = \cos\theta$, on peut toujours identifier un polynome $P_n(x)$ de degré n à une suite $S_n(\theta)$ de cosinus, et réciproquement; mais de $P_n(x) = S_n(\theta)$ on tire

$$P'_n(x)\sqrt{1-x^2} = S'_n(\theta).$$

Remarquons, d'autre part, que par le même changement de variables, on peut aussi identifier

$$P_n(x)\sqrt{1-x^2} = T_{n+1}(\theta) = b_1 \sin\theta + b_2 \sin 2\theta + \ldots + b_{n+1} \sin(n+1)\theta$$

Par conséquent, si l'on démontre que la condition

$$|P_n(x)\sqrt{1-x^2}| \leqq M$$

sur le segment $(-1, +1)$ entraîne comme conséquence que

$$\left|\left[P_n(x)\sqrt{1-x^2}\right]'\sqrt{1-x^2}\right| \leqq (n+1)M \tag{65}$$

([1]) A. Markoff, *Sur une question posée par Mendeleieff* (*Bulletin de l'Académie de Saint-Pétersbourg*, 1889).

([2]) S. Bernstein, *Sur l'ordre de la meilleure approximation des fonctions* (*Mémoires publiés par l'Académie de Belgique*, 1912).

sur le même segment, il en résultera aussi que l'inégalité

$$|T_{n+1}(\theta)| \leqq M,$$

vérifiée pour toute valeur réelle de θ, entraîne l'inégalité

$$(65\ bis) \qquad |T'_{n+1}(\theta)| \leqq (n+1)M.$$

M. Landau a indiqué ([1]) un procédé simple et élégant pour déduire de l'inégalité (65 *bis*), relative à une suite de sinus d'ordre quelconque, une inégalité identique concernant des suites trigonométriques contenant les cosinus et sinus simultanément.

Soit, en effet,

$$|f(\theta) = A_0 + A_1 \cos\theta + B_1 \sin\theta + \ldots + A_n \cos n\theta + B_n \sin n\theta| \leqq L;$$

on aura donc également

$$\frac{1}{2}|f(\theta+\theta_0) - f(\theta-\theta_0)| \leqq L.$$

Mais

$$\frac{1}{2}[f(\theta+\theta_0) - f(\theta-\theta_0)] = \sum_1^n (-A_k \sin k\theta_0 + B_k \cos k\theta_0) \sin k\theta$$

étant une suite de sinus, on en déduit à cause de l'inégalité (65 *bis*)

$$(66) \qquad \left|\sum_1^n k(-A_k \sin k\theta_0 + B \cos k\theta_0) \cos k\theta\right| \leqq nL.$$

L'inégalité (66) devant avoir lieu pour toute valeur de θ, on en conclut, en posant $\theta = 0$,

$$\left|\sum_1^n (-kA_k \sin k\theta_0 + kB \cos k\theta_0)\right| \leqq nL,$$

c'est-à-dire

$$(67) \qquad |f'(\theta)| \leqq nL. \qquad \text{C. Q. F. D.}$$

Il suffit donc de démontrer l'inégalité (65), car du moment que

---

([1]) Dans une lettre qu'il m'a adressée peu de temps après la publication de mon Mémoire cité.

l'inégalité générale (67) en résulte, on peut en conclure aussi (64) qui est équivalente à (63).

Ainsi, voici le théorème que nous voulons prouver [1] :

Si P(x) *est un polynome de degre n, tel que sur le segment* (— 1, + 1)

$$|S(x) = P(x)\sqrt{1-x^2}| \leq L,$$

on a également sur ce segment

$$|S'(x)\sqrt{1-x^2}| \leq (n+1)L. \tag{65}$$

Soit ξ un point déterminé intérieur au segment (— 1, + 1), où

$$S'(x)\sqrt{1-x^2} = T(x)$$

atteint son maximum M. Il est évident que dans ces conditions les coefficients de P(x) peuvent être supposés bornés, et par conséquent, M étant donné, il doit bien exister une fonction S(x) dont le module maximum L est le plus petit possible. De plus, si P(x) est le polynome qui réalise l'extremum, et $x_1, x_2, \ldots, x_k$ sont les points où $|S(x)| = L$, il doit être impossible de construire un polynome $\varphi(x)$ de degré non supérieur à n, tel que

$$\varphi(x_i) = P(x_i) \qquad (i = 1, 2, \ldots, k) \tag{68}$$

et

$$[\varphi(\xi)\sqrt{1-\xi^2}]' = 0, \tag{69}$$

car autrement la fonction

$$S_1(x) = [P(x) - \lambda\varphi(x)]\sqrt{1-x^2},$$

satisfaisant également à la condition

$$S'_1(\xi)\sqrt{1-\xi^2} = M,$$

s'écarterait de zéro moins que S(x) pour des valeurs positives de λ suffisamment petites.

---

[1] Je développe ici plus complètement un point de la démonstration que j'avais donnée dans mon Mémoire : *Sur l'ordre de la meilleure approximation*, p. 18 (*voir* DE LA VALLÉE POUSSIN, *Leçons sur l'approximation des fonctions continues*, p. 42).

Il en résulte d'abord que le nombre k des points d'écart maximum de $S(x)$ ne peut être inférieur à n. En effet, soient

$$R(x) = (x - x_1)\ldots(x - x_k)$$

et $Q(x)$ le polynome de degré $\overline{k-1}$ déterminé par les k conditions

$$Q(x_i) = P(x_i) \qquad (i = 1, 2, \ldots, k).$$

Alors, si k était inférieur à n, le polynome de degré non supérieur à n

$$\varphi(x) = Q(x) + (Ax + B)R(x)$$

satisferait aux conditions (68) quelles que soient les constantes A et B, et il suffirait d'avoir en outre

$$(70) \quad \left[Q(\xi)\sqrt{1-\xi^2}\right]' + A\left\{\xi\left[R(\xi)\sqrt{1-\xi^2}\right]' + R(\xi)\sqrt{1-\xi^2}\right\} + B\left[R(\xi)\sqrt{1-\xi^2}\right]' = 0,$$

pour réaliser aussi la condition (69). Or $R(x) = 0$ n'admettant que des racines simples, on ne peut avoir simultanément

$$R(\xi)\sqrt{1-\xi^2} = 0 \qquad \text{et} \qquad \left[R(\xi)\sqrt{1-\xi^2}\right]' = 0;$$

par conséquent, on pourrait bien satisfaire à l'équation (70), dans laquelle les coefficients de A et B ne seront jamais nuls à la fois. Donc $k \geqq n$. Examinons à présent l'hypothèse $k = n$.

Dans ce cas, le polynome de degré n

$$\varphi(x) = Q(x) + B\,R(x)$$

satisferait aussi aux conditions (68) et (69), si l'on pouvait choisir B de telle sorte que

$$\left[Q(\xi)\sqrt{1-\xi^2}\right]' + B\left[R(\xi)\sqrt{1-\xi^2}\right]' = 0.$$

Par conséquent, il est nécessaire, pour que la fonction $S(x)$ puisse être celle qui réalise l'extremum, que ξ satisfasse à l'équation

$$(71) \qquad \left[R(\xi)\sqrt{1-\xi^2}\right]' = 0.$$

Mais $x_1, x_2, \ldots, x_n$ étant les points d'écart maximum de $S(x)$, le polynome de degré $(n+1)$

$$T(x) = S'(x)\sqrt{1-x^2}$$

devra être divisible par $R(x)$ et admettra une racine réelle supplémentaire β; donc

$$R(x) = \frac{C\,T(x)}{x-\beta} = \frac{C\,S'(x)\sqrt{1-x^2}}{x-\beta},$$

où C est un facteur constant.

L'équation (71) est, par conséquent, équivalente à

$$\left[\frac{T(\xi)\sqrt{1-\xi^2}}{\xi-\beta}\right]' = 0,$$

ou

$$(72) \qquad T(\xi)\left[\frac{\sqrt{1-\xi^2}}{\xi-\beta}\right]' + T'(\xi)\frac{\sqrt{1-\xi^2}}{\xi-\beta} = 0,$$

et, puisque $T(\xi) = M$ et $T'(\xi) = 0$ [car M est le maximum de $T(x)$], l'équation (72) se réduit simplement à

$$(73) \qquad \beta\xi - 1 = 0.$$

Donc, en remarquant que $|\xi| < 1$, nous concluons que $|\beta| > 1$.

D'autre part, on a manifestement

$$(74) \qquad S^2 - L^2 = \frac{S'^2(x^2-1)(x-\gamma)(x-\delta)}{(n+1)^2(x-\beta)^2},$$

car le polynome $S^2 - L^2$ de degré $\overline{2n+2}$, admettant $x_1, x_2, \ldots, x_n$ comme racines doubles, est divisible par $R^2(x)$ et doit avoir encore deux racines γ et δ, de sorte que les deux membres de (74) sont bien identiques, puisque leurs termes du plus haut degré en x ont le même coefficient. Je dis que les racines γ et δ, *qui sont complexes conjuguées, puisque* $S^2 - L^2 \leqq 0$ *pour toute valeur réelle de* x, *ont leur partie réelle commune de même signe que* β *et supérieure à* β *en valeur absolue* (¹). Supposons, pour fixer les idées, $\beta > 0$; donc, d'après ce qui précède, $\beta > 1$.

Dans ces conditions, $iS = P\sqrt{x^2-1}$, après s'être annulé pour $x = 1$, atteindra un seul maximum (ou minimum) en $x = \beta$, et, devant croître indéfiniment pour $x = \infty$, s'annulera encore pour $x = \alpha > \beta$ et prendra la valeur $+L$ ou $-L$ en $x = \lambda > \alpha$.

(¹) C'est la preuve de cette affirmation qui manque dans la démonstration que j'ai donnée dans le Mémoire *Sur l'ordre de la meilleure approximation*, etc., p. 18.

Par conséquent, le polynome S^2, dont toutes les racines sont réelles [les racines ± 1, $\overline{n-1}$ racines doubles à l'intérieur du segment $(+1, -1)$ et la racine double $\alpha > \beta$] prend la valeur $-L^2$ au point λ. Par ce point λ, il passera donc dans le plan de la variable complexe x une courbe, où $|S^2(x)| = L^2$, qui devra entourer au moins un des zéros du polynome $S^2(x)$; et, en suivant cette courbe à partir de λ du côté supérieur, par exemple, du plan de la variable complexe x, on arrivera sur la perpendiculaire à l'axe réel élevé en α en un point M, où l'argument de $S^2(x)$ aura varié d'un angle supérieur à π, puisque toutes les racines de $S^2(x)$ se trouvent à gauche de α. Par conséquent, avant de parvenir en M, on rencontrera un point γ, dont la partie réelle est supérieure à $\alpha > \beta$, où $S^2(\gamma) = L^2$. Notre affirmation est ainsi démontrée. Il en résulte que, pour $-1 \leqq x \leqq 1$, on a nécessairement

$$\left|\frac{(x-\gamma)(x-\delta)}{(x-\beta)^2}\right| > \frac{1}{\theta} > 1,$$

θ étant un certain nombre positif, inférieur à 1.

Donc, de (74), nous tirons

$$L^2 > \frac{S'^2(1-x^2)}{(n+1)^2\theta^2},$$

d'où

$$L > \frac{M}{(n+1)\theta}.$$

Ainsi, si l'extremum était réalisé par une fonction $S(x)$ pour laquelle le nombre k de points d'écart était égal à n, on aurait

$$M < (n+1)L. \tag{75}$$

Or, en examinant l'hypothèse possible encore, que le nombre $k = n+1$, nous voyons que, dans ce cas, $S^2 - L^2$ ne peut différer de $R^2(x)$ que par un facteur constant. Donc

$$S^2 - L^2 = \frac{S'^2(x^2-1)}{(n+1)^2}. \tag{76}$$

Par conséquent, en intégrant, nous trouvons

$$S = L\sin[(n+1)\arccos x + C], \tag{77}$$

où $C = m\pi$ (m étant un entier), puisque $S(x)$ doit être de la forme $P(x)\sqrt{1-x^2}$, $P(x)$ étant un polynome. Mais alors

$$S'(x)\sqrt{1-x^2}$$

pourra effectivement atteindre la valeur

$$M = (n+1)L. \qquad \text{C. Q. F. D.}$$

Indiquons quelques applications élémentaires de ces résultats. Faisons d'abord le changement de variables

$$x_1 = \frac{b(x+1)-a(x-1)}{2};$$

il résulte alors de l'inégalité (63) que, si $|P(x)| \leqq L$ sur le segment (ab), où $P(x)$ est un polynome de degré n, on aura sur le même segment

$$(78) \qquad |P'(x)\sqrt{(b-x)(x-a)}| \leqq nL.$$

Considérons à présent la suite de cosinus

$$S_n(\theta) = a_0 + a_1\cos\theta + \ldots + a_n \cos n\theta;$$

si l'on a pour $\theta_0 \leqq \theta \leqq \theta_1$,

$$|S_n(\theta)| \leqq L,$$

on aura dans le même intervalle

$$(79) \qquad \left|\frac{S'_n(\theta)\sqrt{(\cos\theta_0 - \cos\theta)(\cos\theta - \cos\theta_1)}}{\sin\theta}\right| \leqq nL.$$

Il suffit, en effet, de faire le changement de variables $x = \cos\theta$ et d'appliquer l'inégalité (78).

Il est intéressant de remarquer qu'à l'exception du cas, où l'intervalle se réduit à $(0, \pi)$, il n'est pas possible d'indiquer une limite supérieure générale de $|S'_n(\theta)|$ valable dans tout l'intervalle (θ_0, θ_1) qui soit de l'ordre de nL; mais, comme dans le cas des polynomes, une telle limite existe seulement pour tout intervalle déterminé intérieur à (θ_0, θ_1). La même remarque s'applique à la suite trigonométrique qui contiendrait également les sinus.

On peut aussi utiliser l'inégalité (67) pour démontrer la proposition suivante :

Si sur une circonférence de rayon R *le polynome de degré* n

$P_n(z)$ *a son module non supérieur à* L, *on a sur la même circonférence* (*et*, *par conséquent*, *à son intérieur également*)

$$|P'_n(z)| < \frac{nL}{R}. \tag{80}$$

Il suffit évidemment de considérer le cas où $R = 1$, puisque le cas général se ramène à celui-là par le changement de variables $z_1 = Rz$. Nous pouvons aussi ramener (par une rotation des axes et par l'introduction d'un facteur convenable) le cas général à celui où la valeur $P'_n(z)$ de module maximum M est atteinte pour $z = 1$ et $P'_n(1) = M$, car nous admettons, bien entendu, que les coefficients de

$$P_n(z) = \sum_0^n (a_k + ib_k) z^k$$

peuvent être complexes. Ainsi, par hypothèse,

$$\left| \sum_0^n (a_k \cos k\theta - b_k \sin k\theta) + i \sum_0^n (a_k \sin k\theta + b_k \cos k\theta) \right| \leqq L.$$

Donc, *a fortiori*,

$$\left| \sum_0^n (a_k \sin k\theta + b_k \cos k\theta) \right| \leqq L.$$

Mais alors, en vertu de (67),

$$\left| \sum_0^n k(a_k \cos k\theta - b_k \sin k\theta) \right| \leqq nL$$

et, en particulier,

$$P'_n(1) = \sum_0^n k a_k = M \leqq nL. \qquad \text{C. Q. F. D.}$$

Pour ce qui concerne les dérivées successives, l'inégalité (67) est susceptible d'une généralisation immédiate. En effet, en appliquant cette inégalité p fois de suite, on voit que si, pour toute valeur de θ,

$$|f_n(\theta) = a_0 + a_1 \cos\theta + b_1 \sin\theta + \ldots + a_n \cos n\theta + b_n \sin n\theta| \leqq L,$$

on aura aussi

(81) $$|f_n^{(p)}(\theta)| \leqq n^p \mathrm{L}.$$

Les choses se présentent d'une façon moins simple pour les polynomes. Ce n'est que par une analyse très subtile que W. Markoff ([1]) est parvenu à montrer que les limites supérieures des modules des dérivées successives d'un polynome $\mathrm{P}_n(x)$ de degré n aux bords d'un segment sur lequel on connaît le module maximum de $|\mathrm{P}_n(x)|$ ne peuvent être également dépassées en aucun point intérieur du segment. Mais, en réalité, comme nous l'avons remarqué pour la dérivée première, dans tout intervalle déterminé intérieur au segment considéré, l'ordre de grandeur de $|\mathrm{P}_n^{(p)}(x)|$ n'est que n^p, tandis que les limites de W. Markoff, qui sont effectivement atteintes aux bords, sont de l'ordre n^{2p}. On peut, en effet, par une application successive de l'inégalité (63), reconnaître que

$$|\mathrm{P}_n^{(p)}(x)| < \frac{\sqrt{(1-x_1^2)(x_1^2-x_2^2)\ldots(x_{p-1}^2-x^2)}}{n(n-1)\ldots(n-p-1)\mathrm{L}},$$

si $|\mathrm{P}_n(x)| \leqq \mathrm{L}$ sur $(-1, +1)$, où $x^2 < x_{p-1}^2 < \ldots < x_1^2 < 1$, et, en particulier, en faisant

$$1 - x_1^2 = x_1^2 - x_2^2 = \ldots x_{p-1}^2 - x^2 = \frac{1-x^2}{p},$$

on a donc

(82) $$|\mathrm{P}_n^{(p)}(x)| < \frac{p^{\frac{p}{2}} n(n-1)\ldots(n-p+1)\mathrm{L}}{(1-x^2)^{\frac{p}{2}}}.$$

Mais rien ne prouve que cette limite supérieure peut effectivement être atteinte. J'ai démontré, au contraire, qu'en rèalité la valeur asymptotique pour n très grand du maximum de $|\mathrm{P}_n^{(p)}(x)|$ en un point intérieur est égale ([2]) simplement à

(83) $$\frac{n^p \mathrm{L}}{(1-x^2)^{\frac{p}{2}}}.$$

([1]) Le travail de W. Markoff : *Sur les fonctions qui s'écartent le moins possible de zero*, traduit en allemand sous ma rédaction par M. J. Grosmann, a été publié dans les *Mathematische Annalen*, 1915. Ce Mémoire important paru en langue russe en 1892 contient également les inégalités (51), (52),..., (55).

([2]) *Sur l'inégalité de W. Markoff* (*Communications de la Société mathématique de Kharkow*, t. XIV).

11. Détermination du module maximum de la dérivée d'un polynome monotone, dans un intervalle donné. — Le fait que la croissance de la dérivée d'un polynome $P_n(x)$ aux extrémités de l'intervalle, où $|P_n(x)| < L$, est de l'ordre $n^2 L$ conduit à des difficultés qu'il serait désirable d'éviter, en imposant au polynome certaines conditions restrictives. Cependant, en laissant de côté des cas évidents, comme celui de

$$P_n(x) = a_0 + a_1 \varphi(x) + \ldots + a_k \varphi^k(x),$$

où $a_i \geqq 0$ et $\varphi(x)$ un polynome quelconque de degré p [$P'_n(x)$ est alors de l'ordre $kp^2 L$] ou bien celui (¹) où

$$P_n(x) = \sum_1^m a_p(x-a)^p(b-x)^{m-p},$$

on ne connaît pas de classes générales importantes de polynomes pour lesquels la croissance de la dérivée soit sensiblement inférieure. En songeant au caractère oscillatoire des polynomes dont les dérivées croissent le plus rapidement, on serait tenté de penser que la dérivée d'un polynome monotone devrait croître sensiblement moins vite. Or, comme nous le verrons tout de suite, la monotonie du polynome ne diminue que fort peu la capacité de croissance de sa dérivée. On a, en effet, le théorème suivant :

Théorème (²). — *Le minimum de l'écart de zéro dans un*

(¹) Si dans ce cas $|P_n(x)| \leqq L$ dans l'intervalle $(a+h, b-h)$, on a sur le même segment $|P'_n(x)| < \frac{mL}{h}$. On sait que si un polynome $P_n(x)$ est positif dans (a, b), on peut toujours le mettre sous la forme $\sum_1^m a_p(x-a)^p(b-x)^{m-p}$, où $a_p \geqq 0$, en prenant m assez grand. *Voir* ma Note *Sur la représentation des polynomes positifs* (*Communications de la Société mathématique de Kharkow*, t. XIV).

(²) Dans le Mémoire *Sur les fonctions qui s'écartent le moins possible de zéro* (*Œuvres*, t. II), Tchebyscheff a résolu un problème analogue : il a trouvé l'écart minimum L sur un segment donné $(-1, +1)$ du polynome monotone de degré n dont le coefficient de x^n est 1 ; pour n pair, il donne

$$L = 2\left[\frac{1.2\ldots\frac{n}{2}}{1.3.5\ldots(n-1)}\right]^2.$$

intervalle de longueur $2h$ *des polynomes non décroissants de degré* $2n+1$, *dont la dérivée atteint en un point de l'intervalle la valeur* 1, *est égal à* $\frac{h}{(n+1)^2}$.

Il est évident d'abord que l'écart minimum cherché ne dépend pas de la position de l'intervalle sur l'axe réel, puisque le changement de variables $x_1 = x + a$ ne modifie pas les données. De plus, si L est l'écart minimum correspondant au segment $(-1, +1)$ et L_h celui du segment $(-h, +h)$, on aura

$$L_h = hL, \tag{84}$$

car, $P(x)$ étant le polynome qui réalise l'écart L sur $(-1, +1)$, le polynome $hP\left(\frac{x}{h}\right)$ [dont la dérivée sur le segment $(-h, +h)$ prend les mêmes valeurs que $P'(x)$ sur $(-1, +1)$] réalise l'écart hL dans l'intervalle $(-h, +h)$. Nous pouvons donc nousborner à déterminer l'écart minimum L (ou bien la variation totale minima $2L$) relatif au segment $(-1, +1)$; tous les polynomes $P(x) + C$ auront d'ailleurs la même variation totale, quelle que soit la constante C. Je dis que, si $P(x)$ a sa variation totale minima parmi tous les polynomes du même degré, dont la dérivée atteint en un point ξ quelconque du segment la valeur 1, on peut supposer qu'un de ces points ξ, où $P'(\xi) = 1$, se trouve à l'une des extrémités du segment; en effet, supposons-le contraire : alors le polynome $P(x)$ ne fournirait pas la variation la plus petite ni sur le segment $(-1, \xi)$, ni sur le segment $(\xi, 1)$; donc, sa variation totale $2L$ devrait être supérieure à la somme des variations minima

$$L(\xi + 1) + L(1 - \xi) = 2L$$

relatives aux deux intervalles $(-1, \xi)$ et $(\xi, 1)$, ce qui est impossible. Par conséquent, nous pouvons supposer que $P'(1) = 1$, et en fixant la constante arbitraire C par la condition que le polynome à variation totale minima s'annule à l'extrémité (-1),

$$P(x) = \int_{-1}^{x} \varphi(x)\,dx, \tag{85}$$

où $\varphi(x)$ est un polynome de degré $2n$, non négatif pour $-1 \leqq x \leqq 1$, et de plus $\varphi(1) = 1$. Il s'agit de minimer dans ces conditions l'intégrale

$$P(1) = \int_{-1}^{+1} \varphi(x)\, dx. \tag{86}$$

Il est aisé de voir à présent que $\varphi(x)$ est un carré parfait. En effet, toutes les racines intérieures de $\varphi(x)$ devant être d'ordre pair, nous pouvons poser

$$\varphi(x) = u^2(x)\, q(x),$$

où $q(x)$ n'a plus de racines intérieures et, sans pouvoir s'annuler pour $x = 1$, possède au plus une racine simple en (-1); mais, $q(x)$ étant de degré pair, est au moins du second degré, s'il n'est pas une constante; donc, à moins que ce dernier cas ne se présente, on pourrait, en remplaçant $\varphi(x)$ dans (85) par

$$\psi(x) = u^2(x)[q(x) - \lambda(1 - x^2)],$$

prendre le nombre positif λ assez petit pour que $\psi(x)$, tout en restant non négatif, rende

$$\int_{-1}^{+1} \psi(x)\, dx < \int_{-1}^{+1} \varphi(x)\, dx.$$

Ainsi finalement $\varphi(x) = u^2(x)$, où $u(x)$ est un polynome de degré n avec $u(1) = 1$, et il faut minimer l'intégrale

$$P(1) = \int_{-1}^{+1} u^2(x)\, dx. \tag{86 bis}$$

A cet effet, posons

$$u(x) = \frac{a_0}{\sqrt{2}} + a_1 P_1(x) + \ldots + a_n P_n(x),$$

où $P_k(x)$ représente le polynome normé de Legendre de degré k, défini par les relations

$$\int_{-1}^{+1} P_k(x) P_l(x)\, dx = 0 \qquad (k \gtrless l),$$

$$\int_{-1}^{+1} P_k^2(x)\, dx = 1.$$

On a alors

$$a_k = \int_{-t}^{+1} u(x)\, P_k(x)\, dx,$$

et c'est

$$\int_{-1}^{+1} u^2(x)\, dx = a_0^2 + a_1^2 + \ldots + a_n^2$$

qu'il faut minimer sous la condition que

$$u(1) = \frac{a_0}{\sqrt{2}} + a_1\, P_1(1) + \ldots + a_n\, P_n(1) = \sum_{k=0}^{k=n} a_k \sqrt{\frac{2k+1}{2}} = 1.$$

En appliquant la méthode ordinaire du calcul différentiel, on obtient ainsi

$$a_0 = \frac{a_1}{\sqrt{3}} = \ldots = \frac{a_n}{\sqrt{2n+1}} = \frac{\sqrt{2}}{(n+1)^2};$$

donc

$$\sum_{k=0}^{k=n} a_k^2 = \frac{2}{(n+1)^2}.$$

Par conséquent,

(87) $$L = \frac{1}{(n+1)^2}.$$ C. Q. F. D.

Remarque. — Nous avons démontré, en passant, que *si* $u(x)$ *est un polynome de degré* n *qui atteint dans l'intervalle* $(-1, +1)$ *la valeur* 1, *on a*

$$\int_{-1}^{+1} u^2(x)\, dx \geqq \frac{1}{(n+1)^2}.$$

CHAPITRE II.

PROPRIÉTÉS EXTRÉMALES SUR TOUT L'AXE RÉEL DES FONCTIONS DÉPENDANT D'UN NOMBRE FINI OU INFINI DE PARAMÈTRES.

12. Propriétés extrémales sur tout l'axe réel des fractions algébriques. — Soit $R(x)$ un polynome de degré $2n$ à coefficients réels ne possédant que des racines complexes $\alpha_k \pm i\beta_k$, où $\beta_k > 0$. On pourra le mettre d'une façon unique sous la forme

$$R(x) = R(0)[s^2(x) + t^2(x)], \tag{88}$$

o

$$s(x) + i\,t(x) = \left(1 - \frac{x}{\alpha_1 - i\beta_1}\right)\cdots\left(1 - \frac{x}{\alpha_n - i\beta_n}\right) = \sum_{p=0}^{n} c_p x^p \tag{89}$$

n'admet que des racines complexes $\alpha_k - i\beta_k$, dont la partie imaginaire est négative.

Dans ces conditions,

$$\frac{s(x)}{\sqrt{s^2(x) + t^2(x)}} = \cos\Phi, \qquad \frac{t(x)}{\sqrt{s^2(x) + t^2(x)}} = \sin\Phi, \tag{90}$$

où

$$\Phi = \varphi_1 + \varphi_2 + \ldots + \varphi_n, \tag{91}$$

φ_k étant l'argument de $1 - \dfrac{x}{\alpha_k - i\beta_k}$; en effet,

$$\begin{aligned} s(x) = \frac{1}{2}\Bigg[& \left(1 - \frac{x}{\alpha_1 - i\beta_1}\right)\cdots\left(1 - \frac{x}{\alpha_n - i\beta_n}\right) \\ & + \left(1 - \frac{x}{\alpha_1 + i\beta_1}\right)\cdots\left(1 - \frac{x}{a_n + i\beta_n}\right)\Bigg] \\ = {} & \frac{1}{2}\sqrt{s^2(x) + t^2(x)}\,[e^{i(\varphi_1 + \ldots + \varphi_n)} + e^{-i(\varphi_1 + \varphi_2 + \ldots + \varphi_n)}], \end{aligned} \tag{92}$$

et

$$t(x) = \frac{1}{2i}\left[\left(1 - \frac{x}{\alpha_1 - i\beta_1}\right)\cdots\left(1 - \frac{x}{\alpha_n - i\beta_n}\right)\right.$$
$$\left. - \left(1 - \frac{x}{\alpha_1 + i\beta_1}\right)\cdots\left(1 - \frac{x}{\alpha_n + i\beta_n}\right)\right]$$
$$= \frac{1}{2i}\sqrt{s^2(x) + t^2(x)}\,[e^{i\Phi} - e^{-i\Phi}].$$

De la définition de φ_k il résulte que

$$(93)\qquad \varphi_k - \delta_k = \arc\cos\frac{\alpha_k - x}{\sqrt{(\alpha_k - x)^2 + \beta_k^2}} = -\arc\sin\frac{\beta_k}{\sqrt{(\alpha_k - x)^2 + \beta_k}},$$

où

$$\delta_k = \arc\cos\frac{\alpha_k}{\sqrt{\alpha_k^2 + \beta_k^2}} = \arc\sin\frac{\beta_k}{\sqrt{\alpha_k^2 + \beta_k^2}}.$$

Donc, x variant de $-\infty$ à $+\infty$, φ_k décroît de δ_k à $\delta_k - \pi$, et, par conséquent, Φ décroît de $\Sigma\,\delta_k$ à $\Sigma\,\delta_k - n\pi$.

D'où nous concluons que, quelles que soient les constantes A et B,

$$(94)\qquad f(x) = \frac{A\,s(x) + B\,t(x)}{\sqrt{s^2(x) + t^2(x)}} = \sqrt{A^2 + B^2}\cos(\Phi - \lambda)$$

atteindra son module maximum $\sqrt{A^2 + B^2}$ *au moins n fois avec des signes opposés, lorsque x variera de* $-\infty$ *à* $+\infty$.

Remarquons encore que du fait que toutes les racines de $s(x) + i\,t(x) = 0$ ont leur partie imaginaire négative, il résulte que $s'(x) + i\,t'(x) = 0$ jouit de la même propriété, et, en général, toutes les équations $s^{(p)}(x) + i\,t^{(p)}(x) = 0$ n'ont que des racines complexes avec des parties imaginaires négatives. Cela résulte du fait que

$$\frac{s'(x) + i\,t'(x)}{s(x) + i\,t(x)} = \sum_{k=1}^{k=n}\frac{1}{x - \alpha_k + i\beta_k}$$

représente une somme de termes ayant leurs parties imaginaires essentiellement négatives, lorsque x se trouve au-dessus de l'axe réel ou bien sur l'axe lui-même.

Donc, *aucun des coefficients c_p de $s(x) + it(x)$ ne peut être nul et, de plus, le rapport $\frac{c_{p+1}}{c_p}$ ne peut être réel* (si $p < n$).

Cela étant, il est aisé de démontrer le théorème suivant :

PREMIER THÉORÈME. — $P(x)$ *étant un polynome quelconque dans lequel deux coefficients consécutifs* A_p *et* A_{p+1} *de* x^p *et* x^{p+1} *sont déterminés* ($0 \leqq p < n$), *la fraction*

$$F(x) = \frac{P(x)}{\sqrt{s^2(x) + t^2(x)}}$$

qui s'écarte le moins possible de zéro sur tout l'axe réel est égale à

$$f(x) = \frac{A\,s(x) + B\,t(x)}{\sqrt{s^2(x) + t^2(x)}},$$

où A *et* B *sont déterminés par la condition que les coefficients de* x^p *et* x^{p+1} *dans* $As(x) + Bt(x)$ *sont égaux, respectivement, aux nombres donnés* A_p *et* A_{p+1}.

En effet, il est toujours possible de satisfaire aux conditions

$$(95) \qquad \begin{cases} A\gamma_p + B\gamma'_p = A_p, \\ A\gamma_{p+1} + B\gamma'_{p+1} = A_{p+1}, \end{cases}$$

où γ_p et γ'_p sont les coefficients de x^p dans $s(x)$ et $t(x)$ respectivement, car $c_p = \gamma_p + i\gamma'_p$, $c_{p+1} = \gamma_{p+1} + i\gamma'_{p+1}$ étant les coefficients de x^p et x^{p+1} de $s(x) + it(x)$, le déterminant

$$\gamma_p \gamma'_{p+1} - \gamma'_p \gamma_{p+1},$$

en vertu de la remarque faite plus haut, est différent de zéro. Après avoir fixé ainsi A et B, nous avons une fonction $f(x)$ bien déterminée qui atteint son module maximum $\sqrt{A^2 + B^2}$ en n points avec des signes opposés. Il est impossible donc de construire un polynome $P(x)$ (dont le degré, évidemment, ne peut dépasser n) qui fasse $F(x)$ constamment inférieur à $\sqrt{A^2 + B^2}$ en satisfaisant aux conditions imposées, car il existerait alors un polynome

$$A\,s(x) + B\,t(x) - P(x)$$

de degré non supérieur à n possédant une lacune de deux termes (entre x^{p-1} et x^{p+2}) qui devrait avoir des signes opposés en n points de l'axe réel et, par conséquent, aurait au moins $n - 1$ racines réelles. C. Q. F. D.

DEUXIÈME THÉORÈME. — *Si l'on se donne un seul coefficient* A_p *de* $P(x)$, *l'écart sur l'axe réel de* $\frac{P(x)}{\sqrt{s^2(x)+t^2(x)}}$ *est au moins égal à* $\left|\frac{A_p}{c_p}\right|$, *où* c_p *est le coefficient de* x^p *dans* $s(x)+it(x)$.

En effet, d'après ce qui précède, le polynome $P(x)$ qui réalise l'extremum est donné par $As(x)+Bt(x)$ pourvu que

$$A\gamma_p + B\gamma'_p = A_p,$$

et qu'on ajoute la condition que $\sqrt{A^2+B^2}$ [qui est le module maximum de $f(x)$] soit minimum. Donc

$$\frac{A}{\gamma_p} = \frac{B}{\gamma'_p} = \frac{A^2+B^2}{A_p} = \frac{A_p}{\gamma_p^2+\gamma'^2_p},$$

d'où

$$\sqrt{A^2+B^2} = \left|\frac{A_p}{c_p}\right|. \qquad \text{C. Q. F. D.}$$

PREMIER COROLLAIRE. — *La fraction*

$$\frac{x^{n-1}+b_1x^{n-2}+\ldots+b_{n-1}}{\sqrt{[(x-\alpha_1)^2+\beta_1^2]\ldots[(x-\alpha_n)^2+\beta_n^2]}}$$

sur l'axe réel peut ne pas dépasser, mais ne peut rester inférieure à

$$\frac{1}{\sum_{k=1}^{k=n}\beta_k}.$$

En effet, suivant que n soit pair ou impair,

$$\frac{\pm 1}{\Sigma\beta_k}\sin(\Phi-\Sigma\delta_k) = \pm\frac{\left\{\begin{array}{l}[(\alpha_1-x)-i\beta_1]\ldots[(\alpha_n-x)-i\beta_n]\\ -[(\alpha_1-x)+i\beta_1]\ldots[(\alpha_n-x)+i\beta_n]\end{array}\right\}}{2i\Sigma\beta_k\sqrt{[(x-\alpha_1)^2+\beta_1^2]\ldots[(x-\alpha_n)^2+\beta_n^2]}}$$

aura la forme voulue et réalisera le minimum $\frac{1}{\Sigma\beta_k}$ de l'écart.

Il en résulte, en particulier, *qu'une fraction rationnelle*

$$\frac{P_n(x)}{Q_n(x)} = \frac{x^{n-1}+p_1x^{n-2}+\ldots+p_{n-1}}{x^n+q_1x^{n-1}+\ldots+q_{n-1}},$$

où le dénominateur n'a que des racines complexes conjuguées, a son module maximum sur l'axe réel au moins égal à $\frac{1}{2\Sigma\beta_k}$, *où* $\beta_1, \beta_2, \ldots, \beta_{\frac{n}{2}}$ *représentent les parties imaginaires des racines de* $Q(x)$, *situées sur la partie supérieure du plan.*

DEUXIÈME COROLLAIRE. — *Le module maximum de la fraction*

$$\frac{P(x)}{\sqrt{R(x)}} = \frac{x^n + p_1 x^{n-1} + \ldots + p_n}{\sqrt{x^{2n+1} + b_1 x^{2n} + \ldots + b_{2n+1}}}$$

sur le demi-axe positif ne peut rester inférieur, mais peut ne pas dépasser

$$\frac{1}{\Sigma\sqrt{\rho_k}\left|\sin\frac{\theta_k}{2}\right|},$$

$\rho_k e^{i\theta_k}$ *désignant les racines de* $R(x)$, *supposées toutes négatives ou complexes.*

En effet, en posant $x = y^2$, on voit que le minimum de l'écart sur tout l'axe réel des fractions $\frac{P(y^2)}{\sqrt{R(y^2)}}$ est le même que celui des fractions

$$\frac{y^{2n} + q_1 y^{2n-1} + \ldots + q_{2n}}{\sqrt{R(y^2)}},$$

car la fraction de cette dernière forme qui réalise l'extremum est nécessairement paire. Or, $R(y^2)$ admet $\pm\sqrt{\rho_k}\, e^{i\frac{\theta_k}{2}}$ pour racines; donc, en vertu du corollaire précédent, le minimum de l'écart est égal à

$$\frac{1}{\Sigma\beta_k} = \frac{1}{\Sigma\sqrt{\rho_k}\left|\sin\frac{\theta_k}{2}\right|}.$$

En particulier, si $R(x)$ a toutes ses racines négatives, on a

$$R(x) = (x + a_1)\ldots(x + a_{2n+1})$$

et

$$\frac{1}{\Sigma\sqrt{\rho_k}\left|\sin\frac{\theta_k}{2}\right|} = \frac{1}{\Sigma\sqrt{a_k}}.$$

TROISIÈME COROLLAIRE. — *Si sur tout l'axe réel*

$$|P(x)| \leqq M\,|s(x) + i\,t(x)|,$$

on a aussi pour toute valeur réelle de x

$$(96)\quad \begin{cases} |P'(x)| \leqq M\,|s'(x) + i\,t'(x)|, \\ \dots\dots\dots\dots\dots\dots, \\ |P^{(p)}(x)| \leqq M\,|s^{(p)}(x) + i\,t^{(p)}(x)|, \\ \dots\dots\dots\dots\dots\dots \end{cases}$$

En effet, les inégalités (96) pour $x = 0$ sont une conséquence directe du deuxième théorème que nous venons d'établir; mais il suffit de faire le changement de variable $x_1 = x + a$ pour en déduire les inégalités (96) dans le cas général.

Ainsi, par exemple, si pour toute valeur réelle de x

$$|P(x)| \leqq M(1+x^2)^{\frac{n}{2}} = M\,|1 + xi|^n,$$

on aura aussi

$$|P'(x)| \leqq Mn\,|1 + xi|^{n-1} = Mn(1+x^2)^{\frac{n-1}{2}},$$

$$|P''(x)| \leqq Mn(n-1)(1+x^2)^{\frac{n-2}{2}},$$

$$\dots\dots\dots\dots\dots\dots$$

Quatrième corollaire. — *Le minimum de l'écart d'une expression de la forme*

$$\frac{p_0 + x + p_1 x^2 + \dots}{\sqrt{s^2(x) + t^2(x)}}$$

est égal à

$$(97)\qquad M = \frac{1}{\left|\sum \frac{1}{\alpha_k - i\beta_k}\right|}.$$

C'est une conséquence immédiate du même théorème, puisque

$$c_1 = -\sum \frac{1}{\alpha_k - i\beta_k}.$$

Supposons, en particulier, le polynome $R(x)$ pair, de sorte que ses racines sont deux à deux égales et de signes contraires. Dans ces conditions, le polynome $s(x)$ sera pair et $t(x)$ impair.

Dans ce cas, à chaque couple de racines purement imaginaires $\pm i\beta_h$ de $R(x)$ correspond un terme positif $\frac{1}{\beta_h}$ dans la somme qui figure au dénominateur de M; d'autre part, aux quatre racines simples $\pm\alpha_k \pm i\beta_k$ correspondent deux termes positifs égaux à $\frac{\beta_k}{\alpha_k^2+\beta_{k}^2} = \frac{\sin\theta_k}{\rho_k}$, ρ_k étant le module commun de ces racines et θ_k l'argument de celle d'entre elles qui est compris entre o et $\frac{\pi}{2}$. Ainsi on a

$$\frac{1}{M} = \sum \frac{\sin\theta_k}{\rho_k} \tag{97 bis}$$

$\Big($le second membre contenant des termes égaux deux à deux, si $\theta_k < \frac{\pi}{2}\Big)$.

Remarquons que notre corollaire et l'égalité (97 *bis*) subsisteraient encore, si les quatre racines que nous venons de considérer se réduisaient à deux racines doubles réelles $\pm\alpha_k$, car, d'une part, les termes correspondants dans $\frac{1}{M}$ seraient nuls, et, d'autre part, pour avoir le minimum de la fraction envisagée il serait, évidemment, nécessaire d'introduire au numérateur le facteur $1 - \frac{x^1}{\alpha_k^2}$ qui réduirait notre fraction à sa forme précédente, où le dénominateur ne posséderait plus de racines réelles.

Pour simplifier, bornons-nous d'abord au cas où les racines de $R(x)$ sont purement imaginaires. Donc, en appliquant le corollaire qui précède, nous avons la proposition suivante :

CINQUIÈME COROLLAIRE. — *La fraction*

$$\frac{x + p_1 x^3 + \ldots + p_{n-1} x^{2n-1}}{\sqrt{\left(1+\frac{x^2}{\beta_1^2}\right)\cdots\left(1+\frac{x^2}{\beta_n^2}\right)}}$$

peut ne pas dépasser, mais ne peut rester inférieure en valeur absolue à $\frac{1}{\sum \frac{1}{\beta_n}}$ *pour toutes les valeurs réelles de* x.

En appliquant le lemme fondamental du paragraphe 9 nous en concluons que *la fraction de la forme*

$$\frac{x + p_1 x^2 + \ldots + p_{n-1} x^{2n-2}}{\sqrt{\left(1+\frac{x^2}{\beta_1^2}\right)\cdots\left(1+\frac{x^2}{\beta_n^2}\right)}} \tag{98}$$

peut certainement rester inférieure à $\dfrac{1}{\sum \frac{1}{\beta_k}}$ *pour* $x \geqq 0$; *au contraire, la fraction de la forme*

$$\frac{x + p_1 x^4 + \ldots + p_{n-1} x^{2n}}{\sqrt{\left(1 + \frac{x^2}{\beta_1^2}\right) \cdots \left(1 + \frac{x^2}{\beta_n^2}\right)}}$$

devra nécessairement dépasser $\dfrac{1}{\sum \frac{1}{\beta_k}}$.

La seconde partie de notre affirmation va nous permettre de donner aussi par un raisonnement analogue à celui du paragraphe 9 une limite inférieure de l'écart de la fraction (98). En effet, si l'on a

$$(99) \qquad \frac{|x + p_1 x^2 + \ldots + p_{n-1} x^{2n-2}|}{\sqrt{\left(1 + \frac{x^2}{\beta_1^2}\right) \cdots \left(1 + \frac{x^2}{\beta_n^2}\right)}} \leqq L,$$

on aura, *a fortiori*, quel que soit $\mu > 0$,

$$\frac{|x + p_1 x^2 + \ldots + p_{n-1} x^{2n-2}|}{\sqrt{\left(1 + \frac{x^2(1+\mu)^2}{\beta_1^2}\right) \cdots \left(1 + \frac{x^2(1+\mu)^2}{\beta_n^2}\right)}} < L,$$

ou, en posant $x(1 + \mu) = x_1$,

$$\frac{\left|\frac{x_1}{1+\mu} + p_1\left(\frac{x_1}{1+\mu}\right)^2 + \ldots + p_{n-1}\left(\frac{x_1}{1+\mu}\right)^{2n-2}\right|}{\sqrt{\left(1 + \frac{x_1^2}{\beta_1^2}\right) \cdots \left(1 + \frac{x_1^2}{\beta_n^2}\right)}} < L.$$

En multipliant cette dernière inégalité par $(1+\mu)^2$ et en écrivant x au lieu de x_1, on aura donc

$$(100) \qquad \frac{\left|(1+\mu)x + p_1 x^2 + \ldots + (1+\mu)^2 p_{n-1}\left(\frac{x}{1+\mu}\right)^{2n-2}\right|}{\sqrt{\left(1 - \frac{x^2}{\beta_1^2}\right) \cdots \left(1 + \frac{x^2}{\beta_n^2}\right)}} < (1+\mu)^2 L.$$

Donc, en retranchant (99) de (100) et en divisant par μ, on trouve une inégalité de la forme

$$\frac{|x+q_1x^4+\ldots+q_{n-1}x^{2n-2}|}{\sqrt{\left(1+\frac{x^2}{\beta_1^2}\right)\cdots\left(1+\frac{x^2}{\beta_n^2}\right)}} < \frac{(1+\mu)^2+1}{\mu}\,L,$$

et finalement, en posant $\mu=\sqrt{2}$, on en déduit

$$L > \frac{1}{2(1+\sqrt{2})}\,\frac{1}{\sum \frac{1}{\beta_k}}.$$

Par conséquent, *en désignant, en général, par*

$$E_{\varphi(x)}[F(x)]$$

le minimum de l'écart de $\frac{F(x)-P(x)}{\varphi(x)}$ *sur l'axe réel, où* $P(x)$ *est un polynome arbitraire*, on a, en appliquant le raisonnement du paragraphe 9,

$$\frac{1}{4(1+\sqrt{2})}\,\frac{1}{\sum \frac{1}{\beta_k}} < E_{\varphi(x)}|x| < \frac{1}{\sum \frac{1}{\beta_k}}, \tag{101}$$

si

$$\varphi(x)=\sqrt{\left(1+\frac{x^2}{\beta_1^2}\right)\cdots\left(1+\frac{x^2}{\beta_n^2}\right)}.$$

Remarque. — Dans le cas général, où l'on suppose seulement la fonction $\varphi(x)=\sqrt{s^2(x)+t^2(x)}$ *paire*, l'inégalité (101) se généralise par le même raisonnement de la façon suivante : on doit remplacer

$$\sum_1^n \frac{1}{\beta_k} \quad \text{par} \quad \sum_1^n \frac{\beta_k}{\alpha_k^2+\beta_k^2}=\sum_1^n \frac{\sin\theta_k}{\rho_k}$$

conformément à la formule (97 *bis*); la partie droite de l'inégalité (101) ainsi modifiée subsiste alors dans tous les cas; mais pour garder la partie gauche, il paraît essentiel d'ajouter la condition que les coefficients de $s^2(x)+t^2(x)$ soient tous *positifs*. Pour donner à l'inégalité (101) ainsi généralisée sa forme la plus commode pour les applications, nous établirons le lemme suivant :

LEMME. — *Si* $R(x)$ *est un polynome pair à coefficients non négatifs, on a*

(102) $$\sum \frac{\sin \theta_k}{\rho_k} \geqq \frac{1}{2} \sum \frac{1}{\rho_k}.$$

En effet, soit $R^2(x)$ le carré de $R(x)$, et posons

$$R_2(x) = R^2\left(x e^{\frac{i\pi}{2}}\right).$$

Les coefficients du polynome $R_2(x)$ auront les mêmes valeurs numériques que ceux de $R_2(x)$, mais ne seront plus toujours positifs. D'autre part, $R^2(x)$ aura des racines doubles égales à

$$\pm \rho_k^{\pm i\left(\theta_k + \frac{\pi}{2}\right)},$$

et, en particulier, à chaque racine double purement imaginaire de $R^2(x)$ il correspondra une racine double réelle de $R_2(x)$. Par conséquent, en remarquant que la valeur M fournie par la formule (97 *bis*) dans le cas du polynome $R^2(x)$ ne peut être supérieure ([1]) à celle qui correspond à $R_2(x)$, on a

$$\sum \frac{\sin \theta_k}{\rho_k} \geqq \sum \frac{\cos \theta_k}{\rho_k}.$$

Or, on a évidemment

$$\sum \frac{\sin \theta_k + \cos \theta_k}{\rho_k} \geqq \sum \frac{1}{\rho_k}.$$

Donc, on a effectivement

(102) $$\sum \frac{\sin \theta_k}{\rho_k} \geqq \frac{1}{2} \sum \frac{1}{\rho_k}.$$

Par conséquent, *quel que soit le polynome pair* $R(x)$ *à coefficients positifs*, on a

(101 *bis*) $$\frac{1}{4(1+\sqrt{2})} \cdot \frac{1}{\sum \frac{\sin \theta_k}{\rho_k}} < E_{\sqrt{}} |x| < \frac{2}{\sum \frac{1}{\rho_k}}.$$

13. Applications. — Nous examinerons plus loin le cas où le nombre de facteurs de $\varphi(x)$ croît indéfiniment. Toutefois, nous pouvons remarquer immédiatement que, *si* $\sum \frac{1}{\beta_k}$ *croît indé-*

([1]) Car on a, pour toute valeur réelle de x, $R_2(x) \leqq R^2(x)$.

finiment.

$$E_{\varphi(x)}|x|$$

tend vers zéro, puisque l'addition de nouveaux facteurs dans $\varphi(x)$ ne peut que diminuer $E_{\varphi(x)}[F(x)]$, quelle que soit la fonction $F(x)$. Considérons quelques exemples en nous bornant d'abord au cas où les racines de $\varphi(x)$ sont purement imaginaires. D'après le cinquième corollaire, le module maximum, pour x réel, de

$$\frac{x+p_1x^3+\ldots+p_{n-1}x^{2n-1}}{\sqrt{\left(1+\frac{2x^2}{kn}\right)^n}},$$

par un choix convenable des coefficients p_k, pourra ne pas dépasser $\sqrt{\frac{k}{2n}}$; donc, on pourra faire tendre uniformément vers zéro sur tout l'axe réel

$$x+p_1x^3+\ldots+p_{n-1}x^{2n-1})e^{-\frac{x^2}{k}},$$

pourvu que $\frac{n}{k}$ croisse indéfiniment. Ainsi,

$$E_{e^{x^2}}|x| = 0.$$

Mais on a de même

(103) $$E_{e^{|x|}}|x| = 0.$$

A cet effet, posons

$$\beta_k = k - \frac{1}{2},$$

donc

$$\sum_1^n \frac{1}{\beta_k} = \log n + C$$

croît indéfiniment avec n. Par conséquent, en posant

$$\varphi(x) = \sqrt{\frac{e^{\pi x}+e^{-\pi x}}{2}} = \sqrt{(1+4x^2)\left(1+\frac{4x^2}{9}\right)\cdots},$$

nous voyons que

$$E_{\varphi(x)}|x| = 0.$$

D'où l'on conclut immédiatement que

$$E_{e^{\alpha|x|}}|x| = 0,$$

quel que soit le nombre positif α, car $\varphi(x) < e^{\frac{\pi}{2}|x|}$.

L'inégalité (101 *bis*) va nous conduire à un résultat plus général. Soit

$$\varphi(x) = 1 + c_1 x^2 + \ldots + c_n x^{2n} + \ldots$$

une fonction entière paire à coefficients non négatifs ; il est évident que

$$E_{\varphi(x)}[F(x)] \leqq E_{\varphi n(x)}[F(x)],$$

où φ_n représente le polynome de degré $2n$ déduit de la série $\varphi(x)$ en rejetant les termes de degré supérieur à $2n$. Par conséquent, *si* $\varphi(x)$ *est une fonction de genre supérieur à* 0 $\left[\text{c'est-à-dire si } \sum_{k=1}^{\infty} \frac{1}{\rho_k} \to \infty,\ \rho_k \text{ étant les modules des racines de } \varphi(x)\right]$, on a

$$E_{\varphi(x)} |x| = 0. \tag{104}$$

[Naturellement on peut remplacer ici ainsi que dans l'égalité (104 *bis*) $\varphi(x)$ par $\sqrt{\varphi(x)}$].

En tenant compte du rôle fondamental que joue $|x|$ dans la représentation approchée des fonctions continues, nous en déduisons le théorème suivant :

Troisième théorème. — Si $\varphi(x)$ *est une fonction entière paire* $[\varphi(0) = 1]$ *à coefficients non négatifs de genre supérieur à* 0, *on a*

$$E_{\varphi(x)}[F(x)] = 0 \tag{104 bis}$$

quelle que soit la fonction continue $F(x)$, *pourvu qu'on ait*

$$\lim_{x=\pm\infty} \frac{F(x)}{\varphi(x)} = 0.$$

En effet, soit l un nombre assez grand pour qu'on ait

$$F(x) < \frac{\varepsilon\,\varphi(x)}{4},$$

lorsque $|x| > l$. En construisant alors une ligne polygonale ayant tous ses sommets dans l'intervalle $(-l, +l)$ et s'étendant à l'infini dans les deux sens parallèlement à l'axe réel, nous pourrons, en désignant par $F_1(x)$ la fonction qu'elle représente, réaliser l'inégalité

$$|F(x) - F_1(x)| < \frac{\varepsilon}{2}\varphi(x)$$

pour toutes les valeurs de x, quel que soit le nombre donné plus haut ε. Or, $F_1(x)$ est donné par une somme de la forme

$$F_1(x) = px + m + \Sigma A_h |x - a_h|, \tag{105}$$

où $|a_h| \leqq l$. Soit $N = \Sigma |A_h|$, et posons $\beta = \frac{\varepsilon}{4N\varphi(l)}$.

Il résulte de (104) que

$$||x-a| - P(x)| < \beta\varphi\left(\frac{x-a}{2}\right) < \beta[\varphi(x) + \varphi(a)] < \beta[\varphi(x) + \varphi(l)],$$

$P(x)$ étant un polynome convenablement choisi. Donc en appliquant cette remarque à tous les termes de (105) nous obtiendrons un polynome $S(x)$ tel que

$$|F_1(x) - S(x)| < \frac{\varepsilon}{4}\left[\frac{\varphi(x)}{\varphi(l)} + 1\right] < \frac{\varepsilon}{2}\varphi(x)$$

[puisque $\varphi(x) \geqq 1$].

Donc, finalement,

$$|F(x) - S(x)| < \varepsilon\varphi(x).$$

C. Q. F. D.

Remarque. — Le théorème étant une conséquence directe de (104) ou de l'inégalité

$$||x - a| - P(x)| < \beta[\varphi(x) + \varphi(a)]$$

qui sera remplie *a fortiori*, si $\varphi_1(x) \geqq \varphi(x)$, nous en concluons que $E_{\varphi_1(x)}[F(x)] = 0$, quelle que soit la fonction continue $F(x)$, pourvu que $\lim_{x=\pm\infty} \frac{F(x)}{\varphi_1(x)} = 0$.

En posant $f(x) = \frac{F(x)}{\varphi_1(x)}$, on peut donner une forme différente à notre théorème : *la fonction $\varphi_1(x)$ étant une fonction donnée continue et telle que $\varphi_1(x) \geqq \varphi(x)$, où $\varphi(x)$ est une fonction entière paire de genre 1 à coefficients positifs, il est possible, quelle que soit la fonction continue $f(x)$ tendant vers zéro à l'infini, de réaliser sur tout l'axe réel l'inégalité*

$$\left|f(x) - \frac{S(x)}{\varphi_1(x)}\right| < \varepsilon, \tag{106}$$

quelque petit que soit le nombre donné ε, en choisissant convenablement le polynome $S(x)$.

Nous verrons bientôt que la condition que $\varphi(x)$ est de genre supérieur à o est tout à fait essentielle.

Mais avant de l'établir, nous examinerons un autre problèm analogue.

Pour l'étude de l'approximation d'une fonction $F(x)$ par des polynomes, nous avons été obligés d'introduire une fonction croissante $\varphi(x)$, avec laquelle nous comparions la différence $F(x) - P(x)$, où $P(x)$ est un polynome. Évidemment, on ne peut exiger que cette différence elle-même tende uniformément vers zéro. Si l'on veut avoir des expressions de forme déterminée approchant uniformément une fonction $F(x)$, on peut utiliser des fractions rationnelles avec des dénominateurs donnés, ne s'annulant pas sur l'axe réel. Les considérations qui précèdent permettent d'aborder cette question et, en particulier, de résoudre le problème suivant :

Problème. — *Déterminer la fraction rationnelle* $\frac{P(x)}{Q(x)}$, *où* $Q(x)$ *est un polynome donné de degré* $\overline{n-2}$, *qui s'écarte le moins possible sur tout l'axe réel de la fraction donnée* $\frac{Ax^2+Bx+C}{x^2+px+q}$, *en supposant que* x^2+px+q *et* $Q(x)$ *n'ont pas de racines communes, toutes leurs racines étant d'ailleurs complexes.*

A cet effet, posons

$$(x^2+px+q)\,Q(x) = s^2(x) + t^2(x),$$

où $s(x) + i\,t(x)$ aura pour racines les racines de $(x^2+px+q)Q(x)$ situées dans le demi-plan inférieur. On pourra alors déterminer sans ambiguïté le polynome $P(x)$ et les constantes L et λ par l'identité

$$\begin{aligned}(Ax^2+Bx+C)\,Q(x) &- P(x)\,(x^2+px+q)\\ &= \frac{L}{2}\left[e^{i\lambda}(s+i\,t)^2 + e^{-i\lambda}(s-i\,t)^2\right].\end{aligned}$$

Pour la détermination de L et λ, il suffira, en effet, de substituer à la place de x les deux racines z_1 et z_2 de l'équation $x^2+px+q=0$, situées respectivement dans la partie supérieure et inférieure du plan; ce qui donne

$$(107)\quad \begin{cases} (Az_1^2 + Bz_1 + C)\,Q(z_1) = \dfrac{L}{2} e^{i\lambda}[s(z_1) + i\,t(z_1)]^2, \\ (Az_2^2 + Bz_2 + C)\,Q(z_2) = \dfrac{L}{2} e^{-i\lambda}[s(z_2) - it(z_2)]^2; \end{cases}$$

alors

$$(Ax^2 + Bx + C)\,Q(x) - \frac{L}{2}\left\{ e^{i\lambda}[s(x) + i\,t(x)]^2 + e^{-i\lambda}[s(x) - i\,t(x)]^2 \right\}$$

sera divisible par $x^2 + px + q$, et en effectuant cette division, on obtiendra $P(x)$.

Il est clair que dans ces conditions l'écart de

$$\frac{Ax^2 + Bx + C}{x^2 + px + q} - \frac{P(x)}{Q(x)} = \frac{L}{2}\,\frac{e^{i\lambda}(s + it)^2 + e^{-i\lambda}(s - it)^2}{s^2(x) + t^2(x)} = L\cos(\Phi + \lambda)$$

sera le plus petit possible, car il est atteint en n points au moins avec des signes opposés; donc, si avec un autre polynome $P_1(x)$ de degré $\overline{n-2}$ on pouvait trouver une meilleure approximation, cela exigerait que

$$\frac{P_1(x) - P(x)}{Q(x)}$$

admette au moins $\overline{n-1}$ racines (situées entre les points d'écart maximum).

Par conséquent, la meilleure approximation L sera déterminée par les équations (107), desquelles on tire par multiplication

$$(108)\quad \begin{aligned} &(Az_1^2 + Bz_1 + C)(Az_2^2 + Bz_2 + C]\,Q(z_1)\,Q(z_2) \\ &\quad = \frac{L^2}{4}[s(z_1) + i\,t(z_1)]^2[s(z_2) - i\,t(z_2)]^2. \end{aligned}$$

Or, en posant

$$Q(x) = [\sigma(x) + i\,\tau(x)]\,[\sigma(x) - i\,\tau(x)],$$

où $\sigma(x) + i\tau(x) = 0$ admet toutes les racines de $Q(x) = 0$ du demi-plan inférieur, on a

$$s(x) + i\,t(x) = (x - z_2)\,[\sigma(x) + i\,\tau(x)],$$
$$s(x) - i\,t(x) = (x - z_1)\,[\sigma(x) - i\,\tau(x)].$$

Donc, en divisant (108) par $Q(z_1)$, $Q(z_2)$, on obtient

$$\begin{aligned}(A z_1^2 + B z_1 + C)(A z_2^2 + B z_2 + C)\\ = \frac{L^2}{4}(z_1 - z_2)^4 \frac{[\sigma(z_1) + i\tau(z_1)][\sigma(z_2) - i\tau(z_2)]}{[\sigma(z_1) - i\tau(z_1)][\sigma(z_2) + i\tau(z_2)]}.\end{aligned}$$

D'où, en posant,

$$\frac{\sigma(z_1) + i\tau(z_1)}{\sigma(z_1) - i\tau(z_1)} = \rho\, e^{i\Psi},$$

il vient

$$\text{(109)} \qquad L = \frac{2}{\rho}\left|\frac{A z_1^2 + B z_1 + C}{(z_1 - z_2)^2}\right|.$$

Nous voyons donc que la valeur de L, à un facteur constant près, est égale au rapport des produits

$$\text{(110)} \qquad \frac{d_1 d_2 \ldots d_{\frac{n-2}{2}}}{d'_1 d'_2 \ldots d'_{\frac{n-2}{2}}} = \frac{1}{\rho},$$

où $d_1, d_2, \ldots, d_{\frac{n-2}{2}}$ sont les distances des racines de $Q(x) = 0$ à la racine de $x^2 + px + q = 0$ située du même côté de l'axe réel, et $d'_1, \ldots, d'_{\frac{n-2}{2}}$ les distances respectives à la racine située du côté opposé.

Sixième corollaire. — *La meilleure approximation sur l'axe réel de la fraction* $\frac{Bx + C}{x^2 + px + q}$ *au moyen d'une somme de la forme*

$$b_0 + \frac{b_1 x + c_1}{x^2 + a^2} + \frac{b_2 x + c_2}{(x^2 + a^2)^2} + \ldots + \frac{b_n x + c_n}{(x^2 + a^2)^n}$$

est égale à

$$L = 2\left(\frac{d}{d'}\right)^n \sqrt{\frac{B^2 q - BCp + C^2}{4q - p^2}},$$

où d et d' sont les distances respectives des racines de $x^2 + px + q = 0$ situées au-dessous et au-dessus de l'axe réel au point $-ai$.

C'est une conséquence immédiate des formules (109) et (110); on voit ainsi que L *diminue en progression géométrique*, *lorsque n augmente;* et, de plus, toutes les fractions $\frac{Bx+C}{x^2+px+q}$, dont les dénominateurs ont leurs racines sur les mêmes circonférences $\frac{d}{d'}=$ const., sont susceptibles d'une meilleure approximation du même ordre.

Il résulte de (109) et (110), qu'en général, si les racines de $Q(x)$ sont bornées et ont leurs parties imaginaires bornées inférieurement, la meilleure approximation de $\frac{Ax^2+Bx+C}{x^2+px+q}$ au moyen d'une fraction de la forme $\frac{P(x)}{Q(x)}$ tendra vers zéro plus rapidement que les termes d'une progression géométrique déterminée. Au contraire, si les racines de $Q(x)$ croissent indéfiniment, la meilleure approximation décroît plus lentement, et l'on a le théorème suivant :

QUATRIÈME THÉORÈME. — *La condition nécessaire et suffisante pour que la meilleure approximation de* $\frac{Ax^2+Bx+C}{x^2+px+q}$ *au moyen de* $\frac{P(x)}{Q(x)}$ *sur l'axe réel tende vers zéro, lorsque le degré n de* $Q(x)$ *croît indéfiniment (sans que ses racines se confondent avec celles de* $x^2+px+q=0$*) est que*

$$\sum_1^n \frac{|\sin\theta_k|}{\rho_k}$$

croît indéfiniment avec n, ρ_k *étant le module et* θ_k *l'argument d'une racine de* $Q(x)$.

En effet, en vertu de (109), le carré de la meilleure approximation L est, à un facteur constant près, égal à

$$\text{(111)}\qquad \frac{1}{\rho^2}=\frac{\left[1-\frac{2|b\beta_1|}{(a-\alpha_1)^2+b^2+\beta_1^2}\right]\cdots\left[1-\frac{2|b\beta_n|}{(a-\alpha_n)^2+b^2+\beta_n^2}\right]}{\left[1+\frac{2|b\beta_1|}{(a-\alpha_1)^2+b^2+\beta_1^2}\right]\cdots\left[1+\frac{2|b\beta_n|}{(a-\alpha_n)^2+b^2+\beta_n^2}\right]},$$

où $a\pm bi$ représente les racines de $x^2+px+q=0$, et $\alpha_k\pm i\beta_k$ celles de $Q(x)=0$; et l'on voit immédiatement que la condition nécessaire et suffisante pour que cette expression de $\frac{1}{\rho^2}$ tende vers zéro est que la série

$$\sum_{1}^{n} \frac{|\beta_k|}{\alpha_k^2+\beta_k^2} = \sum_{1}^{n} \frac{|\sin\theta_k|}{\rho_k}$$

croît indéfiniment avec n.

Ainsi *l'approximation ne pourra tendre vers zéro, si les racines successives qu'on ajoute à* $Q(x)$ *sont les zéros d'une fonction entière de genre* 0. *Elle tendra, au contraire, vers zéro, en général, si les zéros de* $Q(x)$ *sont ceux d'une fonction de genre supérieur à* 0, *pourvu toutefois que la série* $\sum \frac{|\sin\theta_k|}{\rho_k}$ *soit également divergente* (cette dernière condition est remplie, en particulier, s'il n'y a qu'un nombre limité de racines pour lesquelles $|\theta_k| < \varepsilon$, où ε est un nombre fixe aussi petit qu'on veut, ou bien encore, si les polynomes $Q(x)$ sont *pairs et à coefficients positifs*).

En appliquant le théorème de Cauchy, on pourrait étudier la meilleure approximation d'une fonction analytique quelconque régulière sur tout l'axe réel et tendant vers une même limite finie dans les deux directions de l'axe réel. Nous démontrerons le théorème suivant :

Cinquième théorème. — *La condition nécessaire et suffisante pour que toute fonction réelle analytique* $f(x)$ *régulière en tout point à distance finie* $x+yi$, *où* $|y| \leqq b$, *bornée et telle que l'intégrale*

$$\int_{-\infty}^{\infty} |f(x+yi)|\,dx$$

a un sens, puisse être représentée par une série, uniformément convergente sur tout l'axe réel, de fractions rationnelles, ayant des pôles donnés $\alpha_k \pm i\beta_k$, *est que* $\sum \frac{\beta_k}{\alpha_k^2+\beta_k^2}$ *soit divergente.*

En effet, on a pour tout point de l'axe réel

$$(112) \quad f(x) = \frac{1}{2\pi i}\left[\int_{-\infty}^{\infty} \frac{f(u-bi)\,du}{u-bi-x} - \int_{-\infty}^{\infty} \frac{f(u+bi)}{u+bi-x}\,du\right]$$
$$= \frac{1}{2\pi i}\int_{-\infty}^{\infty} \frac{(u+bi-x)f(u-bi)-(u-bi-x)f(u+bi)}{(u-x)^2+b^2}\,du.$$

Donc, la meilleure approximation L au moyen d'une fraction $\frac{P(x)}{Q(x)}$ est inférieure à

$$L < \frac{1}{2\pi}\int_{-\infty}^{\infty} \lambda(u)\,du, \tag{113}$$

où $\lambda(u)$ est la meilleure approximation de

$$\frac{(u+bi-x)f(u-bi)-(u-bi-x)f(u+bi)}{(u-x)^2+b^2};$$

donc, en vertu de (109),

$$\lambda(u) = \left|\frac{f(u+bi)}{b}\right| \sqrt{\frac{\left[1-\frac{2b\beta_1}{(u-\alpha_1)^2+b^2+\beta_1^2}\right]\cdots}{\left[1+\frac{2b\beta_1}{(u-\alpha_1)^2+b^2+\beta_1^2}\right]\cdots}} \tag{114}$$
$$= |f(u+bi)|\,\varepsilon,$$

où ε tend uniformément vers zéro, lorsque n augmente, si la série $\sum \frac{\beta_k}{\alpha_k^2+\beta_k^2}$ est divergente, pourvu qu'on ait $|u| < N$, où N est un nombre positif aussi grand qu'on veut. Par conséquent, L tend vers zéro, puisque de (113) et (114) on tire que

$$L < \frac{\varepsilon}{2\pi}\int_{-N}^{N} |f(u+bi)|\,du$$
$$+\frac{1}{b\pi}\left[\int_{N}^{\infty} |f(u+bi)|\,du + \int_{-\infty}^{-N} |f(u+bi)|\,du\right].$$

Ainsi, la condition indiquée est suffisante; mais elle est également nécessaire, comme nous l'avons vu dans le cas de la fraction simple $\frac{Bx+C}{x^2+px+q}$.

Nous pouvons déduire de là une proposition analogue relative à l'approximation d'une fonction continue quelconque au moyen de fractions rationnelles :

Sixième théorème. — *Soit une fonction quelconque continue sur tout l'axe réel et telle que* $\lim_{x=\pm\infty} f(x) = A$. *Dans ces conditions* $f(x)$ *peut être développée en une série de fractions rationnelles possédant des pôles donnés* $\alpha_k \pm i\beta_k$, *convergente uniformément sur tout l'axe réel, si la somme* $\sum \frac{\beta_k}{\alpha_k^2+\beta_k^2}$ *croît indéfiniment.*

En effet, posons $f(x) = \varphi(x) + \psi(x)$, la fonction $\varphi(x)$ étant paire et la fonction $\psi(x)$ impaire. Ainsi $\varphi(\pm\infty) = A$, $\psi(\pm\infty) = 0$. Considérons d'abord la fonction $\varphi(x) = \varphi_1(x^2)$ et posons $x^2 = \frac{1-z}{z}$; la fonction $\Phi(z) = \varphi_1\left(\frac{1-z}{z}\right)$ sera continue, lorsque z varie de 0 à 1 (pendant que x varie de $-\infty$ à ∞), et, en particulier, tendra vers A, quand z s'approche de 0. On pourra donc, quelque petit que soit ε, former un polynome $P(z)$ s'annulant à l'origine tel qu'on ait pour $0 \leqq z \leqq 1$

$$|\Phi(z) - A - P(z)| < \varepsilon,$$

d'où surtout l'axe réel

$$\left|\varphi(x) - A - P\left(\frac{1}{1+x^2}\right)\right| < \varepsilon.$$

La fonction $P\left(\frac{1}{1+x^2}\right)$ satisfaisant aux conditions du théorème précédent, la possibilité du développement de $\varphi(x)$ en série de fractions rationnelles de la nature indiquée est établie. Passons à la fonction $\psi(x)$; faisons le changement de variable $x = \frac{z}{\sqrt{1-z^2}}$; alors x variant de $-\infty$ à $+\infty$, z varie de -1 à $+1$, et $\psi(x) = \Psi(z)$ se transforme en une fonction continue impaire de z sur le segment $(-1, +1)$ s'annulant à l'origine. On pourra donc construire un polynome pair $Q(z^2)$ tel que

$$|\Psi(z) - z\,Q(z^2)| < \varepsilon$$

pour $|z| \leqq 1$, d'où

$$\left|\psi(x) - \frac{x}{\sqrt{1+x^2}} \cdot Q\left(\frac{x^2}{1+x^2}\right)\right| < \varepsilon$$

Or,

$$Q\left(\frac{x^2}{1+x^2}\right) = \frac{a_0 + a_1 x^2 + \ldots + a_{n-1} x^{2n-2}}{(1+x^2)^n} + \frac{a_n x^{2n}}{(1+x^2)^n},$$

et l'on a nécessairement

$$|Q(\infty) = a_n| < \varepsilon,$$

puisque $\psi(\infty) = 0$. Donc, en posant

$$H(x) = \frac{x}{\sqrt{1+x^2}} \cdot \frac{a_0 + a_1 x^2 + \ldots + h_{n-1} x^{2n-2}}{(1+x^2)^n},$$

on a également sur tout l'axe réel

$$|\psi(x) - H(x)| < 2\varepsilon.$$

Mais $H(x)$ satisfaisant aussi aux conditions du théorème précédent, notre affirmation est entièrement démontrée.

Ce théorème est à rapprocher de la proposition suivante :

SEPTIÈME THÉORÈME. — *Si la fonction $f(x)$ jouit de la propriété qu'il est possible, quelque petit que soit le nombre ε, de construire une fraction rationnelle $\frac{P(x)}{Q(x)}$, telle que sur tout l'axe réel on ait*

$$(115) \qquad \left| f(x) - \frac{P(x)}{Q(x)} \right| < \varepsilon,$$

les racines $\alpha_k \pm i\beta_k$ de $Q(x)$ satisfaisant à la condition que $\sum \frac{|\beta_k|}{\alpha_k^2 + \beta_k^2}$ est bornée, la fonction $f(x)$ est une fonction méromorphe ne pouvant admettre dans tout le plan d'autres pôles que $\alpha_k \pm i\beta_k$.

La démonstration s'appuie essentiellement sur la remarque suivante :

Si pour toute valeur réelle de x

$$(116) \qquad \left| \frac{P(x)}{\sqrt{R(x)}} \right| \leqq L,$$

où $R(x) = s^2(x) + t^2(x)$, $s(x) + i\,t(x) = 0$ ayant toutes ses racines dans la partie inférieure du plan, alors en tout point z de la partie supérieure du plan on a

$$(117) \qquad \left| \frac{P(z)}{\sqrt{R(z)}} \right| \leqq L \left| \sqrt{\frac{s(z) + i\,t(z)}{s(z) - i\,t(z)}} \right|$$

et une inégalité analogue pour la partie inférieure.

En effet, l'inégalité (116) peut s'écrire

$$(116\ bis) \qquad |f(x)| = \left| \frac{P(x)}{s(x) + i\,t(x)} \right| \leqq L,$$

et, puisque la fonction $f(x)$ est régulière dans toute la partie supérieure du plan, son module maximum est atteint sur l'axe réel; donc, l'inégalité (116 *bis*) subsiste dans tout le demi-plan supérieur, d'où résulte immédiatement l'inégalité (117).

Cela étant, de la condition (115) du théorème nous concluons que $f(x)$ est développable sur l'axe réel en une série uniformément et absolument convergente

$$f(x) = \frac{P_0(x)}{Q_0(x)} + \ldots + \frac{P_n(x)}{Q_n(x)} + \ldots,$$

où $\left|\frac{Q_n(x)}{P_n(x)}\right| < \varepsilon_n$, la série $\Sigma = \varepsilon_0 + \varepsilon_1 + \ldots + \varepsilon_n + \ldots$, convergeant aussi rapidement qu'on le veut. Donc, en vertu de l'inégalité (117), on aura en un point quelconque z du plan

$$\left|\frac{P_n(z)}{Q_n(z)}\right| < \varepsilon_n \rho,$$

où $\rho = \left|\frac{s(z) + it(z)}{s(z) - it(z)}\right|$ pour la partie supérieure, et $\rho = \left|\frac{s(z) - it(z)}{s(z) + it(z)}\right|$ pour la partie inférieure du plan, si $Q_n^2(z) = s^2(z) + t^2(z)$. Mais, en tenant compte de l'égalité (111) qu'on peut utiliser en supposant $z = a \pm bi$, on voit que ρ reste borné, si $\sum \frac{|\beta_k|}{\alpha_k^2 + \beta_k^2}$ est borné, pourvu que z se trouve à l'intérieur d'un cercle fixe de rayon aussi grand qu'on veut et à l'extérieur des cercles de rayons fixes, aussi petits qu'on veut entourant les points $\alpha_k \pm i\beta_k$. Donc, dans une telle région s, la série

$$f(z) = \frac{P_0(z)}{Q_0(z)} + \ldots + \frac{P_n(z)}{Q_n(z)} + \ldots$$

convergera uniformément. Par conséquent, $f(z)$ n'aura dans tout le plan d'autres points singuliers que $\alpha_k \pm i\beta_k$, et de plus en multipliant $f(z)$ par $(z - \alpha_k \mp i\beta_k)^{\lambda_k}$, où λ_k représente l'ordre le plus élevé (borné évidemment) de la racine $\alpha_k \pm i\beta_k$ des $Q_n(z)$, on fera disparaître ce point singulier grâce au théorème de Weierstrass; donc tous les points singuliers de $f(z)$ sont des pôles.

C. Q. F. D.

Revenons, à présent, à l'approximation d'une fonction $f(x)$ par des polynomes. A cet effet, généralisons la remarque qui nous a servi pour la démonstration du théorème précédent :

Soit

$$\frac{P(x)}{\sqrt{R(x)}} \leqq L,$$

sur l'axe réel, où $P(x)$ *est un polynome et*

$$R(x) = s^2(x) + t^2(x)$$

une fonction entière paire de genre zéro ne possédant que des racines complexes conjuguées $\alpha_k \pm i\beta_k$ $(\beta_k > 0)$; *dans ces conditions on aura*

$$\left|\frac{P(z)}{\sqrt{R(z)}}\right| \leqq L \left|\sqrt{\frac{s(z)+i\,t(z)}{s(z)-i\,t(z)}}\right| \tag{118}$$

sur la partie supérieure du plan et

$$\left|\frac{P(z)}{\sqrt{R(z)}}\right| \leqq L \left|\sqrt{\frac{s(z)-i\,t(z)}{s(z)+i\,t(z)}}\right| \tag{118 bis}$$

sur la partie du plan au-dessous de l'axe réel, en posant

$$s(z) + i\,t(z) = \left(1 - \frac{z}{\alpha_1 - i\beta_1}\right)\cdots\left(1 - \frac{z}{\alpha_n - i\beta_n}\right)\cdots.$$

En effet, sur l'axe réel,

$$\left|\frac{P(x)}{\sqrt{R(x)}}\right| = \left|\frac{P(x)}{s(x)+i\,t(x)}\right|;$$

or $\dfrac{P(z)}{s(z)+it(z)} = u(z)$ n'admettant pas de singularité au-dessus de l'axe réel, son module maximum est atteint sur l'axe réel ou à l'infini; mais $z = a + bi = Re^{i\theta}$ croissant indéfiniment sur la partie supérieure du plan, on a

$$\lim\left|\frac{u(z)}{R(z)}\right| = \lim\left|\frac{s(R)+it(R)}{s(z)+it(z)}\right| \leqq 1,$$

car en groupant deux à deux les facteurs du dernier rapport qui correspondent aux racines $\pm\alpha_n + i\beta_n$ on peut le mettre sous la forme d'un produit de termes tels que

$$\left|\frac{(R+\alpha_n+i\beta_n)(R-\alpha_n+i\beta_n)}{[a+\alpha_n+i(b+\beta_n)][a-\alpha_n+i(b+\beta_n)]}\right|$$
$$= \sqrt{\frac{(R^2+\alpha_n^2+\beta_n^2)^2 - 4R^2\alpha_n^2}{(R^2+\alpha_n^2+\beta_n^2+2R\beta_n\sin\theta)^2 - 4R^2\alpha_n^2\cos^2\theta}} \leqq 1.$$

Par conséquent, le maximum de $|u(z)|$ est atteint sur l'axe réel; donc, sur la partie supérieure du plan,

$$(118)\qquad \left|\frac{P(z)}{\sqrt{R(z)}}\right| = \left|u(z)\sqrt{\frac{s(z)+i\,t(z)}{s(z)-i\,t(z)}}\right| \leqq L\left|\sqrt{\frac{s(z)+i\,t(z)}{s(z)-i\,t(z)}}\right|,$$

et l'on obtient d'une façon analogue l'inégalité (118 *bis*).

De cette remarque nous tirerons immédiatement le théorème suivant :

Huitième théorème. — *Si*

$$(106)\qquad E_{\varphi(x)}[f(x)] = 0,$$

où $\varphi^2(x) = s^2(x) + t^2(x)$ *est une fonction entière de genre zéro paire, la fonction* $f(x)$ *est elle-même une fonction entière, d'ordre apparent non supérieur à celui de* $s(x) \pm i\,t(x)$.

En effet, par hypothèse,

$$f(x) = P_1(x) + \ldots + P_n(x) + \ldots$$

est développable en série de polynomes, convergente sur tout l'axe réel, où

$$|P_n(x)| < \varepsilon_n\,|\varphi(x)|,$$

$\varepsilon_1, \varepsilon_2, \ldots, \varepsilon_n, \ldots$ étant les termes d'une série convergente qu'on peut se donner arbitrairement. Il en résulte, à cause de (118) et (118 *bis*), que sur une circonférence de rayon fixe aussi grand qu'on veut, on aura

$$|P_n(z)| < \varepsilon_n\,|\varphi(z)|\,\rho,$$

ρ étant donné par la formule (111) qui converge, quand on y fait croître indéfiniment le nombre des facteurs. Par conséquent, la série

$$f(z) = P_1(z) + \ldots + P_n(z) + \ldots$$

est uniformément convergente à l'intérieur d'un cercle aussi grand qu'on veut; donc, la fonction $f(z)$, n'ayant pas de singularités dans tout le plan, est une fonction entière. Si l'on remarque de plus qu'on a toujours l'une des inégalités

$$|P_n(z)| < \varepsilon_n\,|s(z) + i\,t(z)| \qquad \text{ou} \qquad |P_n(z)| < \varepsilon_n\,|s(z) - i\,t(z)|,$$

on en conclut que l'ordre apparent (c'est-à-dire l'ordre de croissance sur un cercle de rayon très grand) ne peut être supérieur à celui de $s(z) \pm i\,t(z)$. C. Q. F. D.

Remarquons qu'il est toujours possible, d'après la théorie classique des fonctions entières, de construire une fonction de genre zéro $\varphi^2(x)$ ayant toutes ses racines imaginaires dont la croissance soit supérieure sur l'axe réel à $e^{2|x|^{1-\alpha}}$; donc, si $\varphi(x) \leqq e^{|x|^{1-\alpha}}$, la relation (106) entraîne que $f(x)$ soit une fonction entière de genre zéro.

14. Propositions préliminaires sur les fonctions entières. — Avant d'aborder l'étude des propriétés extrémales des fonctions entières sur l'axe réel, il nous sera utile d'établir quelques propositions préliminaires, dont certaines, d'ailleurs, pourront être précisées dans la suite.

Premier lemme. — *Soit*

$$f(z) = a_0 + a_1 z + \ldots + a_n z^n + \ldots$$

une fonction entière, telle que (1)

(119) $$\overline{\lim}\, n^{\frac{1}{\rho}} \sqrt[n]{|a_n|} = \mathrm{L};$$

si $\mathrm{M}(\mathrm{R})$ *est le maximum de* $|f(z)|$ *sur une circonférence de rayon* R *suffisamment grand, on aura*

(120) $$\mathrm{M}_1(\mathrm{R}) < \mathrm{R}^{\rho-1}[\mathrm{L}+\varepsilon]^{\rho}\,\mathrm{M}(\mathrm{R}),$$

où $\mathrm{M}_1(\mathrm{R})$ *désigne le module maximum de* $f'(z)$ *sur la circonférence du même rayon* R *et* ε *tend vers zéro avec* $\frac{1}{\mathrm{R}}$.

En effet, posons

(121) $$\mathrm{R} = \frac{n_0^{\frac{1}{\rho}}(1-\beta)}{\mathrm{L}+\beta},$$

où nous pouvons prendre le nombre n_0 assez grand, pour qu'on

(1) Le signe $\overline{\lim}$ signifie *limite supérieure*.

ait, à cause de (119),

$$(119\ bis)\qquad |a_n| < \frac{(L+\beta)^n}{n^{\frac{n}{\rho}}},$$

dès que $n > n_0$, le nombre β étant pris aussi petit qu'on veut.

En écrivant alors

$$f(z) = P(z) + \varphi(z),$$

où

$$\varphi(z) = \sum_{n_0+1}^{\infty} a_n z^n,$$

nous tirons immédiatement de (119 *bis*) et (121)

$$|\varphi(R)| < \frac{(1-\beta)^{n_0}}{\beta} < \frac{\gamma}{n_0}, \qquad |\varphi'(R)| < \frac{n_0(1-\beta)^{n_0}}{\beta} < \gamma,$$

où, en choisissant n_0 assez grand, on peut supposer γ aussi petit qu'on le veut. Donc, sur la circonférence de rayon R, on a

$$|P(z)| < M(R) + \frac{\gamma}{n_0};$$

par conséquent, en vertu de (80), on aura

$$|P'(z)| < \frac{n_0}{R}\left[M(R) + \frac{\gamma}{n_0}\right],$$

$$|f'(z)| < \left[\frac{R(L+\beta)}{1-\beta}\right]^{\rho} \frac{1}{R} M(R) + \frac{\gamma}{R} + \gamma,$$

et finalement, puisque M(R) est borné inférieurement, on peut, ε étant donné, choisir β et γ assez petits, pour que

$$(120)\qquad M_1(R) < R^{\rho-1}[L+\varepsilon]^{\rho} M(R).$$

On peut donner une inégalité analogue dans le cas où l'on connaît le module maximum de la fonction sur un segment. A cet effet, il faudra utiliser l'inégalité (78) et, par un raisonnement absolument semblable, on arrive, en supposant toujours

$$\overline{\lim}\, n^{\frac{1}{\rho}} \sqrt[n]{|a_n|} = L,$$

à la proposition suivante :

Si sur un segment de longueur $2R$ $(-R+R)$, *on a*

$$|f(x)| < M(R),$$

on aura en tout point x *intérieur à ce segment*

$$(122) \qquad |f'(x)| < \frac{R^\rho(L+\varepsilon)^\rho}{\sqrt{R^2-x^2}} M(R);$$

en d'autres termes,

$$(122\ bis) \qquad M_1(R_1) < \frac{R^\rho(L+\varepsilon)^\rho}{\sqrt{R^2-R_1^2}} M(R),$$

si l'on désigne par $M_1(R_1)$ le maximum $|f'(x)|$ sur le segment intérieur $(-R_1, R_1)$. L'inconvénient de cette inégalité est de donner le maximum de $|f'(x)|$ seulement sur un segment *intérieur* : la valeur la plus favorable à prendre pour R_1 dépendra donc, en général, de la fonction $M(R)$. Bornons-nous au cas particulier, où $M(R)$ est borné $[M(R) \leqq M]$ sur tout l'axe réel. L'inégalité (122) nous conduit alors au lemme suivant :

Deuxième lemme. — 1° *Si* $\lim n \sqrt[n]{|a_n|} = 0$, *la fonction* $f(z)$ *ne peut rester bornée sur tout l'axe réel* [1] *sans se réduire à une constante;*

2° *Si* $\overline{\lim}\, n \sqrt[n]{|a_n|} = L$, *la fonction bornée* $f(z)$ *sur l'axe réel a sa dérivée* $f'(z)$ *également bornée sur cet axe, et l'on a* $|f(x)| \leqq LM$;

3° *Si* $\overline{\lim}\, n^{\frac{1}{\rho}} \sqrt[n]{|a_n|} = L$, *où* $\rho > 1$, *on a*

$$(123) \qquad |f'(x)| < |x|^{\rho-1} \frac{\rho^{\frac{\rho}{2}}}{(\rho-1)^{\frac{\rho-1}{2}}} [L+\varepsilon]^\rho M,$$

où ε *tend vers zéro, lorsque* x *croît indéfiniment.*

En effet, pour prouver notre première affirmation, il suffit, après avoir remplacé ρ par 1 et L par 0 dans (122), de faire croître R indéfiniment, ce qui fait tendre ε et par suite le second membre

(1) Donc, en général, en tous les points de toute droite donnée.

de (122) vers zéro, donc la dérivée première doit être identiquement nulle. Pour établir la seconde affirmation, il suffit encore de faire croître R indéfiniment dans (122). Enfin, pour démontrer l'inégalité (123) on pose dans (122)

$$R = |x| \sqrt{\frac{\rho}{\rho - 1}}.$$

Tous ces résultats s'étendent sans aucune difficulté aux dérivées sucessives.

Dans certains cas il importe de remplacer l'inégalité (122) par une autre qui donne directement une borne supérieure de $M_1(R)$ sur le même segment $(-R, +R)$, où l'on connaît $M(R)$. Nous pouvons, pour l'obtenir, faire usage des inégalités (53 *bis*) de W. Markoff pour les dérivées successives d'un polynome. Nous arrivons ainsi, par un calcul analogue à celui qui nous a servi à établir (120), au lemme suivant :

Troisième lemme. — *Si* $\overline{\lim}\, n^{\frac{1}{\rho}} \sqrt[n]{|a_n|} = L$, *on a, en désignant par* $M(R)$, $M_1(R)$, ..., $M_p(R)$, *les maxima respectifs de* $|f(x)|$, $|f'(x)|$, ..., $|f^{(p)}(x)|$, *sur le segment* OR :

$$(124)\qquad \left\{\begin{array}{l} M_1(R) < 2R^{2\rho-1}[L+\varepsilon]^{2\rho} M(R), \\ \ldots\ldots\ldots\ldots\ldots\ldots, \\ M_p(R) < \dfrac{[4R^{2\rho-1}(L+\varepsilon)^{2\rho}]^p\, p!\, M(R)}{2p!}, \\ \ldots\ldots\ldots\ldots\ldots\ldots\ldots \end{array}\right.$$

En particulier, si $\rho = \frac{1}{2}$ et $L = 0$, on a

$$(124\ bis)\qquad M_p(R) < \frac{(4\varepsilon)^p\, p!}{2p!} M(R),$$

où ε tend, comme toujours, vers zéro, avec $\frac{1}{R}$.

Nous ne ferons pas usage dans ce Chapitre de ce troisième lemme que nous aurons à utiliser dans le Chapitre suivant pour l'étude de la meilleure approximation des fonctions admettant un point singulier essentiel. Revenons, au contraire, sur la première partie du deuxième lemme, dont nous allons tirer quelques conséquences.

QUATRIÈME LEMME. — *Si* $\lim n^{\frac{2}{1+\mu}} \sqrt[n]{|a_n|} = 0$, *la fonction* $f(z)$ *ne peut rester bornée en même temps sur* $(1+\mu_0)$ *demi-droites quelconques passant par l'origine et faisant entre elles des angles égaux à* $\frac{2\pi}{1+\mu_0}$, *où* μ_0 *est un nombre entier (ou nul) tel que* $\mu_0 \geqq \mu$.

En effet, pour $0 < \mu \leqq 1$, nous retombons dans le cas prévu par la première partie du deuxième lemme. Pour $\mu = 0$, notre affirmation signifie que la fonction $f(x)$ ne peut rester bornée sur aucune demi-droite; or, cela est évident, car, si les coefficients de $f(x)$ satisfont à la condition que $\lim n^2 \sqrt[n]{|a_n|} = 0$, ceux de $f(x^2)$ satisferont à la condition $\lim n \sqrt[n]{|a_n|} = 0$; donc $f(x^2)$ ne pouvant être bornée sur toute une droite, $f(z)$ ne peut l'être sur une demi-droite. Passons à présent au cas général. Nous pouvons, évidemment, nous borner au cas où μ est un nombre entier, en supposant, pour fixer les idées, que l'une des demi-droites considérées se confond avec le demi-axe positif réel. Dans ces conditions, posons

$$F(x) = f(x) + f(\alpha_1 x) + \ldots + f(\alpha_\mu x) = (1+\mu)[a_0 + a_{\mu+1} x^{\mu+1} + \ldots],$$
$$F_1(x) = f(x) + \alpha_1 f(\alpha_1 x) + \ldots + \alpha_\mu f(\alpha_\mu x)$$
$$= (1+\mu) x^\mu [a_\mu + a_{2\mu+1} x^{\mu+1} + \ldots],$$
$$\ldots\ldots\ldots\ldots\ldots\ldots\ldots\ldots\ldots\ldots,$$
$$F_\mu(x) = f(x) + \alpha_1^\mu f(\alpha_1 x) + \ldots + \alpha_\mu^\mu f(\alpha_\mu x)$$
$$= (1+\mu) x [a_1 + a_{\mu+2} x^{\mu+1} + \ldots],$$

où $\alpha_h = e^{\frac{2ih\pi}{\mu+1}}$. On voit alors que, si $f(x)$ restait bornée sur toutes les demi-droites faisant l'angle $\frac{2\pi h}{\mu+1}$ avec le demi-axe positif, il en serait de même de toutes les fonctions $F_h(x)$ qui se réduiraient, par conséquent, à des constantes, puisqu'une fonction de la forme

$$a_h + a_{h+\mu+1} y + \ldots + a_{h+n(\mu+1)} y^n + \ldots$$

jouit de la propriété que

$$\lim n^2 \sqrt[n]{|a_{h+n(\mu+1)}|} = 0.$$

Donc $f(x)$ serait également une constante [1].

Remarque. — Le lemme que nous venons d'établir peut être généralisé, si l'on tient compte de ce que dans le cas de $\mu = 0$, la fonction $f(x)$ étant de genre zéro, peut être mise sous la forme d'un produit

$$\begin{aligned} f(x) &= a x^p \left(1 - \frac{x}{c_1}\right)\left(1 - \frac{x}{c_2}\right)\cdots \\ &= P(x)\left(1 - \frac{x}{c_{m+1}}\right)\left(1 - \frac{x}{c_{m+2}}\right)\cdots = P(x)\varphi(x), \end{aligned}$$

où $P(x)$ est un polynome de degré aussi élevé qu'on veut, $\varphi(x)$ étant une fonction entière pour laquelle on a également $\mu = 0$. On peut donc compléter le lemme, en ajoutant que, *si sur aucune des* $\overline{1 + \mu_0}$ *demi-droites considérées la fonction* $f(x)$ (*pour laquelle* $\overline{\lim}\, n^{\frac{2}{1+\mu}} \sqrt[n]{|a_n|} = 0$) *ne croît pas plus rapidement que* $|x|^n$, *n étant un nombre positif fixe, la fonction* $f(x)$ *se réduit à un polynome de degré au plus égal à n.* On pourrait pousser encore plus loin la généralisation, en appliquant les propriétés de croissance des fonctions entières satisfaisant à la condition $\lim n^2 \sqrt[n]{|a_n|} = 0$, sur lesquelles nous reviendrons prochainement.

Dans ce qui va suivre, nous aurons à considérer des fonctions

$$f(x) = a_0 + a_1 x + \ldots + a_n x^n + \ldots$$

satisfaisant à la condition

$$\overline{\lim}\, n \sqrt[n]{|a_n|} = p.$$

On sait que, tant que $p > 0$, la fonction est de genre un; si $p = 0$, la fonction pourra encore être de genre 1, mais en général, elle est de genre zéro, et, en tout cas, *pour toute fonction de genre zéro on a* $p = 0$.

Nous appellerons le nombre p *degré* de la fonction considérée. Il est aisé de vérifier que *si* $f(x)$ *est de degré* p, *il en est de même de* $f'(x)$ *et aussi de* $f(x + c)$. La première affirmation est évi-

---

(1) Ce lemme est à rapprocher des anciens résultats de M. Phragmen (*Acta mathematica*, 1903); *voir* aussi l'article de M. Wiman dans *Arkiw für mathematik*, 1905.

dente ; pour prouver la seconde, posons

$$f(x+c) = b_0 + \ldots + b_n x^n + \ldots,$$

où

$$b_n = a_n + (n+1)a_{n+1}c + \frac{(n+1)(n+2)}{2}a_{n+2}c^2 + \ldots;$$

donc

$$n\sqrt[n]{|b_n|} < (p+\varepsilon)\sqrt[n]{1 + \left(\frac{n}{n+1}\right)(p+\varepsilon)c + \frac{1}{2}\left(\frac{n}{n+2}\right)^2 (p+\varepsilon)^2 c^2 \ldots}$$
$$< p + 2\varepsilon,$$

ε étant un nombre aussi petit qu'on veut, si n est assez grand. Il en résulte que le degré de $f(x+c)$ ne peut être supérieur à celui de $f(x)$, mais pour la même raison le degré de $f(x)$ ne peut être supérieur à celui de $f(x+c)$.

On vérifie (¹) *également que :* 1° *le degré de* $f(x)+f_1(x)$ *ne peut être supérieur aux degrés de* $f(x)$ *et* $f_1(x)$ *en même temps;* 2° *le degré de* $f(x).f_1(x)$ *est au plus égal à la somme des degrés de* $f(x)$ *et* $f_1(x)$.

15. Propriétés extrémales des fonctions entières de genre zéro. — Nous nous occuperons d'abord des fonctions de *genre zéro;* mais dans les énoncés des théorèmes il sera souvent naturel d'introduire les fonctions de *degré zéro; a fortiori*, ces théorèmes seront applicables aux fonctions de genre zéro.

Neuvième théorème. — *Une fonction de la forme*

$$\frac{P(x)}{\sqrt{R(x)}},$$

où $R(x)$ *est une fonction de genre zéro, dont toutes les racines* $\alpha_k \pm i\beta_k$ *sont complexes conjuguées et ont leurs parties réelles* α_k *bornées* (²), *et* $P(x)$ *une fonction de degré zéro, ne*

(¹) La démonstration se fait le plus simplement par l'introduction de séries *majorantes* de la forme e^{kx}.

(²) Cette dernière condition pourrait être remplacée par des conditions plus larges (voir *Comptes rendus* du 18 juin 1923).

peut rester sur tout l'axe réel inférieure en valeur absolue à

$$L = \frac{1}{\left|\sum_{1}^{\infty} \frac{1}{\alpha_k + i\beta_k}\right|}$$

et peut ne pas dépasser cette valeur, si $\dfrac{P'(0)}{\sqrt{R(0)}} = 1$.

Pour le démontrer, posons ([1]), comme au paragraphe **12**,

$$R(x) = s^2(x) + t^2(x),$$

où

$$(125)\quad \begin{cases} s(x) = \dfrac{1}{2}\Bigg[\left(1 - \dfrac{x}{\alpha_1 - i\beta_1}\right)\cdots\left(1 - \dfrac{x}{\alpha_n - i\beta_n}\right)\cdots \\ \qquad + \left(1 - \dfrac{x}{\alpha_1 + i\beta_1}\right)\cdots\left(1 - \dfrac{x}{\alpha_n + i\beta_n}\right)\cdots\Bigg], \\ t(x) = \dfrac{1}{2i}\Bigg[\left(1 - \dfrac{x}{\alpha_1 - i\beta_1}\right)\cdots\left(1 - \dfrac{x}{\alpha_n - i\beta_n}\right)\cdots \\ \qquad - \left(1 - \dfrac{x}{\alpha_1 + i\beta_1}\right)\cdots\left(1 - \dfrac{x}{\alpha_n + i\beta_n}\right)\cdots\Bigg], \end{cases}$$

en supposant, pour simplifier l'écriture, $R(0) = 1$.

On aura donc

$$\frac{s(x)}{\sqrt{s^2(x) + t^2(x)}} = \frac{1}{2}\left[\sqrt{\frac{s(x) + i\,t(x)}{s(x) - i\,t(x)}} + \sqrt{\frac{s(x) - i\,t(x)}{s(x) + i\,t(x)}}\right] = \cos\Phi,$$

$$\frac{t(x)}{\sqrt{s^2(x) + t^2(x)}} = \frac{1}{2i}\left[\sqrt{\frac{s(x) + i\,t(x)}{s(x) - i\,t(x)}} - \sqrt{\frac{s(x) - i\,t(x)}{s(x) + i\,t(x)}}\right] = \sin\Phi,$$

d'où l'on conclut que $s(x) = 0$ et $t(x) = 0$ ne possèdent que des racines réelles, car, pour toutes les valeurs complexes de x, l'un des radicaux a son module supérieur et l'autre inférieur à 1. Il en résulte également que Φ qui est déterminé, à une période 2π près, est réel ou complexe en même temps que x.

([1]) $s(x)$ et $t(x)$ seront nécessairement de degré zéro, mais pourraient ne pas être de genre zéro.

Donc, en posant

$$(126)\quad \begin{cases} f(x) = \dfrac{A\, s(x) + B\, t(x)}{\sqrt{s^2(x) + t^2(x)}} = \sqrt{A^2 + B^2}\cos(\Phi - \lambda), \\ f_1(x) = \dfrac{-B\, s(x) + A\, t(x)}{\sqrt{s^2(x) + t^2(x)}} = \sqrt{A^2 + B^2}\sin(\Phi - \lambda), \end{cases}$$

on voit que $f(x)$ et $f_1(x)$ *n'ont que des racines réelles.*

D'ailleurs,

$$(127)\quad \Phi = \varphi_1 + \varphi_2 + \ldots + \varphi_n + \ldots,$$

où $\varphi_n = \text{arc tang}\,\dfrac{\beta_n}{x - \alpha_n} + \text{arc tang}\,\dfrac{\beta_n}{\alpha_n}$; donc,

$$(128)\quad -\Phi' = \sum_1^\infty \frac{\beta_n}{(\alpha_n - x)^2 + \beta_n^2} > 0$$

pour toutes les valeurs réelles de x.

Par conséquent, en différentiant les équations (126), nous voyons que

$$(129)\quad \begin{cases} f'(x) = -\Phi' f_1(x), \\ f_1'(x) = \Phi' f(x), \end{cases}$$

d'où il résulte que $f_1(x)$ et $f'(x)$ *d'une part, et* $f(x)$ *et* $f_1'(x)$ *d'autre part, ont toutes leurs racines réelles communes;* de plus, *les racines de* $f(x)$ *et* $f_1(x)$ *se séparent mutuellement* (et ne peuvent pas être multiples) *et les maxima* $\sqrt{A^2+B^2}$ *de* $|f(x)|$ *sont atteints avec des signes successivement alternés.* Cela étant, nous pouvons, en attribuant à A une valeur arbitraire, faire $f(0) = A$, et pour que la dérivée du numérateur dans (126) soit égale à 1, on fera

$$A\, s'(0) + B\, t'(0) = 1,$$

ce qui sera possible, car $t(x)$ étant nul à l'origine, on ne peut avoir $t'(0) = 0$.

A et B étant ainsi déterminés, je dis que

$$f(x) = \frac{A\, s(x) + B\, t(x)}{\sqrt{s^2(x) + t^2(x)}} = \sqrt{A^2 + B^2}\cos(\Phi - \lambda)$$

sera la fraction qui, entre toutes les fractions $\dfrac{P(x)}{\sqrt{s^2(x) + t^2(x)}}$, *où* $P(0) = A$, $P'(0) = 1$, *s'écartera le moins possible de zéro sur l'axe réel.* En admettant ceci, le résultat est immédiat, car il ne reste plus qu'à déterminer A et B, satisfaisant à $A s'(0) + B t'(0) = 1$ de façon à rendre $A^2 + B^2$ minimum, ce qui donne $\frac{A}{s'(0)} = \frac{B}{t'(0)}$; donc le minimum de l'écart

$$L = \sqrt{A^2 + B^2} = \frac{1}{\sqrt{[s'(0)]^2 + [t'(0)]^2}}$$

$$= \frac{1}{|s'(0) - i t'(0)|} = \frac{1}{\left|\sum_1^\infty \frac{1}{\alpha_k + i\beta_k}\right|}.$$

Or, notre affirmation sera démontrée, si nous établissons le lemme suivant :

La fonction

$$\varphi(x) = \frac{Q(x)}{\sqrt{s^2(x) + t^2(x)}}$$

ne peut être bornée pour toutes les valeurs réelles de x, *si* $Q(x)$ *étant de degré zéro s'annule à l'origine avec sa dérivée première et reçoit des signes opposés aux points d'écart maximum* (¹) *de* $f(x)$.

En effet, si notre lemme est exact, il n'est pas possible qu'une fonction $\frac{P(x)}{\sqrt{s^2(x) + t^2(x)}}$, telle que $P(0) = A$ et $P'(0) = 1$, soit, en module, inférieure à L, car en la retranchant de $f(x)$, nous obtiendrons une fonction de la forme $\varphi(x)$ qui serait bornée.

Passons donc à la démonstration du lemme. Soient γ_n les points d'écart maximum de $f(x)$ qui, d'après ce qui précède, sont aussi les racines de $f_1(x)$. Donc $\gamma_n \gtrless 0$, puisque $f_1(0) \gtrless 0$ (à cause de $B \gtrless 0$).

Remarquons d'abord que l'on aura une certaine fonction $\varphi(x)$, s'annulant à l'origine et prenant aux points γ_n la valeur $(-1)^n A_n$,

(¹) Nous pouvons supposer $B \gtrless 0$ dans $f(x)$, c'est-à-dire, $f_1(0) \gtrless 0$, car la détermination de A et B par la condition que $A^2 + B^2$ soit minimum ne peut, comme nous venons de le voir, conduire à $B = 0$, puisque $t'(0) \gtrless 0$.

où A_n est borné et positif, en posant

$$\varphi(x) = f_1(x) \sum_{-\infty} \frac{x(-1)^n A_n}{\gamma_n(x-\gamma_n) f_1'(\gamma_n)}. \tag{130}$$

Il faut seulement prouver que la série

$$\Gamma(x) = \sum_{-\infty}^{\infty} \frac{(-1)^n A_n}{\gamma_n(x-\gamma_n) f_1'(\gamma_x)} \tag{131}$$

converge pour toute valeur de x différente de γ_n. Or, en vertu de (129),

$$f_1'(\gamma_n) = (-1)^n L\, \Phi'(\gamma_n).$$

Donc, il suffit de prouver la convergence de

$$-\sum_{-\infty}^{\infty} \frac{1}{\gamma_n^2 \Phi'(\gamma_n)},$$

dont tous les termes sont positifs. Il est clair, d'après (128), que

$$|\Phi'(\gamma)| < \sum_{1}^{\infty} \frac{1}{\beta_k},$$

de sorte que $|\gamma_n - \gamma_{n-1}|$ a une borne inférieure positive et γ_n croît indéfiniment avec n. Mais, d'autre part,

$$-\gamma^2 \Phi'(\gamma) = \sum_{-\infty}^{\infty} \frac{\gamma^2 \beta_k}{(\alpha_k - \gamma)^2 + \beta_k^2} = \mu \sum_{-\infty}^{\infty} \frac{(\gamma - \alpha_k)^2 \beta_k}{(\gamma - \alpha_k)^2 + \beta_k^2},$$

où $\frac{4}{9} < \mu < 4$, si $|\gamma| > \alpha \geqq 2|\alpha_k|$. Or $\sum_{-\infty}^{\infty} \frac{(\gamma - \alpha_k)^2 \beta_k}{(\gamma - \alpha_k)^2 + \beta_k^2}$ croît avec $|\gamma|$, pour $|\gamma| > \alpha$; il en est donc de même pour $-\frac{1}{\mu}\gamma^2 \Phi'(\gamma)$. Par conséquent, la série

$$-\sum_{-\infty}^{\infty} \frac{\mu}{\gamma_n^2 \Phi'(\gamma_n)} \tag{132}$$

qui converge en même temps que (131) aura ses termes décroissants, lorsque n croît indéfiniment. Or, si au lieu de considérer [1]

---

(1) Pour simplifier l'écriture, nous n'attachons pas à Φ le signe — qu'il faudrait pour que le sens de la variation soit le même que celui de γ.

Φ comme fonction de γ, on considère, inversement, γ comme fonction de Φ, la fonction $\gamma(\Phi)$, qui croîtra avec Φ, se réduit à γ_n pour $\Phi = \pi n + \lambda$, et l'on a

$$\frac{1}{\gamma^2 \Phi'(\gamma)} = \frac{\gamma'(\Phi)}{\gamma^2(\Phi)}.$$

Donc, en appliquant le criterium de convergence de Cauchy à la série à termes positifs décroissants (132), on voit qu'elle converge en même temps que l'intégrale $\int^{\infty} \frac{\gamma'(\Phi)}{\gamma^2(\Phi)} d\Phi$ qui est convergente, puisque $\frac{1}{\gamma(\Phi)}$ tend vers zéro avec $\frac{1}{\Phi}$. Donc la série (132) est bien convergente et il en est de même de la série (131).

Remarquons, d'autre part, que

$$(133) \quad \sum_{-\infty}^{\infty} \frac{(-1)^n x}{\gamma_n(x-\gamma_n) f_1'(\gamma_n)} = \frac{f(x)}{f_1(x)} + C = \frac{A\, s(x) + B\, t(x)}{-B\, s(x) + A\, t(x)} + C,$$

où

$$C = -\frac{f(0)}{f_1(0)} = \frac{A}{B}.$$

Pour le voir, il suffit d'appliquer la méthode classique des résidus de Cauchy pour le développement en série de fractions simples d'une fonction $F(x)$ qui reste bornée sur certains contours C fermés s'éloignant à l'infini dans tous les sens et tels que le rapport de leurs périmètres à la distance minima de leurs points à l'origine ne croît pas indéfiniment (¹). Supposons, pour simplifier l'écriture, $A = 0$. On aura alors

$$(134) \quad -\frac{f(x)}{f_1(x)} = \frac{t(x)}{s(x)} = i \frac{1 - \dfrac{s(x)+i\,t(x)}{s(x)-i\,t(x)}}{1 + \dfrac{s(x)+i\,t(x)}{s(x)-i\,t(x)}}.$$

Par conséquent, si à partir d'une valeur positive R très grande, où $t(x) = 0$, on suit dans la partie supérieure du plan la ligne d'argument constant de $\frac{s(x)+i\,t(x)}{s(x)-i\,t(x)}$ qu'on peut supposer nul, $\frac{s(x)+i\,t(x)}{s(x)-i\,t(x)}$ restera réel et positif et, à cause de (134), $\left|\frac{t(x)}{s(x)}\right| \leqq 1$. Or, par des considérations géométriques élémentaires, on reconnaît

(¹) *Voir* Ed. Goursat, *Cours d'Analyse mathématique*, t. 2, Chap. XV.

immédiatement que cette ligne C ne pourra pénétrer ni à l'intérieur du plus petit des cercles passant par trois points (¹) : R et $\alpha_k \pm i\beta_k$, ni à droite de la perpendiculaire en R à l'axe réel, car la variation de l'argument du produit convergent $\frac{s(x)+it(x)}{s(x)-it(x)}$ se compose de la somme des variations des angles sous lesquels on voit du point considéré chacun des segments reliant les deux points conjugués $\alpha_k \pm i\beta_k$. Donc, la courbe C qui restera régulièrement analytique (²) tant qu'on n'entrera pas dans la bande $\left(-\frac{\alpha}{2}, \frac{\alpha}{2}\right)$, ne pourra atteindre cette bande avant d'arriver à une hauteur inférieure au rayon $\left(\frac{R}{2}-\frac{\alpha}{4}\right)$ du plus petit des cercles considérés ; mais, à l'extérieur de la bande en question, la ligne C devra toujours monter en s'approchant de l'axe imaginaire, car tous les termes composant l'argument de $\frac{s(x)+it(x)}{s(x)-it(x)}$ varieraient dans un même sens, si les parties réelle et imaginaire de x variaient dans le même sens. Par conséquent, la longueur de la courbe C jusqu'à la hauteur $\frac{R}{2}-\frac{\alpha}{4}$ sera inférieure à la somme de ses projections sur les deux axes : elle sera donc inférieure à $\frac{3R}{2}-\frac{\alpha}{4}$. Or, une fois arrivés à une hauteur voisine de $\frac{R}{2}$, nous pouvons suivre une parallèle à l'axe des x jusqu'à sa rencontre avec la courbe C' d'argument constant correspondante venant d'une racine négative de $t(x)=0$ voisine de $-R$. En effet, en posant $x=a+bi$ sur cette parallèle, nous pouvons faire

$$b=\beta_{n_0}\geqq\frac{|a|+\alpha}{3},$$

(¹) Rappelons que $|\alpha_k|<\frac{1}{2}\alpha$ est borne.

(²) La courbe C ne pourrait présenter des singularités que si $s(x)-it(x)=0$ ou bien $\left(\frac{s(x)+it(x)}{s(x)-it(x)}\right)'=0$; or le premier cas ne peut avoir lieu, par définition, et la seconde circonstance exigerait que

$$\sum\left[\frac{1}{x-\alpha_k+i\beta_k}-\frac{1}{x-\alpha_k-i\beta_k}\right]=\sum\frac{-2i\beta_k}{(x-\alpha_k)^2+\beta_k^2}=0,$$

ce qui est impossible, lorsque la partie réelle de x est supérieure $\frac{1}{2}\alpha>|\alpha_k|$.

de sorte que

$$\left|\frac{s(x)+i\,t(x)}{s(x)-i\,t(x)}\right|^2 > \frac{1+\dfrac{2b\beta_{n_0}}{(a-\alpha_{n_0})^2+b^2+\beta_{n_0}^2}}{1-\dfrac{2b\beta_{n_0}}{(a-\alpha_{n_0})^2+b^2+\beta_{n_0}^2}} > \frac{13}{9}.$$

Donc, sur ce segment de droite, on a, d'après (134),

$$\left|\frac{t(x)}{s(x)}\right| < \frac{11+3\sqrt{13}}{2}.$$

Par conséquent, en procédant de la même façon dans la partie inférieure du plan, nous obtenons un contour de la nature exigée par la méthode de Cauchy, et par conséquent la formule (133) est établie.

Revenons, à présent, à la fonction $\varphi(x)$ donnée par la formule (130). Il est clair qu'elle ne peut avoir sa dérivée première nulle à l'origine, car $f_1(0) = -B \gtrless 0$; donc, la condition $\varphi'(0) = 0$ exigerait que

$$\sum_{-\infty}^{\infty} \frac{(-1)^n A_n}{\gamma_n^2 f_1'(\gamma_n)} = 0,$$

ce qui est impossible, car cette somme est composée de termes de même signe. Par conséquent, la fonction $\varphi(x)$, donnée par la formule (130), ne répond pas à la question, et nous devons la remplacer par la fonction la plus générale qui prend les valeurs $\pm A_n$ aux points γ_n :

$$(135) \qquad \varphi_1(x) = \frac{H(x)}{\sqrt{s^2(x)+t^2(x)}}$$
$$= f_1(x)\left[\sum_{-\infty}^{\infty} \frac{x(-1)^n A_n}{\gamma_n(x-\gamma_n)f_1'(\gamma_n)} + P(x)\right],$$

où $P(x)$ est une fonction entière ou un polynome dans lequel le coefficient de x n'est pas nul; nous allons voir que, $H(x)$ étant supposé de degré zéro, $\varphi_1(x)$ ne saurait être bornée sur l'axe réel. Pour le démontrer, admettons, au contraire, que $\varphi_1(x)$ reste bornée. Je dis qu'alors, $P(x)f_1(x)$ ne croîtrait pas plus rapidement que εx, où ε tend vers zéro avec $\frac{1}{x}$; il suffit de prouver que l'ordre de croissance de

$$(130\ bis)\quad \varphi(x) = f_1(x)\sum_{-\infty}^{\infty}\frac{x(-1)^n A_n}{\gamma_n(x-\gamma_n)f_1'(\gamma_n)} = x f_1(x)\Gamma(x)$$

n'est pas supérieur à $\varepsilon\,|\,x\,|$ sur l'axe réel.

En effet, soit, pour fixer les idées, x positif, $x = \mathrm{R}$, et supposons

$$\gamma_{n_0-1} \leqq \mathrm{R} \leqq \gamma_{n_0}.$$

Envisageons d'abord tous les termes de $\varphi(x)$, de même signe, tels que $\mathrm{R} < \gamma_n$.

Cela étant, considérons

$$(136)\qquad \mathrm{S} = \sum_{n_0+2}^{\infty}\frac{\mathrm{R}A_n}{\gamma_n(\gamma_n - \mathrm{R})\,|\,\Phi'(\gamma_n)\,|},$$

qui, à un facteur borné près, représente une somme de termes décroissants, d'après une remarque faite plus haut, d'autant plus que $\dfrac{\gamma_n}{\gamma_n - \mathrm{R}}$ va en décroissant, lorsque n croît. Donc, toujours à un facteur borné près,

$$(137)\qquad \mathrm{S} < \mathrm{R}\int_{\gamma_{n_0+1}}^{\infty}\frac{d\gamma}{\gamma(\gamma-\mathrm{R})} = \log\frac{\gamma_{n_0+1}}{\gamma_{n_0+1}-\mathrm{R}} < \log\left(1+\frac{\mathrm{R}}{d}\right),$$

où d est une borne inférieure de $\gamma_{n+1} - \gamma_n$: cette borne d s'obtient par la remarque que

$$\Phi'(\gamma)(\gamma_{n+1} - \gamma_n) = -\pi,$$

où γ est compris entre γ_{n+1} et γ_n ; donc, en tenant compte de ce que $|\,\Phi'(\gamma)\,|$ décroît avec $\left|\dfrac{1}{\gamma}\right|$, d'après (128), pour des valeurs assez grandes de γ, on a

$$(138)\qquad \frac{\pi}{\displaystyle\sum_{1}^{\infty}\frac{1}{\beta_k}} < \frac{\pi}{|\,\Phi'(\gamma_n)\,|} < \gamma_{n+1} - \gamma_n < \frac{\pi}{|\,\Phi'(\gamma_{n+1})\,|}.$$

Il reste encore deux termes dans $\varphi(x)$ représentée par (130 *bis*), pour lesquels $\gamma_n > \mathrm{R}$, ceux qui correspondent à $n = n_0$ et $n = n_0 + 1$. Il arrivera, en général, que, pour ces valeurs de n,

$\frac{\gamma_n}{R}$ sera borné; dans ce cas (soit, par exemple, $\gamma_n < 2R$) le terme correspondant

$$I_n = \left| \frac{A_n R f_1(R)}{\gamma_n(R-\gamma_n)f_1'(\gamma_n)} \right| = \left| \frac{A_n R[f_1(R) - f_1(\gamma_n)]}{\gamma_n(R-\gamma_n)f_1'(\gamma_n)} \right| < \frac{A_n R}{\gamma_n} \frac{\Phi'(R_1)}{\Phi'(\gamma_n)},$$

où $R < R_1 < \gamma_n$; donc, $I_n < 2A_n \frac{R^2\Phi'(R)}{\gamma_n^2\Phi'(\gamma_n)}$ est borné. Au contraire, si $\gamma_n > 2R$, le terme correspondant de S sera inférieur à

$$\frac{2RA_n}{\gamma_n^2\Phi'(\gamma_n)} < \varepsilon R,$$

où ε tend vers zéro avec $\frac{1}{R}$, car $\gamma^2\Phi'(\gamma)$ croît indéfiniment avec γ.

Par conséquent, la somme des termes de même signe (correspondant à $\gamma_n > R$) dans $\varphi(R)$ reste inférieure à εR, où ε tend vers zéro avec $\frac{1}{R}$; il en est de même, en particulier, lorsque $A_n = 1$. Mais, dans ce cas, on a [d'après (133)] $|\varphi(R)| = |f(R)| < L$. Il en résulte que la somme des termes du signe opposé de $f(R)$ est également de l'ordre de εR, et il en est de même de la somme des termes correspondants de $\varphi(R)$ qui se distinguent des précédents par les facteurs positifs bornés A_n. Donc, finalement, la somme des modules de la série $\varphi(R)$, donnée par (130 *bis*), ne croît pas plus rapidement que εR pour R très grand.

D'autre part, puisque notre discussion concerne la somme des modules des termes de la série (130 *bis*), nous en concluons que sur tous les cercles, passant par tous les points de l'axe réel, où $f_1(x) > \lambda > 0$, la fonction $x\Gamma(x)$ reste en module inférieure à $\varepsilon_1 |x|$, où ε_1 tend vers zéro avec $\frac{1}{x}$. Donc, le numérateur de $\varphi(x)$, qui est égal à

$$[B\,s(x) - A\,t(x)]\,x\Gamma(x),$$

est une fonction entière du même degré que $Bs(x) - A\,t(x)$, c'est-à-dire de degré zéro. Par conséquent, la fonction $P(x)$ dans (135) doit aussi être de degré [1] zéro, si nous voulons

---

[1] En effet, d'après un théorème connu, on peut affirmer l'existence de cercles de rayons R croissants, tels que le module de la fonction de genre 0, $s^2(x) + t^2(x)$ soit supérieure à $e^{-\varepsilon R}$ sur leurs circonférences, quel que soit le nombre donné $\varepsilon > 0$. Il en est donc de même pour $A\,s(x) - B\,t(x)$; par conséquent, si $P(x)$, étant

que $H(x)$ soit de degré zéro; d'autre part, sur l'axe réel $P(x)$, $f_1(x)$ croît moins vite que $\varepsilon|x|$. Il en résulte d'abord que $P(x)$ ne peut pas être polynome, car en tous les points où $f_1(x) > \lambda > 0$, on aurait

$$|P(x)| < \frac{\varepsilon}{\lambda}|x|.$$

Il reste à montrer que $P(x)$ ne peut aussi être une fonction entière transcendante

A cet effet, posons

$$P(x) = \sum_1^m c_k x^k + \sum_{m+1}^\infty c_k x^k;$$

alors, pour $|x| \leqq 2m$, la deuxième partie de cette expression peut être faite aussi petite que l'on veut ([1]). Nous savons donc, en particulier, que le polynome

$$P_1(x) = \sum_1^m c_k x^m$$

reste inférieur à $\frac{\varepsilon R}{|f_1(x)|}$ dans l'intervalle $(\gamma_{n-1} + \alpha, \gamma_n - \alpha)$, pourvu que nous supposions $\gamma_n < R = m$, où $\alpha = \frac{\gamma_n - \gamma_{n-1}}{2m^2}$.

Le minimum de $|f_1(x)|$ étant atteint à l'une des extrémités de cet intervalle, soit au point $\gamma_n - \alpha$, pour fixer les idées, on a dans l'intervalle considéré, en tenant compte de (129) et (126), et en supposant $\gamma_n - \alpha < \xi < \gamma_n$,

$$\begin{aligned} f_1(x)| &\geqq |f_1(\gamma_n - \alpha)| = \alpha|f'_1(\xi)| = \alpha|\Phi'(\xi)|\sqrt{L^2 - f_1^2(\xi)} \\ &> \alpha|\Phi'(\xi)|\sqrt{L^2 - f_1^2(x)} > \frac{2M\alpha}{LR^2}\sqrt{L^2 - f_1^2(x)} > \frac{M\alpha}{R^2} \end{aligned}$$

où M est une constante positive fixe. Donc, dans l'intervalle considéré,

$$|P_1(x)| < \frac{\varepsilon R^3}{M\alpha}.$$

---

de degré supérieur à zéro, croissait plus rapidement que e^{kR}, où k est un nombre positif fixe, le produit de ces deux fonctions croîtrait plus vite que $e^{(k-\varepsilon)R}$ et ne pourrait être une fonction de degré zéro.

([1]) $k\sqrt[k]{|c_k|}$ tend vers zéro, par hypothèse.

Or, le polynome $P_1(x)$ étant de degré $m = R$, on a, en appliquant (10),

$$|P_1(x)| < \frac{\varepsilon R^3}{M\alpha}\left[\frac{\frac{\gamma_n-\gamma_{n-1}}{2}+\sqrt{\left(\frac{\gamma_n-\gamma_{n-1}}{2}\right)^2-\left(\frac{\gamma_n-\gamma_{n-1}}{2}-\alpha\right)^2}}{\frac{\gamma_n-\gamma_{n-1}}{2}-\alpha}\right]^m$$

$$= \frac{\varepsilon R^3}{M\alpha}\left[\frac{1+\sqrt{\frac{2}{m^2}-\frac{1}{m^4}}}{1-\frac{1}{m^2}}\right]^m$$

dans l'intervalle total (γ_{n-1}, γ_n). Donc, pour m très grand,

$$|P_1(x)| < \frac{\varepsilon e^{\sqrt{2}} R^3}{M\alpha} < \frac{2\varepsilon e^{\sqrt{2}} R^5}{Md},$$

où d est une borne inférieure de $\gamma_n - \gamma_{n-1}$ (indépendante de n). Ainsi

$$|P(x)| < N\varepsilon R^5,$$

où N est un nombre fixe indépendant de l'intervalle considéré; nous en concluons que pour toute valeur réelle de x assez grande $|P(x)|$ croîtrait moins vite que $|x|^5$. Ce qui prouve (d'après la remarque au quatrième lemme) que $P(x)$ ne saurait être une fonction entière transcendante de degré zéro.

Notre lemme étant démontré, l'exactitude du théorème en résulte.

Nous pouvons en déduire un nouveau théorème qui généralise le troisième corollaire du paragraphe **13**.

Dixième théorème. — *Soient* $P(x)$ *une fonction quelconque de degré zéro, et* $s(x) + it(x)$ *une fonction de genre zéro dont toutes les racines se trouvent dans la partie inférieure du plan et ont leurs parties réelles bornées; si sur tout l'axe réel*

$$(139) \qquad |P(x)| \leqq L\,|s(x) + i\,t(x)|,$$

on aura aussi

$$(140) \qquad \begin{cases} |P'(x)| \leqq L\,|s'(x) + i\,t'(x)| \\ \dots\dots\dots\dots\dots\dots, \\ |P^{(n)}(x)| \leqq L\,|s^{(n)}(x) + i\,t^{(n)}(x)|, \\ \dots\dots\dots\dots\dots\dots \end{cases}$$

sur le même axe.

En effet, le théorème démontré exprime précisément que l'inégalité (139) ne peut avoir lieu sans qu'on ait en même temps

$$|P'(0)| \leqq L\,|s'(0) + i\,t'(0)|.$$

Mais, puisque le changement d'origine ne change rien dans les données, on a aussi pour toute valeur réelle de x

$$|P'(x)| \leqq L\,|s'(x) + i\,t'(x)|. \tag{140 bis}$$

Mais les fonctions $P'(x)$ et $s'(x) + it'(x)$ sont, respectivement, de la même nature que $P(x)$ et $s(x) + it(x)$. Il suffit de vérifier le fait connu que, si une fonction de genre zéro a toutes ses racines situées du même côté d'une certaine droite, sa dérivée jouira de la même propriété. En effet, nous pouvons supposer que cette droite soit l'axe réel. Mais alors, si toutes les racines de $f(x)$ sont au-dessus de l'axe réel, la dérivée logarithmique

$$\frac{f'(x)}{f(x)} = \sum_1^\infty \frac{1}{x - \alpha_n - i\beta_n} = \sum_1^\infty \frac{1}{a + bi - \alpha_n - i\beta_n}$$
$$= \sum_1^\infty \frac{(a - \alpha_n) + i(\beta_n - b)}{(a - \alpha_n)^2 + (b - \beta_n)^2}$$

sera composée de termes dont les parties imaginaires sont positives, si $\beta_n > 0$, $b \leqq 0$; donc $f'(x) = 0$ ne saurait avoir de racine sur l'axe réel ou au-dessous. Par conséquent ([1]), de l'inégalité (140 *bis*) résulte

$$P''(x) \leqq L\,|s''(x) + i\,t''(x)|,$$

et ainsi de suite.

Donc, en particulier, *soit*

$$P(x) = c_0 + c_1 x + c_2 x^2 + \ldots + c_n x^n + \ldots$$

une fonction entière de degré zéro $\left(\lim n \sqrt[n]{|c_n|} = 0\right)$; *si la fonction de genre zéro,*

$$f(x) = a_0 + a_1 x + \ldots + a_n x^n + \ldots,$$

---

(1) Le fait que $s'(x) + i\,t'(x)$ est aussi de genre 0 est une conséquence d'un théorème de M. G. Valiron, d'après lequel le genre de la dérivée ne dépasse jamais celui de la fonction (*Bull. des Sciences mathém.*, 1922).

a toutes ses racines situées du même côté de l'axe réel, ayant leurs parties réelles bornées, et si un des coefficients de $P(x)$ *au moins satisfait à l'inégalité*

$$|c_n| > L\,|a_n|,$$

on ne pourra avoir sur tout l'axe réel

$$|P(x)| \leqq L\,|f(x)|.$$

Donc, si le rapport $\left|\frac{c_n}{a_n}\right|$ *n'est pas borné, le rapport* $\left|\frac{P(x)}{f(x)}\right|$ *ne pourra rester borné sur l'axe réel;* or, sur toute partie limitée de l'axe réel, ce rapport est borné; donc il y aura des valeurs de x infiniment grandes, où la croissance de $P(x)$ sera supérieure à celle de $f(x)$.

Si nous prenons une fonction $f(x)$ dont toutes les racines $i\beta_n$ sont sur l'axe imaginaire,

$$f(x) = \left(1 - \frac{x}{i\beta_1}\right)\cdots\left(1 - \frac{x}{i\beta_n}\right)\cdots,$$

son module sur l'axe réel sera

$$\sqrt{R(x)} = \sqrt{\left(1 + \frac{x^2}{\beta_1^2}\right)\cdots\left(1 + \frac{x^2}{\beta_n^2}\right)\cdots}.$$

Soit, par exemple, $\beta_n = \pi^2\left(n + \frac{1}{2}\right)^2$. Alors

$$f(x) = \cos\sqrt{ix} = 1 - \frac{ix}{2!} - \frac{x^2}{4!} + \frac{ix^3}{6!} + \ldots$$

et

$$R(x) = \prod_{n=-\infty}^{n=\infty}\left[1 + \frac{x^2}{\left(n + \frac{1}{2}\right)^4 \pi^4}\right]\cdots$$

$$= \cos\sqrt{ix}\,.\,\cos\sqrt{-ix} = \frac{1}{4}\left(e^{\sqrt{2x}} + e^{-\sqrt{2x}} + 2\cos\sqrt{2x}\right).$$

Donc, *si la fonction* $P(x)$ *de degré* 0 *jouit de la propriété que* $2n!\,c_n$ *n'est pas borné, il y a des points sur toute droite passant par l'origine, où* $P(x)e^{-\sqrt{\left|\frac{x}{2}\right|}}$ *croît indéfiniment.*

On peut déduire de ce qui précède des conclusions analogues

sur la croissance des fonctions de genre o dans une direction [1] quelconque. Seulement la condition à imposer à ces fonctions est que leurs coefficients b_n jouissent de la propriété que $\overline{\lim}\, n^2 \sqrt[n]{|b_n|} = 0$. Il suffit de poser $y = x^2$ et supposer $P(x)$ pair, alors

$$P(x) = \varphi(y) = c_0 + c_2 x^2 + \ldots + c_{2n} x^{2n} + \ldots$$
$$= b_0 + b_1 y + \ldots + b_n y^n + \ldots,$$

où $b_n = c_{2n}$.

Donc, *si* $\left|\dfrac{b_n}{a_{2n}}\right|$ *n'est pas borné*,

$$\frac{\varphi(y)}{\sqrt{\left(1+\dfrac{y}{\beta_1^2}\right)\cdots\left(1+\dfrac{y}{\beta_n^2}\right)\cdots}}$$

croît indéfiniment sur le demi-axe positif; au contraire, dans les mêmes conditions, on peut construire une fonction $\varphi(y)$, *telle que*

$$\frac{\varphi(y)}{y\sqrt{\left(1+\dfrac{y}{\beta_1^2}\right)\cdots\left(1+\dfrac{y}{\beta_n^2}\right)}}$$

reste inférieur sur le demi-axe positif à tout nombre fixe 2λ; il suffira de poser

$$\varphi(y) = \lambda y [f(\sqrt{y}) + f(-\sqrt{y})].$$

Suivant le choix de la fonction de comparaison $f(x)$, on peut obtenir des propositions plus ou moins générales relatives à la croissance des fonctions de degré o sur l'axe réel ou dans une direction quelconque. On pourrait ainsi préciser encore certains des résultats connus de M. Wiman. Je me bornerai à titre d'application de démontrer la proposition suivante :

Si $\varphi(y) = \Sigma b_n y^n$ *et* $\overline{\lim}\, n^{\frac{2}{\rho}} |b_n| = A$, *où* $\rho < 1$, *il y aura dans toutes les directions des valeurs de* y, *telles que* $\varphi(y)e^{-B|y|^{\frac{\rho}{2}}}$

(1) Il y a lieu de signaler que, dans ce qui précède, nous ne supposions aucunement que les coefficients du numérateur sont réels; nos théorèmes s'appliquent donc aussi à une droite quelconque, pourvu qu'on admette toujours que les racines du dénominateur sont deux à deux symétriques par rapport à cette droite.

croît indéfiniment, B *étant une constante fixe :*

$$B = \frac{2-\varepsilon}{\rho e} A^{\frac{\rho}{2}} \cos\frac{\pi\rho}{2}, \qquad \text{où } \varepsilon > 0.$$

Pour le voir, nous devrons nous appuyer sur des propriétés de la croissance des coefficients et du module sur le demi-axe positif de la fonction

$$f(x) = \prod_1^\infty \left(1 + \frac{\lambda x}{n^{\frac{1}{\rho}}}\right) = 1 + a_1 x + \ldots + a_n x^n + \ldots;$$

ainsi, on sait que

$$|f(x)| = e^{(1+\varepsilon)\frac{\pi\lambda^\rho}{\sin\pi\rho} x^\rho}$$

et

$$n^{\frac{2}{\rho}} \sqrt[n]{|a_{2n}|} < (1+\varepsilon)\left(\frac{\pi e \rho}{2\sin\pi\rho}\right)^{\frac{2}{\rho}} \lambda^2,$$

où ε tend vers zéro.

Donc, si l'on pose

$$\lambda^2 = A_1 \left(\frac{2\sin\pi\rho}{\pi e \rho}\right)^{\frac{2}{\rho}},$$

où $A_1 < A$, le rapport $\left|\frac{b_n}{a_{2n}}\right|$ ne sera pas borné. Par conséquent, $\varphi(y)$ croît plus rapidement que $\sqrt{R(y)}$, où

$$R(y) = \prod_1^\infty \left(1 + \frac{\lambda^2 y}{n^{\frac{2}{\rho}}}\right) = e^{(1+\varepsilon)\frac{\pi\lambda^\rho}{\sin\frac{\pi\rho}{2}} y^{\frac{\rho}{2}}},$$

sur le demi-axe positif.

Donc $\varphi(y) e^{-B|y|^{\frac{\rho}{2}}}$ croît indéfiniment dans toutes les directions, si

$$B < \frac{2}{\rho e} A^{\frac{\rho}{2}} \cos\frac{\pi\rho}{2}.$$

Mais on vérifie, d'autre part, par un calcul connu que, si tous les coefficients étaient positifs, $\varphi(y)$ ne saurait croître plus rapidement que $e^{B_1|y|^{\frac{\rho}{2}}}$, quel que soit $B_1 > \frac{2A^{\frac{\rho}{2}}}{e\rho}$.

Donc, *l'ordre de grandeur de* $\log|\varphi(y)|$ *est le même dans toutes les directions, si* $\overline{\lim}\, n^{\frac{2}{\rho}} \sqrt[n]{|b_n|} = A$, *pourvu que* $\rho < \frac{1}{2}$.

Nous retrouvons, comme conséquence de ce corollaire, le théorème de M. Wiman ([1]) :

Si $\varphi(y)$ *est une fonction d'ordre* $\frac{\rho_1}{2}$ $(\rho_1 < 1)$, *on a une infinité de cercles croissants, où* $\varphi(y)e^{-B|y|^{\frac{\rho}{2}}}$ *croît indéfiniment, quel que soit* $\rho < \rho_1$.

Pour le voir, il suffit de remarquer que, pour une fonction d'ordre $\rho_1 > \rho$, $n^{\frac{2}{\rho}} \sqrt[n]{|b_n|}$ croît indéfiniment.

16. Propriétés extrémales des fonctions entières du genre 1. — Nous allons étudier actuellement les fonctions de genre 1 et, plus spécialement, celles de degré p fini. Les fonctions de degré p fini, que nous avons définies par la propriété que les coefficients de leurs développements de Taylor satisfont à la condition

$$\overline{\lim}\, n \sqrt[n]{|a_n|} = p,$$

pourraient évidemment aussi être définies par la condition que

$$\overline{\lim} \sqrt[n]{|f^{(n)}(a)|} = \frac{p}{e}$$

pour toute valeur donnée de a finie.

Les fonctions $A \sin\left(\frac{px}{e} + c\right)$, qui sont de degré p, jouent parmi les fonctions de degré p le rôle, sur l'axe réel, des *polynomes oscillateurs*. Nous allons démontrer, en effet, le théorème suivant :

Onzième théorème. — *Entre toutes les fonctions* $f(x)$ *de degré non supérieur à* p, *telles que* $f'(0) = 1$, *c'est la fonction* $\frac{e}{p} \sin \frac{p}{e} x$ *qui s'écarte le moins possible de zéro sur l'axe réel.*

([1]) *Loc. cit.*

La fonction $F(x) = \frac{e}{p} \sin \frac{p}{e} x$ appartient bien à la classe des fonctions considérées, car $F'(0) = 1$. Donc, si notre affirmation est exacte, le minimum de l'écart d'une fonction de cette classe est égal à

$$L = \frac{e}{p}. \tag{141}$$

Il est préférable, pour simplifier un peu la démonstration, de rétrécir d'abord la classe des fonctions considérées. Considérons, au lieu de la classe générale des fonctions de degré p, celle seulement qui comprend toutes les fonctions

$$f(x) = a_0 + a_1 x + \ldots + a_n x^n + \ldots$$

pour lesquelles $n!\, a_n$ reste borné et $a_1 = 1$. Il est clair que $\sin x$ appartient à cette classe. Je dis que $\sin x$ précisément s'écartera le moins possible de zéro sur l'axe réel entre toutes les fonctions de notre classe.

En effet, s'il existait une fonction $f(x)$ qui s'écartait encore moins de zéro sur tout l'axe réel, nous pourrions la supposer impaire, car la fonction impaire $\frac{f(x) - f(-x)}{2}$ appartiendrait certainement à la même classe et son module maximum ne saurait dépasser celui de $f(x)$. Par conséquent, on aurait une fonction impaire

$$\varphi(x) = \sin x - f(x) = b_3 x^3 + \ldots + b_{2n+1} x^{2n+1} + \ldots,$$

où $n!\, b_n$ est borné, qui resterait bornée sur tout l'axe réel et prendrait de plus des valeurs $A_k(-1)^k$ pour $x = k\pi + \frac{\pi}{2}$, les nombres *positifs* A_k étant inférieurs à 2.

Il s'agit de montrer qu'une telle fonction $\varphi(x)$ ne peut pas exister.

En effet, on aurait

$$-\varphi(x) = \cos x \sum_0^\infty \frac{2 A_k x}{x^2 - \left(k + \frac{1}{2}\right)^2 \pi^2} + P(x) \cos x, \tag{142}$$

où $P(x)$ devrait être une fonction entière impaire qui ne saurait être nulle, car le coefficient de x dans la première partie du second membre de (142) se présentant sous la forme d'une somme convergente de termes de même signe

$$-\frac{2}{\pi^2}\sum_0^\infty \frac{A_k}{\left(k+\frac{1}{2}\right)^2}$$

est différent de zéro.

Or, en supposant $x = R$, où

$$\left(k_0-\frac{1}{2}\right)\pi < R \leqq \left(k_0+\frac{1}{2}\right)\pi,$$

on a

$$\sum_{k_0+2}^\infty \frac{2A_k R}{\left(k+\frac{1}{2}\right)^2\pi^2 - R^2} < \frac{4R}{\pi^2}\sum_{k_0+2}^\infty \frac{1}{\left(k+\frac{1}{2}\right)^2-\left(k_0+\frac{1}{2}\right)^2}$$

$$= \frac{4R}{\pi^2}\sum_2^\infty \frac{1}{n(2k_0+1+n)} < \frac{4R}{\pi^2}\int_1^\infty \frac{dx}{x(x+2k_0+1)}$$

$$= \frac{4R\log(2k_0+2)}{\pi^2(2k_0+1)} < \frac{8}{\pi}\log\left(\frac{2R}{\pi}+3\right)$$

et

$$R\left|\cos R\left[\frac{2A_{k_0}}{\left(k_0+\frac{1}{2}\right)^2\pi^2-R^2}+\frac{2A_{k_0+1}}{\left(k_0+\frac{3}{2}\right)^2\pi^2-R^2}\right]\right|$$

$$< 4R\left[\frac{1}{R+\left(k_0+\frac{1}{2}\right)\pi}+\frac{1}{R+\left(k_0+\frac{3}{2}\pi\right)}\right] < 8$$

Donc, en tenant compte de ce que

$$\left|\cos R\sum_0^\infty \frac{2R}{R^2-\left(k+\frac{1}{2}\right)^2\pi^2}\right| = |\sin R| \leqq 1,$$

nous en concluons que

$$\left|\cos R\sum_0^{k_0-1} \frac{2A_k R}{R^2-\left(k+\frac{1}{2}\right)^2\pi^2}\right| < 10+\frac{8}{\pi}\log\left(\frac{2R}{\pi}+3\right)$$

et finalement

$$(143) \qquad \cos R\sum_0^\infty \left|\frac{2A_k R}{R^2-\left(k+\frac{1}{2}\right)^2\pi^2}\right| < 18+\frac{16}{\pi}\log\left(\frac{2R}{\pi}+3\right).$$

De (143) nous tirons deux conséquences :

Il en résulterait d'abord qu'on peut fixer deux nombres A et B tels qu'on ait sur tout l'axe réel

$$(144)\qquad |P(x)\cos x| < A + B\log|x|.$$

D'autre part, sur tous les points du cercle C de rayon $R = k_0\pi$, on aurait *a fortiori*

$$\left|\sum_0^\infty \frac{2A_k z}{z^2 - \left(k+\frac{1}{2}\right)^2\pi^2}\right| < 18 + \frac{16}{\pi}\log\left(\frac{2R}{\pi}+3\right),$$

d'où l'on devrait conclure que sur le même cercle

$$\left|\cos z\sum_0^\infty \frac{2A_k z}{z^2 - \left(k+\frac{1}{2}\right)^2\pi^2}\right| < e^R\left[18 + \frac{16}{\pi}\log\left(\frac{2R}{\pi}+3\right)\right].$$

Or, l'hypothèse que $n!\,b_n$ est borné entraîne l'existence d'un nombre N tel que, sur le même cercle C, on a

$$|\varphi(z)| < N e^R.$$

On aurait donc aussi sur tous les points d'une circonférence quelconque de rayon R_1 assez grand

$$(145)\qquad |P(z)\cos z| < M e^{R_1}\log R_1,$$

où M est un nombre fixe.

Nous allons voir que les inégalités (144) et (145) sont incompatibles.

En effet, nous tirons immédiatement de (145) que

$$(146)\qquad |P(z)| < 2M\log|z|,$$

lorsque z croît indéfiniment sur l'axe imaginaire.

Mais en remarquant, d'autre part, qu'il y a une infinité de cercles de rayons R_1, où $|\cos z| \geqq 1$, nous concluons que sur tous ces cercles

$$|P(z)| < M e^{R_1}\log R_1,$$

et, par conséquent, le degré de $P(z)$ ne peut être supérieur à e. Cela étant, moyennant un raisonnement analogue à celui que nous avons fait à la fin de la démonstration du neuvième théorème, nous déduirons facilement de (144) qu'on devrait avoir pour toutes les valeurs réelles de x assez grandes

$$|P(x)| < Mx^2 \log|x|, \tag{147}$$

M étant un nombre fixe. A cet effet, posons

$$P(x) = \sum_1^\infty d_n x^n = P_{n_0}(x) + R_{n_0}(x),$$

où

$$P_{n_0}(x) = d_1 x + \ldots + d_{n_0} x^{n_0};$$

et, d'après ce qui précède, on peut supposer n_0 assez grand pour qu'on ait, quelque petit que soit le nombre donné ε,

$$n\sqrt[n]{|d_n|} < e + \varepsilon,$$

dès que $n > n_0$. Donc, en supposant $|x| \leqq h = \frac{n_0}{3e}$, on peut prendre n_0 assez grand pour que $|R_{n_0}(x)| < \varepsilon$. Cela étant, il résulte de (144) que

$$|P_{n_0}(x)| < \frac{A + B\log|x|}{\sin\alpha} + \varepsilon,$$

si x se trouve dans un intervalle

$$\left[\left(k - \frac{1}{2}\right)\pi + \alpha, \quad \left(k + \frac{1}{2}\right)\pi - \alpha\right].$$

Donc, en vertu de (10), on aura (en négligeant 2) dans tout l'intervalle

$$\left[\left(k - \frac{1}{2}\right)\pi, \left(k + \frac{1}{2}\right)\pi\right],$$

$$|P_{n_0}(x)| < \left[\frac{A + B\log\left(k + \frac{1}{2}\right)\pi}{\sin\alpha}\right]\left[\frac{\frac{\pi}{2} + \sqrt{(\pi - \alpha)\alpha}}{\frac{\pi}{2} - \alpha}\right]^{n_0},$$

d'où, en posant $\alpha = \frac{1}{n_0^2}$ et en prenant $\left(k + \frac{1}{2}\right)\pi$ voisin de h, on conclut que l'on peut fixer un nombre M tel que

$$|P(x)| < Mx^2 \log|x|, \tag{147}$$

pour toute valeur de x assez grande.

Or, l'inégalité (146) rendant impossible à $P(x)$ d'être un polynome, les inégalités (146) et (147) sont aussi, grâce à la remarque de la page 80, incompatibles avec l'hypothèse que $P(x)$ soit une fonction de degré fini.

Ainsi $\sin x$ est bien la fonction qui s'écarte le moins possible de zéro sur l'axe réel parmi toutes les fonctions

$$f(x) = a_0 + x + a_2 x^2 + \ldots + a_n x^n + \ldots, \tag{148}$$

telles que $n!\, a_n$ est borné.

Donc, $\frac{e}{p} \sin \frac{p}{e} x$ sera aussi la fonction qui s'écarte le moins possible de zéro entre toutes les fonctions (148) pour lesquelles $n! \left(\frac{e}{p}\right)^n a_n$ est borné. L'écart minimum des fonctions de cette dernière classe est donc $\frac{e}{p}$.

Cela étant, l'écart minimum L des fonctions de degré non supérieur à p ne peut être supérieur à $\frac{e}{p}$, car $\frac{e}{p} \sin \frac{p}{e} x$ réalise effectivement cet écart; mais L ne saurait aussi être inférieur à $\frac{e}{p}$, car si l'on élargit la classe considérée des fonctions par l'admission de toutes celles qui satisfont à la condition que $n! \left[\frac{e}{p}(1 - \varepsilon)\right]^n a_n$ est borné, la fonction d'écart minimum

$$\frac{e(1-\varepsilon)}{p} \sin \frac{p}{(1-\varepsilon)e} x$$

ne donne qu'un écart $\frac{e(1-\varepsilon)}{p}$ qui peut être fait aussi voisin de $\frac{e}{p}$ que l'on veut, si ε tend vers zéro.

Septième corollaire, — *Si l'on a sur tout l'axe réel*

$$|f(x)| \leqq \mathrm{L},$$

la fonction $f(x)$ étant de degré non supérieur à p, on aura aussi sur l'axe réel

$$|f'(x)| \leqq \mathrm{L} \frac{p}{e}, \tag{149}$$

la limite de l'inégalité (149) pouvant être effectivement atteinte.

En effet, le degré d'une fonction étant indépendant de l'origine, nous déduisons du théorème précédent que, si l'on avait en un point c de l'axe réel $f'(c) = \mathrm{M}$, on aurait

$$\mathrm{L} \geqq \frac{\mathrm{M}e}{p},$$

donc

$$\mathrm{M} \leqq \mathrm{L}\frac{p}{e} \qquad \text{C. Q. F. D.}$$

Huitième corollaire. — *Si l'on a, pour toute valeur réelle de x,*

$$|f(x)| \leqq \mathrm{L},$$

où

$$f(x) = \mathrm{A}_0 + \mathrm{A}_1 \cos\alpha_1 x + \mathrm{B}_1 \sin\alpha_1 x + \ldots + \mathrm{A}_n \cos\alpha_n x + \mathrm{B}_n \sin\alpha_n x, \tag{150}$$

on aura aussi sur tout l'axe réel

$$|f'(x)| \leqq \mathrm{L}\alpha_n, \tag{151}$$

en supposant que $\alpha_n \geqq \alpha_i$, quel que soit i.

En effet, la fonction $f(x)$ est de degré $\alpha_n e$.

L'inégalité (151) donne une généralisation de l'inégalité (64) qui avait été obtenue dans l'hypothèse que les nombres α_n sont des entiers.

Remarque. — L'inégalité générale (151) pourrait, d'ailleurs, être déduite de l'inégalité particulière (64) correspondant au cas où α_n sont entiers. En effet, supposons d'abord tous les nombres α_k rationnels et réduits au même dénominateur q, de sorte que

$$\alpha_k = \frac{p_k}{q}.$$

En faisant alors le changement de variables $x = qy$, on a

$$f(x) = f(qy) = \varphi(y)$$

et puisque l'inégalité (64) s'applique à $\varphi(y)$, on a

$$\varphi'(y) \leqq q\alpha_n \mathrm{L},$$

donc

$$|f'(x)| = \frac{1}{q}|\varphi'(y)| \leqq \alpha_n \mathrm{L}.$$

Supposons maintenant les nombres α_k quelconques, soit N une borne supérieure de la somme des modules des coefficients de $f(x)$ et de $f'(x)$. Nous pourrions alors, quel que soit le nombre positif δ, choisir des valeurs de q aussi grandes qu'on veut, telles qu'on ait pour toute valeur de k

$$|q\alpha_k - p_k| < \frac{\delta}{N\pi},$$

p_k étant des nombres entiers.

Ceci posé, en remplaçant α_k par $\frac{p_k}{q}$ dans $f(x)$, nous obtenons une fonction $f_1(x)$ de période $2\pi q$, telle que

$$|f_1(x) - f(x)| < \delta, \qquad |f_1'(x) - f'(x)| < \delta,$$

tant que $|x| < \pi q$. Par conséquent, on a dans l'intervalle considéré

$$|f_1(x)| < L + \delta, \qquad \text{d'où} \qquad |f_1'(x)| < (L+\delta)\left(\alpha_n + \frac{\delta}{N\pi q}\right).$$

Donc,

$$|f'(x)| < L\alpha_n + \delta',$$

δ' tendant vers zéro avec δ; comme, d'autre part, q peut croître indéfiniment, on a bien sur tout l'axe réel

$$|f'(x)| \leqq L\alpha_n.$$

Les inégalités (149) et (151) conduisent immédiatement à des inégalités relatives aux dérivées successives. Ainsi, $f(x)$ *étant donnée par l'expression* (150), *l'inégalité* $|f(x)| \leqq L$ *sur l'axe réel entraîne aussi*

$$(152) \qquad |f^{(p)}(x)| \leqq \alpha_n^p L.$$

On déduit aussi de (149) que, *si*

$$f(x) = a_0 + a_1 x + \ldots + \frac{a_n}{n!} x^n + \ldots,$$

où $\overline{\lim} \sqrt[n]{|a_n|} = q$, *la fonction* $f(x)$ *ne restera bornée sur aucune droite passant par l'origine, tant que* $\frac{a_n}{q^n}$ *ne sera bornée pour toute valeur de* n; *la fonction* $f(x)$, *qui s'écartera le moins de séro snr l'axe réel en ayant un coefficient* $\frac{a_n}{n!}$, *sera* $\frac{a_n}{q^n}\sin qx$ *où* $\frac{a_n}{q^n}\cos qx$, *suivant que n soit impair ou pair.*

Applications. — On peut déduire de (149) ou de (151) des conséquences importantes relatives à l'existence des dérivées successives sur tout l'axe réel d'une fonction dont on connaît l'ordre de l'approximation par des fonctions entières de degré p. Ces propositions sont analogues à celles que j'avais tirées de (63) et (64), dans le cas où l'on connaît l'approximation par polynomes ou par des suites trigonométriques limitées ([1]).

Indiquons d'abord le théorème suivant :

DOUZIÈME THÉORÈME. — *Si l'on a uniformément sur l'axe réel*

$$f(x) = \lim_{p=\infty} f_p(x),$$

où $f_p(x)$ est une fonction entière de degré p, la fonction $f(x)$ admettra une dérivée d'ordre k continue sur tout l'axe réel, pourvu qu'on puisse choisir entre les fonctions $f_p(x)$ une suite de fonctions de degrés croissants

$$f_{p_1}(x), \quad f_{p_2}(x), \quad \ldots, \quad f_{p_n}(x),$$

telle que la série

$$\sum_{n=1}^{n=\infty} \varepsilon_n p_{n+1}^k, \tag{153}$$

où $\varepsilon_n = \max|f(x) - f_{p_n}(x)|$ *décroît avec* $\frac{1}{n}$, *soit convergente.*

En effet, écrivons

$$\begin{aligned} f(x) = f_{p_1}(x) + [f_{p_2}(x) - f_{p_1}(x)] + \ldots \\ + [f_{p_{n+1}}(x) - f_{p_n}(x)] + \ldots; \end{aligned} \tag{154}$$

on aura manifestement

$$|f_{p_{n+1}}(x) - f_{p_n}(x)| < 2\varepsilon_n$$

([1]) S. BERNSTEIN, *Sur l'ordre de la meilleure approximation des fonctions continues.* — Ch. DE LA VALLÉE POUSSIN, *Leçons sur l'approximation des fonctions continues.*

et, comme $f_{p_{n+1}}(x) - f_{p_n}(x)$ est de degré p_{n+1}, on aura

$$|f^{(k)}_{p_{n+1}}(x) - f^{(k)}_{p_n}(x)| < 2\varepsilon_n\left(\frac{p_{n+1}}{e}\right)^k.$$

Par conséquent, si (153) est convergente, on pourra différentier k fois la série (154), ce qui donnera une série uniformément convergente représentant $f^{(k)}(x)$.

Par exemple, si l'on peut former une suite de nombres p_n, tels que

$$(153\ bis)\qquad 1 + b < \frac{p_{n+1}}{p_n} < q \qquad (\text{où } b > 0)$$

auxquels correspondent des approximations $\varepsilon_n < \frac{1}{p_n^{k+\alpha}}$, α étant positif, on peut affirmer que $f(x)$ admet des dérivées continues d'ordre k. En effet, on aura

$$\varepsilon_n p_{n+1}^k < \left(\frac{p_{n+1}}{p_n}\right)^k \frac{1}{p_n^\alpha} < \frac{M}{(1+b)^{n\alpha}},$$

de sorte que la série $\Sigma\varepsilon_n p_{n+1}^k$ sera convergente. D'ailleurs, il suffirait, évidemment, qu'on ait

$$\varepsilon_n = \frac{\varphi(n)}{p_n^k},$$

où $\sum_{n=1}^{\infty}\varphi(n)$ est convergente en gardant seulement la partie droite de l'inégalité (153 *bis*). (cette dernière condition est l'extension directe du théorème 15 de mon Mémoire cité.)

Treizième théorème [1]. — *Si l'on a uniformément sur l'axe réel*

$$f(x) = \lim f_p(x),$$

où $f_p(x)$ sont des fonctions entières de degrés bornés $n_p < \mathrm{P}$,

---

[1] On peut démontrer, au contraire, que toute fonction continue qui admet à l'infini deux asymptotes rectilignes quelconques peut être développée en une série de fonctions entières convenablement choisies de degrés finis n_p croissant indéfiniment avec l'indice p qui converge uniformément sur tout l'axe réel. Il suffit de remarquer, en appliquant une méthode qui nous a servi plusieurs fois, que la meilleure approximation de $|x|$ sur tout l'axe réel au moyen d'une fonction entière de degré n_p est de l'ordre $\frac{1}{n_p}$ et tend par conséquent vers zéro avec $\frac{1}{n_p}$

$f(x)$ est aussi une fonction entière de degré fini non supérieur à P.

En effet, en reprenant l'égalité (154) et en la différentiant k fois, nous obtenons la série uniformément convergente

$$(155) \qquad f^{(k)}(x) = f^{(k)}_{p_1}(x) + [f^{(k)}_{p_2}(x) - f^{(k)}_{p_1}(x)] + \ldots + [f^{(k)}_{p_{n+1}}(x) - f^{(k)}_{p_n}(x)] + \ldots,$$

où

$$|f^{(k)}_{p_{n+1}}(x) - f^{(k)}_{p_n}(x)| < 2\varepsilon_n \left(\frac{P}{e}\right)^k$$

Donc, ε étant aussi petit qu'on veut, on peut prendre p_1 assez grand pour qu'on ait, quel que soit k,

$$|f^{(k)}(x) - f^{(k)}_{p_1}(x)| < \varepsilon \left(\frac{P}{e}\right)^k;$$

par conséquent,

$$|f^{(k)}(0)| < (1+\varepsilon)\left(\frac{P}{e}\right)^k. \qquad \text{C. Q. F. D.}$$

Remarquons que, si la convergence uniforme de (154) n'avait lieu que sur le demi-axe, la fonction $f(x)$ pourrait être quelconque, car toute fonction continue qui tend vers zéro à l'infini peut être indéfiniment approchée sur le demi-axe *positif* par une somme de la forme (¹)

$$\sum_1^\infty A_n e^{-\alpha_n x},$$

où α_n sont des nombres positifs bornés.

Le onzième théorème est susceptible de la généralisation suivante :

QUATORZIÈME THÉORÈME. — *Soit $s(x) + it(x)$ une fonction de genre zéro, dont tous les zéros ont leurs parties imaginaires négatives, et les parties réelles bornées; si $f(x)$ étant une fonction entière de degré non supérieur à p, on a sur tout l'axe réel*

$$|f(x)| \leqq L\,|s(x) + i\,t(x)|,$$

(¹) *Voir* mon Mémoire, *Sur l'ordre de la meilleure approximation*, p. 80.

on aura également pour toute valeur réelle de x

$$(155)\quad \begin{cases} |f'(x)| \leqq \mathrm{L} \left| [s'(x) + i\,t'(x)] - \dfrac{ip}{e}[s(x) + i\,t(x)] \right|, \\ \dots\dots\dots\dots\dots\dots\dots\dots\dots\dots\dots\dots, \\ |f^{(k)}(x)| \leqq \mathrm{L} \left| [s^{(k)}(x) + i\,t^{(k)}(x)] \right. \\ \qquad - \dfrac{kip}{e}[s^{(k-1)}(x) + i\,t^{k-1)}(x)] + \dots \\ \qquad \left. + \left(\dfrac{-ip}{e}\right)^k [s(x) + i\,t(x)] \right|. \end{cases}$$

En effet, pour établir la première des inégalités (155) il suffit de reconnaître, comme dans la démonstration [1] des neuvième et onzième théorèmes, que

$$\sqrt{\mathrm{A}^2 + \mathrm{B}^2} \cos\left(\frac{p}{e}x - \Phi + \lambda\right)$$
$$= \frac{[\mathrm{A}\,s(x) + \mathrm{B}\,t(x)]\cos\dfrac{p}{e}x - [\mathrm{B}\,s(x) - \mathrm{A}\,t(x)]\sin\dfrac{p}{e}x}{\sqrt{s^2(x) + t^2(x)}}$$

s'écarte le moins possible de zéro entre toutes les expressions de la forme $\dfrac{f(x)}{\sqrt{s^2(x) + t^2(x)}}$, où $f(x)$ est de degré non supérieur à p, si l'on a à l'origine

$$f(0) = \mathrm{A}\,s(0) + \mathrm{B}\,t(0)$$

et

$$f'(0) = \mathrm{A}\,s'(0) + \mathrm{B}\,t'(0) - \frac{p}{e}[\mathrm{B}\,s(0) - \mathrm{A}\,t(0)].$$

Par conséquent, pour minimer $\mathrm{L} = \sqrt{\mathrm{A}^2 + \mathrm{B}^2}$, lorsque $f'(0) = \mathrm{M}$, on a

$$\frac{\mathrm{A}}{s'(0) + \dfrac{p}{e}t(0)} = \frac{\mathrm{B}}{t'(0) - \dfrac{p}{e}s(0)} = \frac{\mathrm{A}^2 + \mathrm{B}^2}{\mathrm{M}}$$
$$= \frac{\mathrm{M}}{\left[s'(0) + \dfrac{p}{e}t(0)\right]^2 + \left[t'(0) - \dfrac{p}{e}s(0)\right]^2}.$$

---

[1] On n'a aucune remarque essentielle à ajouter aux raisonnements du paragraphe 15, sauf la simplification qui résulte du fait qu'actuellement on peut donner non seulement une borne inférieure, mais aussi une borne supérieure de $|\gamma_n - \gamma_{n-1}|$, car $\dfrac{p}{e} - \Phi' > \dfrac{p}{e}$.

Donc,

$$(155\,bis)\qquad M = L\sqrt{\left[s'(0) + \frac{p}{e}t(0)\right]^2 + \left[t'(0) - \frac{p}{e}s(0)\right]^2}$$
$$= L\left|[s'(0) + i\,t'(0)] - \frac{ip}{e}[s(0) + i\,t(0)]\right|.$$

Or, en remarquant que

$$s'(x) + i\,t'(x) - \frac{ip}{e}[s(x) + i\,t(x)]$$

est une fonction de genre zéro, dont les racines ont, comme celles de $s(x) + it(x)$, leurs parties imaginaires négatives et les parties réelles bornées, nous déduisons par le même raisonnement de (155 *bis*) la seconde des inégalités (155), et ainsi de suite.

Les inégalités (155) peuvent aussi être présentées sous la forme

$$(156)\qquad |f^{(k)}(x)| \leqq L\left|\left\{[s(x) + i\,t(x)]\,e^{-\frac{ip}{e}x}\right\}^{(k)}\right|.$$

On en conclut, en particulier, que, *si le rapport des coefficients du développement de $f(x)$ aux coefficients correspondants de $[s(x) + it(x)]\,e^{-\frac{ip}{e}x}$ n'est pas borné, le rapport*

$$\left|\frac{f(x)}{s(x) + i\,t(x)}\right| = \left|\frac{f(x)}{\sqrt{s^2(x) + t^2(x)}}\right|$$

ne peut rester borné sur l'axe réel. Sans nous arrêter sur les applications de cette proposition qui sont analogues à celles du paragraphe **15**, indiquons, par exemple, que

$$f(x) = \sum_{1}^{\infty}\frac{\varphi(n)}{n!}x^n$$

croîtra plus rapidement qu'un polynome quelconque sur chaque droite passant par l'origine, si $\frac{\varphi(n)}{n^p}$ n'est pas borné quel que soit le nombre donné p, et que

$$\overline{\lim}\sqrt[n]{|\varphi(n)|} = 1.$$

CHAPITRE III.

ÉTUDE DE LA MEILLEURE APPROXIMATION PAR DES POLYNOMES DES FONCTIONS ANALYTIQUES POSSÉDANT UNE SINGULARITÉ DONNÉE.

17. Considérations générales. Approximation des fonctions entières transcendantes. — Dans ce Chapitre nous nous occupons uniquement de la meilleure approximation par polynomes sur un segment donné que, pour fixer les idées, nous réduisons à $(-1, +1)$.

Les théorèmes du Chapitre précédent permettraient d'étendre cette étude au cas de l'axe réel entier. C'est là un sujet de recherches que je signale seulement, sans l'aborder.

L'étude de la meilleure approximation sur le segment $(-1, +1)$ est intimement liée à la question plus simple de la meilleure approximation quadratique *moyenne*. Ainsi, $f(x)$ étant une fonction quelconque, et $p(x)$ une fonction non négative donnée (poids) on peut chercher à rendre minimum l'intégrale

$$\int_{-1}^{+1} [f(x) - P_n(x)]^2 p(x)\, dx, \tag{157}$$

si l'on dispose des coefficients du polynome $P_n(x)$ de degré n. Si l'on pose, en particulier, $p(x) = \frac{1}{\sqrt{1-x^2}}$, le polynome $P_n(x)$ qui réalise le minimum est donné par la somme

$$P_n(x) = A_0 + A_1 T_1(x) + \ldots + A_n T_n(x),$$

où

$$T_n(x) = \cos n \arccos x$$

et

$$A_0 = \frac{1}{\pi}\int_0^{\pi} f(\cos\theta)\, d\theta, \qquad A_k = \frac{2}{\pi}\int_0^{\pi} f(\cos\theta)\cos k\theta\, d\theta, \tag{158}$$

et le minimum I_n de l'intégrale (157) est égal à

$$I_n^2 = \frac{\pi}{2}[A_{n+1}^2 + \ldots].$$

En tenant compte de ce que le polynome d'approximation donne à l'intégrale (157) une valeur non inférieure à I_n^2, nous avons la double inégalité à laquelle doit satisfaire la meilleure approximation E_n

$$(159) \qquad |A_{n+1}| + |A_{n+2}| + \ldots > E_n > \sqrt{\frac{1}{2}(A_{n+1}^2 + A_{n+2}^2 + \ldots)}.$$

Je signalerai aussi l'inégalité [1]

$$E_n > |A_{n+1} + A_{3(n+1)} + \ldots|.$$

Dans le cas où la fonction $f(x)$ est holomorphe à l'intérieur d'une ellipse C, ayant les points $(-1, +1)$ pour foyers et R pour demi-somme des axes, on a

$$|A_n| < \frac{2M}{R^n},$$

où M est le module maximum de $f(z)$ sur l'ellipse [2].

En effet, on a

$$(158) \quad A_n = \frac{1}{\pi}\int_{-\pi}^{\pi} f(\cos\theta)\cos n\theta\, d\theta = \frac{1}{2\pi i}\int f\left(\frac{z^2+1}{2z}\right)(z^n + z^{-n})\frac{dz}{z},$$

en posant $z = e^{i\theta}$ et effectuant l'intégration par rapport à z sur une circonférence de rayon 1. Mais, quand x décrit l'ellipse C, z, qui est donné par l'égalité

$$z = x \pm \sqrt{1 - x^2},$$

décrit la circonférence de rayon R ou $\frac{1}{R}$; il en résulte que sur cha-

---

(1) Ch. DE LA VALLÉE POUSSIN, *Sur l'approximation des fonctions continues* § 78.

(2) S. BERNSTEIN, *Sur l'ordre de la meilleure approximation*, etc.

cune de ces circonférences $\left|f\left(\frac{z^2+1}{2z}\right)\right| < M$, et l'on a

$$\left|\int f\left(\frac{z^2+1}{2z}\right)(z^n+z^{-n})\frac{dz}{z}\right|$$
$$\leqq \left|\int f\left(\frac{z^2+1}{2z}\right) z^{n-1}\,dz\right| + \left|\int f\left(\frac{z^2+1}{2z}\right) z^{-n-1}\,dz\right| \leqq 4\pi M\left(\frac{1}{R}\right)^n,$$

puisqu'on peut à volonté remplacer l'intégration suivant la circonférence de rayon 1 par celle des circonférences de rayons $\frac{1}{R}$ pour la première et R pour la seconde intégrale.

Par conséquent, de (158) nous obtenons

$$|A_n| < \frac{2M}{R^n},$$

d'où, en tenant compte de (159),

$$E_n < \frac{2M}{(R-1)}\cdot\frac{1}{R^n}. \tag{160}$$

Réciproquement, *si la meilleure approximation d'une fonction $f(x)$ par des polynomes de degré n ne décroît pas moins rapidement que les termes d'une progression géométrique décroissante de dénominateur $\rho = \frac{1}{R}$, la fonction $f(x)$ est holomorphe à l'intérieur de l'ellipse* C *ayant* R *pour demi-somme d'axes.*

Cela résulte du fait que, *si l'on a un polynome $P_n(x)$ de degré n tel que $|P_n(x)| < M$ sur le segment* $(-1, +1)$, *on a pour l'ellipse* C

$$|P_n(z)| < MR^n. \tag{161}$$

En effet [1], en faisant la coupure $(-1, +1)$ dans le plan des z, on voit que la fonction

$$\varphi(z) = \frac{P_n(z)}{(z+\sqrt{z^2-1})^n}$$

---

[1] J'avais donné une démonstration différente de ce fait dans un article : *Sur une propriété des polynomes* (*Comm. de la Soc. math. de Kharkow*, t. XIV). L'idée de la démonstration donnée ici est due à P. Montel, *Sur les polynomes d'approximation* (*Bull. de la Soc. math. de France*, 1919), et M. Riesz, *Ueber einen Satz des Herrn S. Bernstein* (*Acta math.*, 1916).

est régulière dans tout le plan, sauf sur la coupure; donc son module maximum ne peut être atteint que sur la coupure $(-1, +1)$. Le maximum de $\varphi(z)$ sur $(-1, +1)$ étant inférieur à M, par hypothèse, car $|z+\sqrt{z^2-1}|=1$ sur ce segment, on en conclut que $|\varphi(z)|<M$ dans tout le plan, et par conséquent

$$P_n(z) < MR^n,$$

puisque $|z+\sqrt{z^2-1}|=R$ sur l'ellipse C.

Du moment que l'inégalité (161) est établie, la démonstration de notre proposition est immédiate.

Soit

$$(162) \qquad f(x) = P_1(x)+P_2(x)+\ldots+P_n(x)+\ldots,$$

où $P_n(x)$ sont des polynomes de degré n; si nous admettons que le reste $= P_{n+1}(x)+\ldots$ est inférieur en module à $A\rho^n$, il en résulte que

$$|P_n(x)| < A\rho^{n-1}+A\rho^n < 2A\rho^{n-1}.$$

Par conséquent, sur une ellipse dont la demi-somme d'axes est R_1, on a

$$|P_n(z)| < \frac{2A}{\rho}(R_1\rho)^n;$$

la série (162) est donc uniformément convergente à l'intérieur de cette ellipse et sur l'ellipse elle-même, quel que soit le nombre fixe $R_1 < R$. Par conséquent, la fonction $f(z)$ est bien holomorphe à l'intérieur de l'ellipse C.

Nous avons donc la proposition suivante :

Si $\overline{\lim}\sqrt[n]{E_n} = \frac{1}{R}$ *la fonction* $f(z)$ *est holomorphe à l'intérieur de l'ellipse* C *ayant* R *pour demi-somme d'axes, et elle admet au moins un point singulier sur cette ellipse.*

En particulier, la condition nécessaire et suffisante pour que $f(z)$ soit une fonction entière est que $\lim\sqrt[n]{E_n}=0$.

D'ailleurs, l'inégalité (160) étant analogue à l'inégalité

$$(163) \qquad |a_n| < \frac{M(r)}{r^n},$$

qui concerne les coefficients du développement de Taylor de

$$f(z) = a_0 + a_1 z + \ldots + a_n z^n + \ldots,$$

où $M(r) = \max |f(z)|$ sur le cercle du rayon r, on trouve, comme dans la théorie classique des fonctions entières [en déterminant R par la condition que le membre droit de l'inégalité (160) soit maximum], que, *si pour* R *très grand, le maximum* M_R *de* $f(z)$ *sur l'ellipse* C *dont la demi-somme des axes est* R, *satisfait à l'inégalité*

$$M_R < e^{AR^\rho}, \tag{164}$$

on aura

$$\sqrt[n]{E_n} < (1+\varepsilon)\left(\frac{Ae\rho}{n}\right)^{\frac{1}{\rho}}, \tag{165}$$

où ε *tend vers zéro avec* $\frac{1}{n}$

Si l'on remarque que sur l'ellipse C on a

$$\frac{1}{2}\left(R - \frac{1}{R}\right) \leqq |z| \leqq \frac{1}{2}\left(R + \frac{1}{R}\right),$$

on voit aussi que l'inégalité (164) est équivalente à

$$M(r) < e^{A(1+\alpha)(2r)^\rho}, \tag{166}$$

où α tend vers zéro avec $\frac{1}{r}$ [où $M(r) = \max |f(z)|$ sur un cercle de rayon r].

Inversement, en tenant compte de (161), *on reconnaît qu'une inégalité de la forme* [1] (165), *vérifiée pour toute valeur de n, entraîne une inégalité de la forme* (164) *ou, ce qui revient au même,* (166). Ainsi tous les théorèmes concernant les relations entre le genre (ou l'ordre apparent) d'une fonction entière et la loi de décroissance des coefficients de leurs développements de Taylor ne sont pas essentiellement modifiées, lorsqu'on y remplace les coefficients (ou, ce qui revient au même, l'approximation taylorienne) par la meilleure approximation [2].

Sans entrer dans les détails, nous remarquerons que naturelle-

---

[1] Le facteur $(1 + \varepsilon)$ doit être introduit dans (164) au lieu de (165).

[2] *Voir* aussi le livre cité de M. de la Vallée Poussin, p. 146-150.

ment le genre ne peut donner que des indications très grossières sur la loi de la décroissance de la meilleure approximation, et pour étudier cette dernière dans le cas d'une fonction déterminée, la voie qui semble s'imposer est de développer cette fonction en série de polynomes $T_n(x)$.

Il est aisé de montrer, en effet, la proposition suivante [1] :

Si

$$f(x) = A_0 + A_1 T_1(x) + \ldots + A_n T_n(x) + \ldots$$

est une fonction entière, il existe au moins une infinité de valeurs de n telles que la valeur asymptotique de la meilleure approximation E_n *par des polynomes de degré n est égale à* A_{n+1}

$$E_n \sim A_{n+1}. \tag{167}$$

En effet, du fait que $\lim \sqrt[n]{|A_n|} = 0$, nous concluons qu'il doit y avoir une infinité de valeurs de n, telles que

$$\left| \frac{A_{n+q+1}}{A_{n+1}} \right| < \varepsilon^q, \tag{168}$$

quel que soit l'entier q, et ε étant un nombre positif aussi petit qu'on le veut [2]. Par conséquent, si l'on considère les $\overline{n+2}$ points, où $T_{n+1}(x)$ atteint son module maximum 1, la différence

$$f(x) - A_0 - A_1 T_1(x) - \ldots - A_n T_n(x) = A_{n+1} T_{n+1}(x) + \ldots$$

y prendra asymptotiquement la valeur $\pm A_{n+1}$, qui sera, par conséquent, la valeur asymptotique de la meilleure approximation E_n.

Or, si l'on suppose $f(x)$ donné par son développement de Taylor,

$$f(x) = a_0 + a_1 x + \ldots + a_n x^n + \ldots +,$$

---

(1) S. Bernstein, *Sur la valeur asymptotique de la meilleure approximation* (en russe) (*Communications de la Société mathématique de Kharkow*, 1913).

(2) Si l'on admettait le contraire, on pourrait indiquer un nombre entier n_0, tel que pour chaque valeur de $n \geqq n_0$ il existe une valeur q telle que l'inégalité (168) ne soit vérifiée et par conséquent il existerait des valeurs N aussi grandes qu'on le veut, pour lesquelles $|A_{n_0+N+1}| \geqq A_{n_0+1}|\varepsilon^N$; on aurait donc $\overline{\lim} \sqrt[n]{|A_n|} \geqq \varepsilon$.

en remarquant que

$$x^n = \frac{1}{2^{n-1}}\left[T_n(x) + n\,T_{n-2}(x) + \frac{n(n-1)}{2!}T_{n-4}(x) + \ldots\right],$$

on reconnaît facilement que

$$A_{n+1} = \frac{1}{2^n}\left[a_{n+1} + \frac{n+3}{2^2}a_{n+3} + \frac{(n+4)(n+5)}{2!\,2^4}a_{n+5} + \ldots \right.$$
$$\left. + \frac{(n+l+2)\ldots(n+2l+1)}{l!\,2^{2l}}a_{n+2l+1} + \ldots\right].$$

Donc, pour toutes les valeurs de n qui satisfont à la condition (168), on aura

$$(67\ bis)\quad E_n \sim \frac{1}{2^n}\left[a_{n+1} + \frac{n+3}{2^2}a_{n+3} + \ldots \right.$$
$$\left. + \frac{(n+l+2)\ldots(n+2l+1)}{l!\,2^{2l}}a_{n+2l+1} + \ldots\right].$$

Ainsi, en général, *si*

$$\lim n^{\frac{1}{2}}\sqrt[n]{|a_n|} = 0,$$

il y a une infinité de valeurs de n pour lesquelles

$$E_n \sim \left|\frac{a_{n+1}}{2^n}\right|.$$

Par exemple (¹), pour *toute* valeur de n, la meilleure approximation de e^{hx}

$$E_n(e^{hx}) \sim \frac{h^{n+1}}{2^n(n+1)!}$$

et celle de $\sin hx$

$$E_{2n}(\sin hx) = E_{2n-1}(\sin hx) \sim \frac{h^{2n+1}}{2^{2n}(2n+1)!}.$$

Dans le cas des fonctions possédant des singularités à distance finie, nous voyons, d'après ce qui précède, que la valeur asymptotique de la meilleure approximation dépendra, en général, des singularités situées sur la plus petite des ellipses C, ayant $(-1, +1)$ pour foyers, car si l'on décompose la fonction $f(x)$ en deux parties

$$f(x) = \varphi_1(x) + \varphi_2(x),$$

(¹) S. BERNSTEIN, *Sur l'ordre de la meilleure approximation*, etc., p. 75-76.

dont la seconde est holomorphe dans une région contenant C à son intérieur, on a

$$\overline{\lim}\sqrt[n]{E_n\,\varphi_2(x)} < \overline{\lim}\sqrt[n]{E_n f(x)},$$

d'où

$$\underline{\lim}\,\frac{E_n\,\varphi_2(x)}{E_n f(x)} = 0.$$

Il y aura donc dans tous les cas une infinité de valeurs de n pour lesquelles

$$E_n f(x) \sim E_n\,\varphi_1(x); \tag{169}$$

cette égalité aura certainement lieu pour toutes les valeurs de n, pour lesquelles

$$\sqrt[n]{E_n\,\varphi_1(x)} \sim \frac{1}{R},$$

où R *est la demi-somme des axes de l'ellipse* C.

La détermination de la meilleure approximation présentant, en général, des difficultés analytiques insurmontables, nous allons nous borner à rechercher sa valeur asymptotique pour des valeurs de n très grandes. Au lieu du polynome d'approximation, nous rechercherons des polynomes qui réalisent cette approximation asymptotique, et, pour abréger, nous les appellerons *polynomes d'approximation asymptotique*. Ainsi, pour les fonctions entières, nous avons vu qu'il y a une infinité de valeurs de n, pour lesquelles

$$A_0 + A_1 T_1(x) + \ldots + A_n T_n(x)$$

est un polynome d'approximation, ses points d'écart maximum étant ceux où $T_{n+1}(x)$ atteint son module maximum, c'est-à-dire $\cos\frac{k\pi}{n+1}$.

Dans le cas général d'une fonction analytique, on peut donner une proposition sur la distribution des points d'écart maximum qui s'applique d'ailleurs à des classes plus étendues de fonctions et pourrait être précisée [comme je l'ai fait dans mon étude [1] sur la meilleure approximation de $|x|$] en faisant des hypothèses particulières sur la nature de la fonction considérée.

---

[1] *Acta mathematica*, t. 37.

Théorème. — *Toute fonction analytique $f(x)$ admet une infinité de polynomes d'approximation asymptotique, dont les points d'écart maximum* [1] *x_k rangés par ordre décroissant jouissent de la propriété que*

$$\lim_{n=\infty}\left(x_k - \cos\frac{k\pi}{n+1}\right) = 0 \qquad (k = 0, 1, \ldots, \overline{n+1}).$$

En effet, s étant un nombre fixe suffisamment grand, on peut trouver une infinité de valeurs de n, telles

$$(170) \qquad \frac{E_{n+s}[f(x)]}{E_n[f(x)]} < \varepsilon,$$

où ε est un nombre aussi petit qu'on veut, car, d'après (160), toute fonction analytique $f(x)$ jouit de la propriété que

$$\overline{\lim}\sqrt[n]{E_n f(x)} \leqq \frac{1}{R}.$$

Il y aura donc une infinité de valeurs de n, pour lesquelles $\frac{s}{n}$ tendra vers zéro, l'inégalité (170) étant satisfaite. Mais il résulte de (170) que, $P_{n+s}(x)$ étant le polynome d'approximation de $f(x)$ de degré $n+s$, le polynome d'approximation $P_n^{(s)}(x)$ de degré n de $P_{n+s}(x)$ fournira pour $f(x)$ une approximation qui sera comprise entre $E_n[f(x)]$ et $(1+\varepsilon)E_n[f(x)]$; $P_n^{(s)}(x)$ sera donc un polynome d'approximation asymptotique pour $f(x)$, et les points où l'écart maximum sera asymptotiquement atteint seront les points d'écart alterné maximum $x_0, \ldots, x_{n+1}$ (où $x_k < x_{k-1}$) du polynome de degré $\overline{n+s}$

$$R(x) = P_{n+s}(x) - P_n^{(s)\prime}(x).$$

Ainsi le polynome $R(x)$ atteint son module maximum A avec des signes alternés aux points x_k. Donc le polynome

$$H(x) = R(x) - A\,T_{n+1}(x)$$

prendra des signes opposés aux points x_k ou bien pourra y être nul

---

[1] l'écart étant supposé atteint avec des signes alternés; il n'est pas exclu ainsi que deux points voisins d'écart de même signe correspondent au même indice, alors il jouissent tous les deux de la même propriété.

avec sa dérivée (si x_k est un point intérieur); dans tous les cas, en désignant par β_0, β_1, ... les racines de $H(x)$ (où $\beta_i \leqq \beta_{i-1}$), $H(x)$ aura, au moins, k racines non inférieures à x_k et, au moins, $\overline{n-k+1}$ racines non supérieures à x_k. Or, le nombre des racines de $H(x)$ ne dépasse pas $n+s$, par conséquent

$$\beta_{k+s} \leqq x_k \leqq \beta_{k-1}.$$

Mais, pour la même raison,

$$\beta_{k+s} \leqq \cos\frac{k\pi}{n+1} \leqq \beta_{k-1}.$$

Donc

$$\cos\frac{k+s+1}{n+1}\pi \leqq x_k \leqq \cos\frac{k-s-1}{n+1}\pi;$$

par conséquent, $\frac{s}{n}$ tendant vers zéro,

$$\lim_{n=\infty}\left[x_k - \cos\frac{k\pi}{n+1}\right] = 0.$$

Remarque. — Dans le cas, où les dérivées successives de $f(x)$ ne s'annulent pas dans l'intervalle $(-1, +1)$ [ce qui d'ailleurs ne peut se produire, comme nous le verrons dans une Note insérée à la fin du livre que pour les fonctions analytiques], on peut ne pas passer par l'intermédiaire de $P_{n+s}(x)$ et poser simplement

$$R(x) = f(x) - P_n(x);$$

en discutant alors simultanément les équations

$$H_1(x) = R(x) - A\,T_n(x) = 0 \qquad \text{et} \qquad H_1(x) = R(x) + A\,T_n(x) = 0;$$

on voit (¹) *que les points intérieurs (dont le nombre total est*

(¹) En effet, on a $H(1) = H_1(-1) = 0$, et, de plus, toutes les racines de $H(x) = 0$ et de $H_1(x = 0$ sont respectivement séparées par les points x_k; par conséquent, si on avait deux valeurs $\cos\frac{i\pi}{n}$ et $\cos\frac{(i+1)\pi}{n}$ entre x_k et x_{k+1}, la suite des nombres $H(x_k)$, $H\left(\cos\frac{i\pi}{n}\right)$, $H\left(\cos\frac{i+1}{n}\pi\right)$, $H(x_{k+1})$ ne présenteraient tout de même qu'une seule variation de signe; on aurait donc $H(x_k).\,H\left(\cos\frac{i\pi}{n}\right) > 0$, $H\left(\cos\frac{i+1}{n}\pi\right).\,H(x_{k+1}) > 0$, ce qui n'est pas possible, car il en résulterait que *égal à n) d'écart maximum x_k et* $\cos\frac{k\pi}{n}$ *se séparent mutuellement, quel que soit n.*

18. Cas d'un point singulier algébrique ou logarithmique sur l'axe réel. — Supposons que la fonction $f(x)$ possède un seul point a singulier sur *l'ellipse de convergence* C, se trouvant sur l'axe réel ([2]); nous pouvons, pour fixer les idées, supposer $a > 1$.

Pour le cas d'un pôle simple, la meilleure approximation se détermine immédiatement, quel que soit n.

En effet, soit $f(x) = \frac{1}{x-a}\cdot$ Considérons la fraction

$$\frac{\mathrm{A}\,\mathrm{P}(x)}{x-a} = \mathrm{A}\cos(n\varphi + \delta),$$

où

$$\mathrm{P}(x) = \frac{1}{2}\Big\{ \big(x+\sqrt{x^2-1}\big)^n\big[ax-1+\sqrt{(a^2-1)(x^2-1)}\big] + \big(x-\sqrt{x^2-1}\big)^n\big[ax-1-\sqrt{(a^2-1)(x^2-1)}\big]\Big\},$$

$$\cos\varphi = x, \qquad \cos\delta = \frac{ax-1}{x-a}.$$

Comme nous l'avons vu au paragraphe **4**,

$$\frac{\mathrm{A}\,\mathrm{P}(x)}{x-a} = \frac{\mathrm{A}[\mathrm{P}(x)-\mathrm{P}(a)]}{x-a} + \frac{\mathrm{A}\,\mathrm{P}(a)}{x-a}$$

atteint son écart maximum en $\overline{n+2}$ points; donc, en faisant

$$\mathrm{A} = \frac{1}{\mathrm{P}(a)} = \frac{1}{(a^2-1)\big[a+\sqrt{a^2-1}\big]^n},$$

$\mathrm{H}_1(x_k)$. $\mathrm{H}_1\left(\cos\frac{i\pi}{n}\right) < 0$, $\mathrm{H}_1\left(\cos\frac{i+1}{n}\right)$. $\mathrm{H}_1(x_{k+1}) < 0$, ce qui signifierait que $\mathrm{H}_1(x) = 0$ possède au moins deux racines dans l'intervalle $x_k\, x_{k+1}$. Pour la même raison, il ne pourrait pas y avoir plus d'un point x entre deux valeurs $\cos\frac{i\pi}{n}$ et $\cos\frac{i+1}{n}\pi$. (Pour plus de détails voir la page 14 du Mémoire cité des *Acta Mathematica*.)

([2]) Ce cas se présente, en particulier, si le rayon du cercle de convergence est égal à a, la fonction pouvant avoir n'importe quelles singularités complexes (et qu'elle soit holomorphe en $-a$) sur son cercle de convergence, pourvu qu'elle ait un pôle en a.

nous voyons que le polynome de degré n

$$R(x) = \frac{A[P(a) - P(x)]}{x - a}$$

sera le polynome d'approximation de $\frac{1}{x-a}$, et la meilleure approximation de $\frac{1}{x-a}$ est égale à

$$(171) \qquad E_n\left(\frac{1}{x-a}\right) = A = \frac{1}{(a^2-1)(a+\sqrt{a^2-1})^n},$$

puisque

$$(172) \qquad \frac{1}{x-a} - R(x) = \frac{\cos(n\varphi+\delta)}{(a^2-1)(a+\sqrt{a^2-1})^n}.$$

Différentions à présent h fois l'égalité (172) par rapport à a. Nous aurons

$$(173) \qquad \frac{h!}{(x-a)^{h+1}} - R^{(h)}(x) = \left[\frac{\cos(n\varphi+\delta)}{(a^2-1)(a+\sqrt{a^2-1})^n}\right]^{(h)}$$
$$= \frac{\cos(n\varphi+\delta)}{a^2-1}P^{(h)} + h\left[\frac{\cos(n\varphi+\delta)}{a^2-1}\right]'P^{(h-1)} + \ldots,$$

où $R^{(h)}(x)$ est un polynome de degré non supérieur à n, et

$$P^{(k)} = \frac{d^k}{da^k}\left(\frac{1}{a+\sqrt{a^2-1}}\right)^n.$$

Il est aisé de voir que $R^{(h)}(x)$ est un polynome d'approximation asymptotique de $\frac{h!}{(x-a)^{h+1}}$.

En effet, on a

$$P' = \frac{-n}{\sqrt{a^2-1}}\left(\frac{1}{a+\sqrt{a^2-1}}\right)^n,$$

et, en général, le terme de $P^{(k)}$, qui contiendra la plus haute puissance de n et sera donc infiniment plus grand que les autres, se réduira à

$$\left(\frac{-n}{\sqrt{a^2-1}}\right)^k\left(\frac{1}{a+\sqrt{a^2-1}}\right)^n;$$

nous en concluons [après avoir remarqué que la différentiation par rapport à a de $\frac{\cos(n\varphi+\delta)}{a^2-1}$ ne fait pas intervenir de facteurs infiniment croissants] que le second membre atteint asymptotiquement aux mêmes $(n+2)$ points où $\cos(n\varphi+\delta)=\pm 1$, la valeur

$$\frac{\pm n^h}{(a^2-1)^{\frac{h}{2}+1}}\left(\frac{1}{a+\sqrt{a^2-1}}\right)^n.$$

Donc la meilleure approximation (¹) de $\frac{1}{(x-a)^l}$

$$\text{(174)}\qquad E_n\frac{1}{(x-a)^l}\sim\frac{n^{l-1}}{(l-1)!\,(a^2-1)^{\frac{l+1}{2}}}\,\frac{1}{(a+\sqrt{a^2-1})^n}.$$

En tenant compte de la remarque faite à la page 117, nous voyons que, si $f(x)$ admet un seul pôle réel d'ordre l sur l'ellipse C de convergence :

$$f(x)=\frac{A_0}{(x-a)^l}+\frac{A_1}{(x-a)^{l-1}}+\ldots+\varphi(x);$$

$\varphi(x)$ étant holomorphe à l'intérieur et sur l'ellipse C, on a

$$\text{(175)}\qquad E_n f(x)\sim\frac{A_0 n^{l-1}}{(l-1)!\,(a^2-1)^{\frac{l+1}{2}}}\,\frac{1}{(a+\sqrt{a^2-1})^n},$$

quel que soit n.

En intégrant par rapport à a l'égalité (172) depuis a à b $(a<b)$, nous obtenons une égalité de la forme

$$[\log(a-x)-\log(b-x)]-S_n(x)=\int_a^b\frac{\cos(n\varphi+\delta)\,da}{(a^2-1)(a+\sqrt{a^2-1})^n},$$

où $S_n(x)$ est un polynome de degré n qui, comme nous le vérifierons immédiatement, est le polynome d'approximation asymptotique de $[\log(a-x)-\log(b-x)]$. A cet effet, intégrons par partie le second membre ; il vient alors

$$\left|\frac{\cos(n\varphi+\delta)}{n\sqrt{a^2-1}\,(a+\sqrt{a^2-1})^n}\right|_b^a+\frac{1}{n}\int_a^b\frac{d}{da}\left[\frac{\cos(n\varphi+\delta)}{\sqrt{a^2-1}}\right]\frac{da}{(a+\sqrt{a^2-1})^n},$$

(¹) Toutes les formules de ce paragraphe ont été données dans mon travail *Sur la meilleure approximation des fonctions analytiques* (*Bulletin de l'Académie de Belgique*, 1913). M. de la Vallée Poussin a appliqué ensuite dans son livre cité des méthodes analogues pour l'étude de la meilleure approximation au moyen de suites trigonométriques.

et en intégrant encore une fois par parties, on voit que le second terme est infiniment petit vis-à-vis du premier. On a donc

$$\log(a-x) - \log(b-x) - S_n(x) = \frac{\cos(n\varphi+\delta)+\varepsilon_n}{n\sqrt{a^2-1}\,(a+\sqrt{a^2-1})^n},$$

où ε_n tend vers zéro avec $\frac{1}{n}$. Or $\log(b-x)$ étant régulier sur l'ellipse C, on voit finalement que

$$E_n \log(a-x) \sim \frac{1}{n\sqrt{a^2-1}}\left(\frac{1}{a+\sqrt{a^2-1}}\right)^n. \tag{176}$$

On peut montrer aussi que, dans le cas où l est un nombre réel quelconque non entier, les points d'écart asymptotique maximum sont toujours ceux de $\cos(n\varphi+\delta)$, et la formule (174) subsiste, pourvu qu'on remplace $(l-1)!$ par $\Gamma(l)$: ainsi [1]

$$E_n\left(\frac{1}{a-x}\right)^s \sim \frac{n^{s-1}}{\Gamma(s).\,(a^2-1)^{\frac{s+1}{2}}\left[a+\sqrt{a^2-1}\right]^n}. \tag{177}$$

Il est intéressant de noter que si l'on considère l'approximation I_n fournie par le développement de $\left(\frac{1}{a-x}\right)^s$ suivant les polynomes $T_n(x)$, on obtient, par un calcul qui ne présente [2] pas de difficultés,

$$I_n\left(\frac{1}{a-x}\right)^s \sim \frac{2n^{s-1}}{\Gamma(s).\,(a^2-1)^{\frac{s}{2}}\left[a+\sqrt{a^2-1}\right]^n\left[a-1+\sqrt{a^2-1}\right]}.$$

Par conséquent, quel que soit s, on a la relation asymptotique

$$E_n\left(\frac{1}{a-x}\right)^s \sim \frac{\sqrt{a-1}+\sqrt{a+1}}{2\sqrt{a+1}}\, I_n\left(\frac{1}{a-x}\right)^s, \tag{178}$$

---

(1) *Voir* mon article *Sur la valeur asymptotique de la meilleure approximation des fonctions analytiques* (*Bulletin de l'Académie de Belgique*, 1913) et aussi les Leçons citées de M. de la Vallée Poussin.

(2) Le coefficient A_n du développement de $\left(\frac{1}{a-x}\right)^s$ est donné par la formule

$$A_n = \frac{2n^{s-1}}{\Gamma(s)(a^2-1)^{\frac{s}{2}}\left[a+\sqrt{a^2-1}\right]^n}.$$

qui s'applique à une fonction quelconque dont la singularité la plus approchée est de la nature étudiée. Toutefois, il ne faut pas oublier que l'on a supposé $|a| > 1$. Dans le cas, où a tend vers 1, le facteur du second membre, au lieu de prendre sa valeur limite $\frac{1}{2}$, subit une discontinuité, comme on s'en assure en comparant directement $E_n\sqrt{1-x}$ à $I_n\sqrt{1-x}$.

En effet, en posant $1 - x = 2y^2$, on voit que

$$E_n\sqrt{1-x} = \sqrt{2}\, E_{2n}|y|$$

et

$$I_n\sqrt{1-x} = \sqrt{2}\, I_{2n}|y|.$$

Or

$$I_{2n}|y| = \frac{2}{\pi(2n+1)}$$

et (1)

$$2n E_{2n}|y| \sim 0,282 \quad (\text{à } 0,004 \text{ près}).$$

Donc

$$E_n\sqrt{1-x} \sim \lambda I_n\sqrt{1-x},$$

où $\lambda = 0,44$ (à 0,01 près) au lieu de $\frac{1}{2}$.

Il serait important d'étudier ce problème difficile de la meilleure approximation d'une fonction possédant une singularité sur le segment $(-1, +1)$ lui-même, et, en particulier, d'examiner, si dans la relation de la forme

$$E_n(1-x)^s \sim \lambda\, I_n(1-x)^s,$$

λ, qui est certainement indépendant (2) de n, ne serait pas aussi indépendant de s.

19. Détermination des termes successifs de l'expression asymptotique de la meilleure approximation (3). — Du moment qu'on

---

(1) *Voir* mon Mémoire cité des *Acta mathematica*.

(2) Il serait intéressant d'en donner une démonstration rigoureuse, comme je l'ai fait (à l'endroit cité) pour $s = \frac{1}{2}$ [*voir* les Notes de Mlle Tarnarider, *sur la meilleure approximation de* $x^k|x|$ *par des polynomes* (*Comptes rendus*, 3 mars 1913 et 27 juillet 1914)].

(3) J'ai donné pour la première fois les formules de ce paragraphe dans les *Comptes rendus*, novembre 1922.

a déterminé le premier terme (175) de l'expression asymptotique de la meilleure approximation, la détermination des termes successifs théoriquement ne présente pas de difficulté. Pour simplifier l'écriture, nous nous bornerons au cas d'un pôle de second ordre.

Soit

$$f(x) = \frac{A}{(x-a)^2} + \frac{B}{(x-a)(a^2-1)}.$$

En faisant $h=1$ dans (173), on tire de (173) et (172)

$$(179)\quad f(x) - A\,R'(x) - \frac{B\,R(x)}{a^2-1} = -\frac{n}{(a^2-1)^{\frac{3}{2}}\left[a+\sqrt{a^2-1}\right]^n}$$
$$\times\left[\left(A + \frac{2Aa-B}{n\sqrt{a^2-1}}\right)\cos(n\varphi+\delta) - \frac{A}{n}\,\frac{\sqrt{1-x^2}}{x-a}\sin(n\varphi+\delta)\right].$$

Par conséquent, en posant

$$\operatorname{tang}\varepsilon = \frac{\frac{A}{n}\,\frac{\sqrt{1-x^2}}{x-a}}{A+\frac{2Aa-B}{n\sqrt{a^2-1}}},$$

on peut mettre le second membre de (179) sous la forme

$$(179\ bis)\quad \frac{-n\sqrt{\left(A+\frac{2Aa-B}{n\sqrt{a^2-1}}\right)^2+\frac{A^2}{n^2}\frac{1-x^2}{(x-a)^2}}}{(a^2-1)^{\frac{3}{2}}\left[a+\sqrt{a^2-1}\right]^n}\cos(n\varphi+\delta+\varepsilon).$$

Donc, pour toute valeur de n,

$$(180)\quad \frac{nA+\frac{2Aa-B}{\sqrt{a^2-1}}}{(a^2-1)^{\frac{3}{2}}\left[a+\sqrt{a^2-1}\right]^n} < E_n f(x)$$
$$< \frac{\sqrt{\left(nA+\frac{2Aa-B}{\sqrt{a^2-1}}\right)^2+\frac{A^2}{a^2-1}}}{(a^2-1)^{\frac{3}{2}}\left[a+\sqrt{a^2-1}\right]^n}.$$

On a ainsi, finalement,

$$(181)\quad E_n[f(x)] = \frac{1}{(a^2-1)^{\frac{3}{2}}\left[a+\sqrt{a^2-1}\right]^n}$$
$$\times\left[nA+\frac{2Aa-B}{\sqrt{a^2-1}}+\frac{\theta A}{2n(a^2-1)}\right],$$

où $0<\theta<1$, pour des valeurs de n assez grandes.

Par un calcul analogue, nous trouverions, en général,

$$(182) \qquad E_n\left(\frac{1}{x-a}\right)^k \sim \frac{n^{k-1}}{(k-1)!\,(a^2-1)^{\frac{k+1}{2}}\left[a+\sqrt{a^2-1}\right]^n} \times\left[1+\frac{a(k+2)(k-1)}{2n\sqrt{a^2-1}}\right].$$

Signalons dès à présent que la présence de termes en $\frac{k^2}{n}$ dans cette expression asymptotique est la source principale des difficultés que nous rencontrons dans la recherche de la meilleure approximation des fonctions possédant une singularité essentielle. D'autre part, c'est le facteur $\sqrt{a^2-1}$ qui accompagne toujours n qui explique la discontinuité de la relation (178), lorsqu'on fait tendre a vers 1.

Revenons encore à notre fonction $f(x)$ et proposons-nous de calculer le troisième terme de l'expression asymptotique de $E_n f(x)$.

En reprenant la relation (179), nous voyons que la recherche du polynome d'approximation de $f(x)$ est ramenée à celle de

$$(183) \qquad F(x,\lambda) = \left[A+\frac{2Aa-B}{n\sqrt{a^2-1}}\right]\cos(n\varphi+\delta) - A\lambda\frac{\sqrt{1-x^2}}{x-a}\sin(n\varphi+\delta),$$

pour $\lambda = \frac{1}{n}$; on sait, d'ailleurs, que le polynome d'approximation de $F(x, 0)$ est 0, et l'écart

$$E_n[F(x,0)] = A+\frac{2Aa-B}{n\sqrt{a^2-1}}$$

est atteint avec des signes opposés aux points x_k où

$$\cos(n\varphi+\delta) = \pm 1.$$

On peut démontrer (¹) que, pour une valeur déterminée de n, le polynome d'approximation $P(x, \lambda)$ de $F(x, \lambda)$, ainsi que ses points d'écart et la meilleure approximation $L(\lambda) = E_n[F(x, \lambda)]$ sont développables suivant les puissances de λ pour des valeurs assez

(¹) S. Bernstein, *Sur l'ordre de la meilleure approximation*, etc., p. 44.

petites de λ. Puisqu'il s'agit pour nous d'un développement formel suivant les puissances de $\frac{1}{n}$, nous n'avons pas à nous préoccuper de la question de savoir si le développement de $L(\lambda)$ suivant les puissances de λ converge pour $\lambda = \frac{1}{n}$, mais seulement à calculer ses coefficients successifs. Or, en posant

$$F(x, \lambda) - P(x, \lambda) = \Phi(x, \lambda),$$

on a

$$\pm L(\lambda) = \Phi(x_k, \lambda),$$

aux points successifs x_k d'écart maximum. Par conséquent,

$$\pm \frac{d\,L(\lambda)}{d\lambda} = \frac{\partial\,\Phi(x_k, \lambda)}{\partial\lambda},$$

car $\frac{\partial\Phi(x_k, \lambda)}{\partial x} = 0$, si $|x_k| < 1$; d'où l'on conclut, en remarquant que $\frac{\partial F(x_k, 0)}{\partial\lambda} = 0$, que l'on a

$$\pm \frac{d\,L(0)}{d\lambda} = -\frac{\partial\,P(x_k, 0)}{\partial\lambda} = 0,$$

puisque le polynome de degré n, $\frac{\partial P(x_k, 0)}{\partial\lambda}$, ne peut prendre des signes opposés en $\overline{n+2}$ points. Donc, comme nous le savions d'ailleurs d'avance, $L\left(\frac{1}{n}\right)$ est, à $\frac{1}{n^2}$ près, égal à

$$L(0) = A + \frac{2Aa - B}{n\sqrt{a^2-1}}.$$

Pour calculer [1] $\frac{d^2 L(\lambda)}{d\lambda^2}$, remarquons que

$$\pm \frac{d^2 L(\lambda)}{d\lambda^2} = \frac{\partial^2 \Phi(\pm 1, \lambda)}{\partial\lambda^2},$$

et aux points d'écart intérieurs [2]

$$\pm \frac{d^2 L(\lambda)}{d\lambda^2} = \frac{\partial^2 \Phi(x_k, \lambda)}{\partial\lambda^2} + \frac{2\,\partial^2 \Phi(x_k, \lambda)}{\partial\lambda\,\partial x}\frac{dx_k}{d\lambda} + \frac{\partial^2 \Phi(x_k, \lambda)}{\partial x^2}\left(\frac{dx_k}{d\lambda}\right)^2;$$

---

(1) On démontre que $\frac{d^2 L}{d\lambda^2} > 0$ (*loc. cit.*).

(2) Le signe $\pm$ signifie qu'il faut prendre des signes successivement opposés en passant de l'indice k à l'indice $k+1$

d'où, en tenant compte de la relation

$$\frac{\partial^2 \Phi(x_k, \lambda)}{\partial x \partial \lambda} + \frac{\partial^2 \Phi(x_k, \lambda)}{\partial x^2} \frac{dx_k}{d\lambda} = 0,$$

qui résulte de l'identité $\frac{\partial \Phi(x_k,\lambda)}{\partial x} = 0$,

$$\pm \frac{d^2 L(\lambda)}{d\lambda^2} = \frac{\partial^2 \Phi(x_k, \lambda)}{\partial \lambda^2} - \frac{\left(\frac{\partial^2 \Phi(x_k, \lambda)}{\partial x \partial \lambda}\right)^2}{\frac{\partial^2 \Phi(x_k, \lambda)}{\partial x^2}}.$$

Par conséquent, pour $\lambda = 0$

$$\pm \frac{d^2 L(0)}{d\lambda^2} = -\frac{\partial^2 P(x_k, 0)}{\partial \lambda^2} - \frac{A^2 \left\{ \frac{d}{dx} \left[\frac{\sqrt{1 - x_k^2}}{x_k - a} \sin(n\varphi_k + \delta_k) \right] \right\}^2}{\left(A + \frac{2Aa - B}{n\sqrt{a^2 - 1}}\right) \frac{d^2}{dx^2}[\cos(n\varphi_k + \delta_k)]}.$$

On a ainsi, pour déterminer le polynome de degré n, $\frac{\partial^2 P(x, 0)}{\partial \lambda^2}$ et $\frac{d^2 L(0)}{d\lambda^2}$, $\overline{n+2}$ relations que nous pouvons mettre sous la forme

$$\frac{\partial^2 P(x_k, 0)}{\partial \lambda^2} = \pm \left[\frac{A^2}{A + \frac{2Aa - B}{n\sqrt{a^2 - 1}}} \cdot \frac{1 - x_k^2}{(x_k - a)^2} - \rho \right],$$

qui doivent être vérifiées en tous les points x_k, où $\cos(n\varphi + \delta) = \pm 1$ (y compris les points ± 1), en posant pour abréger $\rho = \frac{d^2 L(0)}{d\lambda^2}$. En remarquant ensuite que les points considérés x_k sont les racines du polynome de degré $\overline{n+2}$

$$S(x) = \sin(n\varphi + \delta) . \sqrt{1 - x^2} . (x - a),$$

nous obtenons, en appliquant la formule d'interpolation de Lagrange,

$$\frac{\partial^2 P(x, 0)}{\partial \lambda^2} = S(x) \sum_0^{n+1} \frac{\frac{A^2(1 - x_k^2)}{\left(A + \frac{2Aa - B}{n\sqrt{a^2 - 1}}\right)(x_k - a)^2} - \rho}{\pm (x - x_k) S'(x_k)}.$$

Mais, puisque le polynome $\frac{\partial^2 P(x, 0)}{\partial \lambda^2}$ est de degré n, nous devons déterminer ρ en égalant à zéro le coefficient de x^{n+1} dans le second membre, ce qui nous conduit à l'équation

$$\sum_0^{n+1}\left[\frac{A^2(1-x_k^2)}{\left(A+\dfrac{2Aa-B}{n\sqrt{a^2-1}}\right)(x_k-a)^2}-\rho\right]\left[\frac{1}{n(x_k-a)-\sqrt{a^2-1}}\right]=0,$$

car

$$S'(x_k)=\pm\left[n(x_k-a)-\sqrt{a^2-1}\right].$$

Donc

$$\rho=\frac{\displaystyle\sum_0^{n+1}\frac{A^2(1-x_k^2)}{\left(A+\dfrac{2Aa-B}{n\sqrt{a^2-1}}\right)(x_k-a)^2\left[n(x_k-a)-\sqrt{a_2-1}\right]}}{\displaystyle\sum_0^{n+1}\frac{1}{n(x_k-a)-\sqrt{a^2-1}}}.$$

Par conséquent ([1]),

$$\lim_{n=\infty}\rho=\lim_{n=\infty}\frac{A\displaystyle\sum_0^{n+1}\frac{(1-x_k^2)}{n(x_k-a)^3}}{\displaystyle\sum_0^{n+1}\frac{1}{n(x_k-a)}}=A\frac{\displaystyle\int_0^\pi\frac{\sin^2\varphi}{(\cos\varphi-a)^3}d\varphi}{\displaystyle\int_0^\pi\frac{d\varphi}{\cos\varphi-a}}=\frac{A}{2(a^2-1)}.$$

Ainsi, finalement, en négligeant les puissances supérieures de $\frac{1}{n}$, on a

$$L\left(\frac{1}{n}\right)=A+\frac{2Aa-B}{n\sqrt{a^2-1}}+\frac{A}{4n^2(a^2-1)}.$$

Donc

$$(184)\quad E_n\left[\frac{A}{(x-a)^2}+\frac{B}{(a^2-1)(x-a)}\right]\backsim\frac{1}{(a^2-1)^{\frac{3}{2}}\left[a+\sqrt{a^2-1}\right]^n}\times\left[nA+\frac{2Aa-B}{\sqrt{a^2-1}}+\frac{A}{4n(a^2-1)}\right].$$

On pourrait appliquer le même procédé pour déterminer les termes suivants, mais les calculs deviennent compliqués.

20. Détermination de la valeur asymptotique de la meilleure approximation dans le cas où la fonction admet deux pôles con-

---

([1]) Nous supposons que B ne croît pas indéfiniment avec n.

jugués sur l'ellipse de convergence ([1]). — Supposons à présent que la partie singulière de notre fonction soit de la forme

$$(185)\qquad f(x) = \frac{A\, e^{i\theta}}{x-a} + \frac{A\, e^{-i\theta}}{x-a'},$$

où a et a' sont deux points conjugués quelconques

$$a = \frac{1}{2}\left(R\, e^{i\varphi} + \frac{1}{R}\, e^{-i\varphi}\right), \qquad a' = \frac{1}{2}\left(R\, e^{-i\varphi} + \frac{1}{R}\, e^{i\varphi}\right),$$

situés sur l'ellipse C, dont la demi-somme des axes est égale à R, A étant un nombre positif.

Posons

$$(186)\qquad \frac{P(x)}{(x-\gamma)(x-a)(x-a')} = \cos(n\varphi + \delta + \delta' - \rho),$$

où

$$\cos\delta = \frac{ax-1}{x-a}, \qquad \cos\delta' = \frac{a'x-1}{x-a'}, \qquad \cos\rho = \frac{\gamma x - 1}{x-\gamma},$$

γ étant un nombre réel que nous laissons pour le moment indéterminé, satisfaisant seulement à la condition $|\gamma| > 1$. On aura

$$\begin{aligned} P(x) = \frac{1}{2}\Big\{ & (x+\sqrt{x^2-1})^n\left[ax-1+\sqrt{(a^2-1)(x^2-1)}\right] \\ & \quad \times\left[a'x-1+\sqrt{(a'^2-1)(x^2-1)}\right]\left[\gamma x-1-\sqrt{(\gamma^2-1)(x^2-1)}\right] \\ & - (x-\sqrt{x^2-1})^n\left[ax-1-\sqrt{(a^2-1)(x^2-1)}\right] \\ & \quad \times\left[a'x-1-\sqrt{(a'^2-1)(x^2-1)}\right]\left[\gamma x-1+\sqrt{(\gamma^2-1)(x^2-1)}\right]\Big\} \end{aligned}$$

et nous savons qu'avec la convention faite au paragraphe 4 sur la valeur à attribuer aux racines, la fonction $\cos(n\varphi + \delta + \delta' - \rho)$ prendra $n+2$ fois sa valeur maxima 1 avec des signes alternés. En remarquant que $P(\gamma)$ tend vers zéro avec $\frac{1}{n}$, nous obtenons l'égalité asymptotique

$$\begin{aligned} (187)\qquad \lambda\cos[n\varphi + \delta_1 + \delta_2 - \rho] &\sim \lambda\,\frac{P(x) - P(\gamma)}{(x-\gamma)(x-a)(x-a')} \\ &= -R_n(x) + \lambda\,\frac{P(a) - P(\gamma)}{(a-\gamma)(a-a')}\,\frac{1}{x-a} \\ &\quad + \lambda\,\frac{P(a') - P(\gamma)}{(a'-\gamma)(a'-a)}\cdot\frac{1}{x-a'}, \end{aligned}$$

([1]) J'avais donné pour la première fois les formules de ce paragraphe dans une Note des *Comptes rendus*, février 1914.

où $R_n(x)$ est un polynome de degré n qui servira de polynome d'approximation asymptotique à la fraction qu'il précède dans le second membre de (187) et aussi à la fraction

$$\frac{\lambda P(a)}{(a-\gamma)(a-a')}\,\frac{1}{x-a}+\frac{\lambda P(a')}{(a'-\gamma)(a'-a)}\,\frac{1}{x-a'}.$$

Par conséquent, si nous parvenons à déterminer λ et γ par les conditions

$$(188)\qquad \left\{\begin{aligned} &\frac{\lambda P(a)}{(a-\gamma)(a-a')}=A e^{i\theta},\\ &\frac{\lambda P(a')}{(a'-\gamma)(a'-a)}=A e^{-i\theta},\end{aligned}\right.$$

la fonction donnée $f(x)$ aura $R_n(x)$ pour polynome d'approximation asymptotique, et λ sera la valeur asymptotique de sa meilleure approximation $E_n[f(x)]$.

Or

$$\begin{aligned} P(a)&\sim\left[(a+\sqrt{a^2-1})^n(a^2-1)\right]\left[a'a-1+\sqrt{(a'^2-1)(a^2-1)}\right]\\ &\quad\times\left[\gamma a-1-\sqrt{(\gamma^2-1)(a^2-1)}\right]\\ &=\frac{1}{8}R^n e^{in\varphi}\left(R e^{i\varphi}-\frac{1}{R}e^{-i\varphi}\right)^2\left(R-\frac{1}{R}\right)^2\left[\gamma a-1-\sqrt{(\gamma^2-1)(a^2-1)}\right].\end{aligned}$$

Les équations (188) peuvent donc être remplacées par

$$(189)\qquad \left\{\begin{aligned} &\frac{\lambda\left[\gamma a-1-\sqrt{(a^2-1)(\gamma^2-1)}\right]}{a-\gamma}=B,\\ &\frac{\lambda\left[\gamma a'-1-\sqrt{(a'^2-1)(\gamma^2-1)}\right]}{a'-\gamma}=B',\end{aligned}\right.$$

où

$$(190)\qquad \left\{\begin{aligned} B&=\frac{8i\sin\varphi.\,e^{i(\theta-n\varphi)}A}{R^n\left(R-\frac{1}{R}\right)\left(R e^{i\varphi}-\frac{1}{R}e^{-i\varphi}\right)^2},\\ B'&=\frac{-8i\sin\varphi.\,e^{-i(\theta-n\varphi)}A}{R^n\left(R-\frac{1}{R}\right)\left(R e^{-i\varphi}-\frac{1}{R}e^{i\varphi}\right)^2},\end{aligned}\right.$$

puisque $a-a'=i\left(R-\frac{1}{R}\right)\sin\varphi$.

Remarquons encore que, d'après les conventions faites sur la valeur des radicaux, le facteur de λ dans ces équations a un module inférieur à 1, donc $\lambda>|B|$.

Pour éliminer γ des équations (189), nous pouvons procéder de la façon suivante. De la première des équations (189) nous tirons

$$\gamma(\lambda a + B) - (\lambda + aB) = \lambda\sqrt{(a^2-1)(\gamma^2-1)}, \tag{191}$$

d'où, en élevant au carré,

$$\begin{aligned} &\gamma^2(\lambda a + B)^2 + (\lambda + aB)^2 \\ &\quad - 2\gamma(\lambda a + B)(\lambda + aB) - \lambda^2(a^2-1)(\gamma^2-1) = 0, \end{aligned}$$

et en divisant par $\gamma - a$, nous obtenons

$$(B^2 + 2\lambda aB + \lambda^2)\gamma = aB^2 + 2\lambda B + a\lambda^2.$$

Donc

$$\left\{\begin{aligned} \gamma &= \frac{aB^2 + 2\lambda B + a\lambda^2}{B^2 + 2\lambda aB + \lambda^2}, \\ \sqrt{\gamma^2-1} &= \frac{(\lambda^2 - B^2)\sqrt{a^2-1}}{B^2 + 2\lambda aB + \lambda^2}. \end{aligned}\right. \tag{192}$$

La dernière formule s'obtient par la substitution de la valeur trouvée de γ dans l'équation (191).

On aurait de même

$$\left\{\begin{aligned} \gamma &= \frac{a'B'^2 + 2\lambda B' + a'\lambda^2}{B'^2 + 2\lambda a'B' + \lambda}, \\ \sqrt{\gamma^2-1} &= \frac{(\lambda^2 - B'^2)\sqrt{a'^2-1}}{B'^2 + 2\lambda a'B' + \lambda^2}. \end{aligned}\right. \tag{193}$$

Par conséquent, en substituant les valeurs (193) dans (191) et les valeurs (192) dans l'équation correspondante, on obtient les deux équations

$$\left\{\begin{aligned} &(\lambda a + B)(a'B'^2 + 2\lambda B' + a'\lambda^2) \\ &\quad - (\lambda + aB)(B'^2 + 2\lambda a'B' + \lambda^2) \\ &\quad + \lambda(B'^2 - \lambda^2)\sqrt{(a'^2-1)(a^2-1)} = 0, \\ &(\lambda a' + B')(aB^2 + 2\lambda B + a\lambda^2) \\ &\quad - (\lambda + a'B')(B^2 + 2\lambda aB + \lambda^2) \\ &\quad + \lambda(B^2 - \lambda^2)\sqrt{(a'^2-1)(a^2-1)} = 0. \end{aligned}\right. \tag{194}$$

En retranchant la première de ces équations de la seconde, nous obtenons, finalement, l'équation du second degré en λ :

$$\begin{aligned} \lambda^2(a'-a)(B'+B) + \lambda(B'^2 - B^2)\left[(1-aa') - \sqrt{(a^2-1)(a'^2-1)}\right] \\ - (a'-a)(B^2B' + B'^2B) = 0, \end{aligned}$$

ou, en divisant par $(a'-a)(B'+B)$,

$$(195)\qquad \lambda^2+\lambda(B'-B)\left[\frac{1-aa'-\sqrt{(a^2-1)(a'^2-1)}}{a'-a}\right]-BB'=0.$$

En introduisant les expressions (190) de B et B' et en remarquant que

$$\frac{1-aa'-\sqrt{(a^2-1)(a'^2-1)}}{a'-a}=\frac{R-\frac{1}{R}}{2i\sin\varphi},$$

nous pouvons donc écrire l'équation (195) sous la forme

$$(196)\qquad \lambda^2-\frac{\left\{8A\left[R^2\cos(\theta-\overline{n+2}\varphi)+\frac{1}{R^2}\cos(\theta-\overline{n-2}\varphi)-2\cos(\theta-n\varphi)\right]\right\}}{R^n\left[R^2+\frac{1}{R^2}-2\cos2\varphi\right]^2}\lambda$$
$$-\frac{64A^2\sin^2\varphi}{R^{2n}\left(R-\frac{1}{R}\right)^2\left[R^2+\frac{1}{R^2}-2\cos2\varphi\right]^2}=0;$$

la solution cherchée sera la racine de l'équation (196) qui satisfait à l'inégalité $\lambda>|B|$.

Donc,

$$(197)\qquad E_n[f(x)]\backsim\lambda=\frac{4A}{R^n\left[R^2+\frac{1}{R^2}-2\cos2\varphi\right]}\left[H+\sqrt{H^2+\frac{4\sin^2\varphi}{\left(R-\frac{1}{R}\right)^2}}\right],$$

où

$$H=\left|\frac{R^2\cos(\overline{n+2}.\varphi-\theta)+\frac{1}{R^2}\cos(\overline{n-2}.\varphi-\theta)-2\cos(n\varphi-\theta)}{R^2+\frac{1}{R^2}-2\cos2\varphi}\right|.$$

La discussion de cette formule conduit à quelques remarques intéressantes. L'ordre de la meilleure approximation est, quels que soient φ et θ, le même pour toute valeur de n que celui qui correspond au pôle simple réel. Mais le produit $R^nE_n[f(x)]$ ne tend plus, en général, vers une limite déterminée indépendante de n. Deux cas différents se présentent ici, suivant la nature arithmétique de φ.

Premier cas : φ *est commensurable avec* π. — Dans ce cas, n croissant indéfiniment, H reprendra périodiquement un nombre limité de valeurs ; il en sera donc de même de la limite de $R^n E_n f(x)$. Par exemple, si $f(x) = \dfrac{px+q}{x^2+1}$, en remarquant que $\varphi = \dfrac{\pi}{2}$,

$$R = 1 + \sqrt{2}$$

et

$$\frac{px+q}{x^2+1} = \frac{\sqrt{p^2+q^2}}{2}\left[\frac{e^{i\theta}}{x-i} + \frac{e^{-i\theta}}{x+i}\right],$$

où

$$\cos\theta = \frac{p}{\sqrt{p^2+q^2}}, \qquad \sin\theta = \frac{-q}{\sqrt{p^2+q^2}},$$

on a

$$(1+\sqrt{2})^n E_n\left(\frac{px+q}{x^2+1}\right) \sim \frac{1}{4}\left[\,|p| + \sqrt{2p^2+q^2}\,\right] \quad \text{(si } n \text{ est pair)}$$

et

$$(1+\sqrt{2})^n E_n\left(\frac{px+q}{x^2+1}\right) \sim \frac{1}{4}\left[\,|q| + \sqrt{2q^2+p^2}\,\right] \quad \text{(si } n \text{ est impair).}$$

Deuxième cas : φ *est incommensurable avec* π. — Dans ce cas, n croissant indéfiniment, H s'approchera pour une infinité de valeurs de n de toutes les valeurs comprises entre 0 et 1, car $\overline{n\varphi - \theta}$ pourra s'approcher, à 2π près, de tout angle x ; or, le maximum de

$$\left| R^2\cos(x+2\varphi) + \frac{1}{R^2}\cos(x-2\varphi) - 2\cos x \right|$$

est égal à

$$R^2 + \frac{1}{R^2} - 2\cos 2\varphi.$$

Donc $R^n E_n f(x)$ s'approchera indéfiniment de toutes les valeurs comprises entre

$$\frac{4A}{R^2 + \frac{1}{R^2} - 2\cos 2\varphi}\left[1 + \sqrt{1 + \frac{4\sin^2\varphi}{\left(R - \frac{1}{R}\right)^2}}\,\right]$$

et

$$\frac{8A\,|\sin\varphi|}{\left[R^2 + \frac{1}{R^2} - 2\cos 2\varphi\right]\left[R - \frac{1}{R}\right]}.$$

Montrons encore comment le procédé de différentiation qui nous a servi dans le cas du pôle réel peut être appliqué ici pour passer d'une paire de pôles conjugués du premier ordre à des pôles d'ordre quelconque. A cet effet, reprenons l'identité

$$(198)\qquad \frac{e^{i\theta}}{x-a}+\frac{e^{-i\theta}}{x-a'}-R_n(x)=\lambda[\cos(n\varphi+\delta_1+\delta_2-\rho)+\varepsilon],$$

où ε tend vers zéro avec $\frac{1}{n}$, ainsi que ses dérivées par rapport à a et a', et λ est donné par (197).

Différentions l'équation (198) par rapport à R, en tenant compte de ce que

$$a=\frac{1}{2}\left[R\,e^{i\varphi}+\frac{1}{R}e^{-i\varphi}\right],\qquad a'=\frac{1}{2}\left[R\,e^{-i\varphi}+\frac{1}{R}e^{i\varphi}\right],$$

et en remarquant que la différentiation du produit qui est au second membre conduit à une somme de termes dont un seulement contiendra n en facteur : celui qui résulte de la différentiation de $\frac{1}{R^n}$.

Nous aurons donc

$$(199)\qquad \frac{e^{i\theta}\left(R\,e^{i\varphi}-\frac{1}{R}e^{-i\varphi}\right)}{2R(x-a)^2}+\frac{e^{-i\theta}\left(R\,e^{-i\varphi}-\frac{1}{R}e^{i\varphi}\right)}{2R(x-a')^2}-R'_n(x)=-\frac{n\lambda}{R}[\cos(n\varphi+\delta_1+\delta_2-\rho)+\varepsilon'],$$

où ε' jouit des mêmes propriétés que ε. En posant

$$\operatorname{tang}\psi=\frac{R^2+1}{R^2-1}\operatorname{tang}\varphi$$

et en multipliant les deux membres de (199) par

$$\frac{2R}{\left(R^2+\frac{1}{R^2}-2\cos2\varphi\right)^{\frac{1}{2}}},$$

nous obtenons une égalité de la forme

$$(200)\qquad \frac{e^{i(\theta+\psi)}}{(x-a)^2}+\frac{e^{-i(\theta+\psi)}}{(x-a')^2}-S_n(x)=-\frac{2n\lambda}{\left(R^2+\frac{1}{R^2}-2\cos2\varphi\right)^{\frac{1}{2}}}[\cos(n\varphi+\delta_1+\delta_2-\rho)+\varepsilon'],$$

où le polynome $S_n(x)$ sera par conséquent le polynome d'approximation asymptotique de la fraction qui le précède, et

$$\frac{2n\lambda}{\left[R^2+\frac{1}{R^2}-2\cos 2\varphi\right]^{\frac{1}{2}}}$$

sera la meilleure approximation asymptotique correspondante. Donc, en remplaçant $\theta+\psi$ par θ, nous avons ce résultat :

$$E_n\left[\frac{A\,e^{i\theta}}{(x-a)^2}+\frac{A\,e^{-i\theta}}{(x-a')^2}\right]\sim\frac{8nA}{R^n\left[R^2+\frac{1}{R^2}-2\cos 2\varphi\right]^{\frac{3}{2}}}\times\left[H_1+\sqrt{H_1^2+\frac{4\sin^2\varphi}{\left(R-\frac{1}{R}\right)^2}}\right],$$

où

$$H_1=\left|\frac{\left\{\begin{array}{l}R^2\cos(\overline{n+2}\,\varphi-\theta+\psi)+\frac{1}{R^2}\cos(\overline{n-2}.\varphi-\theta+\psi)\\ \qquad -2\cos(n\varphi-\theta+\psi)\end{array}\right\}}{R^2+\frac{1}{R^2}-2\cos 2\varphi}\right|,$$

ψ étant déterminé par la relation $\operatorname{tang}\psi=\frac{R^2+1}{R^2-1}\operatorname{tang}\varphi$.

La différentiation successive nous conduira donc à la formule asymptotique générale

$$(201)\quad E_n\left[\frac{A\,e^{i\theta}}{(x-a)^k}+\frac{A\,e^{-i\theta}}{(x-a')^k}\right]\sim\frac{2^{k+1}n^{k-1}A}{(k-1)!\left(R^2+\frac{1}{R^2}-2\cos 2\varphi\right)^{\frac{k+1}{2}}R^n}\times\left[H_{k-1}+\sqrt{H_{k-1}^2+\frac{4\sin^2\varphi}{\left(R-\frac{1}{R}\right)^2}}\right],$$

où (ψ conservant la même signification)

$$H_{k-1}=\left|\frac{\left\{\begin{array}{l}R^2\cos(\overline{n+2}\,\varphi+\overline{k-1}\,\psi-\theta_1)\\ \quad+\frac{1}{R^2}\cos(\overline{n-2}\,\varphi+\overline{k-1}\,\psi-\theta)-2\cos(n\varphi+\overline{k-1}\,\psi-\theta)\end{array}\right\}}{R^2+\frac{1}{R^2}-2\cos 2\varphi}\right|.$$

On voit ainsi que, comme dans le cas du pôle réel, la valeur asymptotique de la meilleure approximation d'une fonction qui ne possède qu'un couple de pôles conjugués sur l'ellipse de convergence ne dépend que des termes du développement de Laurent d'ordre le plus élevé. Il résulte d'ailleurs également de la formule (201) que s'il y avait d'autres pôles sur l'ellipse, mais seulement d'ordre moins élevé, la valeur asymptotique de la meilleure approximation ne serait pas changée.

Le cas où le nombre de pôles serait supérieur à deux pourrait être traité par la même méthode, mais les formules explicites deviendraient encore plus compliquées.

21. Valeur asymptotique de la meilleure approximation d'une fonction possédant une singularité essentielle ([1]). — D'après ce qui précède, le problème de la meilleure approximation des fonctions possédant des singularités algébriques peut être considéré comme résolu. Au contraire, il est naturel de s'attendre à ce que le cas des singularités essentielles présente de très grandes difficultés, mais il est remarquable qu'il existe des cas étendus, où la solution du problème puisse être obtenue par la même méthode qui nous a servi pour les singularités polaires.

Réduisons la fonction à son développement de Laurent

$$f(x) = \sum_{1}^{\infty} \frac{A_h}{(a-x)^h} \qquad (a > 1).$$

Nous supposerons d'abord $A_h \geqq 0$. Cette condition implique que toutes les dérivées de $f(x)$ restent positives dans l'intervalle $(-1, +1)$; donc le théorème de la page 8, ainsi que la remarque de la page 119 sont applicables, et c'est là la véritable raison des simplifications qui se présentent dans ce cas.

Sans insister sur les indications qu'on pourrait tirer des propositions rappelées, voici le théorème général que nous pourrons établir synthétiquement.

([1]) Les résultats de ce paragraphe et du suivant ont fait l'objet de ma Communication à l'Académie des Sciences du 7 juillet 1923.

Théorème. — *Soit* $f(x) = \sum_1^\infty \frac{A_h}{(a-x)^h}$ *une fonction admettant un point essentiel* $a > 1$ *ou* $A_h \geqq 0$; *on a*

(202) $$E_n[f(x)] \sim \frac{1}{a^2-1} \sum_1^\infty \frac{A_h |P_{h-1}|}{(h-1)!},$$

où

$$P_k = \frac{d^k}{da^k}\left[\frac{1}{a+\sqrt{a^2-1}}\right]^n.$$

Pour le démontrer, remarquons d'abord que, pour h suffisamment grand,

$$\sqrt[h]{A_h} < \varepsilon,$$

ε étant aussi petit qu'on veut. Par conséquent, si l'on pose

$$f_\lambda(x) = \sum_1^{\lambda n} \frac{A_h}{(a-x)^h} \qquad \text{et} \qquad \varphi_\lambda(x) = \sum_{\lambda n+1}^\infty \frac{A_h}{(a-x)^h},$$

on pourra, quelque petit que soit le nombre donné λ, supposer le nombre n assez grand pour que l'on ait sur le segment $(-1, +1)$

$$|\varphi_\lambda(x)| < \varepsilon^n,$$

le nombre ε étant arbitrairement petit. Il en résulte que toutes les fois qu'on pourra fixer un nombre déterminé ρ tel que

(203) $$E_n[f_\lambda(x)] > \rho^n,$$

on pourra affirmer que

$$1 - \left(\frac{\varepsilon}{\rho}\right)^n < \frac{E_n[f(x)]}{E_n[f_\lambda(x)]} < 1 + \left(\frac{\varepsilon}{\rho}\right)^n;$$

donc, n croissant indéfiniment,

$$E_n[f(x)] \sim E_n[f_\lambda(x)]$$

quelque petit que soit λ.

Cette circonstance, d'après (169), se présentera certainement pour une infinité de valeurs de n; mais nous verrons que, si $A_h \geqq 0$, elle se présente pour *toutes* les valeurs de n infiniment croissantes.

Reprenons les égalités (173) qui correspondent à tous les termes de $f_\lambda(x)$ et effectuons leur somme; il vient, en désignant par $R_\lambda(x)$

un polynome de degré n,

$$(173\ bis)\quad f_\lambda(x) - R_\lambda(x) = \sum_1^{\lambda n} \frac{(-1)^{h-1} A_h}{(h-1!)} \left\{ P_{h-1} \frac{\cos(n\varphi+\delta)}{a^2-1} + (h-1) P_{h-2} \frac{d}{da}\left[\frac{\cos n\varphi+\delta)}{a^2-1}\right] + \ldots \right\} = L_\lambda[\cos(n\varphi+\delta)+\beta],$$

où nous avons posé

$$(204)\quad \left\{ \begin{aligned} L_\lambda &= \sum_1^{\lambda n} \frac{(-1)^{h-1} A_h}{(h-1)!} \frac{P_{h-1}}{a^2-1}, \\ L_\lambda \beta &= \sum_1^{\lambda n} \frac{(-1)^{h-1} A_h}{(h-1)!} \\ &\times \left\{ (h-1) P_{h-2} \frac{d}{da}\left[\frac{\cos(n\varphi+\delta)}{a^2-1}\right] + \frac{(h-1)(h-2)}{2!} P_{h-3} \frac{d^2}{da^2}\left[\frac{\cos(n\varphi+\delta)}{a^2-1}\right] + \ldots \right\}. \end{aligned} \right.$$

Nous devons montrer que β tend vers zéro, lorsque n croît indéfiniment.

A cet effet, étudions la fonction

$$P_k = \frac{d^k}{da^k}\left(\frac{1}{a+\sqrt{a^2-1}}\right)^n.$$

De la relation

$$P_1 = \frac{-n}{\sqrt{a^2-1}} P_0,$$

nous tirons

$$(a^2-1) P_1^2 - n^2 P_0^2 = 0,$$

et en différentiant,

$$(a^2-1) P_2 + a P_1 - n^2 P_0 = 0.$$

Donc, en différentiant encore k fois, nous avons la relation générale de récurrence

$$(205)\qquad (a^2-1) P_{k+2} + (2k+1) a P_{k+1} + (k^2-n^2) P_k = 0;$$

d'où, en posant

$$(206)\qquad P_k = \frac{(-n)^k u_k}{(a^2-1)^{\frac{k}{2}}(a+\sqrt{a^2-1})^n},$$

$$(207)\qquad u_{k+2} = \frac{2k+1}{n}\,\frac{a}{\sqrt{a^2-1}}\,u_{k+1} + \left(1-\frac{k^2}{n^2}\right)u_k.$$

La relation (207) permet de déterminer u_k de proche en proche, en tenant compte de ce que $u_0 = u_1 = 1$. Il convient de transformer encore l'équation de récurrence en une équation de premier ordre, en faisant $\frac{u_{k+1}}{u_k} = z_k$, ce qui nous donne

$$(208)\qquad z_{k+1} = \frac{2k+1}{n}\,\frac{a}{\sqrt{a^2-1}} + \frac{1-\frac{k^2}{n^2}}{z_k},$$

avec la condition initiale $z_0 = 1$. Cette relation conduit immédiatement à une représentation de z_k sous forme de fraction continue. Mais puisque nous nous intéressons spécialement aux valeurs de $\frac{k}{n} \leqq \lambda$, il est plus simple de développer z_k suivant les puissances de $\frac{1}{n}$. Pour le moment, nous allons nons borner à vérifier que

$$(209)\qquad z_k = 1 + \frac{a}{\sqrt{a^2-1}}\cdot\frac{k}{n} + \frac{\theta_k}{a^2-1}\cdot\frac{k^2}{n^2},$$

où $0 \leqq \theta_k < 1$. En effet, en substituant l'expression (209) dans (208), on trouve par un calcul facile

$$\theta_{k+1} = \frac{k^2}{(k+1)^2}\cdot\frac{1-\theta_k\left(1-\frac{a}{\sqrt{a^2-1}}\,\frac{k}{n}\right)}{z_k},$$

ce qui prouve que, si $0 \leqq \theta_k < 1$, on aura $\left(\text{tant que } \frac{k}{n} < \sqrt{1-\frac{1}{a^2}}\right)$ aussi $0 \leqq \theta_{k+1} < 1$; or, on sait que $\theta_0 = 0$.

De (209) nous déduisons que

$$(210)\qquad \frac{P_{k+1}}{P_k} = -\frac{n}{\sqrt{a^2-1}}\left[1+\frac{a}{\sqrt{a^2-1}}\cdot\frac{k}{n}+\frac{\theta}{a^2-1}\cdot\frac{k^2}{n^2}\right] \qquad (0 \leqq \theta < 1).$$

Donc

$$\left|\frac{P_{k+s}}{P_k}\right| > \left(\frac{n}{\sqrt{a^2-1}}\right)^s.$$

Par conséquent, en tenant compte de ce que

$$L_\lambda = \sum_1^{\lambda n} \frac{(-1)^{h-1} A_h P_{h-1}}{(h-1)!\,(a^2-1)}$$

est une somme de termes positifs, nous concluons de (204) que

$$\frac{|\beta|}{a^2-1} < \lambda\sqrt{a^2-1}\left|\frac{d}{da}\left[\frac{\cos(n\varphi+\delta)}{a^2-1}\right]\right| + \frac{1}{2!}\left(\lambda\sqrt{a^2-1}\right)^2\left|\frac{d^2}{da^2}\left[\frac{\cos(n\varphi+\delta)}{a^2-1}\right]\right| + \ldots,$$

puisque

$$\frac{h-1}{n} < \lambda, \qquad \frac{(h-1)(h-2)}{n^2} < \lambda^2, \qquad \ldots.$$

Or, la fonction $\frac{\cos(n\varphi+\delta)}{a^2-1}$, lorsque a reçoit l'accroissement $z = \lambda\sqrt{a^2-1}$, étant développable en série de Taylor convergente suivant les puissances de z de rayon de convergence $R = a-1$, nous voyons que

$$|\beta| < M\lambda,$$

où M est un nombre fixe lorsque λ reste inférieur à un nombre donné suffisamment petit λ_0

Par consëquent,

$$E_n[f_\lambda(x)] \sim L_\lambda, \tag{202 bis}$$

lorsque λ tend vers zéro, et de plus la condition (203) est remplie, puisque, L_λ étant une somme de termes positifs, on peut faire $\rho = \frac{1}{a+\sqrt{a^2-1}}$. Ainsi, d'après ce qui précède,

$$E_n[f(x)] \sim \sum_1^{\lambda n} \frac{A_h\,|P_{h-1}|}{(a^2-1)(h-1)!}. \tag{202 ter}$$

Mais, d'autre part, quel que soit k, on a

$$|P_k| < \frac{\left(n + \frac{3ak}{\sqrt{a^2-1}}\right)^k}{(a^2-1)^{\frac{k}{2}}\left[a+\sqrt{a^2-1}\right]^n}. \tag{211}$$

En effet, cette inégalité étant vérifiée pour $k=0$ et $k=1$, on la vérifie de proche en proche en remarquant que, d'après (205),

$$|P_{k+2}| < \frac{|(2k+1)aP_{k+1}| + |(k^2+n^2)P_k|}{a^2-1}$$

$$< \frac{\left[n + \frac{3a(k+2)}{\sqrt{a^2-1}}\right]^{k+1}\left[\frac{(2k+1)a}{\sqrt{a^2-1}} + (k+n)\right]}{(a+\sqrt{a^2-1})^n(a^2-1)^{\frac{k+2}{2}}}$$

$$< \frac{\left[n + \frac{3a(k+2)}{\sqrt{a^2-1}}\right]^{k+2}}{(a^2-1)^{\frac{k+2}{2}}(a+\sqrt{a^2-1})^n}.$$

Donc, λ étant fixé aussi petit qu'on veut, on pourra, en vertu de (211), prendre n assez grand pour que

$$\sum_{\lambda n+1}^{\infty} \frac{A_h|P_{h-1}|}{(a^2-1)(h-1)!} < \frac{1}{(a^2-1)(a+\sqrt{a^2-1})^n}\sum_{\lambda n+1}^{\infty}\left(\varepsilon\frac{n}{h} + \frac{3a\varepsilon}{\sqrt{a^2-1}}\right)^h$$

$$< \frac{M}{(a+\sqrt{a^2-1})^n}\left(\frac{\varepsilon}{\lambda}\right)^{\lambda n} < \left(\frac{\varepsilon_1}{a+\sqrt{a^2-1}}\right)^n,$$

où le nombre ε_1 tend vers zéro avec $\frac{1}{n}$.

Par conséquent, l'égalité (202 *ter*) est équivalente à

(202) $$E_n[f(x)] \sim \sum_1^{\infty} \frac{A_h|P_{h-1}|}{(a^2-1)(h-1)!},$$

et notre théorème est démontré.

22. Applications. — Faisons à présent des hypothèses particulières sur la loi de décroissance des coefficients A_h.

Supposons d'abord que $\lim h\sqrt[h]{A_h} = 0$. Par un raisonnement identique à celui que nous avons fait dans le cas général, on reconnaît que λ étant un nombre fixe aussi petit qu'on veut

$$\sum_{\lambda\sqrt{n}}^{\infty} \frac{A_h|P_{h-1}|}{(h-1)!} < \frac{1}{(a+\sqrt{a^2-1})^n}\sum_{\lambda\sqrt{n}}^{\infty}\left(\varepsilon\frac{n}{h^2}\right)^h < \frac{\varepsilon_1}{(a+\sqrt{a^2-1})^n},$$

ε et ε_1 tendant vers zéro avec $\frac{1}{n}$. Par conséquent, dans ce cas, l'égalité (202) est équivalente à

$$(212) \qquad E_n[f(x)] \sim \sum_{1}^{\lambda\sqrt{n}} \frac{A_h |P_{h-1}|}{(a^2-1)(h-1)!},$$

λ tendant vers zéro, pourvu que $\lambda\sqrt{n}$ croît indéfiniment.

Or, de la relation (210), qui est valable tant que $\frac{k}{n} < \sqrt{1-\frac{1}{a^2}}$, nous tirons par multiplication

$$(213) \quad P_k = \left(\frac{-n}{\sqrt{a^2-1}}\right)^k \left\{\left(1+\frac{a}{\sqrt{a^2-1}}\frac{1}{n}+\frac{\theta_1}{a^2-1}\frac{1}{n^2}\right)\cdots \times\left[1+\frac{a}{\sqrt{a^2-1}}\cdot\frac{k-1}{n}+\frac{\theta_{k-1}}{a^2-1}\cdot\left(\frac{k-1}{n}\right)^2\right]\right\} \times \frac{1}{(a+\sqrt{a^2-1})^n},$$

où $0 < \theta_i < 1$. Par conséquent, si $\frac{k}{\sqrt{n}} < \lambda$, on a

$$(214) \qquad P_k = \left(\frac{-n}{\sqrt{a^2-1}}\right)^k \frac{(1+\alpha)}{(a+\sqrt{a^2-1})^n},$$

α tendant vers zéro avec λ.

Donc, finalement,

$$(215) \quad E_n[f(x)] \sim \frac{1}{(a+\sqrt{a^2-1})^n} \sum_{1}^{\lambda\sqrt{n}} \frac{A_h\left(\frac{n}{\sqrt{a^2-1}}\right)^h}{(a^2-1)(h-1)!} \sim \frac{1}{(a^2-1)(a+\sqrt{a^2-1})^n} \sum_{1}^{\infty} \frac{A_h}{(h-1)!}\left(\frac{n}{\sqrt{a^2-1}}\right)^{h-1},$$

pourvu que $\lim h\sqrt[h]{A_h} = 0$.

Soit, par exemple,

$$f(x) = \cos\frac{1}{\sqrt{x-a}} = 1 + \frac{1}{2(a-x)} + \ldots + \frac{1}{2n!(a-x)^n} + \ldots.$$

Dans ce cas, nous sommes en droit d'appliquer la formule (215) qui nous donne

$$(216) \qquad E_n \cos\frac{1}{\sqrt{x-a}} \sim \frac{\varphi\left(\frac{n}{\sqrt{a^2-1}}\right)}{(a^2-1)\left[a+\sqrt{a^2-1}\right]^n},$$

où

$$\varphi(z) = \sum_{0}^{\infty} \frac{z^h}{(2h+2)!\,h!}.$$

Mais la valeur de $\varphi(z)$ pour z très grand se calcule aisément. En effet, on peut se borner à envisager les termes de degré h assez élevés pour pouvoir remplacer les coefficients par leurs expressions asymptotiques fournies par l'application de la formule de Stirling : chaque terme de $\varphi(z)$ sera donc remplacé par

$$I_h = \frac{z^h e^{3h}}{4^h h^{3h+3}\, 8\pi\sqrt{2}}.$$

Or, en posant

$$h = (1+\varepsilon)\sqrt[3]{\frac{z}{4}},$$

où $\varepsilon = \dfrac{t}{\sqrt{\frac{z}{4}}}$ va tendre vers zéro, on aura

$$\log\left(\frac{z e^3}{4h^3}\right)^h = 3h\left[1-\varepsilon+\frac{\varepsilon^2}{2}-\frac{\varepsilon^3}{3}+\ldots\right] = 3\sqrt[3]{\frac{z}{4}}\left[1-\frac{\varepsilon^2}{2}+\frac{\varepsilon^3}{6}-\ldots\right]$$

$$= 3\sqrt[3]{\frac{z}{4}} - \frac{3}{2}t^2 + \alpha,$$

où α tend vers zéro avec $\frac{1}{z}$. Donc

$$I_h = \frac{e^{3\sqrt[3]{\frac{z}{4}}}\, e^{-\frac{3}{2}t^2}}{2\sqrt{2}\,\pi z}(1+\alpha_1),$$

où α_1 tend également vers zéro avec $\frac{1}{z}$.

Par conséquent,

$$\varphi(z) \sim \frac{e^{3\sqrt[3]{\frac{z}{4}}}}{2\sqrt{2}\,\pi z}\sum e^{-\frac{3}{2}t^2},$$

où la somme Σ se rapporte à toutes les valeurs de t qui correspondent à des valeurs entières de h; donc deux valeurs successives de t diffèrent de $\dfrac{1}{\sqrt[6]{\frac{z}{4}}}$. Finalement, remplaçant la somme Σ par l'intégrale à laquelle elle est asymptotiquement égale, on a

$$\varphi(z) \sim \frac{e^{3\sqrt[3]{\frac{z}{4}}}}{2\sqrt{2\pi z}} \sqrt[6]{\frac{z}{4}} \int_{-\infty}^{\infty} e^{-\frac{3}{2}t^2}\, dt = \frac{1}{\sqrt{3\pi}\sqrt[3]{16}} \frac{e^{3\sqrt[3]{\frac{z}{4}}}}{z^{\frac{5}{6}}}.$$

Donc,

$$(217) \qquad (a+\sqrt{a^2-1})^n \mathrm{E}_n\left(\cos\frac{1}{\sqrt{x-a}}\right) \sim \frac{e^{3\sqrt[3]{\frac{n}{4\sqrt{a^2-1}}}}}{\sqrt{3\pi}\sqrt[3]{16}\,(a^2-1)^{\frac{7}{12}} n^{\frac{5}{6}}}.$$

Supposons, à présent, que

$$\overline{\lim}\, h^{\frac{1}{2}} \sqrt[h]{\mathrm{A}_h} = 0.$$

De la même façon on verra que, dans ce cas,

$$(218) \qquad \mathrm{E}_n f(x) \sim \sum_{1}^{\lambda n^{\frac{2}{3}}} \frac{\mathrm{A}_h \,|\, \mathrm{P}_{h-1} \,|}{(a^2-1)(h-1)!},$$

λ tendant vers zéro. Or, en prenant les logarithmes des deux membres de l'égalité (213), on obtient

$$\begin{aligned}
\log \left\{ \left[\mathrm{P}_k \left(-\frac{\sqrt{a^2-1}}{n} \right)^k \right] [a+\sqrt{a^2-1}]^n \right\} \\
= \sum_{0}^{k-1} \left[\frac{a}{\sqrt{a^2-1}} \frac{h}{n} + \frac{\theta}{a^2-1} \left(\frac{h}{n}\right)^2 \right] \\
- \frac{1}{2} \sum_{0}^{k-1} \left[\frac{a}{\sqrt{a^2-1}} \frac{h}{n} + \frac{\theta}{a^2-1} \left(\frac{h}{n}\right)^2 \right]^2 + \ldots \\
= \frac{a}{2\sqrt{a^2-1}} \frac{k^2}{n} (1+\varepsilon),
\end{aligned}$$

où ε est une quantité de l'ordre de $\frac{k}{n}$.

Par conséquent,

$$(a+\sqrt{a^2-1})^n \mathrm{P}_k = \left(\frac{-n}{\sqrt{a^2-1}} \right)^k e^{\frac{ak^2}{2n\sqrt{a^2-1}}} (1+\alpha),$$

où α tend vers zéro avec $\frac{k^3}{n^2}$, c'est-à-dire actuellement avec λ; de sorte que, si $\overline{\lim}\, h^{\frac{1}{2}} \sqrt[h]{A_h} = 0$, on a

$$(219) \quad (a+\sqrt{a^2-1})^n E_n[f(x)] \sim \frac{1}{a^2-1} \sum_0^{\lambda n^{\frac{2}{3}}} \frac{A_{h+1}}{h!} \left[\frac{n e^{\frac{ah}{2n\sqrt{a^2-1}}}}{\sqrt{a^2-1}} \right]^h$$

Mais il est plus commode de transformer la formule (219) de la façon suivante : on a

$$n e^{\frac{ah}{2n\sqrt{a^2-1}}} = n + \frac{ah}{2\sqrt{a^2-1}} + \frac{a^2h^2}{8(a^2-1)n} + \ldots;$$

donc, en supposant toujours $\frac{h^3}{n^2} < \lambda$,

$$\begin{aligned}\left(n e^{\frac{ah}{2n\sqrt{a^2-1}}}\right)^h &= n^h \left[1 + \frac{ah}{2\sqrt{a^2-1}\,n} + \frac{a^2h^2}{8(a^2-1)n^2} + \ldots\right]^h \\ &= \left[n + \frac{ah}{2\sqrt{a^2-1}}\right]^h (1+\delta),\end{aligned}$$

où δ tend vers zéro avec λ.

Nous pouvons donc remplacer (219) par la formule

$$\begin{aligned}(220) \quad & (a+\sqrt{a^2-1})^n E_n[f(x)] \\ & \sim \frac{1}{a^2-1} \sum_0^{\lambda n^{\frac{2}{3}}} \frac{A_{h+1}}{h!} \left[\frac{n}{\sqrt{a^2-1}} + \frac{ah}{2(a^2-1)}\right]^h \\ & \sim \frac{1}{a^2-1} \sum_0^{\infty} \frac{A_{h+1}}{h!} \left[\frac{n}{\sqrt{a^2-1}} + \frac{ah}{2(a^2-1)}\right]^h.\end{aligned}$$

Soit, par exemple,

$$f(x) = e^{\frac{1}{a-x}} = 1 + \frac{1}{a-x} + \ldots + \frac{1}{h!(a-x)^h} + \ldots.$$

On voit que la formule (220) est applicable; donc

$$\begin{aligned}& (a+\sqrt{a^2-1})^n E_n\left(e^{\frac{1}{a-x}}\right) \\ & \sim \frac{1}{a^2-1} \sum_0^{\infty} \frac{1}{h!(h+1)!} \left[\frac{n}{\sqrt{a^2-1}} + \frac{ah}{2(a^2-1)}\right]^h.\end{aligned}$$

Pour calculer la valeur asymptotique du second membre, considérons la fonction

$$\varphi(z) = \sum_0^\infty \frac{(z+bh)^h}{h!(h+1)!},$$

b étant un nombre donné.

Posons

$$h = (1+\varepsilon)\sqrt{z},$$

où $\varepsilon = \frac{t}{\sqrt{z}}$ va tendre vers zéro, lorsque z croîtra indéfiniment. Comme dans l'exemple précédent, le terme général de la série $\varphi(z)$ pourra être remplacé par

$$\frac{1}{2\pi h^2}\left(\frac{z+bh}{h^2}e^2\right)^h.$$

Or,

$$\begin{aligned}
&\log\left[\frac{z+bh}{h^2}e^2\right]^h \\
&= 2h\left[1+\frac{1}{2}\log\left(1+\frac{bh}{z}\right)-\log(1+\varepsilon)\right] \\
&= 2h\left[1+\frac{1}{2}\left(\frac{bh}{z}-\frac{b^2h^2}{2z^2}+\ldots\right)-\varepsilon+\frac{\varepsilon^2}{2}-\ldots\right] \\
&= 2\sqrt{z}(1+\varepsilon)\left\{1-\varepsilon+\frac{\varepsilon^2}{2}-\ldots+\frac{1}{2}\left[\frac{b(1+\varepsilon)}{\sqrt{z}}-\frac{b^2(1+\varepsilon)^2}{2z}+\ldots\right]\right\} \\
&= 2\sqrt{z}-t^2+b+\alpha,
\end{aligned}$$

où α tend vers zéro avec $\frac{1}{z}$.

Par conséquent, pour des valeurs très grandes de z,

$$\varphi(z) \sim \frac{e^{2\sqrt{z}+b}}{2\pi z}\sum e^{-t^2} \sim \frac{e^{2\sqrt{z}+b}}{2\pi z^{\frac{3}{4}}}\int_{-\infty}^{\infty} e^{-t^2}\,dt = \frac{e^{2\sqrt{z}+b}}{2\sqrt{\pi}\,z^{\frac{3}{4}}}.$$

Donc,

$$(221)\qquad (a+\sqrt{a^2-1})^n\,\mathrm{E}_n\left(e^{\frac{1}{a-x}}\right) \sim \frac{e^{2\sqrt{\frac{n}{\sqrt{a^2-1}}}+\frac{a}{2(a^2-1)}}}{2\sqrt{\pi}(a^2-1)^{\frac{5}{8}}n^{\frac{3}{4}}}.$$

Une transformation analogue de la formule (202) sera toujours possible, lorsque la fonction $f\left(\frac{1}{x-a}\right)$ sera de genre fini, mais les formules se compliquent naturellement à mesure que la décroissance des coefficients A_h devient plus lente. Ainsi, dans le cas où

$$\lim h^{\frac{1}{3}} \sqrt[h]{A_h} = 0,$$

il faudra pousser plus loin le développement de z_k suivant les puissances de $\frac{1}{n}$, ce qui donnera, au lieu de (209),

$$(209\ bis) \qquad z_k = 1 + \frac{a}{\sqrt{a^2-1}}\frac{k}{n} + \frac{k(k-1)}{2(a^2-1)n^2} + \theta\frac{k^3}{n^3},$$

où θ reste borné, lorsque $\frac{k}{n}$ tend vers zéro. On en conclura, comme plus haut, que

$$(a+\sqrt{a^2-1})^n P_k = \left(\frac{-n}{\sqrt{a^2-1}}\right)^k e^{\frac{ak^2}{2n\sqrt{a^2-1}} - \frac{k^3}{6n^2}}(1+\alpha),$$

où α tend vers zéro avec $\frac{k^4}{n^3}$.

Ainsi, en appliquant la même méthode, on trouvera que

$$(222) \quad (a+\sqrt{a^2-1})^n E_n[f(x)] \sim \frac{1}{a^2-1}\sum_1^{\lambda n^{\frac{3}{4}}} \frac{A_h}{(h-1)!}|P_{h-1}|$$

$$\sim \frac{1}{a^2-1}\sum_0^{\lambda n^{\frac{3}{4}}} \frac{A_{h+1}}{h!}\left[\frac{n\, e^{\frac{ah}{2n\sqrt{a^2-1}} - \frac{h^3}{6n^2}}}{\sqrt{a^2-1}}\right]^h,$$

ou, en remarquant que

$$\left[e^{\frac{ah}{2n\sqrt{a^2-1}} - \frac{h^2}{6n^2}}\right]^h$$
$$= \left[1 + \frac{ah}{2n\sqrt{a^2-1}} - \frac{h^2}{6n^2} + \frac{1}{2}\left(\frac{ah}{2n\sqrt{a^2-1}} - \frac{h^2}{6n^2}\right)^2 + \ldots\right]^h$$
$$= \left[1 + \frac{ah}{2n\sqrt{a^2-1}} + \frac{(4-a^2)h^2}{24(a^2-1)n^2}\right]^h (1+\alpha),$$

α tendant vers zéro avec $\frac{h^4}{n^3}$; on aura, enfin,

$$(222\ bis) \quad (a+\sqrt{a^2-1})^n E_n[f(x)]$$
$$\sim \frac{1}{a^2-1}\sum_0^{\lambda n^{\frac{3}{4}}} \frac{A_{h+1}}{h!}\left[\frac{n}{\sqrt{a^2-1}} + \frac{ah}{2(a^2-1)} + \frac{(4-a^2)h^2}{24(a^2-1)^{\frac{3}{2}} n}\right]^h.$$

Sans nous arrêter plus longtemps sur ces calculs, faisons une remarque générale sur la relation entre l'ordre de croissance du produit $\left(a+\sqrt{a^2-1}\right)^n E_n f(x)$ et l'ordre de décroissance des coefficients A_h. A cet effet, tirons de la formule (213)

$$(213\ bis)\qquad \left(a+\sqrt{a^2-1}\right)^n P_k = \left(\frac{-n}{\sqrt{a^2-1}}\right)^k e^{\frac{ak^2}{2n\sqrt{a^2-1}}(1+\varepsilon)},$$

où ε tend vers zéro avec $\frac{k}{n}$.

Donc, en posant

$$\left(a+\sqrt{a^2-1}\right)^n E_n\left[\sum_1^\infty \frac{A_h}{(a-x)^h}\right] = \varphi(n),$$

nous conclurons que

$$\varphi(n) = \psi\left[\frac{n\,e^{\frac{ak(1+\varepsilon)}{2n\sqrt{a^2-1}}}}{\sqrt{a^2-1}}\right] = \psi\left[\frac{n(1+\varepsilon_1)}{\sqrt{a^2-1}}\right],$$

où

$$\psi(z) = \sum_1^\infty \frac{A_h}{(h-1)!} z^{h-1},$$

et ε_1 tend vers zéro avec $\frac{1}{n}$. Par conséquent, *si* $\sqrt{A_h}$ *est de l'ordre* $\left(\frac{1}{h}\right)^{\frac{1}{\rho}}$, $\log\varphi(n)$ *sera de l'ordre* $n^{\frac{\rho}{1+\rho}}$.

Avant de passer à l'étude du cas où les coefficients A_h ont des signes quelconques, transformons la formule (202) de la façon suivante :

$$(223)\qquad E_n[f(x)] \sim \frac{1}{n\sqrt{a^2-1}} \sum_1^\infty \frac{A_h\,|P_h|}{(h-1)!},$$

en tenant compte de (210).

Donc, en remarquant que

$$f'(x) = \sum_1^\infty \frac{h\,A_h}{(a-x)^{h+1}},$$

et en appliquant à $f'(x)$ la formule (202), *on a la relation asymptotique* ($A_h \geqq 0$) *générale* ([1])

$$(224) \qquad E_n[f'(x)] \sim \sum_1^\infty \frac{A_h\,|P_h|}{(a^2-1)(h-1)!} \sim \frac{n}{\sqrt{a^2-1}} E_n[f(x)].$$

23. Étude du cas où les signes des coefficients du développement de Laurent sont quelconques. — Il est à peine nécessaire de signaler que, si

$$f(x) = f_1(x) - f_2(x),$$

$f_1(x)$, $f_2(x)$ étant des fonctions dont tous les coefficients sont non négatifs, on a simplement

$$E_n f(x) \sim E_n f_1(x) - E_n f_2(x),$$

pourvu qu'on n'ait pas

$$E_n f_1(x) \sim E_n f_2(x).$$

Mais c'est le contraire qui a lieu le plus souvent, et alors on peut dire seulement que $\frac{E_n f(x)}{E_n f_1(x)}$ tend vers zéro.

Il est facile de montrer cependant que *l'ordre de* $E_n f(x)$ *est toujours pour une infinité de valeurs de n le même que celui de l'expression* (223)

$$\frac{1}{n\sqrt{a^2-1}} \sum_1^\infty \frac{A_h\,P_h(-1)^h}{(h-1)!},$$

qui est une des formes que nous avons trouvée pour la valeur asymptotique de $E_n f(x)$, lorsque $A_h \geqq 0$.

En effet, en différentiant k fois par rapport à a le développement de $\frac{1}{a-x}$ en polynomes trigonométriques

$$\frac{1}{a-x} = \frac{2}{\sqrt{a^2-1}} \sum \frac{T_n(x)}{(a+\sqrt{a^2-1})^n},$$

([1]) Remarquons que la formule (178) subsiste également.

où $T_n(x) = \cos n \arc\cos x$, on a

$$\begin{aligned}\frac{1}{(a-x)^{k+1}} &= \frac{(-1)^k 2}{k!} \sum \frac{d^k}{da^k}\left[\frac{1}{(\sqrt{a^2-1})(a+\sqrt{a^2-1})^n}\right] T_n(x) \\ &= \frac{(-1)^{k+1}}{k!} \sum \frac{2}{n} \frac{d^{k+1}}{da^{k+1}}\left[\frac{1}{a+\sqrt{a^2-1}}\right]^n T_n(x).\end{aligned}$$

Le coefficient de $T_n(x)$ du développement de

$$f(x) = \sum \frac{A_k}{(a-x)^k}$$

sera donc donné par la formule

$$B_n = \frac{2}{n} \sum_1^{\infty} \frac{(-1)^h A_h P_h}{(h-1)!}. \tag{225}$$

Or, d'après (159), il y a une infinité de valeurs de n pour lesquelles $E_n f(x)$ est de l'ordre de B_n.

D'ailleurs, dans le cas général, où l'on ne fait pas d'hypothèse très particulière sur la décroissance des coefficients du développement de Laurent, nous ne pouvons plus donner de transformations simples analogues à (215) ou (220) de la formule (202). Avant de passer à la démonstration d'un théorème précis qui donne des conditions suffisantes pour l'applicabilité de la formule (215) indiquons seulement une proposition générale facile à établir, qui nous montre que la difficulté principale du problème réside dans la discussion des valeurs asymptotiques des coefficients $B_n[f(x)]$ du développement de $f(x)$ en série de polynomes trigonométriques. Voïci cette proposition :

On aura

$$E_n[f(x)] \sim \frac{1}{2\sqrt{a^2-1}} B_n[f(x)] \tag{226}$$

toutes les fois que

$$\left|\frac{B_n[f(x)(x-a)^k]}{B_n[f(x)]}\right| < \varepsilon R^k, \tag{227}$$

quel que soit k, où $R < a-1$ et ε tend vers zéro avec $\frac{1}{n}$.

En effet, l'égalité (173 *bis*) dans laquelle on peut faire croître λ

indéfiniment, en tenant compte de (225), se mettra sous la forme

$$f(x) - \mathrm{R}(x) = \frac{1}{n}\sum_{1}^{\infty}(-1)^h \left\{ \frac{\mathrm{A}_h \mathrm{P}_h}{(h-1)!} \frac{\cos(n\varphi+\delta)}{\sqrt{a^2-1}} + \frac{\mathrm{A}_h \mathrm{P}_{h-1}}{(h-2)!} \frac{d}{da}\left[\frac{\cos(n\varphi+\delta)}{\sqrt{a^2-1}}\right] + \ldots \right\}$$

$$= \frac{1}{2}\left\{ \mathrm{B}_n[f(x)] \frac{\cos(n\varphi+\delta)}{\sqrt{a^2-1}} + \mathrm{B}_n[f(x)(x-a)] \frac{d}{da}\left[\frac{\cos(n\varphi+\delta)}{\sqrt{a^2-1}}\right] + \frac{1}{2!}\mathrm{B}_n[f(x)(x-a)^2] \frac{d^2}{da^2}\left[\frac{\cos(n\varphi+\delta)}{\sqrt{a^2-1}}\right] + \ldots \right\},$$

où $\mathrm{R}(x)$ est un polynome de degré n.

Donc

$$f(x) - \mathrm{R}(x) = \frac{\mathrm{B}_n[f(x)]}{2\sqrt{a^2-1}}[\cos n\varphi + \delta) + \varepsilon_1],$$

où ε_1 tendra vers zéro avec $\frac{1}{n}$, si la condition (227) est remplie.

Passons, à présent, à la démonstration du théorème.

Théorème. — *Soit*

$$f(x) = \sum \frac{\mathrm{A}_h}{(a-x)^h};$$

on a, pour une infinité de valeurs de n,

$$(215\ bis) \qquad (a+\sqrt{a^2-1})^n \mathrm{E}_n[f(x)] \sim \frac{1}{a^2-1}\sum_{1}^{\infty}\frac{\mathrm{A}_h}{(h-1)!}\left(\frac{n}{\sqrt{a^2-1}}\right)^{h-1} = \mathrm{F}(n),$$

pourvu qu'il existe un nombre positif ε *assez petit pour que*

$$(228) \qquad \lim h^{2+\varepsilon}\sqrt[h]{|\mathrm{A}_h|} = 0,$$

Remarquons qu'en réalité nous démontrons notre théorème dans des conditions encore un peu plus générales; il suffira de supposer que la fonction

$$(229) \qquad \mathrm{F}(n) = \frac{1}{a^2-1}\sum_{1}^{\infty}\frac{\mathrm{A}_h\left(\frac{n}{\sqrt{a^2-1}}\right)^{h-1}}{(h-1)!} = \sum_{0}^{\infty}\mathrm{C}_h n^h,$$

ayant pour zéros $b_1, b_2, \ldots, b_k, \ldots$, la série $\sum \frac{1}{|b_k|^{\frac{1}{3}}}$ est convergente.

On voit immédiatement que la condition (228) entraîne que

$$h^{3+\varepsilon}\sqrt[h]{|C_h|}$$

tend vers zéro pour ε assez petit; donc, d'après un théorème connu de la théorie des fonctions entières, la série $\sum \frac{1}{|b_k|^{\frac{1}{3}}}$ est convergente.

Cela étant, reprenons l'égalité (173 *bis*) et observons dès maintenant que nous pouvons, grâce à (228), nous borner à ne considérer que les valeurs de $h < \lambda n^{\frac{1}{3}}$, λ étant un nombre fixe arbitrairement petit, pourvu que nous reconnaissions que

$$(a+\sqrt{a^2-1})^n \, E_n f(x)$$

ne tend pas vers zéro.

De l'équation (207) du paragraphe **21**, à laquelle satisfait u_h

$$(207\ bis) \qquad u_{h+2} - \frac{2h+1}{n} b\, u_{h+1} - \left(1 - \frac{h^2}{n^2}\right) u_h = 0,$$

où nous avons posé $b = \frac{a}{\sqrt{a^2-1}}$, nous tirons

$$(230) \qquad u_h = 1 + \frac{Q_1(h)}{n} + \ldots + \frac{Q_i(h)}{n^i} + \ldots,$$

$Q_i(h)$ étant des fonctions de h que nous allons étudier, en nous rappelant que $Q_i(0) = Q_i(1) = 0$, puisque $u_0 = u_1 = 1$. Pour déterminer $Q_i(h)$, on déduit de (207 *bis*) la relation

$$Q_1(h+2) - Q_1(h) = (2h+1)b$$

et, en général,

$$(231) \quad Q_i(h+2) - Q_i(h) = (2h+1)\, b\, Q_{i-1}(h+1) - h^2 Q_{i-2}(h),$$

d'où l'on conclut immédiatement que $Q_i(h) = 0$, pour $h \leqq i$. Je dis, de plus, que $Q_i(h)$ est un polynome de degré $2i$; en effet, en admettant qu'il en est ainsi pour toutes les valeurs inférieures à i, nous déduisons de (231) que $Q_i(h+2) - Q_i(h)$ est un polynome de degré $2i-1$, d'où il résulte que $Q_i(h)$ est de degré $2i$.

Donc, $Q_i(h)$ s'annulant pour $h = 0, 1, \ldots, i$, on a

$$(232) \qquad Q_i(h) = h(h-1)\ldots(h-i) \times [A_1^{(i)} + A_2^{(i)}(h-i-1) + \ldots + A_i^{(i)}(h-i-1)\ldots(h-2i+1)],$$

où, en vertu de la formule d'interpolation de Newton,

$$(233) \qquad (i+l)!\, A_l^{(i)} = \Delta_{i+l} Q_i(0) = Q_i(i+l) - (i+l) Q_i(i+l-1) + \frac{(i+l)(i+l-1)}{2} Q_i(i+l-2) - \ldots.$$

Or, il est aisé de voir que, quel que soit le nombre positif h,

$$(234) \qquad |Q_i(h)| < \frac{(h+1)\ldots(h+2i)}{i!}(b+1)^i.$$

En effet, admettons que l'inégalité (234) soit vraie pour toutes les valeurs inférieures à i. Alors, à cause de (231), on a

$$|Q_i(h+2) - Q_i(h)| < \frac{(2h+1)(h+2)\ldots(h+2i-1)\,b(b+1)^{i-1}}{(i-1)!} + \frac{h^2(h+1)\ldots(h+2i-4)(b+1)^{i-2}}{(i-2)!} < \frac{2(h+1)\ldots(h+2i-1)}{(i-1)!}(b+1)^i.$$

Donc, l'inégalité (234) est aussi exacte pour la valeur considérée de i.

En tenant compte de ce que nous n'avons à envisager que les valeurs de $h > i$, nous pouvons remplacer (234) par l'inégalité plus large

$$(235) \qquad |Q_i(h)| < \frac{(Nh)^{2i}}{i!},$$

N étant un nombre fixe.

Par conséquent, en portant l'expression (230) dans l'égalité

$$(236) \qquad (a+\sqrt{a^2-1})^n \sum \frac{A_{h+1} P_h (-1)^h}{(a^2-1)\, h!} = \Sigma C_h n^h u_h,$$

nous avons

$$\Sigma C_h n^h u_h = \Sigma C_h n^h \left[1 + \frac{Q_1(h)}{n} + \ldots + \frac{Q_1(h)}{n^i} + \ldots\right],$$

où nous pouvons intervertir l'ordre des termes, puisque $\frac{h^2}{n}$ tend vers zéro, de sorte qu'on peut écrire

$$(236\ bis)\qquad \Sigma C_h n^h u_h = \Sigma C_h n^h + \Sigma C_h n^{h-1} Q_1(h) + \ldots + \Sigma C_h n^{h-i} Q_i(h) + \ldots$$

et, en vertu de (232),

$$(237)\qquad \Sigma C_h n^{h-i} Q_i(h) = A_1^{(i)} n F^{(i+1)}(n) + A_2^{(i)} n^2 F^{(i+2)}(n) + \ldots + A_i^{(i)} n^i F^{(2i)}(n).$$

Nous devons démontrer que, *sous la condition* (228), *on a*

$$\Sigma C_h n^h u_h \sim \Sigma C_h n^h,$$

pour une infinité de valeurs de n.

Faisons d'abord l'hypothèse plus restrictive que

$$(238)\qquad \lim h^3 \sqrt[h]{|A_h|} = 0,$$

ce qui conduit à

$$\lim h^4 \sqrt[h]{|C_h|} = 0.$$

En effet, soit

$$M(n) = \max_{0 \leq x \leq n} [F(x) = \Sigma C_h x^h].$$

On aura, en vertu de (124),

$$(240)\qquad F^{(p)}(n) < \left(\frac{\varepsilon}{n}\right)^{\frac{p}{2}} \frac{p!}{2p!} M(n),$$

où ε tend vers zéro avec $\frac{1}{n}$.

Donc, en remarquant que grâce à (233) et (234)

$$(239)\qquad |A_l^{(i)}| < \frac{H^i}{(i+1)\ldots(i+l)},$$

où H est un nombre fixe (puisque $l \leq i$), nous concluons de (237), en tenant compte de (240) et (239), que

$$(241)\qquad |\Sigma C_h n^{h-i} Q_i(h)| < M(n)\varepsilon^{\frac{i+1}{2}} \times \left(\frac{|A_1^{(i)}|(i+1)!}{n^{\frac{i-1}{2}}(2i+2)!} + \ldots + \frac{|A_i^{(l)}|\,2i!}{4i!}\varepsilon^{\frac{i-1}{2}}\right) < M(n)\varepsilon^{\frac{i+1}{2}} H^i.$$

Par conséquent, pour toutes les valeurs de n, telles que $F(n) \geqq F(x)$, lorsque $n > x > 0$, on aura

$$\Sigma C_h n^h = M(n)$$

et

$$(242)\qquad \frac{(a+\sqrt{a^2-1})^n}{a^2-1}\sum \frac{A_h P_{h-1}(-1)^{h-1}}{h!} = \Sigma C_h n^h u_h$$
$$= [\Sigma C_h n^h](1+\alpha) = M(n)(1+\alpha),$$

où, en vertu de (241), (236) et (236 *bis*),

$$|\alpha| < \frac{\varepsilon H}{1 - H\sqrt{\varepsilon}}$$

tendra vers zéro avec $\frac{1}{n}$.

Donc, grâce à (242) et (240), la valeur de β donnée par (204) tendra vers zéro avec $\frac{1}{n}$, et la formule (215 *bis*) se trouve ainsi démontrée sous la condition que

$$\lim h^3 \sqrt[h]{|A_h|} = 0.$$

Pour prouver notre affirmation dans le cas plus général où la série $\sum \frac{1}{\left|a_k^{\frac{1}{3}}\right|}$ converge, a_k étant les zéros de $F(n)$, nous procéderons d'une façon un peu différente qui exigera la démonstration de deux lemmes auxiliaires.

Premier lemme. — *Soient $a_1, a_2, \ldots, a_n, \ldots$ une suite de nombres de modules croissants, tels que*

$$\sum_1^\infty \frac{1}{|a_n|^{\frac{1}{\rho}}},$$

où $\rho \geqq 1$, soit convergente. Dans ces conditions, quelque petit que soit le nombre donné ε, il existe des nombres positifs x aussi grands qu'on veut tels que

$$(243)\qquad \sum_1^\infty \frac{1}{\big|x - |a_n|\big|^k} < \frac{\varepsilon}{x^{k\left(1-\frac{1}{\rho}\right)}},$$

quel que soit le nombre entier k.

Supposons d'abord $\rho = 1$; nous pouvons aussi, pour simplifier l'écriture, supposer les nombres a_n positifs. Si nous posons alors

$$u_n = \frac{1}{a_n},$$

il est évident qu'il y aura une infinité d'indices h tels que $u_h < \frac{k}{h} u_k$ pour toute valeur de $k < h$; en effet, en admettant que pour $h > H$, on peut toujours réaliser l'inégalité contraire, on pourrait, en prenant un terme u_h quelconque, former une succession d'indices décroissants $h, h_1, \ldots, h_l$, où $h_l \leqq H$ pour lesquels

$$u_h \geqq \frac{h_1}{h} u_{h_1}, \qquad u_{h_1} \geqq \frac{h_2}{h_1} u_{h_2}, \qquad \ldots, \qquad u_{h_{l-1}} \geqq \frac{h_l}{h_{l-1}} u_{h_l};$$

donc

$$u_h \geqq \frac{h_l}{h} u_{h_l} > \frac{u_H}{h},$$

ce qui est en contradiction avec l'hypothèse que Σu_n est une série convergente.

Cela étant, choisissons le nombre n assez grand pour que

$$u_{n+1} + u_{n+2} + \ldots < \varepsilon,$$

et posons

$$a_{n+k} = a'_k.$$

Il y aura donc une infinité de valeurs de k, telles que $a'_k > \frac{k}{i} a'_i$ quel que soit $i < k$; soit k un nombre très grand jouissant de cette propriété; considérons le segment $(a'_1 a'_k)$ dans lequel nous définirons deux successions d'intervalles E et E_1 de la façon suivante : à partir de a'_1, je considère un intervalle L_1 de longueur $\frac{1}{3} a'_l$ $(l \leqq k)$ qui contient, au moins, l des points $a'_1, a'_2, \ldots$; à partir de l'extrémité droite de L_1, si cela est possible, je construis de nouveau un intervalle L_2 de longueur $\frac{1}{3} a'_{l_1}$ qui contient l_1 nombres successifs a'_i sans compter le nombre a' une seconde fois, s'il se confond avec l'extrémité commune de L_1 et L_2; si cela n'est pas possible, il y aura un point le plus voisin de L_1, d'où la même construction devra être faite. En continuant ainsi jusqu'à ce qu'on arrive à un intervalle contenant le point a^k, on formera l'ensemble des intervalles E; en procédant dans le sens inverse à partir de a'_k, on formera le second ensemble E_1 d'intervalles de longueurs $\frac{1}{3}a_l$ contenant chacun l des points a'. La longueur totale des intervalles de chacun des ensembles E et E_1 (qui auront, en général, des parties communes) sera égale à

$$\frac{1}{3}(a'_l + a'_{l_1} + \ldots), \qquad \text{où} \qquad l + l_1 + \ldots \leqq k;$$

par conséquent, en vertu de l'inégalité $a'_k > \frac{k}{l}a'_l$, cette longueur totale est inférieure à

$$\frac{1}{3}\left(\frac{l + l_1 + \ldots}{k}\right)a'_k = \frac{1}{3}a'_k.$$

Donc, il reste un ensemble $\mathcal{E}$ de points x à l'intérieur de $(a'_1\, a'_k)$ de mesure supérieure à

$$\frac{1}{3}a'_k - a'_1 > \left(\frac{1}{3} - \frac{1}{k}\right)a'_k$$

qui n'appartient ni à E ni à E_1. Les points x de l'ensemble $\mathcal{E}$ jouiront donc de la propriété que, si l'on désigne par c_h le $h^{\text{ième}}$ des nombres a'_i situé à droite de x, et par c'_h le $h^{\text{ième}}$ des nombres a'_i situé à gauche de x, on a

$$|x - c_h| > \frac{1}{3}a'_h, \qquad |x - c'_h| > \frac{1}{3}a'_h.$$

Par conséquent, pour ces valeurs de x,

$$\sum_{n+1}^{n+k} \frac{1}{|x - a_i|} < 6\varepsilon$$

et, comme le nombre k peut être pris aussi grand qu'on veut sans changer ε, on a

$$\sum_{n+1}^{\infty} \frac{1}{|x - a_i|} < 6\varepsilon;$$

d'autre part,

$$\sum_{1}^{n} \frac{1}{x - a_i} < \frac{n}{x - a_n} < \varepsilon,$$

si l'on prend x assez grand.

Donc finalement, quelque petit que soit α,

$$\sum_1^\infty \frac{1}{|x-a_i|} < \alpha$$

pour une infinité de valeurs de x, et, *a fortiori*, aura-t-on pour les mêmes valeurs de x

$$\sum_1^\infty \frac{1}{|x-a_i|^k} < \alpha.$$

Pour passer au cas où $\rho > 1$, il suffit à présent de poser $x = y^\rho$ et $a_n = b_n^\rho$. Alors

$$\sum_1^\infty \frac{1}{|x-a_i|} = \sum_1^\infty \frac{1}{|y^\rho - b_i^\rho|} < \sum_1^\infty \frac{1}{y^{\rho-1}|y-b_i|} < \frac{\alpha}{x^{1-\frac{1}{\rho}}},$$

et pour les mêmes valeurs de x,

$$\sum_1^\infty \frac{1}{|x-a_i|^k} < \frac{1}{y^{k(\rho-1)}} \sum_1^\infty \frac{1}{|y-b_i|^k} < \frac{\alpha}{x^{k\left(1-\frac{1}{\rho}\right)}}.$$

C. Q. F. D.

Deuxième lemme. — *Si $f(x)$ est une fonction entière de genre zéro, dont les zéros satisfont à la condition que*

$$\sum \frac{1}{|a_n|^{\frac{1}{\rho}}},$$

où $\rho > 1$, est convergente, il existe des valeurs positives de x infiniment croissantes, telles qu'on a en même temps, pour toute valeur de k,

$$(244) \qquad |f^{(k)}(x)| < \frac{k!\,\alpha}{x^{k\left(1-\frac{1}{\rho}\right)}} |f(x)|,$$

α étant aussi petit qu'on veut.

En effet, pour $k = 1$, notre affirmation est une conséquence directe de (243), puisque

$$\varphi(x) = \sum_1^\infty \frac{1}{x-a_i} = \frac{f'(x)}{f(x)}.$$

De même, l'inégalité (243) montre que

$$|\varphi^{(k-1)}(x)| < \frac{(k-1)!\,\alpha}{x^{k\left(1-\frac{1}{\rho}\right)}}.$$

Or, de l'égalité $f'(x) = \varphi(x) f(x)$, nous tirons par différentiation

$$f^{(k)}(x) = f(x)\,\varphi^{(k-1)}(x) + (k-1) f'(x)\,\varphi^{(k-2)}(x) + \ldots + f^{(k-1)}(x)\,\varphi(x).$$

Donc, si nous admettons que l'inégalité (244) soit vraie jusqu'à $k-1$ (nous l'avons vérifiée pour $k=1$), nous aurons aussi

$$|f^{(k)}(x)| < |f(x)| \left[\frac{\alpha(k-1)!}{x^{k\left(1-\frac{1}{\rho}\right)}} + \frac{\alpha^2(k-1)!}{x^{k\left(1-\frac{1}{\rho}\right)}} + \ldots + \frac{\alpha^2(k-1)!}{x^{k\left(1-\frac{1}{\rho}\right)}}\right]$$

$$< \frac{k!\,\alpha}{x^{k\left(1-\frac{1}{\rho}\right)}} |f(x)|. \qquad \text{C. Q. F. D.}$$

Appliquons ce dernier lemme à la discussion de l'expression (237). En tenant compte de (239) et (244), nous voyons que pour une infinité de valeurs de n

$$\left|\frac{A_l^{(i)} n^l F^{(i+l)}(n)}{F(n)}\right| < \frac{H^i \alpha\, i!}{n^{i - \frac{i+l}{\rho}}},$$

où nous pouvons prendre $\rho = 3$, si nous supposons que les zéros a_k de $F(n)$ satisfont à la condition que

$$\sigma = \sum_1^\infty \frac{1}{|a_k|^{\frac{1}{3}}}$$

est convergente. On aura donc

$$\left|\frac{\Sigma C_h n^{h-i} Q_i(h)}{F(n)}\right| < \frac{\alpha H^i i!}{n^{\frac{1}{3}}} \left[1 + \frac{1}{n^{\frac{1}{3}}} + \ldots\right] < \frac{2\alpha H^i i!}{n^{\frac{1}{3}}} < \alpha\lambda^i,$$

puisque, en vertu de la remarque faite au début de la démonstration, on peut se borner à considérer les valeurs de h (et *a fortiori* de i) telles que $\dfrac{h}{n^{\frac{1}{3}}}$ tende vers zéro.

Par conséquent, on a bien, d'après (236 *bis*),

$$\Sigma C_h n^h u_h \sim F(n)$$

pour une infinité de valeurs de n.

Donc, la convergence de la série σ et, *a fortiori*, la condition (228) sont suffisantes pour que l'on ait pour une infinité de valeurs de n

$$(a+\sqrt{a^2-1})^n E_n f(x) \backsim F(n). \qquad \text{C. Q. F. D.}$$

Exemple. — Soit

$$f(x)=\sum_0^\infty \frac{h!}{(4h)!}\frac{(a^2-1)^{\frac{h}{2}+1}}{(x-a)^{h+1}},$$

la condition (228) étant remplie, on a

$$(245) \quad (a+\sqrt{a^2-1})^n E_n f(x) \sim F(n)=\sum_0^\infty \frac{(-n)^h}{(4h)!} \sim \frac{e^{\sqrt[4]{\frac{n}{4}}}}{2}\cos\sqrt[4]{\frac{n}{4}}.$$

L'égalité (245) a lieu pour une infinité de valeurs de n, mais nous ne savons pas par quelle nouvelle expression asymptotique il faudra remplacer (245) lorsque $\cos\sqrt[4]{\frac{n}{4}}$ s'approche de zéro; une analyse supplémentaire serait d'ailleurs nécessaire pour fixer d'une façon précise les valeurs de n auxquelles correspond l'expression asymptotique (245).

PREMIÈRE NOTE

Par Serge BERNSTEIN.

Génération et généralisation des fonctions analytiques d'une variable réelle (1).

INTRODUCTION.

La théorie des fonctions se partage, comme on sait, en deux domaines essentiellement distincts : la théorie des fonctions d'une variable complexe et la théorie générale des fonctions d'une variable réelle. Les fonctions $f(x)$ de la première classe (considérées dans le domaine réel) jouissent de la propriété qu'on peut les représenter sous forme d'une série de polynomes uniformément convergents non seulement sur un segment réel donné, mais encore dans un domaine entourant ce segment. L'étude de ces fonctions (analytiques), qui d'ailleurs en chaque point intérieur au domaine de leur existence sont développables en série de Taylor de rayon de convergence non nul, appartient depuis Cauchy à la théorie des fonctions d'une varible complexe, tandis que la théorie générale des fonctions d'une variable réelle qui ne peut avoir recours à la notion de variable complexe a dû être construite sur des principes tout différents. Certainement, la notion de variable complexe ne présente aujourd'hui rien de mystérieux et il serait absurde de vouloir s'en débarrasser et ne pas profiter des méthodes puissantes d'investigation qui lui sont liées. Mais, d'autre part, les fonctions analytiques d'une variable réelle jouissent de certaines propriétés caractéristiques remarquables pour l'étude desquelles il est utile de posséder des méthodes générales indépendantes de la variable complexe. A ce point de vue, il semble naturel de *classer toutes les fonctions continues réelles d'après l'ordre de leur meilleure approximation par des polynomes de degrés donnés et de définir les fonctions analytiques comme celles dont l'approximation polynomiale décroît le plus rapidement possible.* C'est ce que nous allons faire dans les pages suivantes, en insistant surtout sur les généralisations diverses du prolongement analytique

(1) Je me borne ici uniquement au cas d'une seule variable, mais les idées exposées peuvent naturellement trouver leur application au cas de plusieurs variables.

qui se rattachent à cette définition, et en indiquant quelques problèmes théoriques dont la résolution complète demanderait de nouvelles recherches sur la convergence des séries de polynomes dans le domaine réel.

La dérivabilité infinie des fonctions analytiques apparaîtra ainsi comme une conséquence du caractère *organique* spécial des fonctions analytiques, qu'on ne peut morceler sans détruire leur propriété d'approximation maximale et d'extrapolation au moyen de polynomes de degré minimum. Pour mieux souligner ce caractère organique de variation *régulière*, dont on est frappé, en examinant attentivement des tables numériques des fonctions analytiques usuelles, je termine ma Note par un dernier paragraphe, où, en partant d'un point de vue un peu différent (non sans rapport avec le precédent), je montre que les fonctions analytiques se présentent aussi (indépendamment de la dérivabilité) comme une spécification naturelle des fonctions à variation totale bornée [1].

I. — Fonctions analytiques et quasi analytiques (P).

1. Définition et premières conséquences. — *La fonction $f(x)$ est dite analytique sur le segment (fermé) ab, si sa meilleure approximation $E_n f(x)$ par des polynomes de degré n sur ce segment satisfait pour toute valeur de n à la relation*

$$E_n f(x) < M\rho^n, \tag{1}$$

où M et $\rho < 1$ *sont indépendants de n.*

Nous dirons que la fonction $f(x)$ est *quasi analytique* (P) *sur le segment (fermé)* $\overline{ab}$, *si la relation* (1) *est satisfaite pour une infinité de valeurs de n.* La suite de nombres $n_1, n_2, \ldots, n_k$, pour lesquels la relation (1) est vérifiée, sera nommée suite (P) de la fonction quasi analytique (P) considérée. Nous dirons que deux fonctions (P) appartiennent à la même classe dans le cas où l'on peut fixer un nombre l tel que n_k étant un nombre quelconque de l'une des suites P, il existe un nombre n'_k de l'autre suite satisfaisant à l'inégalité

$$\frac{n_k}{l} < n'_{k'} < l n_k.$$

Une fonction analytique peut, évidemment, être considérée comme une fonction quasi analytique, dont la suite (P) *est composée de tous les nombres entiers.*

Théorème. — *Si une fonction $f(x)$ est quasi analytique* P *de même classe* [2] *sur deux segments $\overline{ac}$ et $\overline{bd}$, ayant une partie commune $\overline{bc}$, la fonction $f(x)$ est quasi analytique de même classe sur le segment total $\overline{ad}$.*

---

(1) Plusieurs des idées de cette Note se trouvent exposées dans mes articles *Sur les propriétés réelles des fonctions analytiques* (*Math. Ann.*, 1914); *Sur l'interpolation* (*Communications de la Société mathématique de Kharkow*, 1915).

(2) Donc, en particulier, analytique.

La démonstration repose sur la remarque suivante : il est possible de construire ([1]) des polynomes $\lambda_m(x)$ de degré m, tels que

$$(2)\qquad \begin{cases} |\lambda_m(x) - 1| < t^m & \text{sur } \overline{ab}, \\ |\lambda_m(x)| < t^m & \text{sur } \overline{cd}, \\ |\lambda_m(x)| < m & \text{sur } \overline{bc}, \end{cases}$$

où $t < 1$ est indépendant de m (mais dépend naturellement de la grandeur des segments $\overline{ab}$, $\overline{bc}$, $\overline{cd}$).

Or on a, par hypothèse,

$$(3)\qquad \begin{cases} |f(x) - P_n(x)| < M\rho^n & \text{sur } \overline{ac}, \\ |f(x) - Q_n(x)| < M\rho^n & \text{sur } \overline{bd}, \end{cases}$$

$P_n(x)$ et $Q_n(x)$ étant des polynomes de degré n. On peut donc, en vertu de (12) [page 8], fixer un nombre H tel qu'on ait sur tout le segment $\overline{ad}$

$$|P_n(x)| < H^n, \qquad |Q_n(x)| < H^n.$$

Cela étant, construisons le polynome de degré $n_1 = n + m$

$$R_{n_1}(x) = \lambda_m(x) P_n(x) + [1 - \lambda_m(x)] Q_n(x);$$

on aura, évidemment,

$$|f(x) - R_{n_1}(x)| = |f(x) - P_n(x) + [1 - \lambda_m(x)][P_n(x) - Q_n(x)]| < M\rho^n + 2H^n t^m$$

sur $\overline{ab}$,

$$|f(x) - R_{n_1}(x)| = |f(x) - Q_n(x) + \lambda_m(x)[P_n(x) - Q_n(x)]| < M\rho^n + 2H^n t^m$$

sur cd, et

$$|f(x) - R_{n_1}(x)| < |\lambda_m(x)|\,|f(x) - P_n(x)| + |[1 - \lambda_m(x)]|\,|f(x) - Q_n(x)| < 2Mm\rho^n$$

sur $\overline{bc}$.

On pourra donc fixer le nombre $k = \frac{m}{n}$ de façon que $Ht^k < \rho$; par conséquent, en posant $1 > \rho_1 > \rho^{\frac{1}{1+k}} m^{\frac{1}{m}}$, on aura sur le segment total $\overline{ad}$

$$|f(x) - R_{n_1}(x)| < M_1 \rho_1^{n_1},$$

M_1 et $\rho_1 < 1$ étant des nombres fixes. C. Q. F. D.

([1]) On trouvera un procédé de construction de tels polynomes dans la Note citée, *Sur les propriétés*, etc.

THÉORÈME. — *Une fonction $f(x)$ quasi analytique* (P) *relative à une suite déterminée d'exposants $n_1, n_2, \ldots, n_k, \ldots$* (et *a fortiori* une fonction analytique) *sur le segment $\overline{ab}$ est déterminée sans ambiguïté sur tout le segment $\overline{ab}$ par les valeurs qu'elle prend sur une partie quelconque de $\overline{ab}$.*

En effet, il suffit de montrer que, si $f(x) = 0$ sur une partie $\overline{\alpha\beta}$ du segment $\overline{ab}$, on a nécessairement $f(x) = 0$ sur tout le segment. Or, soit $P(x)$ un polynome de degré n qui donne une approximation de $f(x)$ de l'ordre ρ^n ($\rho < 1$) exigée par la définition (1) des fonctions quasi analytiques; on aura donc sur $\overline{\alpha\beta}$

$$|P_n(x)| < M\rho^n.$$

Donc, en vertu de (12), $P_n(x)$ tendra vers zéro pour n assez grand à l'intérieur de tout segment $\overline{\alpha_1\beta_1}$ contenant symétriquement $\overline{\alpha\beta}$ et tel que

$$\overline{\alpha_1\beta_1} = \frac{1}{2}\left(\rho + \frac{1}{\rho}\right)\overline{\alpha\beta};$$

il en résulte que $f(x) = 0$ sur toute partie de $\overline{ab}$ à l'intérieur de $\overline{\alpha_1\beta_1}$. En répétant, s'il le faut, le même raisonnement, on voit que $f(x) = 0$ sur tout le segment $\overline{ab}$. C. Q. F. D.

D'après ce qui précède, *le prolongement analytique d'une fonction se trouve défini par la propriété de la conservation de l'inégalité caractéristique* (1) *pour toute valeur de n*; de même *le prolongement quasi analytique* (P) *est défini par la conservation de* (1) *pour une suite infinie déterminée* (P) *de valeurs de n.*

2. Domaine d'existence d'une fonction analytique ou quasi analytique. — Il est évident que, si une fonction est analytique sur $\overline{\alpha\beta}$, elle peut être mise sous la forme

$$f(x) = Q_1(x) + \ldots + Q_n(x) + \ldots, \tag{4}$$

où $|Q_n(x)| < 2M\rho^{n-1}$ sur $\overline{\alpha\beta}$. Par conséquent, en vertu de (12), nous concluons, comme plus haut, que le développement (4) convergera aussi à la façon d'une progression géométrique sur tout segment $\overline{\alpha_1\beta_1}$ déterminé inférieur à

$$\overline{\alpha_0\beta_0} = \frac{1}{2}\left(\rho + \frac{1}{\rho}\right)\overline{\alpha\beta};$$

la fonction $f(x)$ est donc nécessairement analytique sur $\overline{\alpha_1\beta_1}$. Nous voyons ainsi que le domaine réel, où l'inégalité de la forme (1) est vérifiée pour toute valeur de n (que nous appellerons domaine de régularité analytique de la fonction analytique considérée) *n'est jamais fermé;* il existera toujours un segment déterminé $\overline{ab}$ (a et b peuvent, en particulier, se réduire à $+\infty$

ou $-\infty$), tel que $f(x)$ sera analytique sur tout segment fermé intérieur à ab, mais ne sera pas analytique sur un segment ayant l'une au moins des extrémités a ou b. L'une au moins des extrémités du segment ouvert $\overline{ab}$ est un point *singulier* de la fonction $f(x)$.

Au contraire, le domaine d'existence ou de régularité quasi analytique d'une fonction quasi analytique [où l'inégalité (1) a lieu pour une infinité déterminée de valeurs de n] pourra être fermé et présentera quelques particularités qu'il importe de signaler.

Soit $f(x)$ une fonction quasi analytique (P) sur $\overline{\alpha\beta}$ relativement à une suite d'exposants $n_1, n_2, \ldots$ (déterminés, comme toujours, à un facteur borné près). *Si* $P_{n_k}(x)$ *sont des polynomes quelconques de degrés* n_k *correspondants qui donnent sur* $\overline{\alpha\beta}$ *une approximation de l'ordre* ρ^{n_k} $(\rho < 1)$, *la condition nécessaire et suffisante pour que* $f(x)$ *soit prolongeable quasi analytiquement d'une façon univoque au delà de* β *est que tous les polynomes* $P_{n_k}(x)$ *tendent uniformément vers une même fonction, en fournissant dans le voisinage de* β *une approximation de l'ordre* $\rho_1^{n_k}$ $(\rho_1 < 1)$.

En effet, la suffisance de la condition indiquée résulte directement de la définition; d'autre part, si le prolongement est possible, il existe des polynomes $Q_{n_k}(x)$ qui fournissent dans un intervalle contenant β à son intérieur une approximation de l'ordre $\rho_1^{n_k}$. Donc, sur une partie $\overline{\alpha_1\beta}$ de $\alpha\beta$, le polynome $P_{n_k}(x) - Q_{n_k}(x)$ sera inférieur en valeur absolue à la somme des nombres ρ^{n_k} et $\rho_1^{n_k}$; en prenant donc un segment assez petit extérieur $\overline{\beta\beta_1}$, on aura également

$$|P_{n_k}(x) - Q_{n_k}(x)| < \rho_2^{n_k} \qquad (\rho_2 < 1),$$

d'où il est aisé de conclure que $P_{n_k}(x)$ tend vers la même limite que $Q_{n_k}(x)$ et donne une approximation de l'ordre $\rho_2^{n_k}$.

Il serait aussi possible théoriquement que les polynomes $P_{n_k}(x)$ se décomposent en plusieurs suites de degrés différents qui tendent vers des limites différentes dans le voisinage de β; dans ces conditions, chaque suite partielle différente d'exposants donne naissance à un prolongement partiel quasi analytique parfaitement déterminé, et tous ces prolongements seraient analogues aux branches différentes d'une fonction non uniforme. Sans entreprendre une étude plus détaillée de cette question, bornons-nous à la remarque suivante. Soient $f_1(x)$ et $f_2(x)$ deux fonctions quasi analytiques relatives à deux classes différentes P_1 et P_2 sur le segment $\overline{\alpha b}$; si elles se confondent sur une partie $\overline{\alpha\beta}$ du segment $\overline{\alpha b}$, elles représentent sur $\overline{\alpha\beta}$ une même fonction $f(x)$ qui est quasi analytique de la classe plus large P que contient P_1 et P_2; il serait possible, en particulier, que la classe P soit celle des fonctions analytiques (à l'intérieur de $\overline{\alpha\beta}$). Cette fonction $f(x)$ pourra avoir des prolongements quasi analytiques relatifs à d'autres suites P_k, mais *l'ensemble de toutes ces branches de* $f(x)$ (qu'on peut assimiler aux branches d'un arbre avec des ramifications les plus diverses) *sera complètement déterminé par l'une quelconque de ses branches, par exemple* P_1 *qui serait connue seulement à l'extérieur de* $\overline{\alpha\beta}$ *(sur* $\overline{\beta b}$*).*

Par conséquent, *la fonction quasi analytique prise dans toute sa généralité, sans fixer sa classe, représente une sorte de fonction organique non uniforme qui, par ses valeurs sur un segment quelconque, est déterminée dans la même mesure que la fonction générale (non uniforme) d'une variable complexe.*

Il serait intéressant d'étudier les genres de non-uniformité quasi analytique. Je n'ai pas besoin de dire que cette non-uniformité qui ne fait intervenir que la notion d'approximation polynomiale, est essentiellement distincte de la non-uniformité des fonctions de variables complexes qui ne peut être mise en lumière d'une façon naturelle par une théorie des fonctions d'une *seule* variable réelle (1).

Dans ce qui précède, nous avons supposé que la suite des polynomes $P_n(x)$ converge à l'extérieur de $\overline{\alpha\beta}$ à la façon quasi analytique, c'est-à-dire en satisfaisant à une inégalité de la forme (1). Mais il est évident que, pour que le raisonnement fait plus haut soit valable, la convergence uniforme quelconque à *l'extérieur* de $\overline{\alpha\beta}$ de $P_{n_k}(x)$ vers une fonction $f_1(x)$ serait suffisante pour affirmer que tous les polynomes $Q_{n_k}(x)$ (relatifs à une même suite d'exposants) représentant $f(x)$ quasi analytiquement sur une partie $\overline{\alpha_1\beta}$ de $\overline{\alpha\beta}$ devront tendre vers la même fonction $f_1(x)$ au delà de β.

Dans ce cas, $f_1(x)$, sans former le prolongement quasi analytique de la fonction $f(x)$, présente néanmoins un prolongement parfaitement déterminé de $f(x)$. On peut dire que $f_1(x)$ est *le prolongement pseudo-analytique de la fonction quasi analytique* $f(x)$. Naturellement tout ce que nous avons dit au sujet de la non-uniformité possible du prolongement quasi analytique (dépendant de la suite des exposants) s'applique sans modification au prolongement pseudo-analytique (2).

La recherche du prolongement analytique, quasi analytique ou pseudo-analytique d'une fonction $f(x)$ analytique ou quasi analytique (P) dans le

---

(1) Ce n'est qu'après avoir défini, comme plus haut, par une inégalité analogue à (1), la fonction analytique $f(x, y)$ de deux variables réelles, que l'on pourrait convenir de considérer toutes les fonctions $\varphi_1(x)$, $\varphi_2(x)$, ... qui satisfont à une même équation *irréductible* $f(x, y) = 0$, comme des branches d'une même fonction analytique, et aussi rencontrerait-on des difficultés considérables pour définir d'une façon satisfaisante l'irréductibilité : il semble peu naturel, par exemple, de considérer $\pm\sqrt{1+x^2}$ comme deux branches d'une même fonction réelle. C'est là un point que je soumets aux réflexions du lecteur, sans y insister davantage.

(2) Nous venons de voir que le prolongement pseudo-analytique (relatif à une suite donnée d'exposants) d'une fonction quasi analytique est déterminé sans ambiguïté; mais la réciproque n'est pas certaine. Il serait donc important, pour pousser plus loin l'étude du prolongement pseudo-analytique, de trancher la question suivante : *Une fonction quasi analytique peut-elle avoir* O *pour prolongement pseudo-analytique?* En d'autres termes, est-il possible qu'une série de polynomes, uniformément convergente sur $\overline{ab}$. converge quasi analytiquement sur une partie $\overline{ac}$ du segment $\overline{ab}$, en tendant vers O sur la partie $\overline{cb}$?

cas où il est possible, ou bien la démonstration de l'impossibilité du prolongement, exige seulement, d'après ce qui précède, que l'on connaisse un assortiment quelconque de polynomes $P_n(x)$ fournissant sur le segment donné une approximation $I_n f(x)$ qui satisfait à une inégalité de la forme

$$\sqrt[n]{I_n f(x)} < \rho_1 < 1$$

pour toutes les valeurs de n assez grandes pour lesquelles on a

$$\sqrt[n]{E_n f(x)} < \rho < 1.$$

Il suffira donc, en particulier, de connaître le développement de $f(x)$ en série de polynomes trigonométriques relatifs au segment donné.

Si la série de polynomes trigonométriques relative au segment $\overline{ab}$ converge à la façon d'une progression géométrique, elle représente une fonction analytique et peut être prolongée analytiquement au moyen de la même série *à l'intérieur* d'un segment déterminé $\overline{a_1 b_1}$, comprenant symétriquement le segment donné $\overline{ab}$. On formera ensuite la série de polynomes trigonométriques relative au segment $\overline{a_1 b_1}$; on continuera ainsi jusqu'à ce qu'on arrive à un segment limite $\overline{\alpha\beta}$, où la série ne converge plus à la façon d'une progression géométrique (sans lacunes); cela montrera que l'un au moins des points α ou β est un point *singulier* de la fonction analytique $f(x)$. En prenant ensuite un point quelconque c intérieur à $\overline{\alpha\beta}$, on formera les développements relatifs à $\overline{\alpha c}$ et $\overline{c\beta}$, dont l'un au moins (soit celui de $\overline{c\beta}$, par exemple) ne convergera pas à la façon d'une progression géométrique (si l'autre développement converge à la façon d'une progression, le point α ne sera pas singulier et pour faire le prolongement du côté de α, on continue sur $\overline{\alpha c}$ le procédé primitif); le point β correspondant sera donc singulier. S'il y a une infinité de sommes partielles $S_{n_k}(x)$ du développement en polynomes trigonométriques sur $\overline{c\beta}$ qui donnent une approximation de l'ordre $\rho^{n_k}(\rho < 1)$, la fonction sera quasi analytique sur le segment *fermé* $\overline{c\beta}$ (le choix du point c est indifférent); dans le cas contraire, la fonction ne serait pas quasi analytique sur $\overline{c\beta}$.

Si aucune des suites $S_{n_k}(x)$ ne converge au delà de β, la fonction $f(x)$ ne peut être prolongée ni quasi analytiquement, ni pseudo-analytiquement. Si toutes les suites partielles convergentes $S_n(x)$ tendent vers une même limite dans le voisinage de β, cette limite est le prolongement unique quasi analytique ou pseudo-analytique (suivant la nature de convergence) de $f(x)$; si les sommes partielles tendaient vers plusieurs fonctions limites différentes, on aurait ainsi tous les prolongements quasi ou pseudo-analytiques possibles. Dans le cas où le prolongement quasi analytique au delà de β est possible, on continuera de la même façon tant qu'on arrivera à la frontière B du domaine de régularité quasi analytique [1] de $f(x)$.

---

[1] Il y aura d'ailleurs autant de domaines de régularité qu'il y aura de prolongements différents, la frontière B pouvant appartenir ou non au domaine de

3. **Propriétés différentielles des fonctions analytiques.** — J'ai voulu, par ce qui précède, mettre en évidence que, théoriquement et même pratiquement, le problème du prolongement analytique peut être traité indépendamment de la série de Taylor. Néanmoins, l'existence des dérivées de tous les ordres et la convergence de la série de Taylor des fonctions analytiques que nous avons définies par la condition (1) est certainement la propriété la plus remarquable de ces fonctions; nous devons donc montrer à présent comment cette propriété se déduit de notre définition.

Nous avons déjà remarqué plus haut qu'une fonction analytique $f(x)$ sur le segment $\overline{ab}$ peut, grâce à la condition (1), être développée en une série de polynomes $Q_n(x)$ de degré n

$$f(x) = Q_1(x) + \ldots + Q_n(x) + \ldots, \tag{4}$$

satisfaisant à l'inégalité

$$|Q_n(x)| < N\rho^n \tag{5}$$

sur $\overline{ab}$, où N et $\rho < 1$ sont des nombres fixes.

Donc, en vertu de (82) page (46), le développement (4) est indéfiniment dérivable terme à terme à l'intérieur du segment $\overline{ab}$; on a, par conséquent, en un pointquelconque c intérieur à $\overline{ab}$,

$$f^{(k)}(c) = Q_k^{(k)}(c) + \ldots + Q_n^{(k)}(c) + \ldots.$$

Or, en tenant compte de (12) (page 8), et prenant un nombre h assez petit, on a

$$|Q_n(x)| < N\rho_1^n \qquad (\rho < \rho_1 < 1)$$

sur le segment $(a - h, b + h)$ contenant (a, b).

---

régularité correspondant; en tout cas, la méthode indiquée permet de reconnaître s'il existe un prolongement pseudo-analytique à l'extérieur du domaine de régularité quasi analytique et de le calculer lorsqu'il existe.

On voit que le problème du prolongement qui se ramène à la recherche des séries partielles d'un développement de la forme

$$\sum_1^\infty a_n[(x + \sqrt{x^2 - 1})^n + (x - \sqrt{x^2 - 1})^n]$$

quasi analytique sur $(-1, +1)$, qui convergent pour $x > 1$, est essentiellement équivalent au problème du prolongement de la fonction analytique $\sum_1^\infty a_n z^n$ par un groupement de termes au delà de son cercle de convergence, qu'elle admet comme coupure puisque $|x - \sqrt{x^2 - 1}| < 1$ pour $x > 1$.

Donc, à cause de (55) (page 31), on a

$$|Q_n^{(k)}(c)| < n \frac{\left(\frac{n+k-2}{2}\right)!}{\left(\frac{n-k}{2}\right)!} \frac{2^{k-1}}{h^k} N \rho_1^n$$

(en supposant n et k de même parité).

D'où, pour k pair, par exemple,

$$\left|\frac{1}{k!} f^{(k)}(c)\right| < \frac{2^k N}{h^k k!} \sum_{n=\frac{k}{2}}^{\infty} \frac{\left(n+\frac{k}{2}\right)!}{\left(n-\frac{k}{2}\right)!} \rho_1^{2n} < \left(\frac{2\rho_1}{h}\right)^k \frac{N}{(1-\rho_1^2)^{k+1}}.$$

Il en résulte que, si l'on forme le développement de Taylor en un point quelconque $\overline{ab}$, en utilisant le reste sous la forme de Lagrange, ce développement sera convergent au voisinage du point considéré et représentera la fonction donnée.

Par conséquent, *une fonction analytique est entièrement déterminée dans tout son domaine réel d'existence par les valeurs qu'elle prend avec toutes ses dérivées en un seul point arbitrairement donné du domaine*, et son prolongement peut être obtenu par la méthode classique de Weierstrass.

4. **Propriétés différentielles et exemples de fonctions quasi analytiques.** — Les propriétés d'une fonction quasi analytique dépendent essentiellement de la rapidité de la croissance de la suite (P) d'exposants $n_1, \ldots, n_k, \ldots$ qui détermine la classe de la fonction quasi analytique considérée. Cette croissance doit en tout cas être telle que $\frac{n_{k+1}}{n_k}$ *ne soit pas borné*, car autrement la fonction serait simplement analytique. Il est également aisé de vérifier que les fonctions quasi analytiques d'une classe (P) telle que $\frac{\log n_{k+1}}{n_k}$ tend vers zéro sont *indéfiniment dérivables;* dans le cas contraire, si

$$\frac{\log n_{k+1}}{n_k} > R > 0,$$

la fonction (P) ne possédera, en général, qu'un nombre limité de dérivées et pourra *ne pas être dérivable du tout.*

Il y a cependant une propriété différentielle qui est commune à toutes les fonctions quasi analytiques que je me bornerai à énoncer [1] :

---

(1) La démonstration se fait par un raisonnement analogue à celui qui m'a servi à établir le théorème 21 (page 31) de mon Mémoire : *Sur l'ordre de la meilleure approximation*, etc. Dans l'inégalité (6), h et p doivent être liés par la relation $h^p = A\rho^{n_k}$, où n_k sont des nombres quelconques de la suite (P) correspondante et A un nombre borné arbitraire.

Les différences finies d'ordre p quelconque $\Delta_p f(x)$ d'une fonction quasi analytique $f(x)$ sur $\overline{ab}$ satisfont pour une infinité de valeurs de h tendant vers zéro à une inégalité de la forme

$$(6)\quad |\Delta_p f(x)| = |f(x+ph)-pf(x+\overline{p-1}h)+\ldots\pm f(x)| < \left(\mathrm{R}ph\log\frac{1}{h}\right)^p,$$

R étant un nombre fixe, pourvu que x et $x+ph$ se trouvent sur un segment fixe $\overline{a'b'}$ intérieur à $\overline{ab}$.

Il serait intéressant de savoir s'il n'est pas possible de se débarrasser dans l'inégalité (6) du facteur $\log\frac{1}{h}$ pour une infinité de valeurs de p, car il est douteux que, sous cette forme, la réciproque de notre proposition soit exacte. Par une méthode que nous indiquerons à la fin de cette Note, on peut établir seulement que, *si pour une infinité de valeurs de p et une infinité de valeurs de h tendant vers zéro lorsque p est fixé, on a*

$$(7)\qquad |\Delta_p f(x) < (\mathrm{R}ph)^p.$$

$f(x)$ est quasi analytique (relativement à la suite considérée des nombres p). En comparant ces deux résultats, nous arrivons en tout cas à cette conclusion curieuse que *l'inégalité* (7) *pour une infinité de valeurs de p entraîne l'inégalité* (6) *pour toute valeur de p.*

Considérons à présent quelques exemples :

1° Soit

$$(8)\qquad \varphi(x) = \sum_1^{\infty} \frac{\cos n!\arccos x}{a^{(n-1)}},$$

où $a > 1$. Il est facile de vérifier que $\varphi(x)$ est quasi analytique sur $(-1, +1)$ relativement à la suite d'exposants $n!$ Cette fonction ne peut être prolongée à l'extérieur de $(-1, +1)$ ni quasi analytiquement, ni pseudo-analytiquement, car aucune somme partielle de (8) ne converge à l'extérieur de ce segment. La fonction $\varphi(x)$ est infiniment dérivable.

2° La fonction

$$\psi(x) = \sum_0 \frac{\cos \mathrm{F}(n)\arccos x}{\mathrm{F}(n)},$$

où $\mathrm{F}(n)$ est défini par les conditions

$$\mathrm{F}(0) = 1 \qquad \text{et} \qquad \mathrm{F}(n+1) = 2^{\mathrm{F}(n)},$$

est également quasi analytique, mais n'admet pas de dérivées sur $(-1, +1)$; cette dernière circonstance n'empêche donc pas de considérer $\psi(x)$ comme complètement déterminée par l'ensemble des valeurs qu'elle prend sur une partie quelconque du segment $(-1, +1)$ [1].

3° Considérons la fonction

$$f(x) = \sum \left(\frac{x}{a}\right)^{n_k} [e^{-x^{n_k}}]_{h_k}, \tag{9}$$

où $a > 2$ et

$$[e^z]_s = \sum_0^s \frac{z^n}{n!}$$

est un polynome de degré s en z. Nous pouvons prendre h_h assez grand par rapport à n_k pour avoir

$$\left| e^{-x^{n_k}} - [e^{-x^{n_k}}]_{h_k} \right| < \alpha_k,$$

α_k tendant vers zéro d'une façon donnée avec $\frac{1}{k}$, tant que $|x| \leqq 2$. Si nous supposons, en outre, que $n_{k+1} - (h_k + 1) n_k$ croît indéfiniment, le développement (9) représentera une série de Taylor, admettant son cercle de convergence de rayon 1 comme coupure [2]; cependant le groupement des termes effectué dans (9) assure à la fonction analytique $f(x)$ le prolongement quasi analytique sur le segment $(1, 2)$.

4° La fonction quasi analytique sur le segment fermé $(-1, +1)$

$$f(x) = \sum \frac{x^{n_{k+1}}}{a^{n_k}},$$

où

$$a > 1 \quad \text{et} \quad \frac{n_{k+1}}{n_k} \to \infty,$$

admet également le cercle de rayon 1 comme coupure, mais elle ne peut être prolongée quasi analytiquement (ni pseudo-analytiquement) à l'extérieur du cercle.

5° Soit

$$f(x) = \Sigma c_{n_i} P_{n_i}(x), \tag{10}$$

où $\Sigma |c_{n_i}|$ est une série convergente avec $\overline{\lim} \sqrt[n_i]{|c_{n_i}|} = 1$.

---

(1) Naturellement, l'intégrale d'une fonction quasi analytique est aussi quasi analytique; mais, au contraire, la dérivée d'une fonction (P) peut exister sans être une fonction (P). Ainsi la condition d'être dérivée d'une fonction (P) suffirait également pour déterminer le prolongement d'une fonction.

(2) Le rayon de convergence sera égal à 1, car le coefficient de $x^{n_k^2}$ sera égal en valeur absolue à $\frac{1}{a^{n_k}} \cdot \frac{1}{n_k!}$.

Supposons que les polynomes $P_{n_i}(x)$ de degré n_i satisfont aux inégalités

$$(11)\qquad \begin{cases} \text{sur } \overline{ab}, & |P_{n_i}(x)| < \rho^{n_i}; \\ \text{sur } \overline{bc}, & |P_{n_i}(x)| < \rho_1^{n_{i-1}}; \\ \text{sur } \overline{cd}, & |P_{n_i}(x)| < L, \end{cases}$$

où $\rho < 1$, $\rho_1 < 1$.

Dans ces conditions, la fonction $f(x)$, qui est analytique sur ab, sera quasi analytique sur tout le segment $\overline{abc}$. De plus, la série (10) restant convergente sur $\overline{cd}$, elle donnera dans cet intervalle le prolongement pseudo-analytique de $f(x)$. On pourra construire des polynomes $P_{n_i}(x)$ satisfaisant aux conditions (11) de la façon suivante : Considérons le développement de

$$\frac{1}{2}[|x| - |x-1| + 1]$$
$$= \frac{1}{4} + \frac{x}{2} + \sum_{k=2}^{\infty} \frac{1.3\ldots(2k-3)}{2^k.k!}[x^k(2-x)^k - (1-x^2)^k];$$

on voit facilement qu'en s'arrêtant au terme de degré $2k-1$ de ce développement, on obtient un polynome $Q_{2k-1}(x)$ qui sur le segment $\left(-\frac{1}{3}, -h\right)$ est de l'ordre de $(1-h^2)^{k+1}$, sur $(-h, 1-h)$ on a

$$|Q_{2k-1}(x)| < b = \sqrt{1-h^2},$$

et sur $\left(1-h, \frac{4}{3}\right)$ on a

$$|Q_{2k-1}(x)| < 1 + \frac{1}{\sqrt{2k}},$$

le nombre h étant assez petit. Posons

$$P_n(x) = [Q_{2k-1}(x)]^{\sqrt{2k}},$$

de sorte que le degré n du polynome $P_n(x)$ est égal (approximativement) à $(2k)^{\frac{3}{2}}$, et choisissons pour la série (10) ceux de ces polynomes dont les degrés n_i sont liés par la relation $n_{i+1} = n_i^{\frac{3}{2}}$; on aura alors

$$|P_{n_i}(x)| < b^{n_i} \qquad \left(\text{de } -\frac{1}{3} \text{ à } -h\right),$$
$$|P_{n_i}(x)| < b^{\sqrt[3]{n_i}} = b^{n_{i-1}} \qquad (\text{de } -h \text{ à } 1-h),$$
$$|P_{n_i}(x)| < \left(1 + \frac{1}{\sqrt{2k}}\right)^{\sqrt{2k}} < e \qquad \left(\text{de } 1-h \text{ à } \frac{4}{3}\right).$$

6° Soit

$$(12)\qquad f(x) = \Sigma x^{2n_k}(1-x^2)^{n_{k+1}-n_k-1},$$

où $\frac{n_{k+1}}{n_k} \to \infty$. La série (12) indéfiniment dérivable sur $(-1, +1)$ représente une fonction quasi analytique sur tout ce segment et peut être considérée comme un développement de Taylor de rayon de convergence nul à l'origine, rendu convergent par le groupement correspondant de ses termes. De plus $f(x)$ est analytique à l'intérieur des deux boucles de la lemniscate qui admet $(-1, +1)$ pour foyers; pourtant, au point de vue de la théorie classique des fonctions d'une variable complexe, on n'aurait pas le droit de considérer la fonction paire $f(x)$ comme une fonction analytique unique, car les deux domaines de régularité de $f(x)$ sont séparés par la lemniscate qui est une ligne singulière fermée.

7° Indiquons, enfin, un exemple d'une fonction quasi analytique non uniforme. Soit S_n une suite de nombres positifs croissant assez rapidement pour satisfaire à la condition suivante : il faut qu'on ait

$$\left| P_{s_{n+1}}(x) - 1 \right| < \frac{1}{n} \quad \text{pour } 0 \leqq x \leqq 1,$$

$$\left| P_{s_{n+1}}(x) - \frac{1}{x^{s_n}} \right| < \frac{1}{2^{s_n}} \quad \text{pour } \leqq 1\, x \leqq 2,$$

où $P_{s_{n+1}}(x)$ est un polynome de degré $s_{n+1} - s_n$.

Cela étant, formons la fonction

$$f(x) = \sum_{1}^{\infty} (-1)^n P_{s_{n+1}}(x) . x^{s_n};$$

on aura donc

$$f(x) = \sum_{1}^{\infty} (-1)^n x^{s_n} \left(1 + \frac{\theta_n}{n}\right) \quad \text{pour } 0 \leqq x \leqq 1$$

et

$$f(x) = \sum_{1}^{\infty} (-1)^n \left[1 + \theta_n \left(\frac{x}{2}\right)^{s_n}\right] \quad \text{pour } 1 \leqq x \leqq 2,$$

où $|\theta_n| < 1$, $|\theta'_n| < 1$. Par conséquent, en posant

$$f_{s_n}(x) = \sum_{1}^{s_n} (-1)^n P_{s_{n+1}}(x) . x^{s_n},$$

nous voyons que $f(x)$ est quasi analytique sur $\overline{0\,1}$ (l'extrémité 1 exclue) pour tous les indices s_n, mais sur le segment $\overline{1\,2}$ (l'extrémité 2 exclue), la série $f(x)$ converge vers deux limites différentes, suivant que n est pair ou impair, car on a

$$f_{s_{2h}}(x) = f_{s_{2h-1}}(x) + 1 + \theta'_{2h} \left(\frac{x}{2}\right)^{s_{2h}}.$$

Ainsi, on a deux branches quasi analytiques différentes :

$$f(x) = \sum_{1}^{\infty} \left[\theta'_{2h} \left(\frac{x}{2} \right)^{s_{2h}} - \theta'_{2h-1} \left(\frac{x}{2} \right)^{s_{2x-1}} \right]$$

et

$$f_1(x) = - \left[1 + \theta'_1 \left(\frac{x}{2} \right)^{s_1} \right] + \sum_{1}^{\infty} \left[\theta'_{2h} \left(\frac{x}{2} \right)^{s_{2h}} - \theta'_{2h+1} \left(\frac{x}{2} \right)^{s_{2h+1}} \right]$$

qui prolongent $f(x)$ à l'extérieur de 0, 1, et, de plus, on a

$$f(x) = f_1(x) + 1 \tag{13}$$

sur $\overline{1\,2}$. Il est intéressant de noter que, tandis que chacune des branches est quasi analytique sur le segment total $\overline{0\,2}$ seulement par rapport aux nombres s_n dont les indices sont de même parité, elles redeviennent quasi analytiques par rapport à tous les s_n dès que l'on a dépassé le point de ramification 1 (comme cela résulte de l'égalité (13). Ainsi, en effectuant le prolongement dans un sens et dans l'autre, en changeant successivement la parité de n, on obtient une infinité de branches différentes de $f(x)$ qui présentent cette analogie avec $\log x$ que toutes les valeurs de $f(x)$ sont comprises dans la formule

$$f(x) + N,$$

où N est un nombre entier quelconque.

II. — Fonctions quasi analytiques (D) de M. Denjoy.

5. Problème général du prolongement d'une fonction réelle au point de vue de l'approximation polynomiale.—Nous venons de constater qu'une fonction réelle $f(x)$ donnée sur un segment $\overline{ab}$ peut être prolongée sans ambiguïté sur un segment voisin, si la meilleure approximation sur $\overline{abc}$ satisfait, pour une infinité donnée de valeurs de n, à la condition

$$E_n f(x) < \alpha_n = \rho^n \qquad (\rho < 1). \tag{14}$$

Cette condition est-elle nécessaire ? Nous allons voir que la réponse est *négative*, si l'on considère *toutes* les valeurs de n ; elle est, au contraire, *affirmative*, si l'on exige seulement que l'inégalité analogue à (14) soit satisfaite pour *une infinité de valeurs de n*. En nous plaçant, d'abord, au dernier point de vue, nous avons, en effet, le théorème suivant :

Théorème. — *Étant donnée une suite quelconque de nombres positifs décroissants α_n, tels* [1] *que* $\lim \sqrt[n]{\alpha_n} = 1$, *il est possible de construire une fonction $f(x)$*

---

[1] On pourrait prendre, par exemple, $\alpha_n = e^{-\frac{n}{\log n}}$ ou $e^{-\frac{n}{\log \log n}}$, etc.

nulle sur $\overline{ab}$, sans être nulle sur $\overline{bc}$, qui, pour une infinité de valeurs de n, satisfait sur le segment $\overline{abc}$ à la condition

$$(14\ bis) \qquad E_n f(x) < \alpha_n.$$

(Cela serait impossible, d'après ce qui précède, si $\varliminf \sqrt[n]{\alpha_n} = \rho < 1$.

La démonstration s'appuie sur un lemme que nous devons établir.

LEMME. — *Quelle que soit la fonction $\varphi(x)$ continue sur $(0, 1)$ et s'annulant en 0, il est possible de l'approcher indéfiniment sur $(0, 1)$ au moyen des polynomes $Q_n(x)$ de degré n, satisfaisant pour toute valeur de n à l'inégalité* [1]

$$(14\ ter) \qquad |Q_n(x)| < \alpha_n$$

sur $(-1, 0)$, pourvu que $\lim \sqrt[n]{\alpha_n} = 1$.

En effet, soit d'abord $\varphi(x) = x$ sur $(0, 1)$; construisons un polynome $P_{2n}(x)$ de degré $2n$ approché de $\varphi(x)$, en partant du développement de

$$(15) \quad \frac{1}{2}\left[x - \frac{1}{p} + \left|x - \frac{1}{p}\right|\right]$$
$$= \frac{1}{4}\left(x + \frac{p-1}{p}\right)^2 - \frac{1}{2}\sum_{k=2}^{\infty} \frac{1.3\ldots(2k-3)}{2^k.k!}\left[1 - \left(x - \frac{1}{p}\right)^2\right]^k,$$

où nous ferons croître p indéfiniment avec n. Donc, le polynome $P_{2n}(x)$ qu'on obtient en s'arrêtant au terme de degré $2n$ dans le développement (15) tendra vers x sur $(0, 1)$ et, d'autre part, on a sur $(-1, 0)$

$$(15\ bis) \quad |P_{2n}(x)| < \frac{1}{2}\sum_{k=n+1}^{\infty} \frac{1.3\ldots(2k-3)}{2^k.\,k!}\left(1 - \frac{1}{p^2}\right)^k$$
$$< \frac{p^2}{n^{\frac{3}{2}}}\left(1 - \frac{1}{p^2}\right)^n \sim \frac{p^2}{n^{\frac{3}{2}}} e^{-\frac{n}{p^2}} < \lambda_n,$$

quels que soient les nombres positifs λ_n satisfaisant à la condition $\lim \sqrt[n]{\lambda_n} = 1$ $\left(\text{il suffit de prendre } p^2 < \dfrac{n}{\log \frac{1}{\lambda_n}}\right)$. Cela étant, soit $\varphi(x)$ une fonction continue quelconque sur $(0, 1)$, s'annulant en 0, et soit $x R_l(x)$ un polynome de degré $(l + 1)$ approché de $\varphi(x)$ sur $(0, 1)$; on pourra, à cause de (15 *bis*),

---

[1] Il résulte aussi de cette proposition que, si une inégalité de la forme (14 *bis*) est satisfaite sur $\overline{ab}$ pour *toute* valeur de n, le prolongement de $f(x)$ sur $\overline{bc}$ reste néanmoins tout à fait arbitraire (il n'y a donc pas de généralisation possible du prolongement *pseudo-analytique*). En particulier, si $f(x)$ est sur $\overline{ab}$ une fonction quasi analytique (D) que nous définirons par une condition imposée à tous les α_n [sans être quasi analytique (P)] elle *ne sera pas définie* sans ambiguïté à l'extérieur de $\overline{ab}$ par une suite de polynomes $P_n(x)$ tels que sur $\overline{ab}$ $|f(x) - P_n(x)| < \alpha_n$.

approcher indéfiniment ce polynome au moyen des polynomes

$$Q_{2n+l}(x) = P_{2n}(x)\,R_l(x),$$

où

$$|\,Q_{2n+l}(x)\,| < A_l \lambda_n < \alpha_{2n+l} \qquad [\text{sur } (-1,\ 0)],$$

A_l étant la somme des modules des coefficients de $R_l(x)$.

Le lemme étant ainsi démontré, prenons une fonction $\varphi(x)$ quelconque continue sur $(0,\ 1)$ et s'annulant à l'origine. Nous pouvons donc construire un polynome $P_{n_1}(x)$ de degré n_1 assez élevé s'annulant en 0 et tel que

$$|\,\varphi(x) - P_{n_1}(x)\,| < \frac{1}{2}\alpha_{n_0} \qquad [\text{sur } (0,\ 1)],$$

$$|\,P_{n_1}(x)\,| < \alpha_{n_1} \qquad [\text{sur } (-1,\ 0)].$$

En appliquant le même procédé à $P_{n_1}(x)$, on formera un nouveau polynome $P_{n_2}(x)$ s'annulant à l'origine, de degré n_2 encore plus élevé, tel que

$$|\,P_{n_1}(x) - P_{n_2}(x)\,| < \frac{1}{2}\alpha_{n_1} \qquad [\text{sur } (0,\ 1)],$$

$$|\,P_{n_2}(x)\,| < \alpha_{n_2} \qquad [\text{sur } (-1,\ 0)].$$

On construira ainsi successivement une suite de polynomes $P_{n_k}(x)$ au moyen desquels on formera la fonction

$$f(x) = P_{n_1}(x) + [P_{n_2}(x) - P_{n_1}(x)] + \ldots + [P_{n_k}(x) - P_{n_{k-1}}(x)] + \ldots$$

qui sera égale à 0 *sur* $(-1,\ 0)$, puisque $|\,P_{n_k}(x)\,| < \alpha_{n_k}$ sur $(-1,\ 0)$, et de plus

$$|\,f(x) - P_{n_k}(x)\,| \leqq |\,P_{n_{k+1}}(x) - P_{n_k}(x)\,| + \ldots < \frac{1}{2}(\alpha_{n_k} + \alpha_{n_{k+1}} + \ldots) < \alpha_{n_k}$$

sur $(0,\ 1)$, en supposant que $\alpha_{n_{k+1}} < \frac{1}{2}\alpha_{n_k}$. On a donc sur tout le segment $(-1,\ +1)$

$$|\,f(x) - P_{n_k}(x)\,| < \alpha_{n_k},$$

et le théorème est démontré.

La dernière partie de la démonstration met en évidence que les nombres n_k pour lesquels la condition (14 *bis*) est satisfaite doivent croître suivant une loi inconnue, qui dépend de la loi de la décroissance de α_n; on ne peut donc pas exiger, en général, que la condition (14 *bis*) soit vérifiée, quel que soit n.

6. **Problème de M. Hadamard et théorème de MM. Denjoy et Carleman** [1]. — En se plaçant à un point de vue différent, M. Hadamard, dans

---

[1] *Voir*, par exemple, la Communication de M. Torsten Carleman : *Sur les fonctions quasi analytiques*, au Ve Congrès des Mathématiciens scandinaves (Helsingfors, 1922).

une Communication à la Société mathématique de France (28 février 1912), avait posé la question suivante : En posant $M_n = \max. \sqrt[n]{|f^{(n)}(x)|}$ sur le segment $(-1, +1)$, quelles sont les conditions qu'il suffit d'imposer à la suite des nombres M_n pour que la fonction $f(x)$ soit déterminée sur ce segment par les valeurs qu'elle prend ainsi que toutes ses dérivées en un point donné du segment. Le problème de M. Hadamard, analogue à celui que nous venons de considérer, est susceptible de différentes solutions suivant qu'on impose certaines conditions à *tous* les M_n ou seulement à *une infinité quelconque* de ces nombres.

En nous plaçant d'abord au dernier point de vue, nous reconnaissons facilement que, si pour une infinité [1] de n on a

$$M_n < Rn, \tag{16}$$

R étant un nombre fixé, la fonction $f(x)$ est entièrement déterminée au sens de M. Hadamard. Il résulte, en effet, de la condition (16) qu'en prenant un nombre limité convenable de termes de la série de Taylor, le reste correspondant de Lagrange est inférieur à ρ^n $(\rho < 1)$ dans le voisinage du point considéré : par conséquent, la fonction $f(x)$, qui est d'ailleurs quasi analytique (P), serait identiquement nulle, si tous ses coefficients tayloriens étaient nuls. Il est probable qu'inversement, si l'on remplace la condition (16) par

$$M_n < R_n n, \tag{17}$$

où R_n croît indéfiniment d'une façon donnée quelconque, il est possible de construire une fonction $f(x)$ non nulle qui la vérifie pour une infinité de valeurs de n, en s'annulant ainsi que toutes ses dérivées en un point donné. On sait d'ailleurs [2] (E. Holmgren, *Arkiv für Mathematik*, 1908) construire une telle fonction dans le cas où $R_n > n^{\varepsilon}$ $(\varepsilon > 0)$, et cela même si la condition (17) est remplie pour *toute* valeur de n. Il est certain cependant qu'il est impossible d'imposer la condition (17) à la fonction $f(x)$ pour *toute* valeur de n sans introduire de restriction analogue à celle de M. Holmgren dans la loi de croissance. C'est ce qui résulte du théorème remarquable suivant, démontré par MM. Denjoy et Carleman, dont nous donnerons plus loin une nouvelle démonstration.

Théorème. — *Une fonction $f(x)$ qui est nulle avec toutes ses dérivées en un point donné du segment $(-1, +1)$ est nulle identiquement sur ce segment, si la série*

$$S = \sum \frac{1}{M_n} \qquad \text{[condition (D)]}$$

est divergente.

Nous appellerons *une fonction $f(x)$, satisfaisant à la condition* (D), *fonction*

---

(1) Si la condition (16) était vérifiée pour toutes les valeurs de n, la fonction serait évidemment analytique.

(2) *Voir* aussi mon Mémoire cité, *Sur les propriétés*, etc. (*Math. Ann.*, 1914).

quasi analytique (D); une telle fonction est donc entièrement déterminée par l'ensemble de valeurs qu'elle prend avec toutes ses dérivées en un point donné et *a fortiori* par les valeurs qu'elle prend dans un intervalle fini. Il est aisé de se rendre compte qu'*une fonction peut être quasi analytique* (D) *sans être quasi analytique* (P), *et inversement*. Nous ferons mieux ressortir la différence de ces deux classes de fonctions, après avoir transformé la condition (D) par l'introduction des nombres $E_n f(x)$ au lieu des nombres M_n : nous verrons ainsi que *la condition* (D) *concerne l'ensemble de tous les* $E_n f(x)$, *tandis que la condition* (P) *se rapporte à une infinité quelconque de ces nombres.*

7. **Transformation de la condition** (D). — Posons

$$\mu_n = \max_{p \geqq n} .\ p \sqrt[n]{E_p f(x)}, \qquad \rho_n = \max_{p>0} .\ p \sqrt[n]{E_p f(x)}.$$

Il est évident que $\rho_n \geqq \mu_n$; mais $\rho_n = \mu_n$, toutes les fois que $\rho_n \geqq n$ [pourvu qu'on admette que $|f(x)| \leqq 1$]. Par conséquent, les séries

$$\sum_1^\infty \frac{1}{\mu_n} \quad \text{et} \quad \sum_1^\infty \frac{1}{\rho_n}$$

sont *en même temps divergentes ou en même temps convergentes;* d'ailleurs les termes de la dernière série sont *décroissants*, car p étant donné, $p\sqrt[n]{E_p f(x)}$ augmente avec n.

Ceci posé, remarquons que par l'intégration du développement

$$f'(x) = \sum_1^\infty A_n \cos n \arccos x,$$

on obtient

$$f(x) = \sum_1^\infty \frac{A_{n-1} - A_{n+1}}{2n} \cos n \arccos x;$$

d'où nous concluons, en répétant la même opération, que le coefficient B_n de $\cos n \arccos x$ du développement en série de polynomes trigonométriques de $f(x)$ satisfait à l'inégalité

$$|B_n| < \frac{2}{n^k} M_k^k,$$

quels que soient n et k $(n \geqq k)$. Par conséquent, en vertu de (159),

$$E_n f(x) < 2 M_k^k \left[\frac{1}{(n+1)^k} + \ldots + \right] < \frac{2 M_k^k}{k n^{k-1}};$$

donc (pour $k \geqq 2$)

$$M_k^k > n^{k-1} E_n f(x),$$

d'où

$$M_k > \mu_{k-1}^{1-\frac{1}{k}}. \tag{18}$$

D'autre part, du développement

$$f(x)=\sum_{1}^{\infty}Q_n(x),$$

où l'on peut supposer

$$|Q_n(x)|<2E_{n-1}f(x),$$

nous tirons par différentiation, en tenant compte de (55), que

$$|f^{(k)}(x)|\leqq\sum_{n=k}^{\infty}|Q_n^{(k)}(x)|<R^k\sum_{n=k-1}^{\infty}n^k E_n f(x),$$

où R est un nombre fixe, tant que x se trouve sur un segment $\overline{ab}$ déterminé *à l'intérieur* de $(-1,+1)$. Or

$$\sum_{k-1}^{\infty}n^k E_n f(x)\leqq\rho_{k+2}^{k+2}\sum_{k-1}^{\infty}\frac{1}{n^2}<\rho_{k+2}^{k+2}\qquad(\text{pour } k>2).$$

Par conséquent, en désignant par M'_k le maximum de $\sqrt[k]{|f^k(x)|}$ sur $\overline{ab}$, on a [1]

$$(19)\qquad M'_k<R\rho_{k+2}^{1+\frac{2}{k}}.$$

De (18) on conclut que, *si la série* $\sum\frac{1}{M_k}$ *est divergente, il en est de même, a fortiori* [2], *de la série* $\sum\frac{1}{\mu_k}$ (et $\sum\frac{1}{\rho_k}$); *au contraire, il résulte de* (19) *que la divergence de la série* $\sum\frac{1}{\rho_k}$ (et $\sum\frac{1}{\mu_k}$) *entraîne la divergence de la série* $\sum\frac{1}{M'_k}$. En d'autres termes :

La condition que

$$S'=\sum_{1}^{\infty}\frac{1}{\rho_k}\qquad[\text{condition }(D')]$$

---

(1) Si l'on considérait au lieu d'une fonction quelconque une fonction périodique, en remplaçant l'approximation polynomiale par l'approximation trigonométrique, on n'aurait pas besoin d'introduire M'_k au lieu de M_k.

(2) Les séries $\sum\frac{1}{\mu_k}$ et $\sum\frac{1}{\mu_k^{1-\frac{1}{k+1}}}$ sont, évidemment, en même temps convergentes ou divergentes, car si $\mu_k^{\frac{1}{k+1}}\geqq 2$, on a $\frac{1}{\mu_k^{1-\frac{1}{k+1}}}\leqq\frac{1}{2^k}$.

soit divergente sur un segment fermé est une conséquence de la condition (D) *sur le même segment fermé;* inversement, *la condition* (D') *sur un segment fermé entraîne la condition* (D) *sur le même segment ouvert seulement.*

La condition (D'), équivalente au fond à la condition (D), est donc un peu plus large. Il est cependant aisé de voir qu'*elle suffit également pour affirmer que la fonction $f(x)$ qui lui satisfait est identiquement nulle* (en admettant l'exactitude du théorème de M. Carleman), *si elle s'annule avec toutes ses dérivées en un point donné* (il ne pourrait y avoir de doute que pour le cas où ce point se trouverait à l'extrémité du segment). En effet, réduisons à $(\overline{0, 1})$ pour fixer les idées, le segment où $f(x)$ satisfait à (D'); il est clair que $f(x^2)$ satisfait alors à (D') sur $(-1, +1)$, car

$$E_n f(x) = E_{2n} f(x^2),$$

de sorte que tous les dénominateurs des termes de la série S' se trouvent simplement doublés. Par conséquent, $f(x^2)$ *est une fonction quasi analytique* (D) *sur le segment ouvert* $(-1, +1)$ et, en particulier, à l'origine. [Ainsi, $f(x^2)$ peut être une fonction D à l'origine, sans que $f(x)$ le soit.] On reconnaît aussi facilement que la condition (D') pour la fonction $f(x)$ sur le segment fermé $(-1, +1)$ est *complètement équivalente* (¹) à la condition (D) pour la fonction $f(\cos t)$.

Remarquons que ni la condition (D), ni la condition (D') (qu'il est naturel de substituer à la condition D), ne peut être considérée comme une condition *nécessaire* pour que la fonction $f(x)$ soit déterminée par l'ensemble de valeurs qu'elle prend avec toutes ses dérivées en un point (et *a fortiori* par ses valeurs dans un intervalle fini).

Il serait intéressant de reconnaître si la condition (D) ou (D') ne jouirait pas néanmoins dans son genre de la même propriété que la condition (P) (d'après le théorème du début de ce paragraphe) dans le sien. Ainsi la question suivante se pose : Peut-il exister une suite fixe de nombres infiniment croissants R_n tels que la série $\sum \frac{R_n}{\rho_n}$ soit nécessairement convergente pour toute fonction $f(x)$, non nulle identiquement, qui s'annule en un point donné avec toutes ses dérivées (ou du moins pour toutes les fonctions qui sont nulles sur une certaine partie du segment considéré) ?

8. **Lien entre le problème de M Hadamard et le problème de l'approximation d'une fonction sur tout l'axe réel** (²). — Indiquons a présent une méthode nouvelle d'aborder le problème de M. Hadamard et

(¹) Au contraire, la fonction $f(x)$ elle-même peut cesser de satisfaire à la condition (D) *aux extrémités* du segment.

(²) *Voir* ma Note des *Comptes rendus*, du 20 octobre 1924 ainsi que l'article du *Bulletin de la Société mathématique de France*, t. LII : *Le problème de l'approximation des fonctions*, etc.

de démontrer le théorème de M. Carleman qui se rattache aux problèmes traités dans le Chapitre II de ce Livre.

Soit $f(x)$ une fonction indéfiniment dérivable sur le segment $(-1, +1)$, formons son développement en série de polynomes trigonométriques

$$f(x) = f(\cos t) = \sum_0^\infty a_n \cos nt = \sum_0^\infty a_n \mathrm{T}_n(x).$$

Démontrons d'abord la proposition suivante :

LEMME. — *S'il existe une fonction entière paire* $\mathrm{F}(x)$ *de genre* 1, *à coefficients positifs, telle que*

$$\sum \mathrm{F}(n) |a_n|$$

est convergente [1], *la fonction* $f(x)$ *est identiquement nulle, du moment qu'on a en un point* x_0 $(-1 \leqq x_0 \leqq 1)$

$$f(x_0) = f'(x_0) = \ldots = f^{(n)}(x_0) = \ldots = 0.$$

En effet, soit $x_0 = \cos t_0$; on aura, par hypothèse,

$$\Sigma n^{2k} a_n \cos nt_0 = \Sigma n^{2k+1} a_n \sin nt_0 = 0 \qquad (k = 0, 1, \ldots).$$

Par conséquent, $\mathrm{P}(n)$ étant un polynome pair et $\mathrm{Q}(n)$ un polynome impair quelconques, on aura aussi

$$\Sigma\, \mathrm{P}(n) a_n \cos nt_0 = \Sigma\, \mathrm{Q}(n) a_n \sin nt_0 = 0.$$

Cela étant, construisons une fonction continue quelconque $\varphi(x)$, paire et bornée pour toute valeur réelle de x, satisfaisant aux conditions

$$\varphi(n) = a_n \cos nt_0,$$

et une fonction analogue impaire $\psi(n)$ satisfaisant aux conditions

$$\psi(n) = a_n \sin nt_0,$$

quel que soit le nombre entier n.

Or, en vertu de (104 *bis*), nous savons que $\mathrm{F}(x)$, étant une fonction entière paire de genre 1, à coefficients non négatifs ($\mathrm{F}(0) > 0$), on peut, quelque petit que soit ε, déterminer un polynome $\mathrm{P}(x)$ tel qu'on ait sur tout l'axe réel

$$|\varphi(x) - \mathrm{P}(x)| < \varepsilon \mathrm{F}(x).$$

Donc

$$\sum_0^\infty a_n^2 \cos^2 nt_0 = \sum_0^\infty [\varphi(n) - \mathrm{P}(n)]\, a_n \cos nt_0 < \varepsilon \sum_0^\infty \mathrm{F}(n) |a_n|.$$

---

(1) On pourrait, grâce à la remarque faite au sujet de l'égalité (104), remplacer cette condition par celle de la convergence de $\Sigma |a_n| \sqrt{\mathrm{F}(n)}$; mais ces deux conditions sont, au fond, équivalentes.

Par conséquent, à cause de la convergence de $\Sigma F(n) \mid a_n \mid$, on a identiquement

$$\sum_0^\infty a_n^2 \cos^2 nt_0 = 0;$$

on reconnaît de même que

$$\sum_0^\infty a_n^2 \sin^2 nt_0 = 0.$$

Donc $a_n = 0$, quel que soit n.

Il est aisé de tirer de là la proposition générale suivante :

THÉORÈME. — *Si la meilleure approximation* $E_n f(x)$ *satisfait à l'inégalité*

$$\frac{1}{E_n f(x)} > F(n), \tag{20}$$

où $F(n)$ *est une fonction entière paire de genre* 1, *à coefficients non négatifs, la fonction* $f(x)$ *est identiquement nulle, du moment qu'elle s'annule avec toutes ses dérivées en un point quelconque du segment considéré.*

En effet, on sait que (159)

$$E_n f(x) > \sqrt{\frac{1}{2}(a_{n+1}^2 + a_{n+2}^2 + \ldots)};$$

donc la série

$$\sum \frac{|a_n|}{\sqrt{E_n f(x)}} < \sum \frac{|a_n|}{\sqrt[4]{\frac{1}{2}(a_n^2 + a_{n+1}^2 + \ldots)}}$$

$$= \sum \frac{|a_n| \sqrt[4]{\frac{1}{2}(a_n^2 + a_{n+1}^2 + \ldots)}}{\sqrt{\frac{1}{2}(a_n^2 + a_{n+1}^2 + \ldots)}} < \sqrt{2} \sum \sqrt[4]{\frac{1}{2}(a_n^2 + a_{n+1}^2 + \ldots)}$$

est certainement convergente pour toute fonction admettant des dérivées bornées des trois premiers ordres. Par conséquent, si $E_n f(x)$ satisfait à l'inégalité (20), il est possible de construire une fonction $F_1(n)$ paire de genre 1, à coefficients non négatifs, pour laquelle la série

$$\Sigma F_1(n) \mid a_n \mid$$

converge [1]. Le théorème est ainsi démontré [2].

En posant $E_n f(x) = e^{-\lambda_n}$, on vérifie, en particulier, facilement, qu'il est

---

[1] On pourrait aussi remarquer simplement que $\Sigma \mid a_n \mid \sqrt{F(n)}$ est convergente.

[2] D'après un théorème démontré plus haut, si la condition (20) ne se trouvait vérifiée que pour une infinité de valeurs assez rares de n, il serait *nécessaire* d'ajouter que $\overline{\lim} \sqrt[n]{F(n)} > 1$ (ce qui correspond aux fonctions quasi analytiques P).

possible de construire une fonction $F(n)$ exigée par notre théorème, si l'on a

$$\lambda_n \leqq \frac{n}{\log n} \qquad \text{ou} \qquad \lambda_n > \frac{n}{\log n \log \log n},$$

quel que soit n (le cas de $\lambda_n = an$, où $a > 0$, correspondrait aux fonctions analytiques).

Mais il est aisé de déduire du théorème démontré le théorème général de M. Carleman indiqué plus haut (sous la forme D′).

Il suffit, en effet, de prouver que, si $\sum \frac{1}{\rho_k}$ est divergente, il est possible de construire une fonction entière $F(x)$ paire de genre 1, à coefficients non négatifs, telle que

$$F(p) < \frac{1}{E_p f(x)}.$$

Or, les nombres $\frac{1}{\rho_k}$ étant décroissants, la série

$$\sum \frac{1}{\rho_{2k}}$$

ainsi que la série

$$\sum \frac{1}{\rho_{2k}} \left(\frac{1}{2k^2}\right)^{\frac{1}{2k}}$$

sont également divergentes.

Par conséquent, la fonction entière [1]

$$F(x) = \sum_1^\infty \frac{1}{2k^2} \left(\frac{x}{\rho_{2k}}\right)^{2k} = \sum_1^\infty c_{2k} x^{2k},$$

où $\sum \sqrt[2k]{|c_{2k}|}$ est divergente, sera de genre supérieur à 0, mais, d'autre part,

$$F(p) \leqq \frac{1}{E_p f(x)} \sum \frac{1}{2k^2} < \frac{1}{E_p f(x)},$$

car (en vertu de la définition de ρ_k)

$$\rho_{2k}^{2k} \geqq p^{2k} E_p f(x).$$

---

[1] *Voir* la deuxième Note de ce livre (p. 198). D'ailleurs la condition (D) résulte aussi directement du lemme qu'on vient d'établir, si l'on pose $F(x) = \sum_1^\infty \frac{1}{2k^2}\left(\frac{x}{M_{2k}}\right)^{2k}$, car on a vu que $|a_n| < \frac{2}{n^{2k}} M_{2k}^{2k}$, et par conséquent, $\sum_1^\infty |a_n| F(n) < \sum \frac{1}{k^2}$ est convergente, tandis que la fonction $F(x)$ est de genre 1.

III. — Fonctions extrapolables.

9. Problème général de l'extrapolation polynomiale. — Les considérations du paragraphe I de cette Note nous montrent que, si une fonction $f(x)$ donnée expérimentalement peut être représentée avec une erreur rapidement décroissante au moyen de polynomes de degrés n peu élevés dans un intervalle donné, on peut définir au moyen de ces polynomes un prolongement approximatif déterminé de la fonction à l'extérieur de l'intervalle avec la certitude que toute autre suite de polynomes représentant la fonction $f(x)$ avec une approximation du même ordre dans l'intervalle donné fournira, à l'extérieur, à peu près le même prolongement approximatif. Ainsi, par exemple, si $f(x)$ peut être approchée au moyen d'un polynome du second degré

$$P(x) = Ax^2 + Bx + C$$

avec une erreur inférieure à 0,001 sur le segment $(-1, +1)$, tout autre polynome

$$P_1(x) = A_1x^2 + B_1x + C_1$$

qui représentera $f(x)$ avec la même approximation sur $(-1, +1)$, jouira de la propriété qu'on aura

$$|P(x) - P_1(x)| < 0{,}002 \qquad \text{sur } (-1, +1)$$

et, par conséquent, on aura

$$|P(x) - P_1(x)| < 0{,}00425 \qquad \text{sur } (-1\tfrac{1}{4}, +1\tfrac{1}{4}).$$

Toutefois, on ne pourra *rigoureusement* affirmer que le prolongement de $f(x)$ se trouve effectivement dans une certaine bande étroite renfermant $P(x)$, que lorsqu'on sait que l'approximation de $f(x)$ s'améliore rapidement avec l'augmentation du degré des polynomes, ou, d'une façon plus précise, si l'on sait que $f(x)$ *est une fonction analytique ou quasi analytique* (P).

Or on peut, pour effectuer le prolongement de la fonction, prendre comme point de départ les valeurs de $f(x)$ en un nombre de points (nœuds) infiniment croissant de l'intervalle, en formant les polynomes interpolateurs correspondants de Lagrange. Nous dirons, en général, que $f(x)$ est une fonction *extrapolable*, s'il est possible de choisir les nœuds de telle façon que les polynomes de Lagrange déterminent au moins une fonction dans le voisinage de l'intervalle donné. Une première question se pose alors : *quels sont les nœuds (partout denses sur le segment donné) qui assurent une extrapolation convergente à des classes de fonctions aussi étendues que possible ?*

Soit $(-1, +1)$, pour fixer les idées, le segment donné. Considérons un prolongement continu arbitraire sur $(1, b)$, de la fonction $f(x)$ donnée sur $(-1, +1)$; soient $P_n(x)$ les polynomes de degré n qui donnent la meilleure approximation $E_n f(x)$ de $f(x)$ ainsi prolongée sur le segment total $(-1, 1+b)$ on pourra mettre alors le polynome interpolateur de Lagrange relatif aux nœuds $a_0, \ldots, a_n$ du segment $(-1, +1)$ sous la forme

$$R_n(x) = P_n(x) + H_n(x), \tag{21}$$

où

$$H_n(x) = A_{n+1}(x) \sum \frac{\varepsilon_n(a_i)}{(x-a_i)A'_{n+1}(a_i)}, \qquad |\varepsilon_n(a_i)| \leqq E_n f(x),$$

en posant

$$A_{n+1}(x) = (x-a_0)\ldots(x-a_n).$$

Il s'agit donc de choisir $A_{n+1}(x)$ de sorte que $H_n(x)$ tende vers zéro dans des cas aussi étendus que possible. Nous devons, par conséquent, *déterminer* $A_{n+1}(x)$ *par la condition de rendre minimum*

$$|A_{n+1}(x)| \sum \left| \frac{1}{(x-a_i)A'_{n+1}(a_i)} \right| \tag{22}$$

pour une valeur donnée quelconque $x > 1$.

Il est utile de remarquer qu'on arrive au même problème, si l'on veut choisir le polynome $A_{n+1}(x)$ de façon que les erreurs faites dans la détermination expérimentale des valeurs de $f(x)$ aux nœuds donnés conduisent à une limite supérieure minimum de l'erreur dans la valeur extrapolée de la fonction.

Nous allons montrer que *le polynome cherché est*

$$S_n(x) = \sqrt{1-x^2} \sin n \arccos x, \tag{23}$$

de sorte que

$$a_k = \cos \frac{k\pi}{n} \qquad (k = 0, 1, \ldots, n).$$

En effet, le polynome $A_{n+1}(x)$ étant donné, la valeur absolue maximum (22) est atteinte par le polynome qui prend aux nœuds successifs alternativement la valeur ± 1; ce polynome, dans le cas où $A_{n+1}(x) = S_n(x)$, se réduit à

$$\begin{aligned} T_n(x) &= \pm \cos n \arccos x \\ &= \pm \frac{1}{2}\left[(x+\sqrt{x^2-1})^n + (x+\sqrt{x^2-1})^n\right]. \end{aligned} \tag{24}$$

Par conséquent, puisque $|T_n(a_k)| < 1$, lorsque les nœuds

$$a_k \neq \cos \frac{k\pi}{n},$$

nous voyons que la valeur (24) est inférieure à celle que l'on obtiendrait en construisant le polynome qui aux nœuds a_i de $A_{n+1}(x) \neq S_n(x)$ recevrait successivement les valeurs ± 1. Nous arrivons donc à la conclusion suivante :

Le choix des nœuds déterminé par le polynome (23) est le plus favorable pour l'extrapolation [1]; dans ce cas *l'extrapolation est toujours possible pour les fonctions analytiques et quasi analytiques* (P) (pourvu que ces dernières soient prolongeables quasi analytiquement ou pseudo-analytiquement) *et fournit le prolongement aussi loin que le développement en polynomes trigonométriques sur le segment* $(-1, +1)$.

Remarque. — Nous avons supposé que les nœuds sont disposés sur *tout* le segment. Il est facile de voir que, si l'on admettait seulement que l'extrémité droite 1 est fixée et que l'on peut remplacer le segment $(-1, +1)$ par n'importe quel segment $(a, 1)$, où $-1 \leqq a < 1$, la meilleure extrapolation à droite sera obtenue, si l'on fait tendre a vers 1.

En effet, le cercle C de convergence de la fonction $f(x)$ au point 1 devant avoir deux points réels d'intersection avec l'ellipse de convergence du segment $(a, 1)$, le sommet droit de cette ellipse ne peut être plus éloigné que le point $z > 1$ d'intersection de C avec l'axe réel qu'il aura pour limite, lorsque a tend vers 1.

10. **Extrapolations stable et instable.** — Proposons-nous de chercher à présent s'il peut exister encore d'autres fonctions extrapolables. La réponse est *affirmative;* mais une distinction essentielle s'impose entre deux genres d'extrapolation possibles.

Nous dirons que l'extrapolation est *stable,* si l'introduction d'un nœud intérieur arbitraire au voisinage de l'extrémité du segment, près de laquelle se fait l'extrapolation, ne détruit pas la convergence de l'extrapolation; au contraire, l'extrapolation est *instable,* si elle peut être détruite par l'introduction d'un nœud aussi voisin de l'extrémité que l'on veut.

Les seules fonctions susceptibles d'une extrapolation stable [2] *sont les fonctions analytiques et quasi analytiques* (P).

En effet, supposons que $R_n(x)$ soit un polynome interpolateur de Lagrange correspondant aux nœuds $a_1, \ldots, a_{n+1}$, et $R_{n+1}(x, \alpha)$ le polynome interpolateur de la même fonction qu'on obtient en ajoutant le nœud α. On aura évidemment [en supposant le segment réduit à $(-1. +1)$]

$$\lambda(x) = R_{n+1}(x, \alpha) - R_n(x) = [f(\alpha) - R_n(\alpha)]\frac{(x-a_1)\ldots(x-a_{n+1})}{(\alpha-a_1)\ldots(\alpha-a_{n+1})},$$

---

(1) Comme je l'ai indiqué dans mon article « Sur l'interpolation » les polynomes interpolateurs convergent à l'intérieur du segment $(-1, +1)$ et donnent pour toute fonction une approximation du même ordre que le développement de Fourier en série de polynomes $T_n(x) = \cos n \arccos x$.

(2) On a une proposition analogue pour l'interpolation. *Voir* mon article *Sur l'interpolation* (*Communications de la Société mathématique de Kharkow*, 1915, ou *Mathematische Annalen*, 1917).

donc

$$|f(\alpha)-\mathrm{R}_n(\alpha)| = |\lambda(x)| \left|\frac{(\alpha-a_1)\ldots(\alpha-a_{n+1})}{(x-a_1)\ldots(x-a_{n+1})}\right| < |\lambda(x)|\,\rho^{n+1},$$

où $\rho \leqq \frac{1-\alpha}{x-1}$, $\rho \leqq \frac{1+\alpha}{x+1}$, si $x>1$. Par conséquent, $\lambda(x)$ étant borné pour $1<x\leqq x_0$, on voit que $f(x)$ est analytique (ou quasi analytique P) dans l'intervalle $(\alpha_0, 1)$, où $\alpha_0 = 2-x_0$, et, en vertu des résultats généraux du paragraphe I, l'extrapolation stable conduit au prolongement analytique, quasi analytique ou pseudo-analytique correspondant de la fonction $f(x)$ donnée. Il ne serait pas impossible, cependant, que $f(x)$ ne soit pas analytique sur *tout* le segment $(-1, +1)$, qu'elle soit composée, par exemple, de deux fonctions analytiques différentes : il se pourrait (exceptionnellement) que l'extrapolation stable converge, et dans ce cas elle donnerait donc nécessairement le prolongement de la fonction analytique correspondant à l'extrémité.

La classe de fonctions susceptibles d'extrapolation instable est plus étendue, mais pratiquement moins importante. Nous indiquerons un procédé général pour la construction de telles fonctions. Soit

$$(25) \qquad f(x)=\sum_1^{\infty}\lambda_n\,\mathrm{T}_{p_n}(x)$$

une fonction développée en série de polynomes trigonométriques sur $(-1, +1)$. Admettons qu'il existe une infinité d'indices n jouissant de la double propriété : d'une part,

$$|\lambda_{n+1}| > \sum_{n+2} |\lambda_k|,$$

et, d'autre part,

$$\frac{p_{n+1}}{p_n} > h > 1,$$

h étant fixe. Dans ces conditions, la différence

$$f(x)-\sum_1^n \lambda_m\,\mathrm{T}_{p_m}(x)$$

recevra des signes successivement opposés aux points $\cos\frac{k\pi}{p_{n+1}}$, où $k=0, 1, \ldots, p_{n+1}$. Par conséquent, les polynomes approchés de $f(x)$

$$\mathrm{P}_{p_n}(x)=\sum_1^n \lambda_m\,\mathrm{T}_{p_m}(x)$$

se confondent avec $f(x)$ au moins en p_n+1 points dans tout intervalle

$$\left[\cos\frac{k\pi}{p_{n+1}},\ \cos\frac{(k+p_n+1)\pi}{p_{n+1}}\right]$$

et, *a fortiori*, dans tout intervalle

$$\left[\cos\alpha,\ \cos\left(\alpha+\frac{\pi}{h}\right)\right],$$

pour n assez grand de la suite considérée.

Donc, si dans un intervalle $\left[\cos\alpha,\ \cos\left(\alpha+\frac{\pi}{h}\right)\right]$ on choisit convenablement les nœuds, on pourra, par la formule de Lagrange, reconstituer la fonction $f(x)$ sur tout le segment $(-1, +1)$.

On voit, par exemple, que *la fonction sans dérivées de Weierstrass qui est un cas particulier de nos fonctions* (25) *est une fonction extrapolable.* Il est, d'ailleurs, facile de vérifier qu'une fonction de Weierstrass (¹)

$$f(x)=\sum_{1}^{\infty}\left(\frac{1}{2}\right)^{k}T_{3^k}(x),$$

pour fixer les idées, jouit de la propriété remarquable d'admettre, pour une infinité de n, la même meilleure approximation $E_n f(x)$ sur tout le segment $(-1, +1)$ que dans chaque intervalle $\left[\cos\left(\alpha+\frac{\pi}{3}+\varepsilon\right)\right]$, ε tendant vers zéro avec $\frac{1}{n}$. Toutes les fonctions qui pour une infinité de valeurs de n admettent la même meilleure approximation sur une partie du segment que sur tout le segment sont, évidemment, (instablement) extrapolables. Ainsi *l'uniformité des irrégularités paraît dans certains cas donner une unité presque aussi organique aux fonctions que leur régularité analytique; il est également impossible de modifier partiellement ces fonctions sans que leur meilleure approximation polynomiale* E_n *augmente pour une infinité de valeurs de* n.

Remarque. — Il n'est pas exclu, d'après ce qui précède, quoique cela me semble improbable, que l'extrapolation relative à des nœuds *instables* puisse conduire pour une fonction analytique à un prolongement différent du prolongement analytique. Il est certain que cela ne peut arriver, si les polynomes interpolateurs donnent une approximation de l'ordre ρ^n ($\rho < 1$) sur le segment donné, ou bien si les nouveaux nœuds s'ajoutent successivement aux précédents, de sorte que la formule d'interpolation peut être mise sous la forme

$$\sum_{1}^{\infty} a_n Q_n(x),$$

chaque polynome $Q_n(x)$ étant divisible par tous les polynomes qui le précèdent Mais si l'on ne fait aucune hypothèse sur la distribution des nœuds, la question

(¹) *Voir* ma Note des *C. R. de l'Acad. des Sciences* du 25 novembre 1912.

reste ouverte, à l'exception du cas très particulier, où le cercle de convergence correspondant à l'extrémité du segment, différente de celle au voisinage de laquelle on extrapole, comprend tout le segment à son intérieur. Cela prouve, d'accord avec la remarque faite plus haut, que, si l'on veut être certain que l'extrapolation réussira, *quels que soient les nœuds*, pour une fonction analytique donnée et donnera son prolongement analytique, il suffit de diminuer convenablement le segment sur lequel on interpole.

IV. — Fonction a variation totale absolument bornée.

11. Fonctions absolument monotones. — Soit $f(x)$ une fonction définie sur le segment OR; nous dirons qu'elle est *absolument monotone sur ce segment, si*

$$(26)\quad \begin{cases} \Delta f(x) = f(x+h) - f(x) \geqq 0, \\ \Delta_2 f(x) = f(x+2h) - 2f(x+2h) + f(x) \geqq 0, \\ \ldots\ldots\ldots\ldots\ldots\ldots\ldots\ldots, \\ \Delta_n f(x) = f(x+hh) - n f(x+\overline{n-1}\,h) + \ldots \pm f(x) \geqq 0, \\ \ldots\ldots\ldots\ldots\ldots\ldots\ldots\ldots\ldots\ldots, \end{cases}$$

quel que soit le nombre entier n et l'accroissement positif h, pourvu que toutes les valeurs des variables qui interviennent dans les expressions (26) appartiennent au segment OR. Nous allons démontrer le théorème suivant :

Théorème. — *Une fonction absolument monotone sur* OR *est analytique sur ce segment et développable en série de Taylor suivant les puissances de x avec un rayon de convergence* $R_1 \geqq R$.

A cet effet, établissons d'abord le lemme suivant :

Si une fonction $f(x)$ jouit sur le segment OR *de la propriété que $k \geqq 2$ de ses différences successives sont non négatives (pourvu que les valeurs qui interviennent dans ces différences ne sortent pas de* OR), *la fonction $f(x)$ est continue et admet des dérivées continues jusqu'à l'ordre $\overline{k-2}$ inclusivement et, de plus elle admet en chaque point une dérivée à droite et une dérivée à gauche d'ordre $\overline{k-1}$.*

Soit d'abord $k = 2$. On a alors, quel que soit n, en posant

$$x_n - x = nh > 0,$$

$$(27)\quad 0 \leqq f(x_1) - f(x) \leqq f(x_2) - f(x_1) \leqq \ldots \leqq f(x_n) - f(x_{n-1}).$$

Donc

$$0 \leqq f(x+h) - f(x) \leqq \frac{1}{n}[f(x_n) - f(x)] = \frac{h}{x_n - x}[f(x_n) - f(x)] < Ah,$$

où A est une constante indépendante de x, pourvu qu'on suppose $x \leqq b < R$.

Il en résulte que $f(x)$ est continue et satisfait à une condition de Lipschitz déterminée sur tout segment Ob intérieur à OR.

Posons d'autre part $x_i - x = y_i - y = ih$ et $x < y$; on aura alors

$$f(x_i) - f(x) \leqq f(y_i) - f(y). \tag{28}$$

En effet, (28) résulte immédiatement de (27), lorsque $y - x = lh$, l étant un nombre entier, c'est-à-dire dans le cas où $y - x$ est commensurable avec $x_i - x = y_i - y$; mais, puisque nous savons déjà que $f(x)$ est continue, l'inégalité (28) devra subsister aussi dans le cas de l'incommensurabilité.

En remarquant, enfin, que, d'après (27),

$$\frac{f(x+mh) - f(x)}{f(x+nh) - f(x)} \geqq \frac{m}{n},$$

si $\frac{m}{n} > 1$, nous voyons que

$$\frac{f(x+\theta\alpha) - f(x)}{f(x+\alpha) - f(x)} \geqq \theta, \tag{29}$$

quel que soit $\theta > 1$ et $\alpha > 0$. Or, l'inégalité (29) est équivalente à

$$\frac{f(x+\theta\alpha) - f(x)}{\theta\alpha} \geqq \frac{f(x+\alpha) - f(x)}{\alpha};$$

donc $\frac{f(x+h) - f(x)}{h}$ tend vers une limite bien déterminée

$$\overset{+}{f'}(x) \geqq 0$$

lorsque h tend vers zéro par valeurs positives; en d'autres termes, $f(x)$ possède une dérivée à droite, et par un raisonnement semblable nous reconnaissons l'existence d'une dérivée à gauche $\overset{-}{f'}(x)$. D'ailleurs, l'inégalité (28) entraîne manifestement

$$\overset{-}{f'}(x) \leqq \overset{+}{f'}(x) \leqq \overset{-}{f'}(y), \tag{30}$$

si $x < y$.

Le lemme étant ainsi établi pour $k = 2$, passons au cas de $k = 3$. Outre les inégalités (27), nous avons à présent

$$f(x_2) - 2f(x_1) + f(x) \leqq f(x_3) - 2f(x_2) + f(x_1) \leqq \ldots,$$

d'où nous tirons, par addition,

$$\begin{aligned}[f(x_{i+1}) - f(x_i)] - [f(x_1) - f(x)] \\ \leqq [f(y_{i+1}) - f(y_i)] - [f(y_1) - f(y)],\end{aligned} \tag{31}$$

où

$$y_i - y = x_i - x = ih \qquad \text{et} \qquad y - x = lh,$$

i et l étant deux entiers positifs; comme plus haut, grâce à la continuité de $f(x)$, nous concluons que (31) subsiste pour toute valeur de $y > x$.

En laissant x, x_i, y, y_i fixes, divisons (31) par h que nous ferons tendre vers zéro. A cause de l'existence des dérivées à droite démontrée plus haut, nous obtenons ainsi

$$\overset{+}{f}'(x_i) - \overset{+}{f}'(x) \leqq \overset{+}{f}'(y_i) - \overset{+}{f}'(y), \tag{32}$$

pourvu que $y_i - y = x_i - x$ et $y > x$. Donc, en particulier, si $y = x_i$, l'inégalité (32) se transforme en

$$\Delta_2 \overset{+}{f}'(x) \geqq 0. \tag{33}$$

Par conséquent, $\overset{+}{f}'(x)$ [ainsi que $\overset{-}{f}'(x)$] satisfait aux conditions du lemme pour $k = 2$; elle est donc continue, et, en vertu de (30),

$$\overset{-}{f}'(x) = \overset{+}{f}'(x) = f'(x);$$

de plus $f'(x)$ admet une dérivée à droite et une dérivée à gauche. Remarquons encore que si, par ce qui précède, il est établi que

$$\lim_{h=0} \frac{f'(x+h) - f'(x)}{h} = \overset{+}{f}''(x),$$

pour $h > 0$, on a aussi, en appliquant la règle de l'Hôpital,

$$\begin{aligned} &\lim_{h=0} \frac{f(x+2h) - 2f(x+h) + f(x)}{h^2} \\ &\quad = \lim_{h=0} \frac{f'(x+2h) - f'(x+h)}{h} \\ &\quad = \lim_{h=0} \frac{f'(x+2h) - f'(x)}{h} - \lim_{h=0} \frac{f'(x+h) - f'(x)}{h} = \overset{+}{f}''(x). \end{aligned}$$

Il est aisé à présent de passer au cas de k quelconque par l'induction mathématique. En effet, de

$$\Delta_k f(x) \geqq 0$$

nous concluons que

$$\Delta_{k-1} f(x) \leqq \Delta_{k-1} f(x_1) \leqq \ldots,$$

et, en additionnant,

$$\Delta_{k-2} f(x_i) - \Delta_{k-2} f(x) \leqq \Delta_{k-2} f(y_i) - \Delta_{k-2} f(y), \tag{34}$$

si $x_i - x = y_i - y$ et $y > x$. Donc, en divisant (34) par h^{k-2}, et en faisant tendre h vers zéro, après avoir admis l'exactitude du lemme pour $\overline{k-1}$, nous obtenons

$$\overset{+}{f}{}^{(k-2)}(x_i) - \overset{+}{f}{}^{(k-2)}(x) \leqq \overset{+}{f}{}^{(k-2)}(y_i) - \overset{+}{f}{}^{(k-2)}(y).$$

En faisant ensuite $y = x_i$, nous en concluons que

$$\Delta_2 \overset{+}{f}{}^{(k-2)}(x) \geqq 0.$$

Par conséquent, $\overset{+}{f}{}^{(k-2)}(x)$ est continue, donc

$$\overset{+}{f}{}^{(k-2)}(x) = \overset{-}{f}{}^{(k-2)}(x) = f^{(k-2)}(x),$$

et admet une dérivée à droite et à gauche. C. Q. F. D.

Il résulte ainsi du lemme établi qu'une fonction absolument monotone est indéfiniment dérivable et toutes ses dérivées sont non négatives.

Cela étant, admettons que l'on connaisse la valeur de $f(x)$ en O ainsi que celles de toutes ses dérivées jusqu'à l'ordre k inclusivement, et de plus, $f(\mathrm{R}) = \mathrm{M}$; supposons seulement que $f^{(k+1)}(x) \geqq 0$ et $f^{(k+2)}(x) \geqq 0$ sur OR. On peut alors affirmer, en posant

$$\mathrm{P}_k(x) = f(0) + x f'(0) + \ldots + x^k \frac{f^{(k)}(0)}{k!},$$

que

$$0 \leqq f(x) - \mathrm{P}_k(x) \leqq \left(\frac{x}{\mathrm{R}}\right)^{k+1} [f(\mathrm{R}) - \mathrm{P}_k(\mathrm{R})]. \tag{35}$$

En effet, on a

$$f(x) - \mathrm{P}_k(x) = \frac{x^{k+1}}{k!} \int_0^1 f^{(k+1)}(ux)(1-u)^k \, du,$$

$$f(\mathrm{R}) - \mathrm{P}_k(\mathrm{R}) = \frac{\mathrm{R}^{k+1}}{k!} \int_0^1 f^{(k+1)}(u\mathrm{R})(1-u)^k \, du,$$

et il est évident, à cause de $f^{(k+2)}(x) \geqq 0$, que la première des intégrales considérées est non supérieure à la seconde.

De l'inégalité (35) qui, pour la fonction absolument monotone est remplie, quel que soit k, nous tirons immédiatement que $f(x)$ est développable en série de Taylor suivant les puissances de x avec un rayon de convergence non inférieur à R.

12. Fonctions à variation totale absolument bornée. — Nous appellerons « fonction à variation totale absolument (ou fonctionnellement) bornée » une fonction $f(x)$ qui, sur un segment donné $\overline{ab}$, peut être représentée comme la différence de deux fonctions $\varphi(x)$ et $\psi(x)$ absolument monotones.

Il est évident qu'une fonction développable en série de Taylor suivant les puissances de $x - a$ peut, en groupant ensemble les termes de même signe, être représentée comme la différence de deux fonctions absolument monotones sur le segment $(a, a + \mathrm{R})$, si R est son rayon de convergence.

Il résulte donc du théorème démontré que *la condition nécessaire et suffisante pour que $f(x)$ soit à variation totale absolument bornée sur le segment $\overline{ab}$ est qu'elle soit analytique et développable en série de Taylor suivant les puissances de $x - a$ de rayon de convergence non inférieur à $(b - a)$.*

Le rayon de convergence de la série de Taylor en a est ainsi défini comme le segment $\overline{ab}$ maximum à l'intérieur duquel la fonction considérée est à variation totale absolument bornée.

En particulier, une fonction entière est à variation absolument bornée sur chaque segment fini del axe réel, et réciproquement.

En général, le prolongement d'une fonction à variation absolument bornée sur $\overline{ab}$ par la condition qu'elle reste à variation totale absolument bornée sur un segment voisin empiétant sur $\overline{ab}$, est équivalent au prolongement analytique.

Les considérations précédentes conduisent immédiatement à la proposition suivante :

Soit F (x) *une fonction absolument monotone sur $\overline{ab}$; si $f(x)$ jouit de la propriété qu'on a sur tout le segment*

$$|\Delta_k f(x)| < \Delta_k \mathrm{F}(x), \tag{36}$$

quel que soit k et l'accroissement fini h (pourvu que les valeurs de la variable ne sortent pas de $\overline{ab}$), $f(x)$ est analytique et développable en série de Taylor de rayon non intérieur à $(b - a)$.

Il suffit de poser, en effet,

$$f(x) = \mathrm{F}(x) - [\mathrm{F}(x) - f(x)].$$

Il en résulte, en particulier, que $f(x)$ *est analytique, s'il existe un nombre fixe ρ, tel que sur tout le segment $\overline{ab}$ on a*

$$|\Delta_n f(x)| < n!\, \rho^n h^n, \tag{37}$$

h désignant l'accroissement fini (tendant vers zéro) de x. On remarque, en effet, que la fonction absolument monotone

$$\mathrm{F}(x) = \frac{1}{\mathrm{R} - x}$$

satisfait à l'inégalité

$$\Delta_n \mathrm{F}(x) > \frac{n!\, h^n}{(\mathrm{R} - a)^{n+1}}.$$

Ce dernier résultat (dont la réciproque est évidente) peut d'ailleurs être généralisé, comme je l'avais annoncé au paragraphe I, de la façon suivante :

Si l'inégalité (37) *est satisfaite pour une infinité de valeurs de n, la fonction* $f(x)$ *est quasi analytique* (P) *sur le segment considéré.*

Pour le démontrer, généralisons d'abord le théorème de Rolle : si $f(x)$ est une fonction continue qui s'annule $\overline{n+1}$ fois dans l'intervalle $\overline{ab}$, on peut fixer un nombre δ assez petit pour que $\Delta_n f(x) = 0$ admette au moins une racine dans $\overline{ab}$, pourvu que $h < \delta$. En effet, la fonction $f(x)$ (non identiquement nulle) devant posséder au moins un extremum entre deux racines a_k et a_{k+1} on pourra prendre δ assez petit pour que $\Delta f(x)$ change de signe au moins une fois dans l'intervalle $a_k a_{k+1}$; donc par un choix convenable de δ, on obtient n variations (au moins) de signe de $\Delta f(x)$, dès que $h < \delta$. Dans ces conditions $\Delta_2 f(x)$ présentera au moins $n-1$ variations de signe, et ainsi de suite jusqu'à $\Delta_n f(x)$ qui aura au moins une variation de signe et s'annulera par conséquent pour une certaine valeur de x. Cela étant, rappelons la formule d'interpolation de Newton

$$(38) \qquad f(x) = f(a) + \Delta f(a)\frac{x-a}{h} + \ldots + \frac{\Delta_{n-1} f(a)}{(n-1)!}\frac{(x-a)\ldots(x-a-\overline{n-2}\,h)}{h^{n-1}} + R_n.$$

Nous pouvons poser

$$R_n = H\,\frac{(x-a)\ldots(x-a-\overline{n-1}\,h)}{n!}.$$

Si nous fixons le nombre H par la condition que l'équation (38) soit satisfaite pour une valeur donnée de x, cette équation possédera $\overline{n+1}$ racines dans l'intervalle ab. Par conséquent, en formant la différence d'ordre n des deux membres de (38) pour un accroissement fini quelconque $h_1 < \delta$, où δ est assez petit, on voit que l'équation

$$\Delta_n^{(h_1)} f(x) = H\,h_1^n$$

aura toujours une solution dans $\overline{ab}$, de sorte qu'on a d'une façon générale ([1])

$$(39) \qquad R_n = \frac{\Delta_n^{(h_1)} f(\xi)(x-a)\ldots(x-a-\overline{n-1}\,h)}{n!\,h_1^n},$$

où $a < \xi < b$.

Donc, si l'inégalité (37) est satisfaite pour une valeur de n et une infinité de valeurs de h_1 tendant vers zéro, on aura en supposant $|x-a| < \dfrac{1}{\rho_1}$

([1]) La valeur de δ dépendra, en général, de x et de h; mais les valeurs de h_1 qui figurent dans (39), peuvent appartenir à une suite quelconque, donnée d'avance, de nombres tendant vers zéro.

et $|x - a - \overline{n-1}\,h| < \frac{1}{\rho_1}$, où $\rho_1 > \rho$,

$$|R_n| < \left(\frac{\rho}{\rho_1}\right)^n,$$

ce qui prouve que $f(x)$ est quasi analytique (P) dans le voisinage d'un point quelconque a du segment, et par conséquent sur le segment entier.

13. Généralisations. — Nous venons de voir que la monotonie absolue d'une fonction entraîne son analyticité. Mais il y a encore d'autres modes généraux de monotonie fonctionnelle qui jouissent de la même propriété. Ainsi, soit $f(x)$ une fonction dont toutes les différences successives $\Delta_k f(x)$ conservent un même signe (dépendant de k) dans un intervalle donné : nous dirons que la fonction est *régulièrement monotone* dans cet intervalle [1]. On vérifie facilement que le raisonnement qui nous a servi à établir le lemme du début de ce paragraphe subsiste et, par conséquent, *une fonction régulièrement monotone est aussi indéfiniment dérivable*, les dérivées $f^{(k)}(x)$ conservant des signes invariables dans l'intervalle considéré. Nous pouvons montrer à présent que $f(x)$ *est nécessairement analytique*, seulement le raisonnement fait précédemment n'est plus valable, car le rayon de convergence n'est plus égal à la longueur du segment. A cet effet, remarquons que [d'après (18) Chap. I], si

$$|f^{(n)}(x)| > N_n \quad \text{sur} \quad OR,$$

on a

$$M > \frac{2N_n}{n!}\left(\frac{R}{4}\right)^n, \tag{40}$$

en posant M = maximum de $|f(x)|$ sur $\overline{OR}$.

En réduisant le segment, où la fonction $f(x)$ est régulièrement monotone à $(-R, +R)$, nous voyons que, si $f^{(n)}(0) = N$, on aura sur un des segments $(-R, 0)$ ou $(0, R)$,

$$|f^{(n)}(x)| > |N| = N_n,$$

donc, en vertu de (40),

$$N_n < \frac{M}{2} n! \left(\frac{4}{R}\right)^n. \tag{41}$$

Par conséquent, $f(x)$ est *analytique* et son rayon de convergence au milieu du segment est non inférieur à $\frac{R}{4}$; ainsi, en chaque point du segment, le rayon

---

(1) Par exemple, x^α, $\log x$, etc. pour toute valeur positive de x; ici, d'ailleurs, les signes des dérivées successives sont alternés, de sorte que le changement de x par $R - x$ transforme ces exemples en des fonctions absolument monotones.

de convergence de la série de Taylor est non inférieur au quart de la distance de ce point à l'extrémité du segment qui lui est la plus rapprochée.

On reconnaît par le même raisonnement que, si la fonction $f(x)$ admettait seulement une infinité quelconque de dérivées de signe constant sur le segment donné, l'inégalité (41) serait vérifiée pour une infinité de n, et la fonction serait *quasi analytique* (P) (ou analytique, lorsque le rapport des ordres successifs des dérivées de signe invariable serait borné). La réciproque de ces propositions serait évidemment inexacte. Sans entrer dans plus de détails, je signalerai seulement le fait suivant : Soit δ_n la distance maxima entre deux racines successives de $f^{(n)}(x)$ sur un segment OR donné; la fonction $f(x)$ ne peut être analytique en aucun point du segment, si, ε étant un nombre aussi petit que l'on veut, il existe des valeurs de n telles que $n\delta_n < \varepsilon$ (en d'autres termes, si lim *inférieure* de $n\delta_n = 0$).

DEUXIÈME NOTE

SUR UNE PROPRIÉTÉ DES FONCTIONS ENTIÈRES DE GENRE ZÉRO

SERGE BERNSTEIN.

On sait qu'il existe des cas exceptionnels, où la somme de deux fonctions de genre o représente une fonction de genre 1. Ainsi, par exemple, la somme [1]

$$f_1(x) + f_1(-x) = F(x),$$

où

$$(1) \qquad f_1(x) = \prod_1^{\infty}{}' \left(1 + \frac{x}{n(\log n)^{\alpha}}\right),$$

est une fonction entière de genre 1, quoique $f(x)$ est de genre o, lorsque $2 \geqq \alpha > 1$. Par conséquent, comme l'a remarqué M. Lindelöf dans le Mémoire cité, on ne peut, d'une façon générale, affirmer que, si la fonction $f(x)$ majorante de la série $\frac{1}{2} F(x)$ est de genre o, cette dernière doit également être de genre o.

On vérifie [1] sans difficulté que pour les fonctions $f(x)$ de genre o et d'ordre réel *inférieur* à 1,

$$(2) \qquad f(x) = c_0 + c_1 x + \ldots + c_n x^n + \ldots,$$

la série

$$(3) \qquad \sum_1^{\infty} \sqrt[n]{|c_n|}$$

est convergente. Mais cette affirmation serait inexacte, en général, lorsque l'ordre réel est égal à 1, comme le montre, en particulier, l'exemple (1) de la fonction $f_1(x)$ de M. Lindelöf.

Il importe de montrer que l'exception que nous venons de signaler ne saurait se présenter si la fonction $f(x)$ est *paire*; en d'autres termes, on a le théorème suivant :

Si

$$(4) \qquad f(x) = c_0 + c_2 x^2 + \ldots + c_{2n} x^{2n} + \ldots$$

---

(1) ERNST LINDELÖF, *Mémoire sur la théorie des fonctions entières* (*Acta Societatis Scientiarum Fennicæ*, t. XXXI, 1902).

est une fonction paire de genre zéro, la série

(5) $$\Sigma = \sum_{1}^{\infty} \sqrt[2n]{|c_{2n}|}$$

est toujours convergente.

Il résulte, en particulier, de notre théorème, que toutes les fois où, comme dans l'exemple de M. Lindelof, la série (3) relative à la fonction de genre zéro $f(x)$ donnée par la série (2) sera divergente [1], la somme $f(x) + f(-x)$ ne pourra être de genre zéro.

Passons à la démonstration de notre théorème.

Soit (pour simplifier l'écriture, supposons $c_0 = 1$)

(6) $$f(x) = \prod_{1}^{\infty}\left(1 + \frac{x^2}{\beta_n^2}\right) = 1 + c_2 x^2 + \ldots + c_{2n} x^{2n} + \ldots,$$

où

(7) $$\sigma = \sum_{1}^{\infty} \frac{1}{|\beta_n|}$$

est convergente, par hypothèse, les nombres β_n étant réels ou complexes.

Il est clair que, $|\beta_n|$ étant donnés, les coefficients c_{2n} auront leurs modules les plus grands, lorsque tous les β_n sont réels (positifs); nous pouvons donc ne considérer que ce dernier cas qui est le plus défavorable pour la convergence de la série (5).

Ceci posé, envisageons le polynome

(8) $$f_N(x) = \prod_{n=1}^{n=N}\left(1 + \frac{x^2}{\beta_n^2}\right) = 1 + A_1 x^2 + \ldots + A_N x^{2N}.$$

On aura

$$A_1 = \Sigma_1 \frac{1}{\beta_n^2}, \qquad A_2 = \Sigma_2 \frac{1}{\beta_m^2 \beta_n^2}, \qquad \ldots,$$

où le signe Σ_k exprime que l'on fait la somme de tous les produits de k facteurs $\frac{1}{\beta_m^2 \ldots \beta_s^2}$, obtenus en combinant de toutes les façons possibles les N quantités $\frac{1}{\beta_n^2}$.

Il est facile de vérifier d'abord que l'on a, quel que soit l'entier m,

(9) $$\delta_m = A_m A_{m-2} - A_{m-1}^2 < 0,$$

---

(1) Dans le Mémoire cité, M. Lindelöf ne donne pas de démonstration rigoureuse de la divergence de cette série. On trouvera cette démonstration dans mon article publié dans les *Annales scientifiques des Institutions savantes de l'Ukraine*, section Mathématique, t. II.

pourvu que l'on pose $A_0 = 1$ et $A_m = 0$, lorsque $m < 0$ ou $m > N$, et que l'on remplace le signe $<$ par $=$, si $m \leqq 0$ ou $m > N + 1$.

En effet, notre affirmation est évidente pour $N = 1$. Or, δ_m (le nombre m étant donné) *décroît* pour $1 < m \leqq N + 1$, et reste invariable dans le cas contraire, lorsque l'on pose $N = N_0 + 1$ au lieu de N_0, en ajoutant à $f(x)$ un facteur de plus $(1 + h^2 x^2)$, où $h^2 = \frac{1}{\beta^2_{N_0+1}}$, car, en effectuant la multiplication, on a

$$f_{N+1}(x) = 1 + A'_1 x^2 + \ldots + A'_m x^{2m} + \ldots + A'_{N+1} x^{2N+2},$$

où

$$A'_m = h^2 A_{m-1} + A_m; \tag{10}$$

de sorte que

$$\delta'_m = A'_m A'_{m-2} - A'^2_{m-1} = h^4 \delta_{m-1} + h^2 (A_m A_{m-3} - A_{m-1} A_{m-2}) + \delta_m \leqq \delta_m, \tag{11}$$

le signe $<$ ayant lieu tant que $\delta_{m-1} < 0$, c'est-à-dire, pour $1 < m \leqq N + 2$, puisque $A_m A_{m-3} - A_{m-1} A_{m-2} \leqq 0$.

Par conséquent, si N croît indéfiniment, on a *a fortiori*

$$c^2_{2m-2} - c_{2m} c_{2m-4} > 0, \tag{11 bis}$$

quel que soit $m > 0$.

Revenons encore à notre polynome $f_N(x)$, donné par la formule (8), le nombre N étant fixe, et posons

$$\sqrt{\frac{A_{m+1}}{A_m}} = \frac{1}{P_m}, \tag{12}$$

où $\frac{1}{P_m} > 0$, tant que $N > m \geqq 0$, et $\frac{1}{P_m} = 0$, pour $m = N$; de plus, les termes de la somme

$$S_N = \frac{1}{P_0} + \frac{1}{P_1} + \ldots + \frac{1}{P_N} \tag{13}$$

vont en décroissant en vertu de (9).

Soit, d'autre part,

$$\sigma_N = \frac{1}{\beta_1} + \frac{1}{\beta_2} + \ldots + \frac{1}{\beta_N}. \tag{14}$$

Cherchons une limite supérieure de l'accroissement de S_N, lorsque nous introduisons dans $f_N(x)$, comme auparavant, le nouveau facteur $(1 + h^2 x^2)$, de sorte que la somme σ_N reçoit l'accroissement h et devient égale à

$$\sigma_{N+1} = \sigma_N + h. \tag{15}$$

En vertu de (10), chaque terme $\frac{1}{P_m}$ sera remplacé par

$$I_m = \frac{1}{P_m}\sqrt{\frac{1+h^2P_m^2}{1+h^2P_{m-1}^2}},$$

de sorte que la somme S_N se trouvera transformée en

$$(16)\qquad S_{N+1}=\sum_{m=0}^{m=N}\frac{1}{P_m}\sqrt{\frac{1+h^2P_m^2}{1+h^2P_{m-1}^2}}=\sum_{m=0}^{m=N}\sqrt{\frac{\frac{1}{P_m^2}+h^2}{1+h^2P_{m-1}^2}},$$

pourvu que l'on pose $P_{-1}=0$ et que l'on remarque que le dernier terme $\frac{1}{P_N}$ qui était nul dans S_N est effectivement transformé en

$$\sqrt{\frac{h^2A_N}{A_N+h^2A_{N-1}}}=\sqrt{\frac{h^2}{1+h^2P_{N-1}^2}}.$$

Ceci posé, décomposons S_{N+1} en trois parties, s'il y a lieu (il se pourrait que la première ou dernière partie ne contienne aucun terme) :

$$(17)\qquad S_{N+1}=\sum_{m=0}^{m=m_0} I_m+\sqrt{\frac{\frac{1}{P_{m_0+1}^2}+h^2}{1+P_{m_0}^2h^2}}+\sum_{m=m_0+2}^{m=N} I_m,$$

où m_0 est le plus petit indice pour lequel

$$(18)\qquad h^2(2P_{m_0}+P_{m_0+1})P_{m_0+1}>1,$$

de sorte que l'on a, pour toute valeur de $m \leqq m_0$ (de la première partie),

$$(19)\qquad h^2(2P_{m-1}+P_m)P_m\leqq 1.$$

Chaque terme de la première partie peut être mis sous la forme

$$(20)\qquad \begin{aligned} I_m &= \frac{1}{P_m}\sqrt{\frac{1+h^2P_m^2}{1+h^2P_{m-1}^2}} \\ &= \frac{1}{P_m}\sqrt{1+h^2\frac{P_m^2-P_{m-1}^2}{1+h^2P_{m-1}^2}} < \frac{1}{P_m}\left[1+\frac{h^2}{2}\,\frac{P_m^2-P_{m-1}^2}{1+h^2P_{m-1}^2}\right]. \end{aligned}$$

Or,

$$(21)\qquad \begin{aligned} \frac{P_m^2-P_{m-1}^2}{1+h^2P_{m-1}^2} &= (P_m-P_{m-1})\frac{P_m+P_{m-1}}{1+h^2P_{m-1}^2} \\ &= \frac{P_m-P_{m-1}}{1+h^2P_m^2}\cdot\frac{1+h^2P_m^2}{1+h^2P_{m-1}^2}(P_m+P_{m+1}) \end{aligned}$$

et

$$(22)\qquad \frac{P_m - P_{m-1}}{1 + h^2 P_m^2} < \int_{P_{m-1}}^{P_m} \frac{dz}{1 + h^2 z^2}.$$

Mais, en multipliant par $(P_m - P_{m-1})$, les deux membres de l'inégalité (19) qui est vérifiée, par hypothèse, pour toutes les valeurs de m que nous considérons actuellement, on a

$$h^2[P_m^2 + P_m P_{m-1} - 2P_{m-1}^2]P_m \leqq P_m - P_{m-1},$$

ou bien

$$(23)\qquad (1 + h^2 P_m^2)(P_m + P_{m-1}) \leqq 2P_m(1 + h^2 P_{m-1}^2);$$

par conséquent, en tenant compte de (22) et (23), on tire de (21)

$$\frac{P_m^2 - P_{m-1}^2}{1 + h^2 P_{m-1}^2} < 2P_m \int_{P_{m-1}}^{P_m} \frac{dz}{1 + h^2 z^2}.$$

Donc, d'après (20),

$$I_m < \frac{1}{P_m} + h^2 \int_{P_{m-1}}^{P_m} \frac{dz}{1 + h^2 z^2},$$

et finalement

$$(24)\qquad \sum_{m=0}^{m=m_0} I_m < \sum_{m=0}^{m=m_0} \frac{1}{P_m} + h^2 \int_0^{P_{m_0}} \frac{dz}{1 + h^2 z^2} \leqq \sum_{m=0}^{m=m_0} \frac{1}{P_m} + h\frac{\pi}{4},$$

car $h P_{m_0} \leqq 1$, en vertu de (19).

D'autre part, la dernière partie

$$(25)\qquad \sum_{m=m_0+2}^{m=N} I_m < \sum_{m=m_0+1}^{m=N-1} \frac{1}{P_m},$$

puisque

$$I_m = \sqrt{\frac{\frac{1}{P_m^2} + h^2}{1 + h^2 P_{m-1}^2}} < \frac{1}{P_{m-1}}.$$

Ainsi, nous concluons de (24) et (25) que l'accroissement

$$(26)\qquad S_{N+1} - S_N < \frac{h\pi}{4} + \sqrt{\frac{\frac{1}{P_{m_0+1}^2} + h^2}{1 + P_{m_0}^2 h^2}},$$

P_{m_0} et P_{m_0+1} devant satisfaire à l'inégalité (18). Mais, grâce à l'inégalité signalée, on a

$$\frac{1+\dfrac{1}{h^2 P_{m_0+1}^2}}{1+h^2 P_{m_0}^2} < \frac{1+\dfrac{2P_{m_0}+P_{m_0+1}}{P_{m_0+1}}}{1+\dfrac{P_{m_0}^2}{P_{m_0+1}(2P_{m_0}+P_{m_0+1})}} = \frac{2(2P_{m_0}+P_{m_0+1})}{P_{m_0}+P_{m_0+1}} < 3.$$

Par conséquent, quelle que soit la valeur positive h,

$$(27) \qquad S_{N+1} - S_N < h\left[\sqrt{3}+\frac{\pi}{4}\right].$$

Il en résulte que, dans tous les cas et quel que soit N,

$$(28) \qquad S_N < \sigma_N\left[\sqrt{3}+\frac{\pi}{4}\right],$$

car pour $N = 1$, on a $S_1 = \sigma_1$.

En faisant croître N indéfiniment nous obtenons ainsi que la série

$$(29) \qquad S = \sum_{m=1}^{\infty}\sqrt{\frac{c_{2m}}{c_{2m-2}}} < \sigma\left[\sqrt{3}+\frac{\pi}{4}\right].$$

La conclusion est à présent immédiate, grâce au lemme suivant de M. Carleman :

Si

$$S = u_1 + u_2 + \ldots + u_n + \ldots$$

est une série convergente à termes positifs, la série

$$\sum_{n=1}^{\infty}\sqrt[n]{u_1 u_2 \ldots u_n}$$

est également convergente et l'on a $\Sigma \leqq e\,S$.

En appliquant cette proposition à notre série S, nous tirons de (29) que la série

$$(30) \qquad \sum_{n=1}^{n=\infty}\sqrt[2n]{|c_{2n}|} < e\left[\sqrt{3}+\frac{\pi}{4}\right]\sigma$$

est convergente. C. Q. F. D.

Il y a lieu de signaler que, grâce à la remarque faite au début de la démonstration, la convergence de Σ est bien assurée, quels que soient les nombres complexes β_n ; par contre, la convergence de S pourrait être facilement détruite par un choix convenable de β_n (non réel) qui annulerait, par exemple, un des coefficients c_{2n}. D'autre part, *si tous les* β_n *sont réels, la divergence de la série* (7) [*qui exprime que la fonction* (6) *est de genre* 1] *entraîne la divergence de la série* (5).

Il suffira évidemment de prouver la divergence de la série

$$(31) \qquad S = \sum_{1}^{\infty} \sqrt{\frac{c_{2m}}{c_{2m-2}}},$$

puisque ses termes étant décroissants, en vertu de (11 *bis*), la divergence de (31) entraîne nécessairement celle de la série (5) dont les termes sont respectivement supérieurs à ceux de la série (31). Pour le montrer, nous allons faire voir que l'introduction d'un nouveau facteur $1 + h^2x^2$ dans le produit (8) qui correspond à l'augmentation de h de la somme σ_N donnée par la formule (14) entraîne une augmentation de la somme S_N d'une quantité supérieure à Ah, où A est un nombre positif fixe : il en résultera que σ_N croissant indéfiniment par hypothèse, il en est de même de S_N.

A cet effet, définissons le nombre $m_0 \geqq 0$ par la condition que

$$(32) \qquad \begin{cases} hP_m \leqq 1 & \text{pour } m < m_0, \\ hP_m > 1 & \text{pour } m \geqq m_0. \end{cases}$$

Nous pouvons faire deux hypothèses différentes : 1° soit d'abord $h\,P_{m_0} \geqq 2$; dans ces conditions, en se reportant à (20) et (32), nous vérifions que

$$I_{m_0} = \frac{1}{P_{m_0}} \sqrt{\frac{1 + h^2 P_{m_0}^2}{1 + h^2 P_{m_0-1}^2}} \geqq \frac{1}{P_{m_0}} \sqrt{\frac{1 + h^2 P_{m_0}^2}{2}} \geqq \frac{1}{P_{m_0}} + \frac{h}{4}.$$

En tenant compte de ce que tous les termes de S_N reçoivent des accroissements positifs, nous voyons que dans l'hypothèse considérée, l'accroissement de S_N est supérieur à $\frac{h}{4}$.

2° Soit, au contraire, $h\,P_{m_0} < 2$; nous avons alors pour toutes les valeurs m satisfaisant à $0 \leqq m \leqq m_0$,

$$I_m = \frac{1}{P_m} \sqrt{1 + h^2 \frac{P_m^2 - P_{m-1}^2}{1 + h^2 P_{m-1}^2}} > \frac{1}{P_m} \left[1 + \frac{h^2}{4} \frac{P_m^2 - P_{m-1}^2}{1 + h^2 P_{m-1}^2} \right].$$

Donc, l'accroissement de I_m est supérieur à

$$\frac{h^2(P_m - P_{m-1})}{4(1 + h^2 P_{m-1}^2)} > \frac{h^2}{4} \int_{P_{m-1}}^{P_m} \frac{dz}{1 + h^2 z^2},$$

et la somme de tous ces accroissements sera, grâce à (32), supérieure à

$$\frac{h^2}{4} \int_0^{P_{m_0}} \frac{dz}{1 + h^2 z^2} \geqq \frac{h}{4} \int_0^1 \frac{dx}{1 + x^2} = \frac{h\pi}{16}.$$

Ainsi, dans cette seconde hypothèse, également, l'accroissement de S_N est supérieur à $A\,h$, où $A = \frac{\pi}{16}$. C. Q. F. D.

FIN.

LEÇONS

SUR

L'APPROXIMATION DES FONCTIONS

D'UNE VARIABLE RÉELLE

PROFESSÉES A LA SORBONNE

PAR

C. DE LA VALLÉE POUSSIN

PROFESSEUR A L'UNIVERSITÉ DE LOUVAIN
MEMBRE CORRESPONDANT DE L'INSTITUT DE FRANCE

PRÉFACE

Quand on se propose d'exprimer une fonction d'une variable réelle sous forme finie, on s'aperçoit rapidement que l'ordre de la meilleure approximation possible est lié à la continuité et aux propriétés différentielles de la fonction, ou, si la fonction est analytique, à la nature et à la situation des points singuliers. C'est l'étude de cette dépendance réciproque qui fait l'objet du présent Volume. J'ai largement profité des recherches faites récemment sur cette question, mais je ne les expose pas. Je traite le sujet en toute liberté et sous la forme synthétique qui m'a paru la meilleure.

Sauf l'addition du Chapitre IX et quelques retouches de détail par ailleurs, ce Livre est la reproduction fidèle des leçons que j'ai eu l'honneur de faire à la Sorbonne en mai et juin 1918. Aussi ai-je contracté une dette de reconnaissance envers MM. les professeurs de la Faculté des Sciences de Paris. Ils ont bien voulu m'accueillir et m'encourager aux jours sombres. L'hospitalité qu'ils m'ont donnée est un honneur dont je m'enorgueillis encore aux jours victorieux. Je leur adresse ici tous mes remercîments. Puisse ce modeste Volume, fait un peu sous leur inspiration, leur porter le témoignage de ma gratitude.

Je remercie, en particulier, M. E. Borel. C'est la deuxième fois qu'il accepte une monographie signée de mon nom dans la Collection remarquable qu'il dirige. Je ne pouvais pas souhaiter de recommandation plus flatteuse.

Je remercie enfin bien sincèrement la maison Gauthier-Villars et Cie, qui, malgré les sérieuses difficultés de l'heure présente, a entrepris la publication de cet Ouvrage et lui a donné tous les soins.

C. DE LA VALLÉE POUSSIN.

Louvain, juillet 1919.

TABLE DES MATIÈRES.

	Pages.
Introduction. — Théorèmes de Weierstrass. Généralités	1
Chapitre I. — Approximation par les séries de Fourier	10
Chapitre II. — Approximation par les sommes de Fejér	30
Chapitre III. — Méthode générale propre à abaisser la borne précédemment assignée à l'approximation	43
Chapitre IV. — Théorèmes réciproques. Propriétés différentielles que suppose un ordre donné d'approximation	53
Chapitre V. — Approximation par polynomes; réduction à une approximation trigonométrique	63
Chapitre VI. — Polynome d'approximation minimum	74
Chapitre VII. — Approximation trigonométrique minimum	93
Chapitre VIII. — Fonctions analytiques présentant des singularités polaires	111
Chapitre IX. — Fonctions analytiques présentant certaines singularités polaires (points critiques d'ordre s)	127
Chapitre X. — Approximation trigonométrique des fonctions entières	146

APPROXIMATION DES FONCTIONS

INTRODUCTION.

THÉORÈMES DE WEIERSTRASS. GÉNÉRALITÉS.

1. Problème de l'approximation. — La question qui va nous occuper dans ces *Leçons* est la suivante : soit $f(x)$ une fonction continue d'une variable réelle x; il s'agit de l'exprimer sous forme finie avec une approximation plus ou moins grande, mais notre étude ne portera que sur deux modes de représentation approchée : *la représentation par polynomes*, et alors la fonction se fait dans un intervalle (a, b); *la représentation trigonométrique*, et alors la fonction $f(x)$ est supposée périodique de période 2π et la représentation s'étend à toutes les valeurs réelles de x.

Cette représentation trigonométrique est donnée par une expression d'un certain ordre fini n, c'est-à-dire par une somme limitée de la forme

$$\begin{aligned} &a_0 + a_1 \cos x + a_2 \cos 2x + \ldots + a_n \cos nx \\ &\quad + b_1 \sin x + b_2 \sin 2x + \ldots + b_n \sin nx, \end{aligned}$$

ou, ce qui est la même chose, par un polynome de degré n en $\sin x$ et $\cos x$. On sait, en effet, que les expressions

$$\cos kx, \quad \frac{\sin(k+1)x}{\sin x}$$

sont, pour k entier, des polynomes de degré k en $\cos x$. On s'en assure d'ailleurs immédiatement en considérant les formules de récurrence

$$\cos kx - \cos(k-2) = 2\cos(k-1)x \cos x,$$

$$\frac{\sin(k+1)x - \sin(k-1)x}{\sin x} = 2\cos kx.$$

En particulier, si l'expression trigonométrique d'ordre n est paire, elle se réduit, les sinus disparaissant, à un polynome de degré n en $\cos x$.

Soit $f(x)$ une fonction continue dans un intervalle (a, b). Nous pouvons nous donner un polynome de degré n, $P_n(x)$, et le considérer comme une expression approchée de $f(x)$ dans l'intervalle (a, b). Nous dirons alors que la différence, positive ou négative,

$$f(x) - P_n(x),$$

est l'*écart* du polynome P_n au point x et que le maximum dans (a, b) de la valeur absolue de cet écart est l'*approximation* fournie par P_n. Le polynome P_n est donc d'autant meilleur, comme polynome approché, qu'il fournit une approximation plus petite. Si nous considérions une fonction périodique $f(x)$ et une représentation trigonométrique approchée de cette fonction, nous définirions l'approximation d'une manière analogue, sauf que nous envisagerions toutes les valeurs réelles de x; mais il suffit pour cela de faire varier x dans une période, c'est-à-dire dans un intervalle d'amplitude 2π.

Le *problème de l'approximation* consiste à former une expression de l'un des deux types précédents telle que l'approximation soit inférieure à un nombre positif donné d'avance, aussi petit que l'on veut. Ce problème est possible dans les deux cas. Il y a là deux théorèmes d'existence, tous deux dus à Weierstrass (1885) et qui ont été le point de départ de la théorie qui va nous occuper. Voici les énoncés de ces théorèmes :

2. Théorèmes de Weierstrass (¹). — I. *Toute fonction continue dans un intervalle (a, b) peut être développée en série uniformément convergente de polynomes dans cet intervalle*

II. *Toute fonction continue de période 2π peut être développée en série uniformément convergente d'expressions trigonométriques finies.*

(¹) WEIERSTRASS, *Ueber die analytische Darskellbarkeit sogennauter willkurlicher Functionen einer reellen Veranderlichen* (*Sitzungsberichle der Kgl. Ak. der Wiss.*, 1885).

Dans ces deux énoncés, il s'agit de développement en série et non d'approximation sous forme finie, mais les deux problèmes sont les mêmes. En effet, supposons, pour fixer les idées, qu'il s'agisse d'approximation par polynomes. Si l'on connaît un développement de $f(x)$ en série uniformément convergente de polynomes, on en déduit un polynome aussi approché qu'on voudra de cette fonction, en sommant un nombre suffisant de termes de cette série. Réciproquement, si l'on a construit une suite de polynomes $P_1, P_2, \ldots, P_n, \ldots$ fournissant une suite d'approximations tendant vers zéro, on obtient l'expression de $f(x)$ en série uniformément convergente :

$$f(x) = P_1 + (P_2 - P_1) + (P_3 - P_2) + \ldots.$$

Les théorèmes I et II se ramènent l'un à l'autre, comme nous le verrons. On en a donné aussi un grand nombre de démonstrations directes, dont nous ne ferons pas ici l'historique. Mais nous allons exposer maintenant la démonstration la plus élémentaire que l'on ait donnée jusqu'à présent du théorème I. Elle est due à M. Lebesgue [1].

3. **Démonstration de M. H. Lebesgue.** — La démonstration que M. H. Lebesgue a donnée du théorème I présente un caractère distinctif. Elle ramène la démonstration du théorème pour $f(x)$ quelconque, à la démonstration du théorème pour la fonction particulière $|x|$. Voici comment se fait cette réduction :

M. Lebesgue observe que l'on peut approcher autant que l'on veut d'une courbe continue à l'aide d'une ligne polygonale. L'approximation d'une fonction continue se ramène donc à celle de l'ordonnée d'une telle ligne. Il reste à ramener l'approximation d'une telle ordonnée à celle de $|x|$.

Soient $(x_1, y_1), (x_2, y_2), \ldots, (x_n, y_n)$ les sommets d'une ligne polygonale dont il faut représenter approximativement l'ordonnée entre les abscisses x_1 et x_n. Remarquons que la fonction

$$\varphi_k(x) = |x - x_k| + (x - x_k)$$

(1) *Sur l'approximation des fonctions* (*Bull. de la Soc. math.*, 2e série, t. XXII, novembre 1898).

est nulle pour $x \leqq x_k$ et égale à $2(x - x_k)$ pour $x \geqq x_k$. Posons

$$F(x) = a_0 + \sum_{k=1}^{n-1} a_k \varphi_k(x),$$

où $a_0, a_1, \ldots, a_{n-1}$ sont n constantes à déterminer. Cette fonction varie linéairement entre deux abscisses consécutives x_k, x_{k+1}. Donc, pour l'identifier à la ligne polygonale, il suffit d'amener la coïncidence des n sommets, ou de poser les n conditions :

$$y_i = a_0 + 2 \sum_{k=1}^{i-1} a_k (x_i - x_k)$$
$$(i = 1, 2, \ldots, n).$$

Ceci constitue un système récurrent qui détermine de proche en proche $a_0, a_1, \ldots, a_{n-1}$.

Ainsi $F(x)$ est l'ordonnée de la ligne polygonale. Or l'approximation de $F(x)$ dépend de celle de $\varphi_k(x)$, donc de celle de $|x - x_k|$, donc finalement de celle de $|x|$ dans un certain intervalle.

Il existe bien des méthodes d'approximation de $|x|$. Si l'on se borne au seul théorème d'existence de Weierstrass, la plus simple suffit et c'est encore celle de M. Lebesgue.

Soit donc à représenter $|x|$ en série uniformément convergente de polynomes dans un intervalle (a, b). Le problème ne se pose que si a et b sont de signes contraires, et il suffit évidemment de considérer un intervalle symétrique, par exemple $(-b, +b)$. Si l'on pose alors $x = bt$ (b positif), il suffit de représenter $|t|$ dans l'intervalle $(-1, +1)$.

On a, par la formule du binome,

$$+\sqrt{1 - \alpha} = 1 - \frac{1}{2}\alpha - \frac{1}{2,4}\alpha^2 - \frac{1,3}{2,4,6}\alpha^3 - \ldots,$$

et cette série converge uniformément entre -1 et $+1$. Remplaçons α par $1 - t^2$; nous obtenons, dans l'intervalle $(-1, +1)$, le développement cherché

$$|t| = 1 - \frac{1}{2}(1 - t^2) - \frac{1}{2,4}(1 - t^2)^2 - \ldots.$$

Cette démonstration ne va pas au delà du théorème d'existence.

Elle est très intéressante par sa simplicité, mais elle ne fournit qu'une approximation médiocre. Elle se prêterait mal à la recherche d'approximations aussi convergentes que possible, recherche qui fera l'objet des principaux Chapitres de ces *Leçons*.

4. Démonstration du théorème II. — Un grand nombre de démonstrations du théorème II se fondent sur les propriétés des séries de Fourier. Nous rencontrerons, au Chapitre II, celle de M. Fejér. Il est cependant utile d'établir le théorème de Weierstrass indépendamment de cette théorie, et c'est ce que M. Lebesgue a fait (1) en ramenant le théorème II au théorème I.

Voici une démonstration (2) qui s'inspire des mêmes idées que celle de M. Lebesgue, mais qui en diffère par les artifices employés.

Soit $f(x)$ la fonction continue de période 2π, dont il faut faire l'approximation trigonométrique. Considérons les deux fonctions

$$f(x)+f(-x), \qquad [f(x)-f(-x)]\sin x.$$

Ces fonctions, toutes deux paires de période 2π, sont donc des fonctions uniformes de $\cos x = u$ et nous pouvons les désigner par $\varphi(u)$ et $\psi(u)$. Je dis que l'approximation trigonométrique de $f(x)$ revient à celle par polynomes de $\varphi(u)$, de $\psi(u)$ et de deux autres fonctions analogues.

Soient, en effet, $\mathrm{P}(u)$ et $\mathrm{Q}(u)$ deux polynomes tels que l'on ait approximativement

$$\varphi(u) = \mathrm{P}(u), \qquad \psi(u) = \mathrm{Q}(u);$$

on aura, avec la même approximation,

$$[f(x)+f(-x)]\sin^2 x = \mathrm{P}(\cos x)\sin^2 x,$$
$$[f(x)-f(-x)]\sin^2 x = \mathrm{Q}(\cos x)\sin x;$$

d'où, la relation approchée

$$(1) \qquad 2f(x)\sin^2 x = \mathrm{P}(\cos x)\sin^2 x + \mathrm{Q}(\cos x)\sin x.$$

(1) Mémoire cité.

(2) DE LA VALLÉE POUSSIN, *L'approximation des fonctions d'une variable réelle* (*L'Enseignement mathématique*, 20e année, n° 1, 1918).

Recommençons le même calcul avec la fonction $f\left(x+\frac{\pi}{2}\right)$ au lieu de $f(x)$. Les polynomes $P(u)$ et $Q(u)$ sont remplacés par deux autres $R(u)$ et $S(u)$; d'où la relation approchée

$$2f\left(x+\frac{\pi}{2}\right)\sin^2 x = R(\cos x)\sin^2 x + S(\cos x)\sin x,$$

et, en changeant x en $x-\frac{\pi}{2}$,

$$(2) \qquad 2f(x)\cos^2 x = R(\sin x)\cos^2 x - S(\sin x)\cos x.$$

Ajoutons maintenant les relations approchées (1) et (2) membre à membre; nous obtenons l'expression trigonométrique approchée de $f(x)$.

5. Réduction de l'approximation par polynomes à une approximation trigonométrique. — Nous venons de ramener, avec M. Lebesgue, l'approximation trigonométrique à une approximation par polynomes. On peut aussi faire l'inverse et réduire l'approximation par polynomes à une approximation trigonométrique. C'est ce procédé inverse que nous aurons surtout à utiliser dans ces Leçons. A cet effet, nous ferons grand usage d'un artifice extrêmement simple, dont M. S. Bernstein surtout a montré les avantages [1] et dont il importe de dire un mot dès maintenant.

Soit à représenter par polynomes une fonction continue $f(x)$ dans un intervalle donné. Tout intervalle (a, b) se ramène à $(-1, +1)$ par la substitution linéaire

$$x = a\frac{1-t}{2} + b\frac{1+t}{2}.$$

Supposons qu'elle transforme $f(x)$ en $\varphi(t)$; la représentation de $\varphi(t)$ dans l'intervalle $(-1, +1)$ se transforme dans celle de $f(x)$ dans (a, b) par la substitution linéaire inverse. Ces substitutions transforment un polynome en un autre et n'en altèrent pas le degré. Il suffit donc bien de considérer la représentation d'une fonction $f(x)$ dans l'intervalle $(-1, +1)$. Posons, avec M. Bernstein,

$$x = \cos\varphi;$$

---

[1] *Sur la meilleure approximation des fonctions continues* (*Mémoires publiés par la classe des Sciences de l'Académie royale de Belgique*. Collection in-4°. 2e série, t. IV, 1912).

cette substitution transforme $f(x)$ en $f(\cos\varphi)$ qui est une fonction paire de période 2π. Je dis que *l'approximation de $f(x)$ par des polynomes en x et celle de $f(\cos\varphi)$ par des expressions trigonométriques en φ sont deux problèmes complètement équivalents.*

Supposons, en effet, que nous ayons, avec une certaine approximation, la représentation trigonométrique

$$f(\cos\varphi) = a_0 + a_1 \cos\varphi + a_2 \cos 2\varphi + \ldots + a_n \cos n\varphi,$$

ne contenant que des cosinus (puisque la fonction est paire), et remarquons que $\cos k\varphi$ est un polynome de degré k en $\cos\varphi$,

$$\cos k\varphi = P_k(\cos\varphi);$$

nous avons, avec la même approximation, la représentation par polynome que nous cherchons

$$f(x) = a_0 + a_1 P_1(x) + \ldots + a_n P_n(x).$$

Les polynomes $P_1(x)$, $P_2(x)$, ... sont ce que M. Bernstein appelle des *polynomes trigonométriques*. Ils ont été considérés bien avant lui par le grand mathématicien russe Tchebycheff, qui en a signalé des propriétés remarquables, et nous aurons l'occasion d'y revenir dans la suite.

Réciproquement, une représentation de $f(x)$ par un polynome en x se transforme, en posant $x = \cos\varphi$, dans une représentation trigonométrique de $f(\cos\varphi)$.

6. **Module de continuité.** — Soit $f(x)$ une fonction continue dans un intervalle (a, b). Considérons deux points x_1, x_2 de cet intervalle et formons la différence absolue

$$|f(x_2) - f(x_1)|.$$

Cette différence admet un maximum pour l'ensemble des points de l'intervalle (a, b) qui satisfont à la condition

$$|x_2 - x_1| \leqq \delta,$$

où δ est un nombre positif donné. Ce maximum est une fonction continue de δ, que nous désignerons par $\omega(\delta)$ et que nous appellerons *module de continuité* de $f(x)$ dans l'intervalle (a, b). On pourrait préférer à cette dénomination celle de *module d'oscillation*, plus naturelle à certains égards ([1]); mais nous choisissons la première, parce qu'elle attire mieux l'attention sur l'usage que nous aurons à faire de la notion qu'elle exprime.

D'après sa définition, le module de continuité est donc une fonction continue et non décroissante de δ, qui tend vers zéro avec δ. C'est la rapidité plus ou moins grande de cette convergence quand δ tend vers zéro qui nous intéressera plus particulièrement dans la suite.

Quand $f(x)$ est périodique, le module de continuité se définit de la même façon, mais sans restriction d'intervalle. Dans ces conditions, $\omega(\delta)$ atteint évidemment son maximum pour une valeur de δ égale ou inférieure à l'amplitude de la demi-période, de sorte que ce maximum est $\omega(\pi)$.

Le module de continuité possède quelques propriétés qui sont presque immédiates :

1° *Quel que soit λ entier, on a*

$$\omega(\lambda\delta) \overline{\gtrless} \lambda\omega(\delta).$$

En effet, cette inégalité s'obtient en remplaçant chaque terme par la borne supérieure de son module, sous la condition $|k| < \delta$, dans l'égalité

$$f(x+\lambda h) - f(x) = \sum_{k=0}^{\lambda-1} [f(x+kh+h) - f(x+kh)].$$

2° *Quel que soit λ positif (entier ou non)*, on a

$$\omega(\lambda\delta) < (\lambda+1)\omega(\delta).$$

Soit $\lambda+\varepsilon$ l'entier supérieur à λ (supposé non entier); on a

$$\omega(\lambda\delta) \overline{\gtrless} \omega[(\lambda+\varepsilon)\delta] \overline{\gtrless} (\lambda+\varepsilon)\omega(\delta) < (\lambda+1)\omega(\delta).$$

3° *Si $\omega(\delta)$ s'annule pour une valeur non nulle δ_1 de δ, $f(x)$ se réduit à une constante.*

En effet, $\omega(\delta)$ s'annule pour $\delta \overline{\gtrless} \delta_1$, auquel cas, $f(x)$ est constant dans tout intervalle $< \delta_1$, donc aussi dans tout intervalle.

---

[1] Cette observation m'a été faite par M. Lalesco.

7. Condition de Lipschitz. — On dit qu'une fonction est *lipschitzienne* ou vérifie une *condition de Lipschitz*, si l'on peut assigner une constante M telle que l'on ait, quels que soient x_1 et x_2,

$$|f(x_2) - f(x_2)| \leqq M\,|x_2 - x_1|.$$

Si la fonction $f(x)$ est lipschitzienne, elle est continue et son module de continuité satisfait à la condition

$$\omega(\delta) \leqq M\delta,$$

complètement équivalente à la précédente.

Cette condition est celle de Lipschitz proprement dite. Plus généralement, on dit qu'une fonction $f(x)$ vérifie une condition de Lipschitz d'ordre α ou d'exposant α $(0 < \alpha \leqq 1)$, si l'on a

$$\omega(\delta) \leqq M\delta^\alpha.$$

Ainsi la condition de Lipschitz proprement dite est celle d'ordre 1.

Il n'y a pas lieu de considérer de condition de Lipschitz d'ordre $\alpha > 1$. Une fonction qui la posséderait se réduirait à une constante. On aurait, en effet, par la propriété 1° du numéro précédent, quel que soit λ entier,

$$\omega(\delta) = \omega\left(\lambda\frac{\delta}{\lambda}\right) \leqq \lambda\omega\left(\frac{\delta}{\lambda}\right) \leqq \lambda M\left(\frac{\delta}{\lambda}\right)^\alpha;$$

et, en faisant tendre λ vers l'infini,

$$\omega(\delta) \leqq \lim \frac{M\delta^\alpha}{\lambda^{\alpha-1}} = 0.$$

CHAPITRE I.

APPROXIMATION PAR LES SÉRIES DE FOURIER.

8. Séries et constantes de Fourier. Propriété de minimum qui les définit. — Soit $f(x)$ une fonction bornée et intégrable de période 2π. Considérons la suite trigonométrique finie d'ordre n

$$S_n = \frac{1}{2} a_0 + \sum_{k=1}^{n} (a_k \cos kx + b_k \sin kx).$$

Cette suite s'appelle la *somme de Fourier d'ordre n* relative à $f(x)$, si les coefficients a_k et b_k sont déterminés par la condition de minimer l'intégrale

$$\int_0^{2\pi} [f(x) - S_n]^2 \, dx.$$

Cette intégrale est une expression quadratique positive en a, b, admettant nécessairement un minimum. Pour le réaliser, il faut annuler les dérivées partielles en a et en b, c'est-à-dire poser

$$\int_0^{2\pi} [f(x) - S_n] \cos kx \, dx = 0, \qquad \int_0^{2\pi} [f(x) - S_n] \sin kx \, dx = 0$$
$$(k = 0, 1, 2, \ldots, n),$$

d'où, sans difficulté,

$$(1) \qquad \begin{cases} a_k = \dfrac{1}{\pi} \displaystyle\int_0^{2\pi} f(x) \cos kx \, dx, \qquad b_k = \dfrac{1}{\pi} \displaystyle\int_0^{2\pi} f(x) \sin kx \, dx \\ (k = 0, 1, 2, \ldots, n). \end{cases}$$

Il est important de remarquer que, par suite de la périodicité, l'intervalle d'intégration peut être remplacé par tout autre de même amplitude 2π, sans changer la valeur de ces intégrales.

Les constantes a_k et b_k déterminées par les formules (1) sont les *constantes de Fourier* de $f(x)$. La série illimitée

$$\frac{1}{2}a_0 + \sum_1^\infty a_k \cos kx + b_k \sin kx,$$

considérée au point de vue purement formel, qu'elle soit convergente ou non, est la *série de Fourier de* $f(x)$. La somme S_n est celle des $n+1$ premiers termes de cette série.

L'expression des constantes de Fourier, sous forme d'intégrales définies par les formules (1), conduit immédiatement à quelques conséquences fondamentales :

1° *Si le module de* $f(x)$ *ne surpasse pas* M, *celui des constantes de Fourier ne surpasse pas* 2M.

2° *Les constantes de Fourier de* $f+\varphi$ *sont les sommes des constantes de Fourier du même ordre de* f *et de* φ. *La série de Fourier de* $f+\varphi$ *est la somme terme à terme des séries de* f *et de* φ.

9. **Conséquences du théorème de Weierstrass.** — Le théorème II de Weierstrass (n° 2) entraîne d'autres propriétés également fondamentales des constantes et des sommes de Fourier. Indiquons-les :

1° *Si* $f(x)$ *de période* 2π *est continue, on a*

$$\lim_{n=\infty} \int_0^{2\pi} [f(x) - S_n]^2\, dx = 0.$$

En effet, d'après Weierstrass, on peut définir une expression trigonométrique T_n, d'ordre n et donnant une approximation ρ_n qui tend vers zéro avec $1:n$. Donc, puisque S_n minime l'intégrale, on a

$$\int_0^{2\pi} (f - S_n)^2\, dx \overline{\overline{<}} \int_0^{2\pi} (f - T_n)^2\, dx \overline{\overline{<}} \int_0^{2\pi} \rho_n^2\, dx.$$

Le dernier membre de ces inégalités tend vers zéro avec $1:n$, donc *a fortiori* le premier.

2° *Si $f(x)$ est continue, la série positive*

$$\sum_{0}^{\infty}(a_k^2+b_k^2)$$

est convergente et a pour somme

$$\frac{1}{\pi}\int_{0}^{2\pi} f(x)^2\,dx.$$

En effet, faisons la décomposition

$$\int_0^{2\pi}[f-S_n]^2\,dx=\int_0^{2\pi}f^2\,dx-2\int_0^{2\pi}f\,S_n\,dx+\int_0^{2\pi}S_n^2\,dx.$$

On a, par les formules (1),

$$\int_0^{2\pi}f\,S_n\,dx=\sum_0^n\int_0^{2\pi}f(a_k\cos kx+b_k\sin kx)\,dx=\pi\sum_0^n(a_k^2+b_k^2).$$

D'autre part, on a, en développant S_n,

$$\int_0^{2\pi}S_n^2\,dx=\sum_0^n\int_0^{2\pi}(a_k\cos bx+b_k\sin kx)^2\,dx=\pi\sum_0^n(a_k^2+b_k^2).$$

Par conséquent

$$\int_0^{2\pi}(f-S_n)^2\,dx=\int_0^{2\pi}f^2\,dx-\pi\sum_0^n(a_k^2+b_k^2).$$

Quand n tend vers l'infini, le premier membre tend vers zéro (par 1°), donc le second membre aussi, ce qui prouve la proposition.

On remarquera que l'on tire maintenant de la dernière équation

$$\int_0^{2\pi}(f-S_n)^2\,dx=\pi\sum_{n+1}^{\infty}(a_k^2+b_k^2).$$

3° *Si les constantes de Fourier d'une fonction continue sont toutes nulles, la fonction est identiquement nulle.*

En effet, on a, par la propriété 2°,

$$\int_0^{2\pi} f^2\, dx = 0,$$

ce qui n'a lieu pour f continue que si $f = 0$.

Cette proposition entraîne immédiatement la suivante :

4° *Deux fonctions continues qui ont les mêmes constantes de Fourier sont identiques.*

5° *Si la série de Fourier d'une fonction continue f est uniformément convergente dans la période, donc, en particulier, si les séries positives* $\Sigma|a_k|$ et $\Sigma|b_k|$ *convergent, la série de Fourier a pour somme f.*

En effet, la somme de la série est une fonction continue et périodique φ. Comme la série est intégrable terme à terme, les constantes de Fourier de φ [qui se calculent par les formules (1)] sont les mêmes que celles de f; donc $f = \varphi$ (par 4°).

6° *Si une expression trigonométrique* T_n *d'ordre n fournit une approximation* ρ_n, *on a nécessairement*

$$\rho_n \overline{\geq} \sqrt{\frac{1}{2}\sum_{n+1}^{\infty}(a_k^2 + b_k^2)},$$

ce qui fournit une première borne inférieure de la meilleure approximation possible (¹).

En effet, puisque S_n minime l'intégrale, on a (2°)

$$\int_0^{2\pi}(f - T_n)^2\, dx \overline{\geq} \int_0^{2\pi}(f - S_n)^2\, dx = \pi\sum_{n+1}^{\infty}(a_k^2 + b_k^2);$$

et, puisque T_n donne l'approximation ρ_n,

$$\int_0^{2\pi}(f - T_n)^2\, dx \overline{\leq} \int_0^{2\pi}\rho_n^2\, dx = 2\pi\rho_n^2.$$

(¹) S. Bernstein, *Sur l'ordre de la meilleure approximation des fonctions continues* (n° 52) (*Mémoires publiés par l'Académie royale de Belgique*, t. IV, 1912). Nous avons rétabli le facteur $\frac{1}{2}$ qui manque ici sous le radical.

La comparaison des deux bornes ainsi obtenues justifie le théorème énoncé.

10. Dérivation des séries de Fourier. — *Si f de période 2π admet une dérivée d'ordre r bornée et intégrable, la série de Fourier de $f^{(r)}$ s'obtient en dérivant r fois terme à terme celle de f.*

Il suffit de faire la preuve pour le premier ordre, donc de vérifier que la série dérivée

$$\sum_{1}^{\infty} k(-a_k \sin kx + b_k \cos kx)$$

est la série de Fourier de f', donc de vérifier que ses coefficients sont bien les constantes de Fourier A_0, A_k et B_k de f'.

On a, en intégrant par parties, et à cause de la périodicité,

$$A_0 = \frac{1}{\pi}\int_0^{2\pi} f'\,dx = \frac{1}{\pi}[f(2\pi) - f(0)] = 0,$$

$$A_k = \frac{1}{\pi}\int_0^{2\pi} f' \cos kx\,dx = \frac{k}{\pi}\int_0^{2\pi} f \sin kx\,dx = kb_k,$$

$$B_k = \frac{1}{\pi}\int_0^{2\pi} f' \sin kx\,dx = -\frac{k}{\pi}\int_0^{2\pi} f \cos kx\,dx = -ka_k.$$

La vérification est donc faite.

11. Théorème. — *Soit $\varphi(x)$ une fonction continue dans un intervalle fini (a, b); si λ tend vers l'infini d'une manière quelconque, on a*

$$\lim_{\lambda=\infty}\int_a^b \varphi(x)\cos\lambda x\,dx = \lim_{\lambda=\infty}\int_a^b \varphi(x)\sin\lambda x\,dx = 0.$$

Il suffira de considérer la première intégrale. Posons

$$I = \int_a^b \varphi(x)\cos\lambda x\,dx.$$

Substituons dans cette intégrale $x + \frac{\pi}{\lambda}$ à x et ajoutons l'intégrale transformée à la précédente; il vient

$$2I = \int_a^b \varphi(x)\cos\lambda x\,dx - \int_{a-\frac{\pi}{\lambda}}^{b-\frac{\pi}{\lambda}} \varphi\left(x+\frac{\pi}{\lambda}\right)\cos\lambda x\,dx$$

$$= \int_a^{b-\frac{\pi}{\lambda}} \left[\varphi(x) - \varphi\left(x+\frac{\pi}{\lambda}\right)\right]\cos\lambda x\,dx$$

$$+ \int_{b-\frac{\pi}{\lambda}}^{b} \varphi(x)\cos\lambda x\,dx - \int_{a-\frac{\pi}{\lambda}}^{a} \varphi\left(x+\frac{\pi}{\lambda}\right)\cos\lambda x\,dx.$$

Chacune de ces trois intégrales tend vers zéro quand λ tend vers l'infini : la première avec la fonction à intégrer et les deux dernières avec l'amplitude de l'intervalle d'intégration.

Le théorème précédent subsiste si $\varphi(x)$ admet un nombre limité de points de discontinuité, même sans supposer $\varphi(x)$ bornée, mais moyennant l'existence de l'intégrale

$$\int_a^b |\varphi|\,dx.$$

On peut admettre que φ n'est discontinue qu'aux limites a et b, car l'intégrale se décompose en plusieurs autres vérifiant cette condition. Alors, quelque petit que soit ε positif donné, on peut se donner un η positif assez petit pour que les deux intégrales :

$$\int_a^b |\varphi|\,dx, \quad \int_{a+\eta}^{b-\eta} |\varphi|\,dx$$

diffèrent au plus de ε, auquel cas les deux suivantes :

$$\int_a^b \varphi\cos\lambda x\,dx, \quad \int_{a+\eta}^{b-\eta} \varphi\cos\lambda x\,dx$$

diffèrent au plus de ε, quel que soit λ. Il suffit donc de démontrer le théorème pour la seconde, dans laquelle φ est continue, ce qui ramène au cas précédent [1].

12. Ordre de grandeur des constantes de Fourier. — 1° *Si la*

---

(1) M. Lebesgue a démontré que le théorème subsiste sous la seule condition que φ soit sommable. (*Leçons sur les séries trigonométriques*, p. 61).

fonction $f(x)$ de période 2π est continue et admet le module de continuité $\omega(\delta)$, ses constantes de Fourier a_m et b_m tendent vers zéro pour $m=\infty$ (en vertu du théorème précédent) et l'on a

$$|a_m| \overline{\overline{<}} \omega\left(\frac{\pi}{m}\right), \qquad |b_m| \overline{\overline{<}} \omega\left(\frac{\pi}{m}\right).$$

Il suffira de faire la démonstration pour a_m.

Recommençons le calcul de la démonstration précédente. Nous aurons, par le changement de x en $x+\frac{\pi}{m}$ et sans toucher aux limites (à cause de la périodicité),

$$a_m = \frac{1}{\pi}\int_0^{2\pi} f(x)\cos mx\,dx = -\frac{1}{\pi}\int_0^{2\pi} f\left(x+\frac{\pi}{m}\right)\cos mx\,dx;$$

puis, en faisant la demi-somme,

$$a_m = \frac{1}{2\pi}\int_0^{2\pi}\left[f(x) - f\left(x+\frac{\pi}{m}\right)\right]\cos mx\,dx.$$

Donc, par le théorème de la moyenne,

$$|a_m| \overline{\overline{<}} \frac{1}{2\pi}\,\omega\left(\frac{\pi}{m}\right)\int_0^{2\pi} dx = \omega\left(\frac{\pi}{m}\right).$$

2° *Si $f(x)$ de période 2π possède une dérivée d'ordre r et que celle-ci admette le module de continuité $\omega_r(\delta)$, on a*

$$|a_m| \overline{\overline{<}} \frac{1}{m^r}\,\omega_r\left(\frac{\pi}{m}\right), \qquad b_m \overline{\overline{<}} \frac{1}{m^r}\,\omega_r\left(\frac{\pi}{m}\right).$$

En effet, les constantes de Fourier de $f^{(r)}(x)$ sont, à l'ordre et au signe près (n° 10), $m^r a_m$ et $m^r b_m$. Or elles sont de module $<\omega_r\left(\frac{\pi}{m}\right)$, en vertu de la proposition 1°, d'où la proposition actuelle.

Voici déjà quelques applications très simples de ces principes.

Si la série positive $\Sigma(|a_m| + |b_m|)$ converge, la série de Fourier converge uniformément vers $f(x)$ (n° 9) et l'approximation fournie par la somme de Fourier S_n est inférieure à

$$\sum_{n+1}^{\infty}(|a_k| + |b_k|).$$

Considérons quelques cas particuliers :

Si $f(x)$ admet une dérivée $f'(x)$ satisfaisant à une condition de Lipschitz d'ordre α, on a (par 1°)

$$\sum(|a_m|+|b_m|) \overline{\gtrless} 2\sum \frac{1}{m}\omega\left(\frac{\pi}{m}\right) < \mathrm{M}\sum \frac{1}{m^{1+\alpha}},$$

où M est une constante convenable. Cette série est convergente, donc la série de Fourier converge vers $f(x)$. Ce critérium rentre dans d'autres plus généraux que nous rencontrerons plus loin.

Si $f(x)$ est indéfiniment dérivable, on a (par 2°), quel que soit r entier,

$$\sum_{n+1}^{\infty}(|a_k|+|b_k|) < \mathrm{M}_r \sum_{n+1}^{\infty} \frac{1}{k^{r+1}} < \frac{\mathrm{M}_r}{rn^r},$$

où M_r est une constante par rapport à n. Donc, quand n tend vers l'infini, l'approximation fournie par la somme S_n de Fourier est infiniment petite d'ordre supérieur à toute puissance de $1 : n$.

13. Sommation de la série de Fourier et de la série conjuguée par des intégrales définies. — Soit $f(x)$ une fonction bornée et intégrable de période 2π. En même temps que la série de Fourier de $f(x)$,

$$\frac{1}{2}a_0 + \sum_{1}^{\infty}(a_k \cos kx + b_k \sin kx),$$

il est utile de considérer celle qui s'en déduit par la permutation des coefficients a, b et le changement de signe de x. Cette nouvelle série, que l'on appelle la *série conjuguée* de celle de Fourier, est donc la suivante :

$$\sum_{1}^{\infty}(b_k \cos kx - a_k \sin kx).$$

Les sommes d'ordre n de ces deux séries sont respectivement :

$$\mathrm{S}_n = \frac{1}{2}a_0 + \sum_{1}^{n}(a_k \cos kx + b_k \sin kx),$$

$$\mathrm{S}'_n = \sum_{1}^{n}(b_k \cos kx - a_k \sin kx).$$

Par la substitution des valeurs (1) des constantes de Fourier, ces sommes se transforment dans les intégrales

$$S_n = \frac{1}{\pi}\int_0^{2\pi}\left[\frac{1}{2}+\sum_1^n \cos k(t-x)\right]f(t)\,dt,$$

$$S'_n = \frac{1}{\pi}\int_0^{2\pi}\left[\sum_1^n \sin k(t-x)\right]f(t)\,dt.$$

Changeons t en $t+x$, sans toucher aux limites (à cause de la périodicité), il vient

$$S_n = \frac{1}{\pi}\int_0^{2\pi}\left[\frac{1}{2}+\sum_1^n \cos kt\right]f(t+x)\,dt,$$

$$S'_n = \frac{1}{\pi}\int_0^{2\pi}\left[\sum_1^n \sin kt\right]f(t+x)\,dt.$$

L'intervalle d'intégration peut être remplacé par tout autre de même amplitude 2π, en particulier par $(-\pi, +\pi)$. Ceci fait, les intégrales entre $-\pi$ et zéro se ramènent à des intégrales entre zéro et π, par le changement de t en $-t$, et il vient ainsi

$$S_n = \frac{1}{\pi}\int_0^{\pi}\left[\frac{1}{2}+\sum_1^n \cos kt\right][f(x+t)+f(x-t)]\,dt,$$

$$S'_n = \frac{1}{\pi}\int_0^{\pi}\left[\sum_1^n \sin kt\right][f(x+t)-f(x-t)]\,dt.$$

Si l'on sépare le réel et l'imaginaire dans la relation

$$\frac{1}{2}+\sum_1^n e^{kti} = \frac{e^{(n+1)ti}-1}{e^{ti}-1}-\frac{1}{2} = \frac{e^{\left(n+\frac{1}{2}\right)ti}-\cos\frac{1}{2}t}{2i\sin\frac{1}{2}t},$$

on obtient

$$\frac{1}{2}+\sum_1^n \cos kt = \frac{\sin\left(n+\frac{1}{2}\right)t}{2\sin\frac{1}{2}t}, \tag{2}$$

$$\sum_1^n \sin kt = \frac{\cos\frac{1}{2}t-\cos\left(n+\frac{1}{2}\right)t}{2\sin\frac{1}{2}t}. \tag{3}$$

Il vient, par la substitution de ces valeurs,

$$(4)\qquad S_n = \frac{1}{\pi}\int_0^\pi [f(x+t)+f(x-t)]\frac{\sin\left(n+\frac{1}{2}\right)t}{2\sin\frac{1}{2}t}\,dt,$$

$$(5)\qquad S'_n = \frac{1}{\pi}\int_0^\pi [f(x+t)-f(x-t)]\frac{\cos\frac{1}{2}t-\cos\left(n+\frac{1}{2}\right)t}{2\sin\frac{1}{2}t}\,dt.$$

La convergence de la série de Fourier et de sa conjuguée sont liées à la convergence des intégrales précédentes pour $n=\infty$. Nous renverrons aux Ouvrages classiques pour l'étude des critériums de convergence les plus généraux. Nous n'indiquerons ici que le plus important, qui est le suivant :

14. Critérium de convergence des séries précédentes. — *Soit $f(x)$ une fonction continue de période 2π. La série de Fourier de $f(x)$ et sa conjuguée seront toutes les deux convergentes au point x, si, ε positif étant donné, l'intégrale*

$$\int_{-\varepsilon}^{\varepsilon}\left|\frac{f(x+t)-f(x)}{t}\right|dt$$

a une valeur finie. Dans ce cas, la série de Fourier a pour somme $f(x)$ et sa conjuguée a pour somme l'intégrale (existant par hypothèse)

$$(6)\qquad f_1(x) = \frac{1}{2\pi}\int_0^\pi [f(x+t)-f(x-t)]\cot\tfrac{1}{2}t\,dt.$$

En intégrant les deux membres de la formule (2) au numéro précédent, il vient

$$\frac{2}{\pi}\int_0^\pi \frac{\sin\left(n+\frac{1}{2}\right)t}{2\sin\frac{1}{2}t}\,dt = 1;$$

donc, en multipliant cette relation par $f(x)$, puis en retranchant l'équation (4) du résultat, il vient

$$f(x)-S_n = \frac{1}{\pi}\int_0^\pi [2f(x)-f(x+t)-\ (x-t)]\frac{\sin\left(n+\frac{1}{2}\right)t}{2\sin\frac{1}{2}t}\,dt.$$

Pour établir la première partie du théorème, c'est-à-dire que la série de Fourier converge vers $f(x)$, il faut montrer que cette intégrale tend vers zéro quand n tend vers l'infini. Mais c'est la conséquence du théorème général du n° 11, pourvu que l'intégrale

$$\int_0^\pi \left| \frac{f(x+t)+f(x-t)-2f(x)}{2\sin\frac{1}{2}t} \right| dt$$

existe. Reste seulement à démontrer cette existence.

A cet effet, on observe que l'intégrale

$$\int_0^\varepsilon \left| \frac{f(x+t)+f(x-t)-2f(x)}{t} \right| dt$$

existe par hypothèse. Or on n'altère pas cette conclusion en étendant l'intégration de o à π (puisque f est continue), ni en multipliant la fonction à intégrer par la fonction continue

$$\frac{t}{2\sin\frac{1}{2}t}.$$

On retrouve alors l'intégrale dont il faut prouver l'existence. Passons à la seconde partie du théorème.

L'existence de l'intégrale (6) se justifie par un raisonnement tout pareil à celui que nous venons de faire. En retranchant alors l'équation (5) de (6), on trouve

$$f_1(x) - S'_n = \frac{1}{\pi}\int_0^\pi \frac{f(x+t)-f(x-t)}{2\sin\frac{1}{2}t}\cos\left(n+\frac{1}{2}\right)t\,dt.$$

Pour prouver que la série conjuguée converge vers $f_1(x)$, il faut prouver que cette intégrale tend vers zéro quand n tend vers l'infini. Mais c'est encore une fois la conséquence du théorème du n° 11, parce que l'intégrale

$$\int_0^\pi \left| \frac{f(x+t)-f(x-t)}{2\sin\frac{1}{2}t} \right| dt$$

existe, par la condition supposée dans l'énoncé du théorème.

Il y a lieu d'observer que ladite condition a lieu en tout point où $f(x)$ a une dérivée finie. Elle a lieu partout, si $f(x)$ vérifie une condition de Lipschitz d'un ordre α si petit qu'il soit.

Nous pouvons maintenant établir les théorèmes concernant l'approximation par les séries de Fourier.

15. **Théorème I.** — *On peut assigner* a priori *deux nombres fixes* A *et* B *jouissant de la propriété suivante : Si* $f(x)$ *est une fonction périodique et intégrable de module* $< M$, *les deux sommes* S_n *et* S'_n *sont toutes deux de module inférieur à*

$$M(A\log n + B),$$

quel que soit n entier positif.

Il suffit de démontrer que la condition peut se réaliser pour chacune des deux sommes.

Commençons par S_n. On a, par la formule (4),

$$|S_n| < \frac{2M}{\pi}\int_0^\pi \left|\frac{\sin\left(n+\frac{1}{2}\right)t}{2\sin\frac{1}{2}t}\right| dt < M\int_0^\pi \left|\frac{\sin\left(n+\frac{1}{2}\right)t}{t}\right| dt$$

$$< M\int_0^{\left(n+\frac{1}{2}\right)\pi}\left|\frac{\sin t}{t}\right| dt < M\int_0^1 dt + M\int_1^{\left(n+\frac{1}{2}\right)\pi}\frac{dt}{t}$$

$$< M\left[1+\log\left(n+\frac{1}{2}\right)\pi\right] < M(1+\log n + \log 2\pi).$$

Cette dernière parenthèse est de la forme $A\log n + B$.

Passons à S'_n. On a, par la formule (5),

$$|S'_n| < \frac{2M}{\pi}\int_0^\pi \left|\frac{\cos\frac{1}{2}t - \cos\left(n+\frac{1}{2}\right)t}{2\sin\frac{1}{2}t}\right| dt$$

$$< \frac{4M}{\pi}\int_0^\pi \left|\frac{\sin\frac{n}{2}t\sin\frac{n+1}{2}t}{2\sin\frac{1}{2}t}\right| dt < \frac{4M}{\pi}\int_0^\pi \left|\frac{\sin\frac{n+1}{2}t}{2\sin\frac{1}{2}t}\right| dt.$$

Cette intégrale est la même que l'autre, sauf que n est remplacé par $\frac{n}{2}$ et qu'il y a un facteur 2 en plus. Il suffira de doubler les valeurs précédentes de A et de B.

Il est facile d'abaisser les valeurs de A et de B fournies par les calculs qui précèdent, mais cela n'a pas actuellement d'intérêt.

16. **Théorème II.** — *Supposons* $f(x)$ *périodique et intégrable*

et désignons par R_n *la différence* $f(x) - S_n$. *On peut assigner* a priori *deux nombres fixes* A *et* B *tels que, si* $f(x)$ *est de module* $< M$, *on ait, quel que soit* n,

$$|R_n| < M(A \log n + B).$$

Ce théorème n'est pas distinct du précédent. On a

$$|R_n| \leqq |f| + |S_n| \leqq M + |S_n|.$$

Il suffit donc d'ajouter une unité à la valeur de B trouvée ci-dessus.

M. Lebesgue [1] a déduit du théorème précédent une conséquence de la plus haute importance. C'est une seconde règle [2] qui donne une borne inférieure de la meilleure approximation d'ordre n quand on connaît le développement de Fourier de la fonction à représenter. Voici cette règle :

17. **Règle de M. Lebesgue.** — *Si l'approximation de* $f(x)$ *par une suite de Fourier d'ordre* n *est égale à* $\varphi(n)$, *la meilleure approximation trigonométrique du même ordre est au moins égale à*

$$\frac{\varphi(n)}{A \log n + B},$$

où A *et* B *sont les deux nombres assignés dans le théorème précédent.*

Soient S_n la somme de Fourier donnant l'approximation $\varphi(n)$ et T_n une seconde expression d'ordre n donnant l'approximation ρ_n. Considérons la décomposition

$$f = (f - T_n) + T_n.$$

Soit Σ_n la somme de Fourier de $f - T_n$, nous en concluons

$$S_n = \Sigma_n + T_n,$$
$$|f - S_n| = |(f - T_n) - \Sigma_n|.$$

Comme Σ_n est la somme de Fourier de $f - T_n$ qui est de

(1) *Sur les intégrales singulières* (*Ann. Fac. des Sc. de Toulouse*, 1910).

(2) *Voir* la première au n° 9 (6°).

module $<\rho_n$, nous avons, par le théorème précédent,

$$|f - T_n) - \Sigma_n| \overset{=}{<} \rho_n(A \log n + B);$$

et, comme d'autre part $|f - S_n|$ atteint la valeur $\varphi(n)$, nous devons en conclure

$$\varphi(n) \overset{=}{<} \rho_n(A \log n + B).$$

De là résulte la borne inférieure assignée à ρ_n.

18. Théorème III. — *On peut assigner* a priori *deux nombres fixes* A *et* B *jouissant de la propriété suivante : Si $f(x)$ de période 2π admet une dérivée d'ordre r intégrable et de module $<M_r$, on a*

$$|R_n| = |f(x) - S_n| < (A \log n + B)\frac{M_r}{n^r}.$$

Supposons d'abord r pair et soit $r = 2q$.

La série de Fourier de $f^{(r)}(x)$ s'obtient en dérivant $r = 2q$ fois celle de $f(x)$, à savoir

$$f(x) = \sum_0^\infty A_k, \qquad A_k = a_k \cos kx + b_k \sin kx,$$

laquelle converge par le critérium du n° **14**. La série dérivée (qui peut être convergente ou non) sera

$$\sum_1^\infty B_k, \qquad B_k = (-1)^q k^r A_k.$$

Donc, en remplaçant A_k par sa valeur tirée de cette dernière formule, nous obtenons

$$R_n = \sum_{n+1}^\infty A_k = (-1)^q \sum_{n+1}^\infty \frac{B_k}{k^r}.$$

Soit σ_k la somme d'ordre k de la série de Fourier de $f^{(r)}(x)$, de sorte que

$$B_k = \sigma_k - \sigma_{k-1};$$

il vient

$$(-1)^q R_n = \sum_{n+1}^\infty \frac{\sigma_k - \sigma_{k-1}}{k^r} = -\frac{\sigma_n}{(n+1)^r} + \sum_{n+1}^\infty \left(\frac{1}{k^r} - \frac{1}{(k+1)^r}\right)\sigma_k.$$

Mais, en vertu du théorème I, on a

$$|\sigma_k| < M_r(A \log k + B);$$

il vient donc

$$\frac{|R_n|}{M_r} < \frac{A \log n + B}{(n+1)^r} + \sum_{n+1}^{\infty}\left(\frac{1}{k^r} - \frac{1}{(k+1)^r}\right)(A \log k + B)$$

$$= \frac{A \log n + 2B}{(n+1)^r} + A\sum_{n+1}^{\infty}\left(\frac{1}{k^r} - \frac{1}{(k+1)^r}\right)\log k.$$

La dernière somme (qui est multipliée par A) peut se mettre sous la forme

$$\frac{\log(n+1)}{(n+1)^r} + \sum_{n+1}^{\infty}\frac{1}{(k+1)^r}\log\frac{k+1}{k}$$

$$< \frac{\log(n+1)}{(n+1)^r} + \sum_{n+1}^{\infty}\frac{1}{(k+1)^r} < \frac{\log(n+1)}{(n+1)^r} + \frac{1}{rn^r} < \frac{\log n + 1}{n^r}.$$

Il vient donc *a fortiori*

$$|R_n| < \frac{2A \log n + (2B+1)}{n^r} M_r.$$

C'est la relation à démontrer : $2A$ et $2B + 1$ sont deux nombres fixes que l'on peut désigner de nouveau par A et B.

Supposons, en second lieu, r impair et de la forme $2q + 1$ (où q peut être nul).

La série de Fourier de $f^{(r)}(x)$, qui s'obtient par $2q + 1$ dérivations, sera, dans ce cas-ci,

$$\sum_{1}^{\infty} B_k, \qquad B_k = (-1)^q(-a_k \sin kx + b_k \cos kx)k^r.$$

Donc la série conjuguée de la série de Fourier de $f^{(r)}(x)$ sera

$$\sum_{1}^{\infty} B'_k, \qquad B'_k = (-1)^q k^r A_k.$$

En remplaçant A_k par sa valeur tirée de cette dernière formule, nous obtenons

$$R_n = (-1)^q \sum_{1}^{\infty} \frac{B'_k}{k^r}.$$

La démonstration s'achève exactement comme dans le cas précédent. En effet, soit σ'_k la somme d'ordre k de la série $\Sigma B'_k$; on a

$$B'_k = \sigma'_k - \sigma'_{k-1}$$

et, en vertu du théorème I, la somme σ'_k satisfait (comme σ_k) à la condition

$$|\sigma'_k| < M_r(A \log k + B).$$

Il n'y a donc qu'à accentuer σ dans la démonstration précédente.

Le théorème que nous venons d'établir rentre en partie dans un théorème de M. Bernstein (¹) et celui de M. Bernstein est lui-même un cas particulier du théorème V qui suit. La considération de la série conjuguée, qui n'intervient pas dans l'analyse de M. Bernstein, permet de simplifier beaucoup les démonstrations.

Nous avons montré dans les deux théorèmes précédents comment l'approximation par les sommes de Fourier est liée au module maximum de la fonction ou de ses dérivés supposées existantes. Nous allons maintenant montrer comment l'approximation est liée au module de continuité des mêmes fonctions. Ce sera l'objet des deux théorèmes suivants.

19. **Théorème IV.** — *On peut assigner* a priori *deux nombres fixes* A *et* B *jouissant de la propriété suivante : Si* $f(x)$ *de période* 2π *admet le module de continuité* $\omega(\delta)$, *on a*

$$|R_n| < (A \log n + B)\,\omega\left(\frac{\pi}{n}\right).$$

Nous allons rattacher ce théorème aux théorèmes II et III par un procédé de raisonnement que M. Dunham Jackson a employé dans un cas analogue (²).

Soit δ une partie aliquote de la période 2π. Marquons, sur la courbe $y = f(x)$, les points d'ordonnée $\lambda\delta$, où λ parcourt la suite

---

(¹) *Sur l'ordre de la meilleure approximation des fonctions continues* (Mém. cité, n° 59). La démonstration de M. Bernstein concerne la représentation par polynomes trigonométriques et ne comporte pas que A et B soient des constantes absolues.

(²) *Dissertation inaugurale*, Gottingen, 1911. Démonstration du théorème V (p. 40).

des valeurs entières de $-\infty$ à $+\infty$. Considérons le polygone inscrit qui a ces points pour sommets; l'ordonnée de ce polygone est une fonction $\psi(x)$ de période 2π. Sur chaque côté du polygone, cette fonction est linéaire et son oscillation est $\leqq \omega(\delta)$. Comme sa dérivée ψ' est constante sur chaque côté, on a, sur chacun d'eux (et, par conséquent, partout),

$$|\psi'| \leqq \frac{\omega(\delta)}{\delta}.$$

D'autre part, sur le côté limité aux abscisses $\lambda\delta$ et $\lambda\delta + \delta$, la différence $f - \psi$, au point x, est comprise entre

$$f(x) - f(\lambda\delta) \quad \text{et} \quad f(x) - f(\lambda\delta + \delta);$$

on a donc aussi partout

$$|f - \psi| < \omega(\delta).$$

Considérons maintenant la décomposition

$$f = (f - \psi) + \psi.$$

La série de Fourier de f est la somme de celles de $f - \psi$ et de ψ. Soient R_n, R'_n, R''_n les écarts relatifs à ces trois séries, respectivement; nous avons

$$R_n = R'_n + R''_n.$$

Mais, comme $|f - \psi| < \omega(\delta)$, nous avons, par le théorème II,

$$|R'_n| < (A \log n + B)\,\omega(\delta);$$

et, comme $|\psi'| < \frac{\omega(\delta)}{\delta}$, nous avons, par le théorème III,

$$|R''_n| < (A \log n + B)\frac{\omega(\delta)}{n\delta}.$$

D'ailleurs, on peut satisfaire aux théorèmes II et III avec les mêmes valeurs de A et de B; nous avons donc

$$|R_n| < (A \log n + B)\left(1 + \frac{1}{n\delta}\right)\omega(\delta).$$

Prenons $\delta = \frac{\pi}{n}$, ce qui est bien une partie de la période; nous obtenons

$$|R_n| < \left(1 + \frac{1}{\pi}\right)(A \log n + B)\,\omega\left(\frac{\pi}{n}\right).$$

C'est le théorème à démontrer : les valeurs A et B de l'énoncé s'obtiennent en multipliant par $\left(1 + \frac{1}{\pi}\right)$ celles de la démonstration.

20. **Critérium de convergence de Dini-Lipschitz.** — Ce critérium est un corollaire du théorème précédent. Il est plus précis que celui du n° 14. En voici l'énoncé :

Si le module de continuité de $f(x)$ satisfait à la condition dite de Dini-Lipschitz,

$$\lim_{\delta=0} \omega(\delta) \log \frac{1}{\delta} = 0,$$

la série de Fourier de $f(x)$ converge uniformément vers $f(x)$.

En effet, en faisant $\delta = \frac{\pi}{n}$, cette condition nous donne

$$\lim_{n=\infty} \omega\left(\frac{\pi}{n}\right) \log n = 0.$$

Dans ce cas, on a *uniformément*, par le théorème IV,

$$\lim_{n=\infty} R_n = 0.$$

21. **Théorème V.** — *On peut assigner* a priori *deux nombres fixes* A *et* B *jouissant de la propriété suivante : Si $f(x)$ de période 2π admet une dérivée d'ordre r et que celle-ci admette le module de continuité $\omega_r(\delta)$, on a*

$$|R_n| < (A \log n + B) \frac{\omega_r\left(\frac{\pi}{n}\right)}{n^r}.$$

La démonstration est analogue à celle du théorème IV. Soit δ une partie aliquote de 2π. Inscrivons un polygone dans la courbe $y = f^{(r)}(x)$ en prenant pour sommets les points d'abscisses $\lambda\delta$ (λ entier). Soit $\psi(x)$ l'ordonnée de ce polygone; nous avons, comme dans la démonstration rappelée,

$$|f^{(r)} - \psi| \leqq \omega_r(\delta), \qquad |\psi'| \leqq \frac{\omega_r(\delta)}{\delta}.$$

Considérons le développement de ψ en série de Fourier convergente (n° **14**)

$$\psi = \alpha_0 + \sum_1^\infty (\alpha_k \cos kx + \beta_k \sin kx);$$

nous avons, puisque $f^{(r-1)}$ est périodique,

$$\alpha_0 = \frac{1}{2\pi}\int_0^{2\pi} \psi\, dx = \frac{1}{2\pi}\int_0^{2\pi} (\psi - f^{(r)})\, dx;$$

d'où, par le théorème de la moyenne,

$$|\alpha_0| \leqq \frac{1}{2\pi}\int_0^{2\pi} |\psi - f^{(r)}|\, dx \leqq \omega_r(\delta).$$

Désignons maintenant par $F(x)$ la somme de la série trigonométrique obtenue en intégrant r fois de suite la série

$$\sum_1^\infty (\alpha_k \cos kx + \beta_k \sin kx),$$

sans introduire de constantes, de sorte que $F(x)$ est une fonction périodique, dont les dérivées d'ordre r et d'ordre $r+1$ satisfont respectivement aux conditions

$$F^{(r)} = \psi - \alpha_0, \qquad F^{(r+1)} = \psi';$$

d'où, par les inégalités précédentes,

$$|(f - F)^{(r)}| = |f^{(r)} - \psi + \alpha_0| \leqq 2\omega_r(\delta),$$
$$|F^{(r+1)}| = |\psi'| \leqq \frac{\omega_r(\delta)}{\delta}.$$

Faisons maintenant la décomposition $f = (f - F) + F$ et soient R_n, R'_n, R''_n les restes des séries de Fourier de f, $f - F$ et F respectivement; nous avons

$$R_n = R'_n + R''_n.$$

Mais $f - F$ admet une dérivée d'ordre r, de module $\leqq 2\omega(\delta)$; donc, par le théorème IV,

$$|R'_n| \leqq (A \log n + B)\frac{2\omega_r(\delta)}{n^r}.$$

D'autre part, F admet une dérivée d'ordre $r+1$, de module

$\leqq \omega(\delta) : \delta$; par conséquent,

$$|R''_n| \leqq (A \log n + B) \frac{1}{n^{r+1}} \frac{\omega_r(\delta)}{\delta}.$$

Nous en concluons

$$|R_n| \leqq (A \log n + B) \left(2 + \frac{1}{n\delta}\right) \frac{\omega_r(\delta)}{n^r};$$

et, en faisant $\delta = \frac{\pi}{n}$,

$$|R_n| \leqq \left(2 + \frac{1}{\pi}\right) (A \log n + B) \frac{\omega_r\left(\frac{\pi}{n}\right)}{n^r}.$$

On obtient donc les valeurs de A et de B qui conviennent à l'énoncé, en multipliant par $\left(2 + \frac{1}{\pi}\right)$ celles utilisées dans la démonstration.

22. Remarque. — Supposons que $f(x)$ admette une dérivée continue d'ordre $r - 1$ et que celle-ci satisfasse à une condition de Lipschitz d'ordre 1, à savoir

$$\omega_{r-1}(\delta) = M_r \delta.$$

On peut dire encore que $f(x)$ a une dérivée d'ordre r de module $\leqq M_r$, sans supposer, pour cela, l'existence et l'intégrabilité de cette dérivée. On a, par le théorème précédent,

$$|R_n| < (A \log n + B) \pi \frac{M_r}{n^r}.$$

Le théorème III subsiste donc sans supposer la dérivée d'ordre r existante et intégrable. La distinction entre les deux cas disparaîtrait d'ailleurs si l'on faisait usage de l'intégrale de Lebesgue.

23. Dérivabilité. — La dérivée d'une somme S_n de Fourier est la somme de Fourier de la dérivée $f'(x)$ supposée bornée et intégrable. Donc les dérivées successives de la série de Fourier de $f(x)$ représentent les dérivées successives de $f(x)$ aussi longtemps que ces dérivées sont exprimables en série de Fourier, donc indéfiniment si toutes les dérivées existent. Ainsi *la série de Fourier d'une fonction indéfiniment dérivable est une représentation indéfiniment dérivable de cette fonction*, et la meilleure que l'on connaisse dans ce cas.

CHAPITRE II.

APPROXIMATION PAR LES SOMMES DE FEJÉR.

14. Sommes de Fejér. — Les théorèmes précédents et, en particulier le théorème III, ne donnent pas la démonstration du théorème de Weierstrass sur l'approximation trigonométrique des fonctions continues. Aucune démonstration de ce théorème n'est plus élégante que celle de M. Fejér. Nous donnerons ici, à cette démonstration, la forme qui convient le mieux à notre objet.

La méthode de M. Fejér consiste à sommer la série de Fourier par le procédé de la moyenne arithmétique. Désignons par σ_n la moyenne arithmétique des n premières sommes de Fourier, à savoir

$$\sigma_n = \frac{S_0 + S_1 + \ldots + S_{n-1}}{n}.$$

Cette moyenne est une expression trigonométrique d'ordre $n - 1$ au plus. Nous dirons que c'est la *somme de Fejér d'indice n*. Elle revient à une intégrale, analogue à celle de Dirichlet, que nous appellerons *intégrale de Fejér* et que nous allons former. Nous avons

$$\sigma_n = \frac{1}{n\pi} \int_0^{2\pi} f(x+t) \frac{dt}{2 \sin \frac{1}{2} t} \sum_0^{n-1} \sin\left(k + \frac{1}{2}\right) t.$$

Cette sommation s'effectue par la formule

$$\sin \frac{t}{2} \sum_0^{n-1} \sin\left(k + \frac{1}{2}\right) t = \sum_0^{n-1} \frac{\cos kt - \cos(k+1)t}{2} = \frac{1 - \cos nt}{2};$$

d'où l'*intégrale de Fejér*

$$\sigma_n = \frac{1}{n\pi} \int_0^{2\pi} f(x+t) \frac{1 - \cos nt}{\left(2 \sin \frac{t}{2}\right)^2} dt.$$

Remplaçant $1 - \cos nt$ par $2\sin^2 \frac{nt}{2}$, puis t par $2t$, elle prend la forme

$$\sigma_n = \frac{1}{n\pi} \int_0^{\pi} f(x+2t) \left(\frac{\sin nt}{\sin t}\right)^2 dt.$$

Appliquons-lui un procédé de transformation que nous aurons encore l'occasion d'utiliser plus tard. Substituons sous le signe d'intégration le développement

$$\frac{1}{\sin^2 t} = \sum_{k=-\infty}^{\infty} \frac{1}{(t+k\pi)^2};$$

intégrons terme à terme et observons que $f(x+2t)\sin^2 nt$ admet la période π; il vient, en prenant $t + k\pi$ comme nouvelle variable t dans chaque terme,

$$\sigma_n = \frac{1}{n\pi} \int_{-\infty}^{\infty} f(x+2t) \left(\frac{\sin nt}{t}\right)^2 dt;$$

et, en changeant t en $\frac{t}{n}$,

(1) $$\sigma_n = \frac{1}{\pi} \int_{-\infty}^{\infty} f\left(x + \frac{2t}{n}\right) \left(\frac{\sin t}{t}\right)^2 dt,$$

Ce sera l'expression définitive de l'intégrale de Fejér.

Il y a lieu d'observer que, si $f = 1$, les sommes S_k et, par suite, σ_n sont égales à l'unité; donc

(2) $$1 = \frac{1}{\pi} \int_{-\infty}^{\infty} \left(\frac{\sin t}{t}\right)^2 dt.$$

25. Propriétés fondamentales des sommes de Fejér. — Supposons que le module de f ne surpasse pas M et appliquons à l'intégrale de Fejér le théorème de la moyenne; ceci est permis, parce que le facteur $\left(\frac{\sin t}{t}\right)^2$ est positif, ce qui n'avait pas lieu pour le facteur analogue dans l'intégrale de Dirichlet. Il vient

$$|\sigma_n| \leqq \frac{M}{\pi} \int_{-\infty}^{\infty} \left(\frac{\sin t}{t}\right)^2 dt = M,$$

d'où le théorème suivant, qui est fondamental :

Toute somme de Fejér a une valeur intermédiaire entre les diverses valeurs de $f(x)$. En particulier, le module d'une somme de Fejér quelconque ne surpasse pas le module maximum de cette fonction.

Revenons maintenant à l'équation (2); multiplions-la par $f(x)$ et soustrayons-la de l'équation (1). Il vient

$$\sigma_n - f(x) = \frac{1}{\pi}\int_{-\infty}^{\infty}\left[f\left(x+\frac{2t}{n}\right)-f(x)\right]\left(\frac{\sin t}{t}\right)^2 dt.$$

Par conséquent, si f admet le module de continuité $\omega(\delta)$,

$$(3) \qquad |f(x)-\sigma_n| \leqq \frac{2}{\pi}\int_0^{\infty}\omega\left(\frac{2t}{n}\right)\left(\frac{\sin t}{t}\right)^2 dt.$$

Pour former une majorante de cette intégrale, partageons l'intervalle d'intégration en trois parties $(0, 1)$, $(1, N)$ et (N, ∞). En majorant dans chaque intervalle, nous obtenons comme borne de l'approximation

$$\frac{2}{\pi}\left[\omega\left(\frac{2}{n}\right)+\int_1^N \omega\left(\frac{2t}{n}\right)\frac{dt}{t^2}+\omega(\pi)\int_N^{\infty}\frac{dt}{t^2}\right]$$

et, en majorant davantage (n° 6, 2°),

$$\frac{2}{\pi}\left[\omega\left(\frac{2}{n}\right)+\omega\left(\frac{2}{n}\right)\int_1^N\frac{t+1}{t^2}\,dt+\frac{\omega(\pi)}{N}\right]$$
$$< \frac{2}{\pi}\left[\omega\left(\frac{2}{n}\right)(2+\log N)+\frac{\omega(\pi)}{N}\right].$$

Prenant enfin $N = 1 : \omega\left(\frac{2}{n}\right)$, nous obtenons comme borne supérieure de l'approximation

$$|f-\sigma_n| \leqq \frac{2}{\pi}\,\omega\left(\frac{2}{n}\right)\left[2+\left|\log\omega\left(\frac{2}{n}\right)\right|+\omega(\pi)\right].$$

Si f est continue, cette expression tend vers zéro quand n tend vers l'infini, et nous avons obtenu la démonstration annoncée du théorème II de Weierstrass.

La borne de l'approximation qui précède présente peu d'intérêt. L'approximation est plus intéressante à considérer dans le cas particulier où f vérifie une condition de Lipschitz d'ordre donné α $(0 < \alpha < 1)$.

Il existe, dans ce cas, une constante M qui dépend de f et satisfait à la condition

$$\omega(\delta) \leqq M\delta^{\alpha}.$$

La relation (3) nous donne, dans ce cas,

$$|f(x) - \sigma_n| \leqq \frac{2^{\alpha} M}{n^{\alpha}} \int_0^{\infty} t^{\alpha} \left(\frac{\sin t}{t}\right)^2 dt.$$

Comme cette intégrale existe et a une valeur purement numérique, nous pouvons énoncer le théorème suivant, qui est dû à M. Bernstein (¹) :

Si f satisfait à la condition de Lipschitz d'ordre α :

$$\omega(\delta) \leqq M\delta^{\alpha} \qquad (0 < \alpha < 1),$$

on a

$$|f(x) - \sigma_n| \leqq \frac{AM}{n^{\alpha}},$$

où A *est une constante numérique qui peut être assignée une fois pour toutes quand α est donné.*

26. Expression d'une somme trigonométrique finie au moyen de deux sommes de Fejér. — Soit $T(x)$ une expression trigonométrique d'ordre n. Désignons ses sommes de Fourier par $s_0, s_1, \ldots, s_k, \ldots$ et ses sommes de Fejér par $\tau_1, \tau_2, \ldots, \tau_n, \ldots$. Les sommes de Fourier s_k deviennent identiques à T dès que l'indice k est $\geqq n$. L'identité

$$(n+p)\tau_{n+p} = (s_0 + s_1 + \ldots + s_{n-1}) + (s_n + \ldots + s_{n+p-1})$$

devient donc

$$(n+p)\tau_{n+p} = n\tau_n + pT$$

et l'expression T d'ordre n s'exprime par la formule suivante :

$$T = \frac{(n+p)\tau_{n+p} - n\tau_n}{p}.$$

(¹) *Sur l'ordre de l'approximation des fonctions continues* (n° 56). M. Bernstein considère la série de polynomes trigonométriques.

En particulier, si $p = n$,

$$T = 2\tau_{2n} - \tau_n.$$

Nous allons faire une application de ces formules.

27. Nouvelle borne inférieure de la meilleure approximation (1). — Considérons une fonction $f(x)$ et une expression trigonométrique approchée d'ordre n, $T(x)$. Désignons, comme précédemment, par S_k et σ_k les sommes de Fourier et de Fejér relatives à f, par s_k et τ_k les sommes analogues relatives à T, par ρ l'approximation fournie par T, et proposons-nous de trouver une borne inférieure de ρ.

Nous avons, par définition,

$$|f - T| \overline{\overline{<}} \rho.$$

Observons que la somme de Fejér d'une différence est la différence des sommes de Fejér, et appliquons la propriété fondamentale des sommes de Fejér (n° 25). Les sommes de Fejér de $f - T$, sont, avec $f - T$, de module $\overline{\overline{<}} \rho$; par conséquent,

$$|\sigma_n - \tau_n| \overline{\overline{<}} \rho, \qquad |\sigma_{n+p} - \tau_{n+p}| \overline{\overline{<}} \rho.$$

Nous avons donc, sauf une erreur $\overline{\overline{<}} \rho$,

$$T = f, \qquad \tau_n = \sigma_n, \qquad \tau_{n+p} = \sigma_{n+p}.$$

Substituons ces valeurs dans la relation du numéro précédent

$$T - \frac{(n+p)\tau_{n+p} - n\tau_n}{p} = 0;$$

l'erreur totale sera inférieure à

$$\rho + \frac{(n+p)\rho + n\rho}{p} = 2\frac{n+p}{p}\rho$$

et, par conséquent, nous avons

$$\left| f - \frac{(n+p)\sigma_{n+p} - n\sigma_n}{p} \right| < 2\frac{n+p}{p}\rho.$$

---

(1) DE LA VALLÉE POUSSIN, *Comptes rendus de l'Académie des Sciences*, 21 mai 1918.

Revenons aux sommes de Fourier; il vient enfin

$$\left| f - \frac{S_n + S_{n+1} + \ldots + S_{n+p-1}}{p} \right| < 2\frac{n+p}{p}\rho.$$

Nous pouvons donc énoncer la règle suivante :

La meilleure approximation ρ *d'une fonction* f *par une expression trigonométrique d'ordre* n *n'est pas inférieure au quotient par* $2\frac{n+p}{p}$ *de l'approximation obtenue, quand on prend comme valeur approchée de* f *la moyenne arithmétique de* p *sommes de Fourier consécutives à partir de* S_n. *En particulier (si* $p = n$*), elle n'est pas inférieure au quart de celle qui est fournie par la moyenne de* n *sommes de Fourier consécutives à partir de* S_n.

Cette règle peut se simplifier dans des cas particuliers.

Désignons par R_n l'erreur $f - S_n$, et par

$$A_k = a_k \cos kx + b_k \sin kx$$

le terme général de la série de Fourier de f. L'erreur relative à la moyenne est l'erreur moyenne, à savoir (si $p = n$)

$$\frac{R_n + R_{n+1} + \ldots + R_{2n-1}}{n} = \frac{A_{n+1} + 2A_{n+2} + \ldots + nA_{2n}}{n} + R_{2n},$$

et le maximum absolu de cette erreur est l'approximation fournie par la moyenne considérée.

Supposons, pour préciser, que f s'exprime en série de Fourier convergente et que la valeur de x qui maxime R_{2n} donne le même signe (donc celui de R_{2n}) à tous les termes A_k qui sont d'indices $> n$. Alors le maximum de l'erreur moyenne surpasse celui de $|R_{2n}|$ et nous avons la règle suivante :

Si f *est développable en série de Fourier convergente, et que la valeur de* x *qui maxime* R_{2n} *donne le même signe à tous les termes de cette série d'indices* $> n$, *la meilleure approximation* ρ *de* $f(x)$ *par une expression trigonométrique d'ordre* n *ne sera pas inférieure au quart de celle fournie par la somme de Fourier d'ordre double,* $2n$.

28. Ordre de la meilleure approximation de $|\sin x|$. Théorème de Bernstein. — Cette fonction est paire et de période π, la série de Fourier ne contient donc que des cosinus de multiples pairs de x. On a donc

$$|\sin x| = \sum a_{2k} \cos 2kx$$

$$a_{2k} = \frac{1}{\pi}\int_0^{2\pi} |\sin x| \cos 2kx\, dx = \frac{2}{\pi}\int_0^{\pi} \sin x \cos 2kx\, dx$$

$$= \frac{1}{\pi}\int_0^{\pi} [\sin(1+2k)x + \sin(1-2k)x]\, dx$$

$$= -\frac{2}{\pi}\left[\frac{1}{2k-1} - \frac{1}{2k+1}\right].$$

Tous les termes sont maximés et négatifs (sauf a_0) pour la même valeur $x = 0$, et la dernière règle s'applique.

La meilleure approximation de $|\sin x|$ par une expression d'ordre n est inférieure à

$$\max|R_n| = \frac{2}{\pi}\sum_{k>\frac{n}{2}}\left[\frac{1}{2k-1} - \frac{1}{2k+1}\right] = \begin{cases} \dfrac{2}{\pi(n+1)} & (n \text{ pair}), \\ \dfrac{2}{\pi n} & (n \text{ impair}); \end{cases}$$

mais elle est supérieure à

$$\frac{1}{4}\max|R_{2n}| = \frac{1}{2\pi(2n+1)}.$$

La meilleure approximation de $|\sin x|$ est donc de l'ordre de $\frac{1}{n}$ quand n tend vers l'infini.

La fonction $|\cos x|$ se ramène à la précédente par le changement de x en $x + \frac{\pi}{2}$; elle admet donc la même approximation.

L'approximation de $|x|$ en série de polynomes dans l'intervalle $(-1, +1)$ revient à la précédente par la substitution $x = \cos\varphi$. Nous pouvons donc énoncer le théorème suivant, que M. Bernstein a obtenu par des méthodes tout autres : *La meilleure approximation de $|x|$ par un polynome d'ordre n dans l'intervalle $(-1, +1)$ est de l'ordre de $\frac{1}{n}$ quand n tend vers l'infini.* Cette question, que j'ai posée en 1908, a joué un rôle important dans le développement de la théorie. La solution nouvelle que je viens d'en donner est la plus simple.

M. Bernstein a démontré le théorème précédent par deux méthodes différentes dans son Mémoire *Sur l'ordre de la meilleure approximation des fonctions continues* (1912) (¹). Il a beaucoup précisé les résultats dans un autre Mémoire *Sur la meilleure approximation de* $|x|$ *par des polynomes de degrés donnés* (1913) (²). Dans celui-ci, il démontre que la valeur asymptotique de la meilleure approximation est la forme $\frac{A}{n}$ où A est une constante que l'on sait calculer au degré d'exactitude que l'on veut. Nous renverrons pour cela au Mémoire de M. Bernstein.

29. **Dérivées des sommes de Fejér.** — Comme la dérivée d'une somme de Fourier est la somme de Fourier de la dérivée, de même la dérivée d'une somme de Fejér, σ_n, de $f(x)$ est la somme de Fejér de $f'(x)$ supposée existante et bornée. Donc, *en tant qu'expression infiniment approchée pour* $n=\infty$, *la somme de Fejér est dérivable aussi longtemps que les dérivées successives de* $f(x)$ *admettent ce mode de représentation, donc aussi longtemps que ces dérivées sont continues.*

L'étude de la dérivation des sommes de Fejér conduit à des résultats intéressants. Nous allons d'abord exprimer σ'_n sous forme d'intégrale définie. Changeons t en $t-\frac{nx}{2}$ dans l'expression définitive de σ_n par une intégrale donnée au nº 24; il vient

$$\sigma_n=\frac{1}{\pi}\int_{-\infty}^{\infty} f\left(\frac{2t}{n}\right)\left[\frac{\sin\left(t-\frac{nx}{2}\right)}{t-\frac{nx}{2}}\right]^2 dt.$$

Or, si l'on dérive une fonction de $t-\frac{nx}{2}$, on a

$$D_x=-\frac{n}{2}D_t;$$

(¹) *Mémoires publiés par la classe des Sciences de l'Académie royale de Belgique*, 2ᵉ série t. IV, 1912.

(²) *Acta Mathematica*, t. 37, 1913.

il vient donc, par la règle de Leibniz,

$$D\sigma_n = \sigma'_n = -\frac{n}{2\pi}\int_{-\infty}^{\infty} f\left(\frac{2t}{n}\right) D_t \left[\frac{\sin\left(t-\frac{nx}{2}\right)}{t-\frac{nx}{2}}\right]^2 dt$$
$$= -\frac{n}{2\pi}\int_{-\infty}^{\infty} f\left(x+\frac{2t}{n}\right) D\left(\frac{\sin t}{t}\right)^2 dt:$$

et, en observant que la dérivée d'une fonction paire est impaire,

$$\sigma'_n = -\frac{n}{2\pi}\int_0^{\infty}\left[f\left(x+\frac{2t}{n}\right)-f\left(x-\frac{2t}{n}\right)\right] D\left(\frac{\sin t}{t}\right)^2 dt;$$

Désignons par $\Delta = \omega(\pi)$ l'oscillation de $f(x)$; il vient, par le théorème de la moyenne,

$$|\sigma'_n| \leqq \frac{n\Delta}{2\pi}\int_0^{\infty}\left|D\left(\frac{\sin t}{t}\right)^2\right| dt = l\Delta n,$$

en désignant par l la constante numérique

$$l = \frac{1}{2\pi}\int_0^{\infty}\left|D\left(\frac{\sin t}{t}\right)^2\right| dt.$$

Cette constante l est inférieure à $\frac{1}{4}$. En effet, $\left(\frac{\sin t}{t}\right)^2$ décroît quand t varie de o à π et sa dérivée est négative; on a partout ailleurs

$$\left|D\left(\frac{\sin t}{t}\right)^2\right| = \left|\frac{\sin 2t}{t^2} - \frac{2\sin^2 t}{t^3}\right| < \frac{1}{t^2} + \frac{2}{t^3};$$

par conséquent,

$$l < -\frac{1}{2\pi}\int_0^{\pi} D\left(\frac{\sin t}{t}\right)^2 dt + \frac{1}{2\pi}\int_{\pi}^{\infty}\left(\frac{1}{t^2}+\frac{2}{t^3}\right) dt = \frac{1}{2\pi}\left(1+\frac{1}{\pi}+\frac{1}{\pi^2}\right),$$

ce qui est $< \frac{1}{4}$. De là, le théorème suivant :

Si $f(x)$ a pour oscillation Δ, la dérivée d'une somme de Fejér quelconque, σ_n, de $f(x)$ est de module $< l\Delta n$, où l est une constante numérique $< \frac{1}{4}$.

Ceci conduit à un autre résultat intéressant. Soit $T(x)$ une expression trigonométrique d'ordre n. Reprenons son expression au moyen de deux sommes de Fejér τ_n et τ_{2n} (n° 26)

$$T = 2\tau_{2n} - \tau_n,$$

d'où

$$T' = 2\tau'_{2n} - \tau'_n,$$

Supposons que T soit de module $\overline{\overline{<}}$L, donc d'oscillation $\Delta \overline{\overline{<}} 2L$ et appliquons le théorème précédent. Nous voyons que τ'_{2n} et τ'_n sont respectivement de modules $\overline{\overline{<}} 4 ln L$ et $2 ln L$. Donc : *Si une expression trigonométrique d'ordre n est de module* $< L$, *sa dérivée est de module* $< hnL$, *où h est une constante numérique.*

Toutefois ce procédé de raisonnement conduit à une valeur de h trop élevée. Le facteur h peut être abaissé à 1. C'est là un théorème très remarquable et très important, mais il se rattache à des considérations d'ordre algébrique. Nous allons le démontrer.

30. **Théorème** [1]. — *Soit* $T(x)$ *une expression trigonométrique d'ordre* n. *Si le module de* T *ne surpasse pas* L, *celui de sa dérivée* T' *ne surpasse pas* nL.

Nous allons établir trois propositions préliminaires :

1° *Une expression trigonométrique d'ordre* $\overline{\overline{<}} n$, $T(x)$, *ne peut pas avoir plus de* $2n$ *racines non équivalentes, et s'il y a des racines multiples, elles comptent pour autant de racines simples qu'il y a d'unités dans leur ordre.*

Considérons la substitution

$$e^{ix} = t.$$

Elle fait correspondre à une même valeur de t une infinité de valeurs de x qui diffèrent d'un multiple de la période 2π et sont dites *équivalentes*. Deux valeurs de x qui correspondent à deux valeurs différentes de t ne satisfont pas à cette condition et sont *non équivalentes*. Soit

$$T = \sum_0^n \alpha_k \cos kx + \beta_k \sin kx;$$

---

[1] C. DE LA VALLÉE POUSSIN, *Comptes rendus de l'Académie des Sciences*, 27 mai 1918.

on aura, par la substitution précédente,

$$T(x) = \frac{1}{2}\sum_{0}^{n}\left[\alpha_k\left(t^k + \frac{1}{t^k}\right) + \beta_k \frac{1}{i}\left(t^k - \frac{1}{t^k}\right)\right] = \frac{P_{2n}(t)}{t_n},$$

où P_{2n} est un polynome de degré $2n$. Or les racines de $T(x)$ sont données, avec leur ordre de multiplicité, par celles du polynome $P_{2n}(t)$, ce qui justifie la proposition.

2° *Si la dérivée de* T *admet le même module maximum* nL *que la dérivée de la fonction*

$$s = L\sin(nx + C),$$

où L *est une constante donnée et* C *une constante arbitraire, on peut choisir* C *de manière que la différence* $s' - T'$ *des dérivées ait une racine double.*

Soit ξ un point où $|T'|$ atteint son maximum nL; on a, en ce point, qui est un extrémé de T',

$$T'(\xi) = \pm nL, \qquad T''(\xi) = 0.$$

Déterminons C par la condition que $\cos(n\xi + C) = \pm 1$ et ait le signe de $T'(\xi)$, nous aurons

$$s'(\xi) = \pm nL = T'(\xi), \qquad s''(\xi) = 0.$$

Alors ξ est une racine double de $s' - T'$, car on a

$$s'(\xi) - T'(\xi) = 0, \qquad s''(\xi) - T''(\xi) = 0.$$

3° *Si le module maximum* L′ *de* T *ne surpasse pas* L, $s' - T'$ *admet au moins* $2n$ *racines distinctes et non équivalentes.*

Soit d'abord $L' < L$. Alors s donne son signe à la différence $s - T$ aux $2n$ points non équivalents où $s = \pm L$. Soit

$$(1) \qquad x_1,\ x_2,\ \ldots,\ x_k,\ x_{2n},\ \ x_1 + 2\pi$$

la suite de $2n + 1$ de ces points embrassant une période. La différence $s - T$ est de signe alterné pour cette suite de points et admet $2n$ racines distinctes au moins, une dans chaque intervalle de deux points consécutifs x_k, x_{k+1}. Mais, entre deux racines de $s - T$, il y en a une au moins de $s' - T'$, ce qui fait $2n$ racines distinctes de cette dérivée, qui, n'embrassant pas la période entière, sont non équivalentes.

Soit, en second lieu, $L' = L$. Donnons-nous un infiniment petit positif ε et considérons la différence

$$s - (1 - \varepsilon)T.$$

Comme dans le cas précédent, cette fonction admet $2n$ racines non équivalentes, qui s'intercalent entre les termes de la suite (1). Ces racines forment une nouvelle suite

$$(2) \qquad \xi_1, \quad \xi_2, \quad \ldots, \quad \xi_k, \quad \ldots, \quad \xi_{2n}, \quad \xi_1 + 2\pi, \quad (x_k < \xi_k < x_{k-1}),$$

Mais ces racines ξ_k dépendent maintenant de ε et deux racines consécutives peuvent être infiniment voisines. Si l'intervalle (ξ_k, ξ_{k+1}) n'est pas infiniment petit, ξ_k et ξ_{k+1} sont, à la limite (pour $\varepsilon = 0$), deux racines distinctes de $s - T$ (indépendant de ε) et, entre elles, il y a une racine au moins η_k de $s' - T'$ *à distance finie* de ξ_k et ξ_{k+1}. D'autre part, si l'intervalle (ξ_k, ξ_{k+1}) est infiniment petit et se confond, par conséquent, avec le point x_{k+1}, la racine intermédiaire de $s' - T'$ est $\eta_k = x_{k+1}$. Mais les deux intervalles $\xi_{k-1}, \xi_k)$ et (ξ_{k+1}, ξ_{k+2}), contigus au précédent, sont finis, car ils contiennent respectivement x_{k-1} et x_{k+1}, et η_k est isolé des deux racines voisines η_{k-1} et η_{k+1} par la conclusion obtenue dans la première hypothèse. Donc, à chaque intervalle (fini ou non) de deux ξ_k consécutifs, correspond une racine distincte de $s' - T'$ et la conclusion sur le nombre de ces racines subsiste.

Il est maintenant facile de démontrer le théorème suivant, dont celui du début est la conséquence immédiate :

Théorème. — *Soit* $T(x)$ *une expression trigonométrique entière dont le module ne surpasse pas* L, *si le module de sa dérivée atteint* nL, $T(x)$ *est de la forme*

$$s = L \sin(nx + C)$$

ou bien d'ordre $> n$.

Supposons d'abord que $|T'|$ dépasse nL. Déterminons la constante C comme dans la démonstration de (2°) et choisissons une constante $\lambda < 1$ de manière que $|\lambda T'|$ ait pour maximum nL. Alors $|\lambda T|$ a son maximum $< L$, donc $s' - \lambda T'$ a $2n$ racines distinctes

(3°) et une racine double (2°), donc $2n+1$ racines au moins. Cette expression (et, par conséquent, T) est d'ordre $> n$ (1°).

Supposons que $|T'|$ ait pour maximum nL. Dans ce cas, $s' - T'$ a $2n+1$ racines (comme dans le cas précédent), mais peut être identiquement nulle. Donc T est identique à s ou bien d'ordre $> n$.

Remarque. — Le théorème précédent a été démontré par M. S. Bernstein, pour les fonctions T qui sont *paires*, par un raisonnement d'ordre analytique [1]. Le même auteur l'a énoncé pour le cas général, sauf l'introduction superflue d'un facteur 2, mais la démonstration qu'il en donne est sujette à critique.

Le théorème précédent s'applique, de proche en proche, à une dérivée d'ordre quelconque. On obtient ainsi l'énoncé suivant :

THÉORÈME. — *Si le module d'une expression trigonométrique d'ordre n ne surpasse pas* L, *celui de sa dérivée d'ordre k ne surpasse pas n^k*L.

---

(1) *Sur l'ordre de la meilleure approximation des fonctions continues* (n° 2). M. Bernstein étend le théorème aux fonctions impaires par assimilation. C'est sur cette assimilation que porte la critique que nous formulons ici.

CHAPITRE III.

MÉTHODE GÉNÉRALE PROPRE A ABAISSER LA BORNE PRÉCÉDEMMENT ASSIGNÉE A L'APPROXIMATION.

La borne assignée à l'approximation par les sommes de Fourier comporte, dans le cas général, un facteur $\log n$, que l'on peut se proposer de faire disparaître. Les sommes de Fejér ne le permettent pas. Elles ne présentent d'ailleurs d'avantage sur celles de Fourier que pour les fonctions non dérivables. Nous sommes ainsi amenés à introduire des intégrales analogues à celle de Fejér, mais plus rapidement convergentes. Ce sont les fonctions $F_r(x, n)$, que nous allons définir.

Toutefois, avant d'aller plus loin, il convient de rappeler que les premiers résultats analogues à ceux que nous allons établir, ont été obtenus par M. D. Jackson dans sa Thèse inaugurale [1]. M. Jackson traite pour commencer la représentation par polynomes et en déduit après coup les théorèmes relatifs à la représentation trigonométrique. C'est la marche inverse que nous adoptons ici. Nous préciserons un peu les conclusions tout en conservant aux calculs une apparence moins rébarbative.

31. Définition de $F_r(x, n)$. — Soit $f(x)$ une fonction continue de période 2π. Donnons-nous deux entiers positifs r et n et posons

$$(1)\qquad \begin{cases} F_r(x, n) = \dfrac{1}{\tau(r)} \displaystyle\int_{-\infty}^{\infty} f\left(x + \frac{2t}{n}\right) \left(\frac{\sin t}{t}\right)^{2r} dt, \\ \tau(r) = \displaystyle\int_{-\infty}^{\infty} \left(\frac{\sin t}{t}\right)^{2r} dt. \end{cases}$$

(1) *Ueber die Genauigkeit der Annäherung stetiger Funktionen durch ganze rationale Funktionen*, etc. Univ. Buchdruckerei, Göttingen, 1911.

La fonction $F_r(x, n)$ peut être considérée comme une généralisation de l'intégrale de Fejér à laquelle elle se réduit si $r = 1$.

Nous allons démontrer le théorème suivant :

L'expression $F_r(x, n)$ *est une expression trigonométrique en* x *d'ordre* $< rn$.

Changeons t en nt, F_r devient, à un facteur constant près,

$$\int_{-\infty}^{\infty} f(x + 2t) \left(\frac{\sin nt}{t} \right)^{2r} dt.$$

Comme $f(x + 2t) \sin^{2r} nt$ admet la période π, cette intégrale se décompose dans la somme

$$\sum_{k=-\infty}^{+\infty} \int_0^{\pi} f(x + 2t) \left(\frac{\sin nt}{t + k\pi} \right)^{2r} dt$$
$$= \frac{1}{(2r-1)!} \int_0^{\pi} f(x + 2t) \sin^{2r} nt \, D^{2r-2} \frac{1}{\sin^2 t} \, dt.$$

Mais $\sin^{2r} nt \, D^{2r-2} \sin^{-2} t$ est une expression trigonométrique entière; elle est d'ordre $2(rn - 1)$, car le premier facteur est d'ordre $2rn$ et le second d'ordre -2; de plus, elle est paire et de période π, donc elle ne contient que des cosinus de multiples pairs de t. En définitive, F_r s'exprime linéairement au moyen d'intégrales du type général

$$\int_0^{\pi} f(x + 2t) \cos 2kt \, dt = \frac{1}{2} \int_0^{2\pi} f(u) \cos k(u - x) \, du,$$

où $k \leqq rn - 1$, et qui sont des expressions trigonométriques en x d'ordre $< rn$.

32. **Emploi de la fonction particulière** $F_2(x, n)$. — Le cas où $r = 2$ est le premier qui se présente après celui de l'intégrale de Fejér ($r = 1$). Cette étude conduit à des résultats intéressants.

Calculons d'abord $\tau(2)$. On a, par le procédé de transformation employé plus haut et par une intégration par parties portant sur la dérivée,

$$\int_{-\infty}^{\infty} \left(\frac{\sin t}{t} \right)^4 dt = \frac{1}{3!} \int_0^{\pi} \sin^4 t \, D^2 \frac{1}{\sin^2 t} \, dt = \frac{4}{3} \int_0^{\pi} \cos^2 t \, dt;$$

donc $\tau(2) = \frac{2\pi}{3}$,

$$F_2(x, n) = \frac{3}{2\pi}\int_{-\infty}^{\infty} f\left(x + \frac{2t}{n}\right)\left(\frac{\sin t}{t}\right)^4 dt.$$

L'expression $F_2(x, n)$ est trigonométrique en x d'ordre $2n-1$. Quand n tend vers l'infini, elle tend, comme l'intégrale F_1 de Fejér, vers $f(x)$ supposée continue. Mais on peut abaisser la borne assignée à l'approximation. C'est l'objet du théorème suivant :

33. **Théorème I** [1]. — *Si $f(x)$ de période 2π admet le module de continuité $\omega(\delta)$, $F_2(x, n)$ représente $f(x)$ avec une approximation*

$$\rho < A\,\omega\left(\frac{1}{n}\right),$$

où A est une constante numérique < 3.

Nous avons, en effet,

$$F - f = \frac{3}{2\pi}\int_{-\infty}^{\infty}\left[f\left(x + \frac{2t}{n}\right) - f(x)\right]\left(\frac{\sin t}{t}\right)^4 dt;$$

et, en utilisant la propriété 2° du n° 6,

$$\left|f\left(x + \frac{2t}{n}\right) - f(x)\right| \overline{\overline{<}}\, \omega\left(\frac{2t}{n}\right) \overline{\overline{<}}\, \omega\left(\frac{1}{n}\right)(2|t|+1);$$

par conséquent,

$$\rho \overline{\overline{<}}\, \omega\left(\frac{1}{n}\right)\frac{3}{\pi}\int_0^{\infty}(2t+1)\left(\frac{\sin t}{t}\right)^4 dt = A\,\omega\left(\frac{1}{n}\right),$$

en posant

$$A = \frac{3}{\pi}\int_0^{\infty}(2t+1)\left(\frac{\sin t}{t}\right)^4 dt = 1 + \frac{6}{\pi}\int_0^{\infty}\frac{\sin^4 t}{t_3}\,dt.$$

Enfin, en utilisant toujours le même mode de transformation, nous avons

$$\int_0^{\infty}\frac{\sin^4 t}{t^3}\,dt < \int_0^{\infty}\left|\frac{\sin^3 t}{t^2}\right| dt = \frac{1}{2}\int_0^{\pi}\frac{\sin^3 t}{\sin^2 t}\,dt = 1,$$

---

[1] *Cf.* DUNHAM JACKSON, *Dissertation inaugurale*, Satz VIII (p. 48).

et, en définitive,

$$A < 1 + \frac{6}{\pi} < 3.$$

34. Théorème II. — *Si $f(x)$ de période 2π admet une dérivée continue et de module de continuité $\omega_1(\delta)$, $F_2(x, n)$ représente $f(x)$ avec une approximation*

$$\rho < A\frac{\omega_1\left(\frac{1}{n}\right)}{n},$$

où A est une constante numérique $< \frac{5}{2}$.

L'équation au début de la démonstration précédente peut s'écrire

$$F - f = \frac{3}{2\pi}\int_0^\infty \left[f\left(x+\frac{2t}{n}\right)+f\left(x-\frac{2t}{n}\right)-2f(x)\right]\left(\frac{\sin t}{t}\right)^4 dt.$$

Mais on a

$$\left|f\left(x+\frac{2t}{n}\right)+f\left(x-\frac{2t}{n}\right)-2f(x)\right|$$
$$=\left|\frac{2}{n}\int_0^t\left[f'\left(x+\frac{2t}{n}\right)-f'\left(x-\frac{2t}{n}\right)\right]dt\right| < \frac{2}{n}\int_0^t \omega_1\left(\frac{4t}{n}\right)dt$$
$$<\frac{2}{n}\omega_1\left(\frac{1}{n}\right)\int_0^t(4t+1)dt = 2\frac{\omega_1\left(\frac{1}{n}\right)}{n}(2t^2+t);$$

par conséquent, par le théorème de la moyenne,

$$\rho < \frac{3}{2\pi}2\frac{\omega_1\left(\frac{1}{n}\right)}{n}\int_0^\infty(2t^2+t)\left(\frac{\sin t}{t}\right)^4 dt = A\frac{\omega_1\left(\frac{1}{n}\right)}{n},$$

en posant

$$A = \frac{3}{\pi}\int_0^\infty(2t^2+t)\left(\frac{\sin t}{t}\right)^4 dt = \frac{3}{\pi}\int_0^\pi \sin^2 t\,dt + \frac{3}{\pi}\int_0^\infty \frac{\sin^4 t}{t^3}dt.$$

La dernière intégrale ayant été évaluée dans la démonstration précédente, il vient

$$A < \frac{3}{\pi}\left(\frac{\pi}{2}+1\right) < \frac{5}{2}.$$

Le procédé ne s'étend pas au cas où $f(x)$ admet des dérivées d'ordre plus élevé. L'emploi d'une seule intégrale F_r ne suffit plus, mais il faut en combiner plusieurs entre elles. Dans cette combinaison, nous utiliserons un système d'équations linéaires que nous allons d'abord discuter.

35. **Sur un système linéaire.** — Soient $p_0, p_1, \ldots, p_\lambda$ des nombres donnés tous différents, et $a_0, a_1, \ldots, a_\lambda$ des inconnues à déterminer par le système de $\lambda + 1$ équations linéaires

$$(1)\quad \begin{cases} a_0 + a_1 + \ldots + a_\lambda = 1, \\ \dfrac{a_0}{p_0^\mu} + \dfrac{a_1}{p_1^\mu} + \ldots + \dfrac{a_\lambda}{p_\lambda^\mu} = 0 \qquad (\mu = 1, 2, \ldots, \lambda). \end{cases}$$

Ce système est bien déterminé, car son déterminant Δ a pour valeur

$$\Delta = \prod_{i>k} \left(\frac{1}{p_i} - \frac{1}{p_k} \right),$$

où le produit Π s'étend à toutes les différences dans lesquelles on a $i > k \geqq 0$. La valeur de a_0 sera

$$a_0 = \frac{\Delta_0}{\Delta},$$

où Δ_0 est le déterminant qui se déduit de Δ en y remplaçant $\frac{1}{p_0}$ et ses puissances par 0, de sorte que

$$\Delta_0 = \frac{1}{p_1 p_2 \ldots p_\lambda} \prod_{i>k>0} \left(\frac{1}{p_i} - \frac{1}{p_k} \right).$$

Il vient ainsi

$$\begin{aligned} a_0 &= \frac{1}{p_1 p_2 \ldots p_\lambda} \, \frac{1}{\left(\frac{1}{p_1} - \frac{1}{p_0} \right) \left(\frac{1}{p_2} - \frac{1}{p_0} \right) \cdots} \\ &= \frac{1}{\left(1 - \frac{p_1}{p_0} \right) \left(1 - \frac{p_2}{p_0} \right) \cdots \left(1 - \frac{p_\lambda}{p_0} \right)} \end{aligned}$$

et les valeurs de $a_1, a_2, \ldots$ se déduisent de celle de a_0 par des permutations d'indices.

Nous aurons à utiliser le lemme suivant :

Si $p_0, p_1, \ldots, p_\lambda$ sont (dans un ordre arbitraire) les puissances $1, p, p^2, \ldots, p^\lambda$ d'un même nombre entier $p \geqq 4$, les valeurs des inconnues $a_0, a_1, \ldots$ sont toutes de module < 2.

Il suffit de prouver cela pour a_0 (la numérotation des indices étant arbitraire). Dans l'expression finale de a_0, les quotients $\frac{p_1}{p_0}$, $\frac{p_2}{p_0}$, ... sont des puissances de p dont l'exposant est positif ou négatif, mais non nul. Les facteurs du dénominateur sont donc différents de zéro, ceux où cet exposant est positif sont des entiers, les autres figurent dans le produit infini

$$\left(1-\frac{1}{p}\right)\left(1-\frac{1}{p^2}\right)\left(1-\frac{1}{p^3}\right)\cdots=\frac{p-1}{p}\,\frac{p^2-1}{p_2}\cdots.$$

On a, par conséquent,

$$|a_0| \leqslant \frac{p}{p-1}\,\frac{p^2}{p^2-1}\cdots=\left(1+\frac{1}{p-1}\right)\left(1+\frac{1}{p^2-1}\right)\cdots < e^{\frac{1}{p-1}+\frac{1}{p^2-1}+\cdots}$$

Cet exposant est égal à

$$\frac{1}{p-1}\left[1+\frac{1}{p+1}+\frac{1}{p^2+p+1}+\cdots\right]$$
$$\leqslant \frac{1}{p-1}\left(1+\frac{1}{p}+\frac{1}{p^2}+\cdots\right)=\frac{p}{(p-1)^2};$$

et, par conséquent,

$$|a_0| < e^{\frac{p}{(p-1)^2}} < e^{\frac{4}{9}} < 2.$$

36. Théorème III. — *Si $f(x)$ de période 2π possède une dérivée d'ordre r, intégrable et de module $< M_r$, on peut définir une expression trigonométrique, $T(x)$, d'ordre*

$$m < 2^\lambda(\lambda+2)n,$$

où λ est le plus grand entier contenu dans $\frac{r-1}{2}$, et qui représente $f(x)$ avec une approximation

$$\rho < \psi(r)\frac{M_r}{n^r},$$

où $\psi(r)$ dépend de r seul et peut être assigné a priori.

Déterminons un système de $\lambda+1$ constantes $a_0, a_1, \ldots, a_\lambda$ par les équations (1) du numéro précédent où $p_0, p_1, \ldots$ seront les puissances successives de 4. Je dis que l'on peut définir $T(x)$ par la formule

$$T(x) = \sum_{k=0}^{\lambda} a_k F_{\lambda+2}(x, 2^k n).$$

L'ordre m de T est celui de $F_{\lambda+2}(x, 2^\lambda n)$, c'est-à-dire

$$(\lambda + 2) 2^\lambda n - 1,$$

ce qui est conforme à l'énoncé. Il reste à prouver que T donne l'approximation ρ assignée. Posons, en abrégé,

$$(1) \qquad \varphi(t) = \sum_{k=0}^{\lambda} a_k f\left(x + \frac{2t}{2^k}\right);$$

les constantes a_k ont été déterminées par les conditions

$$(2) \qquad \varphi(0) = f(x), \qquad \varphi^{(2s)}(0) = 0, \qquad (s = 1, 2, \ldots, \lambda),$$

qui reviennent respectivement aux $\lambda + 1$ équations linéaires (1) du numéro précédent. Nous avons maintenant

$$T(x) = \frac{1}{\tau(\lambda+2)} \int_{-\infty}^{\infty} \varphi\left(\frac{t}{n}\right) \left(\frac{\sin t}{t}\right)^{2\lambda+4} dt$$

et, comme $\varphi(0) = f(x)$,

$$T - f = \frac{1}{\tau(\lambda+2)} \int_{-\infty}^{\infty} \left[\varphi\left(\frac{t}{n}\right) - \varphi(0)\right] \left(\frac{\sin t}{t}\right)^{2\lambda+4} dt;$$

et enfin

$$(3) \qquad T - f = \frac{1}{\tau(\lambda+2)} \int_{0}^{\infty} F\left(\frac{t}{n}\right) \left(\frac{\sin t}{t}\right)^{2\lambda+4} dt,$$

en posant, pour abréger,

$$F(t) = \varphi(t) + \varphi(-t) - 2\varphi(0).$$

Nous allons évaluer le maximum ρ de $|T - f|$ par le théorème de la moyenne. Remarquons que F et toutes ses dérivées d'ordre $< r$ s'annulent pour $t = 0$, celles d'ordre impair parce que F est paire, et celles d'ordre pair par les équations (2). Il vient donc, par la formule de Taylor,

$$\left|F\left(\frac{t}{n}\right)\right| < \frac{1}{r!} \left(\frac{t}{n}\right)^r \max. |F^{(r)}|.$$

Or la formule précédente montre que max. $|F^{(r)}|$ ne surpasse pas $2\max.|\varphi^{(r)}|$; donc, les $|a_k|$ étant < 2,

$$|F^{(r)}| < 2\sum_{k=0}^{\lambda}|a_k|\left(\frac{2}{2^k}\right)^r M_r < 4\,2^r\sum_{k=0}^{\lambda}\frac{1}{2^{kr}}M_r < 8\,2^r M_r,$$

$$\left|F\left(\frac{t}{n}\right)\right| < \frac{8M_r}{r!}\left(\frac{2t}{n}\right)^r.$$

Substituons cette majorante dans la formule (3); il vient

$$\rho < \frac{M_r}{n^r}\frac{2^r}{r!}\frac{8}{\tau(\lambda+2)}\int_0^\infty t^r\left(\frac{\sin t}{t}\right)^{2\lambda+4}dt.$$

Cette formule prouve le théorème. On peut faire

$$\psi(r) = \frac{2^r}{r!}\frac{8}{\tau(\lambda+2)}\int_0^\infty t^r\left(\frac{\sin t}{t}\right)^{2\lambda+4}dt.$$

Cette intégrale existe, car $2\lambda+4 = r+3$ si r est impair, et $= r+2$ si r est pair.

Observons encore que l'on a

$$\tau(\lambda+2) > 2\int_0^{\frac{\pi}{2}}\left(\frac{\sin t}{t}\right)^{r+3}dt > 2\int_0^{\frac{\pi}{2}}\left(\frac{\sin t}{\operatorname{tang} t}\right)^{r+3}dt > 2\int_0^{\frac{\pi}{2}}(\cos t)^{r+4}dt$$

$$> 2\int_0^{\frac{\pi}{2}}(\sin t)^{r+4}dt = 2\frac{(r+3)(r+1)}{(r+4)(r+2)}\int_0^{\frac{\pi}{2}}(\sin t)^r dt;$$

$$\int_0^\infty t^r\left(\frac{\sin t}{t}\right)^{2\lambda+4}dt < \int_0^\infty t^r\left|\left(\frac{\sin t}{t}\right)^{r+2}\right|dt = \frac{1}{2}\int_{-\infty}^{\infty}|\sin^{r+2}t|\frac{dt}{t^2}$$

$$< \frac{1}{2}\int_0^\pi \sin^r t\,dt = \int_0^{\frac{\pi}{2}}\sin^r t\,dt.$$

Nous en concluons, r pouvant être supposé $\gtreqless 2$,

$$\psi(r) < \frac{2^r}{r!}4\frac{(r+4)(r+7)}{(r+3)(r+1)} < 7\frac{2^r}{r!}.$$

Donc $\psi(r)$ décroît rapidement quand r augmente.

Le théorème III peut être présenté sous une forme qui en fait mieux saisir la portée. Ce sera l'objet du théorème suivant :

37. **Théorème III** *bis*. — *Si $f(x)$ admet une dérivée d'ordre r*

intégrable et de module $< M_r$, *alors, quel que soit m entier et positif*, $f(x)$ *est susceptible d'une représentation trigonométrique d'ordre* $\overline{\overline{<}}\, m$ *avec une approximation*

$$\rho < \psi_1(r)\,\frac{M_r}{m^r},$$

où ψ_1 *est une fonction de r seul qu'on peut assigner* a priori.

Nous pouvons, en vertu du théorème précédent, construire une expression T d'ordre $<(\lambda+2)2^\lambda n$ qui donne l'approximation

$$\rho < \psi(r)\,\frac{M_r}{n^r} = \psi(r)\left(\frac{m}{n}\right)^r \frac{M_r}{m^r}.$$

Prenons pour m le plus grand entier qui vérifie la condition

$$(\lambda+2)2^\lambda n < m;$$

nous aurons

$$m < (\lambda+2)2^\lambda(n+1), \qquad \text{d'où} \qquad \frac{m}{n} < (\lambda+2)2^{\lambda+1},$$

$$\rho < \psi(r)(\lambda+2)^r 2^{r(\lambda+1)}\,\frac{M_r}{m^r},$$

ce qui prouve le théorème : on peut poser

$$\psi_1(r) = \psi(r)(\lambda+2)^r 2^{r(\lambda+1)}.$$

D'après l'approximation de ψ obtenue à la fin du numéro précédent, $\psi_1(r)$ augmente très rapidement avec r. Il serait utile de savoir si cette croissance de ψ_1 tient à la nature des choses ou si elle est imputable à l'imperfection du procédé d'approximation employé. Mais nous ne traiterons pas cette question.

38. **Théorème IV.** — *Si* $f(x)$ *admet une dérivée d'ordre r continue et de module de continuité* $\omega_r(\delta)$, *alors, quel que soit m entier positif*, $f(x)$ *est susceptible d'une représentation trigonométrique d'ordre* $\overline{\overline{<}}\, m$ *avec une approximation*

$$\rho < \psi_2(r)\,\frac{\omega_r\left(\dfrac{\pi}{m}\right)}{m^r},$$

où ψ_2 *est une fonction de r seul qui peut être assignée* a priori.

Ce théorème se déduit du précédent, par le raisonnement généralisé de D. Jackson qui permet de passer du théorème III au théorème IV dans la théorie des séries de Fourier. Soit δ une partie aliquote de 2π. Nous savons définir une fonction F qui satisfait aux conditions (n° 21)

$$|f^{(r)} - F^{(r)}| \leqq 2\omega_r(\delta), \qquad |F^{(r+1)}| \leqq \frac{\omega_r(\delta)}{\delta}.$$

Ainsi f est la somme de deux fonctions $f - F$ et F auxquelles s'applique le théorème précédent, et qui sont susceptibles d'une représentation d'ordre $\leqq m$ avec les approximations respectives :

$$\rho_1 \leqq \psi_1(r)\frac{2\omega_r(\delta)}{m^r}, \qquad \rho_2 \leqq \psi_1(r+1)\frac{\omega_r(\delta)}{\delta m^{r+1}}.$$

Donc f admet l'approximation $\rho = \rho_1 + \rho_2$, qui est de la forme proposée en faisant $\delta = \frac{\pi}{m}$. On a

$$\psi_2(r) = 2\psi_1(r) + \frac{1}{\pi}\psi_1(r+1).$$

Ce théorème donne, comme cas particulier, le suivant :

THÉORÈME [1]. — *Si $f(x)$ admet une dérivée continue d'ordre r qui satisfait à une condition de Lipschitz d'ordre α, $f(x)$ est susceptible d'une représentation trigonométrique d'ordre $\leqq m$, avec une approximation*

$$\rho < \frac{M}{m^{r+\alpha}},$$

où M *est une constante par rapport à m.*

En effet, on a, dans ce cas (M_1 constant),

$$\omega(\delta) = M_1\delta^\alpha.$$

On obtient donc l'inégalité précédente en posant

$$M = \psi(r)M_1\pi^\alpha.$$

---

(1) *Cf.* D. JACKSON, *Dissertation inaugurale,* Satz. VII (p. 46). L'auteur ne considère toutefois que la condition de Lipschitz d'ordre 1.

CHAPITRE IV.

THÉORÈMES RÉCIPROQUES. PROPRIÉTÉS DIFFÉRENTIELLES QUE SUPPOSE UN ORDRE DONNÉ D'APPROXIMATION.

Dans les Chapitres précédents, nous nous sommes donné les propriétés différentielles de $f(x)$ et nous en avons déduit la possibilité d'un certain ordre d'approximation. Nous allons maintenant traiter le problème inverse. Nous supposerons que la fonction $f(x)$ de période 2π est représentable avec une approximation d'un certain ordre et nous remonterons aux propriétés différentielles qui en résultent pour la fonction.

Voici le théorème fondamental :

39. **Théorème I.** — *Désignons par $\Omega(x)$ une fonction de x non croissante, au moins à partir d'une valeur suffisamment grande de x, et qui tend vers zéro pour $x = \infty$. Alors, si la fonction $f(x)$ de période 2π peut être représentée, quel que soit n, par une expression trigonométrique d'ordre $\gtreqless n$ avec une approximation*

$$\rho_n \leqq \frac{\Omega(n)}{n^r}, \tag{1}$$

où r est un entier nul ou positif; et si l'intégrale à limite infinie

$$\int^{\infty} \Omega(x)\,\frac{dx}{x}$$

existe, $f(x)$ possède une dérivée continue d'ordre r et cette dérivée admet le module de continuité

$$\omega(\delta) \gtreqless h\left[\delta\int_a^{\frac{a}{\delta}} \Omega(x)\,dx + \int_{\frac{1}{\delta}}^{\infty} \Omega(x)\,\frac{dx}{x}\right], \tag{2}$$

où a et h sont des constantes convenables par rapport à δ.

Dans le cas où $r = 0$, $\omega(\delta)$ désigne le module de continuité de $f(x)$ lui-même.

Sous les conditions du théorème, $f(x)$ peut être exprimé par une série d'expressions trigonométriques u_n

$$f(x) = u_1 + u_2 + \ldots + u_n + \ldots,$$

dont le terme u_n (qui peut être nul) est d'ordre $\overline{\gtrless} n$, et dont le reste

$$R_n = u_{n+1} + u_{n+2} + \ldots$$

satisfait à la condition

$$|R_n| \overline{\gtrless} \rho_n < \frac{\Omega(n)}{n^r}.$$

Donnons-nous un entier $a > 1$ tel que $\Omega(x)$ soit non croissant pour $x > a$. Il suffit de prouver que la dérivée d'ordre r

$$R_{a^2}^{(r)}$$

existe et admet un module de continuité $\omega(\delta)$ qui vérifie une inégalité de la forme (2). En effet, il est clair que les dérivées de $f - R_{a^2}$ qui sont des expressions trigonométriques finies admettent un module de continuité vérifiant cette condition, pourvu que $\Omega(x)$ ne soit pas identiquement nulle, ce qu'on suppose évidemment. Faisons cette démonstration.

Posons

$$\varphi_k = R_{a^k} - R_{a^{k+1}},$$

nous aurons

$$R_{a^2} = \varphi_2 + \varphi_3 + \ldots + \varphi_k + \ldots.$$

Mais φ_k est une expression trigonométrique d'ordre a^{k+1} au plus, dont le module ne surpasse pas les bornes assignées à R_{a^k} et $R_{a^{k+1}}$. Par conséquent, Ω étant non croissant,

$$|\varphi_k| \overline{\gtrless} 2\,\frac{\Omega(a^k)}{a^{kr}}.$$

Alors, d'après le théorème connu (n° 30) sur l'ordre de grandeur des dérivées d'une expression trigonométrique d'ordre $\overline{\gtrless} a^{k+1}$, on a

$$|\varphi_k^{(r)}| < 2\,\frac{\Omega(a^k)}{a^{kr}}\,(a^{k+1})^r = 2a^r\Omega(a^k),$$

$$|\varphi_k^{(r+1)}| < 2\,\frac{\Omega(a^k)}{a^{kr}}\,(a^{k+1})^{(r+1)} = 2a^r a^{k+1}\Omega(a^k).$$

Il résulte de la première de ces deux inégalités que l'on a

$$R_{a^2}^{(r)} = \sum_{k=2}^{\infty} \varphi_k^{(r)}$$

et que cette dérivée est continue, parce que la série dérivée ainsi obtenue est uniformément convergente. Nous allons, en effet, montrer que l'on peut en former une série majorante convergente.

Considérons les termes à partir de $k = \mu + 1$; nous avons

$$\begin{aligned}
\sum_{k=\mu+1}^{\infty} \max.|\varphi_k^{(r)}| &< 2a^r \sum_{\mu+1}^{\infty} \Omega(a^k) \\
&= 2a^{r+1} \sum_{\mu+1}^{\infty} \frac{\Omega(a^k)}{a^k} \frac{a^{k-1}(a-1)}{a-1} \\
&= \frac{2a^{r+1}}{a-1} \sum_{\mu+1}^{\infty} \frac{\Omega(a^k)}{a^k} (a^k - a^{k-1}) \\
&< \frac{2a^{r+1}}{a-1} \int_{a^\mu}^{\infty} \frac{\Omega(x)}{x} \, dx.
\end{aligned}$$

Donc la série majorante $2a^r \sum \Omega(a^k)$ écrite sur la première ligne est convergente.

Calculons maintenant le module de continuité de cette dérivée. Soient Δx un accroissement de x de module $< \delta$ et ΔR_{a^2}, $\Delta\varphi_k$ les accroissements correspondants des fonctions. Nous avons

$$\Delta R_{a^2}^{(r)} = \sum_{k=2}^{\mu} \Delta\varphi_k^{(r)} + \sum_{k=\mu+1}^{\infty} \Delta\varphi_k^{(r)}.$$

Appliquons le théorème des accroissements finis à la première somme. Nous avons

$$\omega(\delta) \lesseqgtr \delta \sum_{k=2}^{\mu} \max.|\varphi_k^{(r+1)}| + 2 \sum_{\mu+1}^{\infty} \max.|\varphi_k^{(r)}|.$$

Nous avons déjà obtenu pour la seconde somme une intégrale

majorante. Faisons la même chose pour la première. Nous avons

$$\sum_{k=2}^{\mu} \max. |\varphi_k^{(r+1)}| < 2a^{r+2} \sum_2^{\mu} \Omega(a^k) a^{k-1}$$
$$< \frac{2a^{r+2}}{a-1} \sum_2^{\mu} \Omega(a^k)(a^k - a^{k-1})$$
$$< \frac{2a^{r+2}}{a-1} \int_a^{a^\mu} \Omega(x)\,dx.$$

Substituons dans la borne de $\omega(\delta)$ les deux intégrales majorantes; il vient

$$\omega(\delta) \overline{\overline{<}}\, \delta \frac{2a^{r+2}}{a-1} \int_a^{a^\mu} \Omega(x)\,dx + \frac{2a^{r+1}}{a-1} \int_{a^\mu}^{\infty} \Omega(x) \frac{dx}{x}.$$

Choisissons l'entier μ qui vérifie les conditions

$$a^{\mu-1} \leqq \frac{1}{\delta} < a^\mu, \qquad \text{d'où} \qquad a^\mu < \frac{a}{\delta};$$

il vient

$$\omega(\delta) = \frac{2a^{r+2}}{a-1} \left[\delta \int_a^{\frac{a}{\delta}} \Omega(x)\,dx + \int_{\frac{1}{\delta}}^{\infty} \Omega(x) \frac{dx}{x} \right],$$

ce qui est équivalent à la formule de l'énoncé.

40. **Théorème II.** — *Si, en plus des conditions du théorème précédent, on peut assigner une constante $\alpha < 1$, telle que la fonction $x^\alpha \Omega(x)$ soit non décroissante à partir d'une valeur déterminée a de x, alors $f^{(r)}(x)$ admet le module de continuité*

$$\omega(\delta) \overline{\overline{<}}\, h' \int_{\frac{1}{\delta}}^{\infty} \Omega(x) \frac{dx}{x},$$

où h' est une constante par rapport à δ.

Il faut démontrer qu'il suffit de conserver le second terme de la formule (2) et, pour cela, que ce second terme n'est pas infiniment petit par rapport au premier. Pour s'en assurer, il faut vérifier que le quotient de ces deux termes

$$\int_x^\infty \Omega(x)\,\frac{dx}{x} : \frac{1}{x}\int_a^{ax} \Omega(x)\,dx$$

ne tend pas vers zéro pour $x = \infty$.

C'est la conséquence du théorème de la moyenne. On en conclut, $x^\alpha \Omega(x)$ étant non décroissant,

$$\int_x^\infty \Omega(x)\,\frac{dx}{x} = \int_x^\infty x^\alpha \Omega(x)\,\frac{dx}{x^{1+\alpha}} > \frac{\Omega(x)}{\alpha},$$

$$\frac{1}{x}\int_a^{ax} \Omega(x)\,dx = \frac{1}{x}\int_n^{ax} x^\alpha \Omega(x)\,\frac{dx}{x^\alpha}$$

$$< \frac{(ax)^\alpha \Omega(ax)}{x}\,\frac{(ax)^{1-\alpha}}{1-\alpha} < \frac{a\,\Omega(ax)}{1-\alpha}.$$

Donc $\Omega(x)$ étant non croissant et $a > 1$, le quotient de ces deux termes est $> \frac{1-\alpha}{a\alpha}$.

Nous considérerons d'abord une application particulière du théorème précédent, qui fait apparaître sous une forme singulièrement précise la dépendance réciproque qui existe entre l'approximation et les propriétés différentielles de la fonction.

41. Théorème III. — *Si $f(x)$ admet une dérivée continue d'ordre r qui satisfait à une condition de Lipschitz d'ordre α ($0 < \alpha < 1$, limites exclues), alors, quel que soit n, $f(x)$ est susceptible d'une représentation trigonométrique d'ordre $\overline{\gtreqless} n$, avec une approximation*

$$\rho_n < \frac{M}{n^{r+\alpha}} \qquad (\text{M const.}).$$

Réciproquement, s'il est possible de satisfaire à cette condition quel que soit n, $f(x)$ admet une dérivée continue d'ordre r satisfaisant à une condition de Lipschitz d'ordre α (¹).

(¹) M. Bernstein a seulement prouvé que f vérifie une condition d'ordre $< \alpha$. *Sur la meilleure approximation des fonctions continues* (nº 14). Nous avons énoncé le théorème sous sa forme précise dans une conférence faite à la séance de la Société mathématique suisse, tenue à Fribourg le 24 février 1918. (*L'Enseignement mathématique*, t. XX, 1918, p. 23).

Nous connaissons déjà le théorème direct (n° 38). Il suffit de démontrer la réciproque. On a, par hypothèse, quel que soit n,

$$\rho_n < \frac{1}{n^r}\left(\frac{M}{n^\alpha}\right),$$

de sorte que la fonction $\Omega(x)$ des théorèmes précédents est ici

$$\Omega(x) = \frac{M}{x^\alpha}.$$

Les conditions des théorèmes I et II sont vérifiées :

L'intégrale $\int^\infty \Omega(x)\,\frac{dx}{x}$ existe et $x^\alpha\Omega(x)$ est égal à M, donc non décroissant. Donc, en vertu du théorème précédent, $f(x)$ a une dérivée continue d'ordre r, qui admet le module de continuité

$$\omega(\delta) \gtreqless h' \int_{\frac{1}{\delta}}^\infty \frac{dx}{x^{1+\alpha}} = \frac{h'}{\alpha}\,\delta^\alpha,$$

ce qui est une condition de Lipschitz d'ordre α.

Le théorème précédent suppose essentiellement α différent de ses limites 0 et 1. A ces limites, la correspondance devient moins précise. On s'en apercevra dans les théorèmes suivants :

42. **Théorème IV.** — *S'il est possible, quel que soit n, de représenter $f(x)$ par une expression trigonométrique d'ordre $\gtreqless n$ avec une approximation*

$$\rho_n < \frac{M}{n^r(\log n)^{1+\alpha}},$$

où M *et* α *sont des constantes positives, $f(x)$ possède une dérivée d'ordre r, laquelle admet le module de continuité*

$$\omega(\delta) < \frac{h}{\left(\log\frac{1}{\delta}\right)^\alpha} \qquad (h \text{ const.}).$$

Les conditions des théorèmes I et II sont encore satisfaites. Donc, en vertu du théorème II, $f(x)$ admet une dérivée continue d'ordre r, laquelle admet le module de continuité

$$\omega(\delta) \overline{\gtrless} h' \int_{\frac{1}{\delta}}^{\infty} \frac{dx}{x(\log x)^{1+\alpha}} = \frac{h'}{\alpha} \frac{1}{\left(\log\frac{1}{\delta}\right)^{\alpha}},$$

ce qui prouve le théorème.

On s'assure facilement qu'à tout critérium de convergence absolue des intégrales à limites infinies, on peut faire correspondre un théorème analogue aux précédents. On peut ainsi formuler un théorème correspondant à chacun des critériums de convergence de Cauchy, basés sur la considération des fonctions successives :

$$\frac{1}{x^{1+\alpha}}, \quad \frac{1}{x(\log x)^{1+\alpha}}, \quad \frac{1}{x\log x(\log\log x)^{1+\alpha}}, \quad \dots$$

Les théorèmes III et IV correspondent aux deux premiers termes.

43. **Les cas d'exception au théorème I.** — Le théorème I suppose la convergence de l'intégrale

$$\int^{\infty} \Omega(x)\frac{dx}{x}.$$

Cette condition est essentielle pour que l'on puisse affirmer l'existence et la continuité de la dérivée d'ordre r. L'hypothèse que $\Omega(x)$ tende vers zéro pour $x = \infty$ ne suffit pas. Nous allons le montrer par un exemple très caractéristique, dans le cas où $r = 1$.

Soit $\Omega(x)$ une fonction continue de x qui tend *en décroissant* vers zéro quand x tend vers l'infini. Définissons $f(x)$ par la série absolument et uniformément convergente

$$f(x) = \frac{\Omega(1)}{1}\sin x + \frac{\Omega(2)}{2^2}\sin 2x + \ldots + \frac{\Omega(n)}{n^2}\sin nx + \ldots.$$

Les n premiers termes donnent une représentation d'ordre n avec l'approximation

$$\rho_n < \Omega(n)\left[\frac{1}{(n+1)^2} + \frac{1}{(n+2)^2} + \ldots\right] < \frac{\Omega(n)}{n}.$$

C'est la condition envisagée dans le théorème I pour $r = 1$. Nous allons montrer que *la continuité ou la non continuité de la dérivée* $f'(x)$ *dépendent exclusivement de l'existence ou de la non existence de* $\int^{\infty} \Omega(x)\frac{dx}{x}$.

Remarquons d'abord que l'existence ou la non existence de cette intégrale entraînent la convergence ou la divergence de la série positive

$$\frac{\Omega(1)}{1}+\frac{\Omega(2)}{2}+\ldots+\frac{\Omega(n)}{n}+\ldots, \tag{1}$$

car, $\Omega(x)$ étant décroissant, cette série est comprise entre les deux bornes

$$\int_1^{\infty}\Omega(x)\frac{dx}{x}, \qquad \Omega(1)+\int_1^{\infty}\Omega(x)\frac{dx}{x},$$

Donc, si l'intégrale existe, auquel cas la série converge, $f(x)$ admet une dérivée continue $f'(x)$, qui s'exprime par la série dérivée

$$f'(x)=\frac{\Omega(1)}{1}\cos x+\frac{\Omega(2)}{2}\cos 2x+\ldots, \tag{2}$$

parce que cette série est uniformément convergente.

Supposons maintenant l'intégrale infinie et la série (1) divergente.

La dérivée $f'(x)$ existe, est continue et est donnée par la formule (2), sauf pour les valeurs $x\equiv 0 \pmod{2\pi}$, car la série (2) reste uniformément convergente dans les intervalles ne contenant pas ces valeurs. C'est la conséquence d'un lemme classique d'Abel. Les sommes partielles

$$\cos kx+\cos(k+1)x+\ldots+\cos lx$$

sont alors bornées, car elles sont de module moindre que

$$\left|\sum_{\lambda=k}^{l} e^{\lambda i x}\right| \leq \left|\frac{2}{e^{ix}-1}\right|, \tag{3}$$

et cela entraîne la convergence uniforme de la série (2), parce que les coefficients des cosinus vont en décroissant.

Mais si x tend vers zéro, $f(x)$ augmente indéfiniment et la dérivée est discontinue. Nous allons, en effet, vérifier que la série (2) augmente indéfiniment. A cet effet, soit X le plus grand entier contenu dans $\frac{\pi}{2x}$. Partageons la série (2) en deux parties

$$\sum_{\lambda=1}^{X} \frac{\Omega(\lambda)}{\lambda} \cos\lambda x + \sum_{X+1}^{\infty} \frac{\Omega(\lambda)}{\lambda} \cos\lambda x.$$

La première tend manifestement vers l'infini quand x tend vers zéro, car tous les termes sont positifs et la série $\sum \frac{\Omega(\lambda)}{\lambda}$ est infinie. Mais je dis que la seconde partie reste finie. Appliquons de nouveau le lemme d'Abel, en nous servant de la borne (3) que nous venons d'assigner aux sommes partielles de cosinus. La seconde partie est de module moindre que

$$\frac{\Omega(X+1)}{X+1} \left| \frac{2}{e^{ix}-1} \right| \overline{\leq} \Omega\left(\frac{\pi}{2x}\right) \frac{4}{\pi} \left| \frac{x}{e^{ix}-1} \right|.$$

Quand x tend vers zéro, le dernier facteur a pour limite l'unité et l'expression entière tend vers zéro avec le facteur $\Omega\left(\frac{\pi}{2x}\right)$. Donc la somme des deux parties de la série (2) tend vers l'infini.

Cet exemple simple prouve combien est stricte la condition d'existence de l'intégrale à limite infinie formulée dans le théorème I.

Le même exemple prouve aussi que l'exclusion du cas limite $\alpha = 1$ est essentielle dans l'énoncé du théorème III. La condition

$$\rho_n < \frac{M}{n^{r+1}} \qquad (\text{M const.})$$

n'entraîne pas nécessairement l'existence d'une condition de Lipschitz d'ordre 1 pour la dérivée d'ordre r, ou pour la fonction elle-même, si $r = 0$ (comme dans l'exemple précédent). On a, dans cet exemple, $\rho_n < \frac{\Omega(n)}{n}$, et cependant $f(x)$ n'est pas lipschitzienne puisque sa dérivée n'est pas bornée. Toutefois, sous la condition $\rho_n < M : n^{r+1}$, la dérivée d'ordre r est continue et le théorème suivant permet d'en évaluer le module de continuité.

44. **Théorème V.** — *S'il est possible, quel que soit n, de représenter $f(x)$ par une expression trigonométrique d'ordre $\overline{\leq} n$*

avec une approximation

$$\rho_n < \frac{M}{n^{r+1}} \qquad (M \text{ const.}),$$

alors $f(x)$ possède une dérivée continue d'ordre r, laquelle admet le module de continuité

$$\omega(\delta) \underset{<}{=} h\,\delta|\log\delta| \qquad (h \text{ const.}).$$

En effet, le théorème I, où il faut faire

$$\Omega(x) = \frac{1}{x},$$

assigne à $\omega(\delta)$ la borne

$$h\left[\delta\int_a^{\frac{a}{\delta}}\frac{dx}{x} + \int_{\frac{1}{\delta}}^{\infty}\frac{dx}{x^2}\right] = h\,\delta[|\log\delta| + 1],$$

ce qui revient (sauf la valeur de h) à la forme proposée.

En particulier, si l'on a, comme dans l'exemple du numéro précédent,

$$\rho_n < \frac{M}{n},$$

$f(x)$ admet le module de continuité

$$\omega(\delta) \underset{<}{=} h\delta\,|\log\delta|,$$

mais on ne peut pas affirmer l'existence de la dérivée première.

CHAPITRE V.

APPROXIMATION PAR POLYNOMES ; RÉDUCTION A UNE APPROXIMATION TRIGONOMÉTRIQUE.

45. Polynomes trigonométriques. Réduction des deux modes d'approximation l'un à l'autre. — Comme nous le savons déjà (n° 5), l'approximation par polynomes revient à une approximation trigonométrique. Tout intervalle (a, b) se ramène à l'intervalle $(-1, +1)$ par une substitution linéaire, il suffit donc d'étudier l'approximation par polynomes dans l'intervalle $(-1, +1)$. C'est ce que nous allons faire.

Soit $f(x)$ une fonction continue dans cet intervalle. La substitution

$$x = \cos t$$

transforme $f(x)$ en $f(\cos t) = \varphi(t)$, qui est une fonction paire et périodique de t. L'approximation trigonométrique de $\varphi(t)$ et celle de $f(x)$ par des polynomes sont deux problèmes complètement équivalents. Cette équivalence est mise le plus simplement en évidence par l'emploi des polynomes trigonométriques.

Le polynome trigonométrique de degré n est défini par la formule

$$P_n(x) = \cos n \arccos x.$$

Cette formule définit effectivement un polynome en x de degré n, car on a

$$\cos nt = \frac{e^{nti} + e^{-nti}}{2} = \frac{(\cos t + i \sin t)^n + (\cos t - i \sin t)^n}{2};$$

et, par la substitution

$$\cos t = x, \qquad \text{d'où} \qquad t = \arccos x,$$

il vient

$$\cos n \operatorname{arc} \cos x = \frac{(x + \sqrt{x^2 - 1})^n + (x - \sqrt{x^2 - 1})^n}{2}.$$

Comme les radicaux se détruisent, cette expression est bien un polynome en x de degré n.

Il est immédiat que la substitution $x = \cos t$ fait correspondre à tout polynome approché de $f(x)$ dans l'intervalle $(-1, +1)$ une expression trigonométrique approchée de $f(\cos t)$. La réciproque est également vraie. Supposons que nous ayons obtenu pour $f(\cos t)$ une expression trigonométrique approchée d'ordre n, ne contenant que des cosinus puisque $f(\cos t)$ est paire, c'est-à-dire que nous ayons, avec une certaine approximation,

$$f(\cos t) = \alpha_0 + \alpha_1 \cos t + \alpha_2 \cos 2t + \ldots + \alpha_n \cos nt;$$

nous aurons, avec la même approximation,

$$f(x) = \alpha_0 + \alpha_1 P_1(x) + \alpha_2 P_2(x) + \ldots + \alpha_n P_n(x).$$

46. Série de polynomes trigonométriques. — Nous appellerons *série de polynomes trigonométriques* de $f(x)$ la série qui se déduit de celle de Fourier de $f(\cos t)$ par la méthode précédente. Le développement de $f(\cos t) = \varphi(t)$ en série de Fourier est de la forme

$$\frac{1}{2} a_0 + a_1 \cos t + a_2 \cos 2t + \ldots + a_n \cos nt + \ldots,$$

où l'on a

$$a_n = \frac{2}{\pi} \int_0^{\pi} f(\cos t) \cos nt \, dt.$$

Le développement de $f(x)$ en série de polynomes trigonométriques dans l'intervalle $(-1, +1)$, sera

$$\frac{1}{2} a_0 + a_1 P_1(x) + a_2 P_2(x) + \ldots + a_n P_n(x) + \ldots,$$

où a_n, exprimé en fonction de x, sera

$$a_n = \frac{2}{\pi} \int_{-1}^{+1} f(x) P_n(x) \frac{dx}{\sqrt{1 - x^2}}.$$

47. Bornes inférieures assignables à la meilleure approximation par polynomes. — Les deux règles, que nous avons déduites de la considération des séries de Fourier, et qui assignent une borne inférieure à la meilleure approximation trigonométrique, se traduisent en règles correspondantes relatives à la meilleure approximation par polynomes dans l'intervalle $(-1, +1)$. Voici d'abord l'énoncé qui correspond à la première (nº 9, 6º) :

I. *La meilleure approximation d'une fonction continue $f(x)$ par un polynome de degré n dans l'intervalle* $(-1, +1)$ *n'est pas inférieure à*

$$\sqrt{\frac{1}{2}\left(a_{n+1}^2 + a_{n+2}^2 + \ldots\right)},$$

où les a_k sont les constantes de Fourier de $f(\cos t)$.

L'énoncé qui correspond à la seconde règle, c'est-à-dire à celle de Lebesgue (nº 17), sera le suivant :

II. *Si la somme de degré n des termes du développement de $f(x)$ en série de polynomes trigonométriques donne une approximation ρ_n, la meilleure approximation de $f(x)$ par un polynome de degré n dans l'intervalle* $(-1, +1)$ *n'est pas inférieure à*

$$\frac{\rho_n}{A \log n + B},$$

où A *et* B *sont deux nombres assignés* a priori.

48. **Approximation obtenue par transformation de l'intégrale de Fejér généralisée** $F_2(x, n)$ (nº 31). — Soit $f(x)$ une fonction continue dans l'intervalle $(-1, +1)$. Formons l'expression $F_2(t, n)$ relative à $f(\cos t)$ (nº 32). Cette expression est un polynome en $\cos t$ et elle représente $f(\cos t)$ avec une approximation qui fait l'objet du théorème I du nº 33. Par la substitution $\cos t = x$, $F_2(t, n)$ se transforme dans un polynome en x fournissant, pour $f(x)$, la même approximation. Soit $\omega(\delta)$ le module de continuité de $f(x)$, celui de $f(\cos t)$ ne lui est pas supérieur, car $\cos t$ varie moins vite que t. Le théorème I du nº 33 se transforme donc dans celui-ci :

Théorème I. — *Si $f(x)$ admet le module de continuité $\omega(\delta)$ dans l'intervalle* $(-1, +1)$, *le polynome approché de* *degré* $2n-2$ *transformé de* $F_2(r, t)$ *fournit une approximation*

$$\rho \quad A\omega\left(\frac{1}{n}\right),$$

où A *est un nombre* < 3 (¹).

Supposons ensuite que $f(x)$ ait une dérivée continue admettant le module de continuité $\omega_1(\delta)$. Proposons-nous d'appliquer le théorème II du n° 34. Il faut au préalable calculer le module de continuité de

$$Df(\cos t) = -f'(\cos t)\sin t.$$

Si l'on donne à t un accroissement h de module $< \delta$, l'accroissement de cette dérivée est

$$-f'(\cos t)\,\Delta\sin t - \sin(t+h)\,\Delta f',$$

où Δ est la caractéristique de l'accroissement de la fonction. Mais $|\Delta \sin t|$ est $< \delta$ et $|\sin(t+h)|$ est < 1; donc l'expression précédente et, par conséquent, le module de continuité de $Df(\cos t)$ sont inférieurs à

$$\delta \max.|f'| + \omega_1(\delta).$$

Supposons qu'on ait $f'(0) = 0$. On peut toujours réaliser cette condition en retranchant au préalable de $f(x)$ le polynome du premier degré $xf'(0)$, ce qui ne change pas le module de continuité de la dérivée. Dans cette hypothèse, on a, entre -1 et $+1$,

$$|f'(x)| < \omega_1(1)$$

et le module de continuité de $Df(\cos t)$ est inférieur à

$$\delta\omega_1(1) + \omega_1(\delta).$$

Le théorème II du n° 34 conduit ainsi au suivant :

Théorème II. — *Soit* $f(x)$ *une fonction dont la dérivée première admet le module de continuité* $\omega_1(\delta)$ *dans l'intervalle* $(-1, +1)$; *on peut en définir un polynome approché*

(¹) M. D. Jackson a défini le premier un polynome donnant la même approximation (*Dissertation inaugurale*, Satz V, p. 40). C'est à l'occasion de ce theorème qu'il introduit la fonction $\omega(\delta)$.

d'ordre $2n-2 (n>1)$ *donnant une approximation*

$$\rho < A\left[\frac{\omega_1(1)}{n^2}+\frac{\omega_1\left(\frac{1}{n}\right)}{n}\right] < 2A\,\frac{\omega_1\left(\frac{1}{n}\right)}{n},$$

où A *est un nombre* $<5:2$.

Pour aller plus loin et formuler des théorèmes concernant le cas où la dérivée d'ordre r quelconque existe, il convient de chercher d'abord une borne de $|D^r f(\cos t)|$.

49. Borne de $|D^r f(\cos t)|$. — Le calcul de proche en proche met en évidence que l'on a

$$D^r f(\cos t) = \sum_{s=1}^{r} f^{(s)}(\cos t)\,\frac{P_s}{s!},$$

où P_s est un polynome de degré s en $\sin t$ et $\cos t$, indépendant de f. Pour déterminer P_s, il est donc permis de supposer f développable en série de Taylor. Posons

$$x=\cos t,\qquad f(x)=F(t),\qquad k=\cos(t+h)-\cos t;$$

il vient, par la formule de Taylor,

$$F(t+h)=f(x+k)=\sum_{0}^{\infty} f^{(s)}(x)\,\frac{k^s}{s!}.$$

Dérivons r fois par rapport à h, puis posons $h=0$. En observant que k s'annule avec h, il reste

$$F^{(r)}(t)=\sum_{s=1}^{r} f^{(s)}(x)\,\frac{1}{s!}\,[D_h^r k^s]_{h=0};$$

d'où, par comparaison avec la formule du début,

$$P_s=[D_s^r k^s]_{h=0}.$$

Cherchons maintenant une borne supérieure de $|P_s|$. A cet effet, remarquons qu'on a

$$k=\cos(t+h)-\cos t=\cos t(\cos h-1)-\sin t\sin h.$$

Il s'ensuit que le développement de k suivant les puissances de h

s'obtient en multipliant les termes du développement de $e^h - 1$ respectivement par l'un des quatre facteurs $\pm \cos t$, $\pm \sin t$, de modules $\overline{\overline{<}} 1$, et qu'on a, par conséquent, même pour h complexe,

$$|k| < e^{|h|} - 1.$$

Faisons décrire à h une circonférence de rayon 1 autour de l'origine; nous aurons, pour $h = 0$, par la formule majorante classique de Cauchy, le maximum étant pris sur la circonférence,

$$[D_h^r k^s]_{h=0} < r! \max. |k^s| = r!(e-1)^s.$$

Substituons ces majorantes dans la formule de dérivation écrite plus haut; il vient

$$|D^r f(\cos t)| < r! \sum_{s=1}^{r} |f^{(s)}(x)| \frac{(e-1)^s}{s!}.$$

Introduisons des hypothèses plus particulières sur la fonction $f(x)$. Supposons que $f^{(r)}(x)$ soit de module $< M_r$ entre -1 et $+1$ et que les dérivées des ordres moindres s'annulent toutes ainsi que $f(x)$ pour $x = 0$. Nous avons, dans ce cas,

$$|f^{(r)}(x)| < M_r, \quad |f^{(r-1)}(x)| < \frac{M_r |x|}{1}, \quad |f^{(r-2)}(x)| < \frac{M_r x^2}{2!}, \quad \ldots;$$

et, par conséquent, dans l'intervalle $(-1, +1)$,

$$|f^{(r)}(x)| < M_r, \quad |f^{(r-1)}(x)| < \frac{M_r}{1}, \quad \ldots, \quad |f^{(s)}(x)| < \frac{M_r}{(r-s)!}.$$

Substituant de nouveau ces majorantes, il vient

$$|D^r f(\cos t)| < M_r \sum_{s=1}^{r} \frac{r!}{s!(r-s)!} (e-1)^s < M_r[(e-1)+1]^r = M_r e^r.$$

Cette borne suppose que $f(x)$ et ses $r-1$ premières dérivées s'annulent pour $x = 0$, mais on peut toujours réaliser cette condition en retranchant de $f(x)$ un polynome convenable de degré $r-1$, ce qui ne change pas la dérivée d'ordre r ni, par conséquent, la valeur de M_r. Nous allons utiliser cette remarque dans le numéro suivant.

50. Approximation par les séries de polynomes trigonomé-

triques [1]. — En vertu du théorème III du Chapitre II (n° 18), on peut assigner *a priori* deux constantes A et B, telles que si $\varphi(t)$ de période 2π admet une dérivée d'ordre r de module $< M_r$, l'approximation fournie par la somme de Fourier d'ordre n quelconque de φ est inférieure à

$$(A \log n + B)\frac{M_r}{n^r}.$$

Si l'on suppose $f^{(r)}(x)$ de module $< M_r$, il existe un théorème correspondant sur la représentation de $f(x)$ en série de polynomes trigonométriques. Dans ce cas, l'approximation est la même que celle de $f(\cos t) = \varphi(t)$ en série de Fourier; elle sera donc donnée par la formule précédente, où il faut seulement remplacer M_r par une borne supérieure de $|D^r f(\cos t)|$.

Considérons une somme d'ordre $n \geqq r-1$. Alors, pour calculer cette borne, nous pouvons admettre que f et ses dérivées jusqu'à l'ordre $r-1$ s'annulent pour $x=0$, auquel cas cette borne est $M_r e^r$. Cela est permis, parce que, si cette condition n'avait pas lieu, on la réaliserait en retranchant de f un polynome convenable P de degré $r-1$. Or $f-P$ a même dérivée d'ordre r que f et, d'autre part, le développement en série de polynomes trigonométriques de f s'obtient en ajoutant P à celui de $f-P$. Donc, pour un ordre $n > r-1$, l'approximation de f est la même que celle de $f-P$. Nous obtenons ainsi le théorème suivant :

Théorème III. — *Si $f(x)$ admet, dans l'intervalle $(-1, +1)$, une dérivée intégrable et de module $< M_r$, la somme de degré $n \geqq r-1$ de la série de polynomes trigonométriques de $f(x)$ fournit, dans cet intervalle, une approximation inférieure à*

$$(A \log n + B) M_r \left(\frac{e}{n}\right)^r,$$

où A *et* B *sont les deux mêmes nombres que dans le théorème rappelé* (n° 18).

Ce théorème en fournit un second concernant le cas où la dérivée d'ordre r est continue. Voici ce théorème, que nous allons démontrer :

[1] C'est M. Bernstein qui a étudié le premier cette question (*Sur la meilleure approximation des fonctions continues*, Chap. VI).

THÉORÈME IV. — *Si $f(x)$ admet, dans l'intervalle $(-1, +1)$, une dérivée d'ordre r dont le module de continuité soit $\omega_r(\delta)$, la somme de degré $n \geqq r$ de la série de polynomes trigonométriques de $f(x)$ fournit, dans cet intervalle, une approximation inférieure à* [1]

$$(A \log n + B)(e^r + e^{r+1}) \frac{\omega_r\left(\frac{1}{n}\right)}{n^r},$$

où A *et* B *sont les mêmes nombres que ci-dessus.*

Soit δ une partie aliquote de l'unité; inscrivons un polygone $y = \psi(x)$ dans la courbe $y = f^{(r)}(x)$, en prenant pour sommets tous les points d'abscisses $\lambda\delta$ (λ entier); nous avons, comme dans la démonstration du théorème V du Chapitre IV (nº **21**),

$$|f^{(r)} - \psi| \leqq \omega_r(\delta), \qquad |\psi'| \leqq \frac{\omega(\delta)}{\delta}.$$

Soit F une fonction admettant ψ pour dérivée d'ordre r; nous avons

$$|(f - F)^{(r)}| = |f^{(r)} - \psi| \leqq \omega_r(\delta), \qquad |F^{(r+1)}| = |\psi'| \leqq \frac{\omega_r(\delta)}{\delta}.$$

Faisons la décomposition $f = (f - F) + F$ et désignons par R_n, R'_n, R''_n les restes des séries de f, $f - F$ et F respectivement; nous avons, pour $n \geqq r$, en vertu du théorème précédent,

$$|R'_n| \leqq (A \log n + B)\left(\frac{e}{n}\right)^r \omega_r(\delta),$$

$$|R''_n| \leqq (A \log n + B)\left(\frac{e}{n}\right)^{r+1} \frac{\omega_r(\delta)}{\delta}.$$

Mais $R_n = R'_n + R''_n$. Ajoutons donc les deux égalités précédentes et faisons $\delta = \frac{1}{n}$; nous trouvons la borne assignée à R_n.

51. Polynomes conduisant, dans le cas général, à une meilleure approximation. — Le théorème III *bis* du Chapitre III (nº **37**) se transforme aussi par la substitution $x = \cos t$; et, moyennant

(1) M. Bernstein énonce un théorème qui rentre comme cas particulier dans celui-ci. Toutefois, il n'étudie pas la manière dont l'approximation dépend de r [*Sur la meilleure approximation des fonctions continues* (nº 59)].

l'introduction d'un polynome auxiliaire de degré $< r$ (comme dans le cas précédent), on est conduit au théorème suivant :

THÉORÈME V (1). — *On peut définir* a priori *une fonction* $\Psi_1(r)$ *de* r *seul qui jouit de la propriété suivante : quel que soit l'entier* $m \gtreqq r$, *une fonction* $f(x)$ *dont la dérivée d'ordre* r *est intégrable et de module* $\lesseqqgtr M_r$ *dans l'intervalle* $(-1, +1)$, *peut être représentée dans cet intervalle par un polynome de degré* $\lesseqqgtr m$, *convenablement choisi, avec une approximation*

$$\rho < \Psi_1(r)\frac{M_r}{m^r}.$$

Cette fonction Ψ_1 est effectivement égale à $e^r\psi_1$, où ψ_1 est la fonction définie dans le théorème rappelé (n° 37).

Enfin nous pouvons énoncer un dernier théorème, qui se déduit du précédent comme le théorème IV de III, au numéro précédent :

THÉORÈME VI. — *Quel que soit l'entier* $m > r$, *une fonction* $f(x)$, *dont la dérivée d'ordre* r *admet le module de continuité* $\omega_r(\delta)$, *peut être représentée dans l'intervalle* $(-1, +1)$ *par un polynome convenable de degré* $\lesseqqgtr m$ *avec une approximation*

$$\rho < [\Psi_1(r) + \Psi_1(r+1)]\,\frac{\omega_r\left(\frac{1}{m}\right)}{m^r},$$

où Ψ_1 *est la fonction de* r *seul définie dans le théorème précédent.*

En particulier, si $f^{(r)}(x)$ *satisfait à une condition de Lipschitz d'ordre* α, *on peut assigner une constante* M *par rapport à* n, *telle que l'on ait, quel que soit* n,

$$\rho_n < \frac{M}{n^{r+\alpha}}.$$

---

(1) C'est M. D. Jackson qui a construit le premier des polynomes donnant une approximation de l'ordre indiqué ici. C'est lui aussi le premier qui a montré que les coefficients analogues à Ψ_1 ne dépendent que de r (*Dissertation inaugurale*, Satz IV *a*, p. 40). Toutefois, il n'a pas étendu ce dernier résultat à la représentation trigonométrique. Les résultats de sa Thèse ont été précisés dans un Mémoire plus récent : *On approximation by trigonometric Sums and polynomials* (*Trans. of the Amer. math. Society*, 1912).

Dans le cas plus particulier où $\alpha = 1$, ce théorème a été énoncé par M. Dunham Jackson [1].

52. Le problème inverse. — La question de remonter de l'ordre de l'approximation par polynomes aux propriétés différentielles de la fonction se ramène au même problème concernant l'approximation trigonométrique, donc aux théorèmes énoncés dans le Chapitre précédent. Nous ne reprendrons pas cette question en détail et nous nous bornerons à quelques énoncés caractéristiques. L'approximation de $f(x)$ dans l'intervalle $(-1, +1)$ par un polynome de degré $\leqq n$ est la même que celle de $f(\cos t) = \varphi(t)$ par une expression trigonométrique d'ordre $\leqq n$. Or on a

$$\frac{d}{dx} = -\frac{d}{\sin t\, dt}.$$

On en conclut, Q_k désignant un polynome en $\sin t$ et $\cos t$,

$$f^{(r)}(x) = \frac{1}{\sin^r t}\sum_{k=1}^{r} \varphi^{(k)}(t) Q_k = \frac{1}{(1-x^2)^{\frac{r}{2}}}\sum_{k=1}^{r} \varphi^{(k)}(t) Q_k.$$

Ainsi l'existence et la continuité des dérivées de φ dans l'intervalle $(-1, +1)$ entraînent celles des dérivées de f jusqu'au même ordre, dans le même intervalle, sauf aux limites ± 1. Si $\varphi^{(r)}(t)$ admet un module de continuité de l'une des formes (M constant),

$$\omega(\delta) < M\,\delta^\alpha, \quad \omega(\delta) < M\,\delta\,|\log\delta|,$$

le module de continuité de $f^{(r)}(x)$ vérifiera une inégalité de même forme dans tout intervalle intérieur (au sens étroit) à $(-1, +1)$. Seule la valeur de la constante M peut changer. Observons encore que tout intervalle fini (a, b) se transforme en $(-1, +1)$ par une substitution linéaire, qui n'altère pas les propriétés précédentes. Il résulte de là que les théorèmes III (n° 41) et V (n° 44) du Chapitre précédent entraînent les théorèmes correspondants que voici :

Théorème VII. — *Si, dans un intervalle (a, b), $f(x)$ possède une dérivée continue d'ordre r qui satisfait à une condition de Lipschitz d'ordre $\alpha (0 < \alpha < 1)$, alors, quel que soit n, $f(x)$ peut être (en vertu du théorème VI) représenté par un*

---

[1] *Dissertation inaugurale*, Satz II, p. 23.

polynome de degré $\overline{\gtrless}\, n$ *avec une approximation*

$$\rho_n < \frac{M}{n^{r+\alpha}} \qquad (M \text{ const.}).$$

Réciproquement, si l'on peut vérifier cette condition, quel que soit n, alors f(x) admet, dans tout intervalle intérieur à (a, b), une dérivée continue d'ordre r qui satisfait à une condition de Lipschitz d'ordre α (¹).

Le cas où $\alpha = 1$ est exclu et fait exception. La réciprocité n'est plus complète. Dans ce cas, on peut énoncer le théorème suivant :

Théorème VIII. — *Si, quel que soit n, f(x) peut être représenté dans l'intervalle (a, b) par un polynome d'ordre* $\overline{\gtrless}\, n$ *avec une approximation*

$$\rho_n < \frac{M}{n^{r+1}} \qquad (M \text{ const.}),$$

alors f(x) possède, dans tout intervalle donné intérieur à (a, b), une dérivée d'ordre r, qui admet le module de continuité

$$\omega(\delta) = h\,\delta\,|\log\delta| \qquad (h \text{ const.}).$$

La seconde Partie du théorème VII (partie réciproque) est due, en grande partie, à M. Bernstein. Ce savant géomètre a, en effet, démontré, dans la même hypothèse, l'existence de toute condition de Lipschitz d'ordre $< \alpha$ (²). Il a aussi signalé les exceptions qui se produisent dans le cas $\alpha = 1$ (³). M. Bernstein traite directement la représentation par polynomes, mais la représentation trigonométrique donne lieu à des théorèmes plus simples et il est plus avantageux de traiter celle-ci pour commencer. C'est ce que nous avons fait.

(¹) M. P. Montel vient d'établir (*Bull. Soc. math. Fr.*, 1919) un théorème analogue. Il remplace seulement la propriété de vérifier une condition de Lipschitz d'ordre α par celle d'admettre des dérivées généralisées de Liouville de tous les ordres $< \alpha$. On doit, par conséquent, en conclure qu'*une fonction qui vérifie une condition de Lipschitz d'ordre* α *admet des dérivées de tout ordre* $< \alpha$. Ce théorème a été énoncé récemment par M. Hermann Weyl (*Vierteljahrschrift de Zurich*, 1917). Je dois ce dernier renseignement à une Communication obligeante de M. Montel.

(²) *Sur l'ordre de la meilleure approximation des fonctions continues* (nᵒˢ 14 et 15).

(³) *Ibid.* (nᵒ 19).

CHAPITRE VI.

POLYNOME D'APPROXIMATION MINIMUM.

53. **Polynome de Lagrange.** — On sait qu'un polynome de degré $\leqq n$ est complètement déterminé par les valeurs, d'ailleurs arbitraires, qu'il prend en $n+1$ points donnés $x_0, x_1, x_2, \ldots, x_n$. Nous supposerons généralement que ces valeurs sont celles prises par une fonction donnée $f(x)$. Alors le polynome $P(x)$ de degré $\leqq n$, qui prend les mêmes valeurs que $f(x)$ aux $n+1$ points donnés, s'exprime par une formule classique connue sous le nom de *formule de Lagrange*. Cette formule est la suivante :

$$P(x) = S(x) \sum_{i=0}^{n} \frac{1}{x - x_i} \frac{f(x_i)}{S'(x_i)},$$

où $S(x)$ est le polynome de degré $n+1$

$$S(x) = (x - x_0)(x - x_1)\ldots(x - x_n).$$

L'exactitude de cette formule se vérifie immédiatement. On en tire les conséquences suivantes, qui nous seront utiles :

1° Si un polynome variable de degré $\leqq n$ est borné en $n+1$ points donnés (donc *a fortiori* s'il est borné dans un intervalle), tous ses coefficients sont bornés.

2° Un polynome variable de degré $\leqq n$ qui prend des valeurs infiniment petites en $n+1$ points donnés, a tous ses coefficients infiniment petits.

3° Deux polynomes variables de degré $\leqq n$ qui prennent des valeurs infiniment voisines en $n+1$ points donnés, ont leurs coefficients de même rang infiniment voisins et nous dirons que ces polynomes sont infiniment voisins.

54. **Approximation minimum dans un intervalle.** — Soient $f(x)$ une fonction continue dans un intervalle (a, b) et

$$P(x) = a_0 + a_1 x + a_2 x^2 + \ldots + a_n x^n$$

un polynome de degré n *à coefficient réels*. Considérons ce polynome, supposé donné, comme une expression approchée de $f(x)$ dans (a, b). La différence, positive ou négative,

$$P(x) - f(x),$$

est l'*écart* au point x. Le maximum de la valeur absolue de l'écart dans l'intervalle (a, b) est l'*approximation* fournie par P dans cet intervalle.

Considérons maintenant l'ensemble de tous les polynomes de degré $\leqq n$. Chacun d'eux représente $f(x)$ dans l'intervalle (a, b) avec une approximation qui lui correspond, ρ'. La borne inférieure de ρ' pour cet ensemble est un nombre positif ou nul. Cette borne est *l'approximation minimum* ou *la meilleure approximation* d'ordre n. Nous la désignerons par ρ. Nous allons prouver qu'il existe un polynome de degré $\leqq n$ et un seul qui fournit cette approximation ρ : c'est le *polynome d'approximation minimum dans (a, b) pour l'ordre n*.

55. **Existence du polynome d'approximation minimum** (1). — *Il existe un polynome $P(x)$ de degré $\leqq n$ qui réalise l'approximation minimum ρ.*

Par définition de ρ, on peut assigner une suite de polynomes P_1, P_2, ..., P_k, ... de degré $\leqq n$, tels que les approximations correspondantes ρ'_1, ρ'_2, ..., ρ'_k, ... tendent vers ρ. Dans ce cas, la suite P_1, P_2, ... tend uniformément vers $f(x)$ dans (a, b). Donc ces polynomes sont bornés dans (a, b) (quel que soit leur indice) et, par conséquent, tous leurs coefficients sont bornés aussi et de module inférieur à un nombre fixe M (53). Donc de la suite infinie P_1, P_2, ..., on peut extraire une suite P'_1, P'_2, ..., infinie

---

(1) Tchebycheff, qui a introduit cette notion, a admis sans démonstration l'existence du polynome d'approximation minimum. Celle-ci a été démontrée par M. E. Borel [*Leçons sur les fonctions de variables réelles*, 1905. *Voir* aussi Kirschberger, *Ueber Tchebycheff Annaherungsmethode* (*Inaugural-Dissertation*, Göttingen, 1902)].

aussi, telle que le coefficient de x^n ait une limite; de la suite P'_1, P'_2, ... on peut extraire une suite P''_1, P''_2, .., telle que le coefficient de x^{n-1} ait une limite, et ainsi de suite. Finalement, on formera une suite de polynomes ayant une limite P. Ce polynome P réalise l'approximation minimum ρ. Nous allons montrer, dans le numéro suivant, que ce polynome est unique, et en faire connaître les propriétés les plus caractéristiques.

56. Propriétés du polynome d'approximation minimum dans un intervalle (a, b). — 1° *Si le polynome* P *de degré* $\overline{\overline{<}}\, n$ *est d'approximation minimum dans l'intervalle* (a, b), *on peut assigner* $n+2$ *points de l'intervalle* (a, b), *où l'écart* $f-\mathrm{P}$ *atteint ses valeurs extrêmes* $\pm\rho$ (*supposées* $\neq 0$), *avec alternance de signes d'un point au suivant* (¹).

Considérons l'écart variable

$$\varphi(x) = f(x) - \mathrm{P}(x).$$

Comme il est fonction continue de x, on peut diviser l'intervalle (a, b) en intervalles consécutifs assez petits pour qu'il ne s'annule dans aucun des intervalles où il atteint l'une de ses valeurs extrêmes $\pm\rho$. Soit

$$\delta_1, \quad \delta_2, \quad \ldots, \quad \delta_m$$

la suite de ces intervalles où $\varphi(x)$ atteint l'une de ses valeurs extrêmes, et soit

$$\varepsilon_1, \quad \varepsilon_2, \quad \ldots, \quad \varepsilon_m$$

la suite des unités du signe de $\varphi(x)$ dans chacun d'eux. Le théorème énoncé revient à dire que cette dernière suite comporte au moins $n+1$ variations de signes. Je vais prouver que, s'il y en avait moins, P ne serait pas d'approximation minimum.

Si tous les termes de la suite étaient de même signe, $\varphi(x)$ atteindrait sa borne $+\rho$ ou $-\rho$ avec le même signe partout et il suffirait d'ajouter à P une constante très petite de ce même signe pour améliorer l'approximation.

Supposons donc que la suite $\varepsilon_1, \varepsilon_2, \ldots,$ contienne $k \overline{\overline{<}}\, n$ groupes

(¹) E. Borel, *Leçons sur les fonctions de variables réelles.*

de deux termes consécutifs de signes contraires. Soit ε_i, ε_{i+1} l'un quelconque de ces groupes. Les deux intervalles correspondants δ_i δ_{i+1} ne sont pas contigus (φ ne s'annulant dans aucun des deux). Nous pouvons donc assigner un point ξ intermédiaire entre δ_i et δ_{i+1}, limites exclues. Soit

$$\xi_1, \quad \xi_2, \quad \ldots, \quad \xi_k$$

la suite des points ξ ainsi choisis et correspondant aux k groupes consécutifs. Formons le polynome de degré $\overline{\gtrless} n$:

$$\psi(x) = \varepsilon_1(\xi_1 - x)(\xi_2 - x)\ldots(\xi_k - x),$$

où ε_1 désigne, comme précédemment, l'unité du signe de φ dans δ_1. Ce polynome aura le signe de φ dans chacun des intervalles δ_1, δ_2, ... et ne s'y annulera pas. Ceci fait, soit ε un nombre positif, je dis que le polynome de degré $\overline{\gtrless} n$,

$$\mathrm{P} + \varepsilon\psi,$$

fournira dans (a, b) une approximation $< \rho$, pourvu que ε soit suffisamment petit.

En effet, soit $\rho' < \rho$ la borne de $|\varphi|$ dans les intervalles autres que δ_1, δ_2, ..., δ_m. On obtiendra le résultat demandé, en prenant ε assez petit pour que $|\varepsilon\psi|$ soit $< \delta - \delta'$ dans (a, b). La valeur absolue de l'écart dû à $\mathrm{P} + \varepsilon\psi$, à savoir

$$|f - \mathrm{P} - \varepsilon\psi| = |\varphi - \varepsilon\psi|,$$

sera effectivement $< \rho$ dans les intervalles δ_1, δ_2, ... où φ et ψ sont de même signe; elle le sera encore dans les autres, car on aura, dans ceux-ci,

$$|\varphi - \varepsilon\psi| \overline{\gtrless} |\varphi| + |\varepsilon\psi| < \rho' + (\rho - \rho') < \rho.$$

2° *Le polynome d'approximation minimum est unique.*

En effet, soient P et Q deux polynomes de degrés $\overline{\gtrless} n$, fournissant l'approximation minimum ρ. Le polynome, de degré $\overline{\gtrless} n$,

$$\mathrm{R} = \frac{\mathrm{P} + \mathrm{Q}}{2},$$

fournit une approximation $\overline{\gtrless} \rho$, car on a

$$f - \mathrm{R} = \frac{1}{2}(f - \mathrm{P}) + \frac{1}{2}(f - \mathrm{Q}).$$

Donc R est un nouveau polynome d'approximation minimum et $|f - R|$ atteint ρ en $n+2$ points, en vertu de 1°. Mais ceci n'est possible que si, en ces points, $f - P$ et $f - Q$ atteignent simultanément et avec le même signe leurs valeurs extrêmes $\pm \rho$. Alors P et Q, prenant la même valeur en $n+2$ points, sont identiques.

3° *La propriété* 1° *caractérise le polynome* P *d'approximation minimum. En effet, soit* Q *un polynome de degré* $\overline{\overline{<}} n$; *si l'écart* $f - Q$ *atteint son maximum absolu* ρ' *avec alternance de signes en* $n+2$ *points consécutifs de l'intervalle* (a, b), *alors* $\rho' = \rho$ *et, en vertu de* 2°, Q *est identique à* P.

Si ρ' était $> \rho$, le polynome de degré n

$$P - Q = (f - Q) - (f - P)$$

aurait le signe de $f - Q$ aux points où cet écart atteint $\pm \rho'$. Il changerait donc $n+2$ fois de signe et aurait $n+1$ racines au moins, ce qui est impossible.

57. Borne inférieure de l'approximation minimum. — *Soit* Q *un polynome de degré* $\overline{\overline{<}} n$; *si* $f - Q$ *est de signes alternés en* $n+2$ *points consécutifs de l'intervalle* (a, b) *et prend en chacun de ces points une valeur absolue* $\overline{\overline{>}} \rho'$, *alors* ρ' *est* $\overline{\overline{<}} \rho$. *En d'autres termes,* ρ' *est une borne inférieure de l'approximation minimum* (¹).

La démonstration est identique à celle qu'on vient de faire pour la proposition 3° qui précède.

Il y a lieu d'observer que si l'écart $f - Q$ prend des signes alternés en $n+2$ points consécutifs de l'intervalle (a, b), l'approximation minimum sera intermédiaire entre la plus petite valeur absolue de l'écart sur cet ensemble de points et l'approximation fournie par Q dans (a, b) tout entier.

58. Approximation minimum d'ordre n sur un ensemble de $n+2$ points (²). — Il est utile, pour préciser les propriétés du

(¹) C. de la Vallée Poussin, *Sur les polynomes d'approximation et la représentation approchée d'un angle* (*Bull. de l'Ac. Roy. de Belgique*, classe des Sciences, n° 12, 1910. Théorème n° 15).

(²) C. de la Vallée Poussin, Mémoire cité.

polynome d'approximation d'ordre n dans un intervalle, de définir et d'étudier le polynome d'approximation dans un ensemble de $n+2$ points de cet intervalle.

Considérons donc un ensemble E de $n+2$ points de l'intervalle (a, b)

$$(\mathrm{E}) \qquad x_0 < x_1 < x_2, \quad \ldots, \quad < x_n < x_{n+1}$$

et une fonction $f(x)$ qui prend des valeurs déterminées en chacun de ces points. Je vais montrer que, parmi les polynomes d'ordre $\overline{\overline{<}} n$, il en est un qui donne la meilleure approximation de $f(x)$ pour l'ensemble des points de E. Ce polynome est, pour l'ordre n, le polynome d'approximation de $f(x)$ sur l'ensemble E, et je vais encore montrer que ce polynome est unique.

Par définition, ce polynome $\mathrm{P}(x)$ est celui qui minime le plus grand des écarts absolus

$$|f(x_i) - \mathrm{P}(x_i)| \qquad (i = 0, 1, 2, \ldots, n+1).$$

Nous allons montrer qu'il se détermine par des calculs purement algébriques.

Proposons-nous d'abord de déterminer un polynome

$$\mathrm{Q} = a_0 + a_1 x + a_2 x^2 + \ldots + a_n x^n,$$

de degré $\overline{\overline{<}} n$, et l'approximation correspondante ρ', par la condition que les écarts aux points de E soient entre eux dans un rapport assigné, à savoir celui des nombres

$$u_0, \quad -u_1, \quad +u_2, \quad \ldots, \quad \pm u_{n+1},$$

et soient, de plus, du même signe que ces nombres.

Nous supposons que $u_0, u_1, \ldots,$ sont des nombres positifs ou négatifs de module $\overline{\overline{<}} 1$, mais l'un au moins de module 1. Nous avons placé des signes alternés devant ces nombres pour la commodité des calculs ultérieurs. Si donc ρ' est l'approximation obtenue avec Q sur E, les écarts aux points consécutifs de E sont

$$u_0 \rho', \quad -u_1 \rho', \quad +u_2 \rho', \quad \ldots, \quad \pm u_{n+1} \rho'.$$

Dans ce cas, ρ' et les $n+1$ coefficients a de Q sont déterminés par le système de $n+2$ équations linéaires

$$\begin{array}{l} f_0 = +\, u_0\rho' \;\; + a_0 + a_1 x_0 \;\;\; + \ldots + a_n x_0^n, \\ f_1 = -\, u_1\rho' \;\; + a_0 + a_1 x_1 \;\;\; + \ldots + a_n x_1^n, \\ \ldots\ldots\ldots\ldots\ldots\ldots\ldots\ldots\ldots\ldots\ldots\ldots, \\ f_{n+1} = \pm\, u_{n+1}\rho' + a_0 + a_1 x_{n+1} + \ldots + a_n x_{n+1}^n, \end{array}$$

ayant pour déterminant

$$D = \begin{vmatrix} +u_0 & 1 & x_0 & x_0^2 & \ldots \\ -u_1 & 1 & x_1 & x_1^2 & \ldots \\ +u_2 & 1 & x_2 & x_2^2 & \ldots \\ \ldots\ldots & \ldots & \ldots & \ldots & \ldots \end{vmatrix}.$$

Désignons par A_0, $-A_1$, $+A_2$, ..., les mineurs relatifs aux éléments de la première colonne. Ce sont des déterminants de Vandermonde tous positifs, car on a

$$\begin{array}{l} A_0 = (x_{n+1} - x_n)(x_{n+1} - x_{n-1}) \ldots (x_2 - x_1), \\ A_1 = (x_{n+1} - x_n)(x_{n+1} - x_{n-1}) \ldots (x_2 - x_0), \\ \ldots\ldots\ldots\ldots\ldots\ldots\ldots\ldots\ldots\ldots\ldots\ldots \end{array}$$

et toutes ces différences sont positives. Il vient ainsi

$$D = u_0 A_0 + u_1 A_1 + \ldots + u_{n+1} A_{n+1}.$$

Résolvons maintenant le système par rapport à ρ'; il vient

$$(1) \qquad \rho' = \frac{f_0 A_0 - f_1 A_1 + \ldots \pm f_{n+1} A_{n+1}}{u_0 A_0 + u_1 A_1 + \ldots + u_{n+1} A_{n+1}}.$$

Le système admet une solution bien déterminée, sauf le cas où les u seraient choisis de manière à annuler D. Ceci n'aura certainement pas lieu si les u sont de même signe.

Si le numérateur de l'expression de ρ' est nul, et si les u n'annulent pas D (donc s'ils sont de même signe), on a

$$\rho' = 0.$$

Le polynome Q représente exactement f dans l'ensemble E, l'approximation est nulle et Q se confond avec le polynome d'approximation minimum. Un autre polynome de degré $\overline{\gtrless}\, n$ fournit nécessairement sur E des écarts liés par la relation $D = 0$.

Supposons maintenant que le numérateur ne s'annule pas. L'expression (1) de ρ' montre qu'on minime ρ' en choisissant tous les u de même signe (donc celui du numérateur) et en leur donnant la valeur absolue maximum 1. Donc l'approximation minimum sur E est donnée par la formule

$$(2) \qquad \rho = \frac{|A_0 f_0 - A_1 f_1 + \ldots \pm A_{n+1} f_{n+1}|}{A_0 + A_1 + \ldots + A_{n+1}}.$$

Alors le polynome d'approximation sur E est entièrement déterminé, car on connaît ses valeurs aux $2n+2$ points de E. D'après le calcul qui précède, ce polynome est entièrement caractérisé par la propriété de fournir des écarts égaux et de signes contraires en deux points consécutifs de E.

Nous avons ainsi obtenu le théorème suivant :

Il existe un polynome P *d'ordre* $\leqq n$ *et un seul qui est d'approximation minimum sur* E. *Ce polynome fournit des écarts de même valeur absolue et de signes contraires en deux points consécutifs de* E *et cette propriété le caractérise. Il n'y a d'exception que si la représentation est exacte et l'approximation nulle.*

59. **Théorème.** — *Si* $f(x)$ *admet dans l'intervalle* (a, b) *une dérivée* $(n+1)^{\text{ième}}$ *continue et de module* $<$ M *et que sa meilleure approximation sur l'ensemble* E_0 *formé de* $n+2$ *points* $x_0, x_1, \ldots, x_{n+1}$ *de cet intervalle soit* ρ_0, *alors le plus petit écart* δ *de deux points de* E_0 *satisfait à la condition*

$$\delta > \frac{(n+1)!}{(b-a)^n} \frac{2\rho_0}{M}.$$

Transformons l'expression (2) de ρ_0. Soient ϖ le produit de toutes les distances de deux points de E, ϖ_k celui des seules distances de x_k aux autres points. On a

$$A_k = \varpi : \varpi_k,$$

d'où

$$\rho_0 = \frac{\left| \frac{f(x_0)}{\varpi_0} - \frac{f(x_1)}{\varpi_1} + \ldots \pm \frac{f(x_{n+1})}{\varpi_{n+1}} \right|}{\frac{1}{\varpi_0} + \frac{1}{\varpi_1} + \ldots + \frac{1}{\varpi_{n+1}}}.$$

Supposons $x_0 < x_1 < x_2 \ldots$. L'approximation de $f(x)$ est la même que celle de $f(x) - f(x_0)$. Substituons cette fonction à $f(x)$ dans la formule précédente et supprimons le premier terme du dénominateur, ce qui augmente le quotient; il vient

$$\rho_0 < \frac{\left|\frac{f(x_1)-f(x_0)}{\varpi_1} - \ldots \pm \frac{f(x_{n+1})-f(x_0)}{\varpi_{n+1}}\right|}{\frac{1}{\varpi_1}+\frac{1}{\varpi_2}+\ldots+\frac{1}{\varpi_{n+1}}}.$$

Soit $E_1(x_1, x_2, \ldots, x_{n+1})$ l'ensemble obtenu en supprimant le premier point de E_0. Désignons par $\varpi'_1, \varpi'_2, \ldots,$ les divers produits de distances de deux points de E_1 et posons

$$f_1(x) = \frac{f(x)-f(x_0)}{x-x_0}.$$

En observant que $x_i - x_0$ est de même signe et $< b-a$ pour tour les indices i, la formule précédente peut s'écrire

$$\rho_0 < \left|\frac{\frac{f_1(x_1)}{\varpi'_1} - \ldots \pm \frac{f_1(x_{n+1})}{\varpi'_{n+1}}}{\frac{1}{(x_1-x_0)\varpi'_1}+\ldots+\frac{1}{(x_{n+1}-x_0)\varpi'_{n+1}}}\right|$$

$$< (b-a)\frac{\left|\frac{f_1(x_1)}{\varpi'_1} - \ldots \pm \frac{f_1(x_{n+1})}{\varpi'_{n+1}}\right|}{\frac{1}{\varpi'_1}+\ldots+\frac{1}{\varpi'_{n+1}}},$$

ou, plus simplement, en désignant par ρ_1 la meilleure approximation d'ordre $n-1$ de f_1 sur E_1,

$$\rho_0 < (b-a)\rho_1.$$

Il y a là un procédé de réduction qu'on peut poursuivre. Posons, en général,

$$f_k(x) = \frac{f_{k-1}(x)-f_{k-1}(x_{k-1})}{x-x_{k-1}},$$

et soit ρ_k la meilleure approximation d'ordre $n-k$ de $f_k(x)$ sur l'ensemble $E_k(x_k, x_{k+1}, \ldots, x_{n+1})$, nous avons, pour $k = 0, 1, 2, \ldots, n$,

$$\rho_k < (b-a)\rho_{k+1}$$

et, par conséquent, de proche en proche,

$$\rho_0 < (b-a)^n \rho_n.$$

Ici ρ_n est la meilleure approximation d'ordre o de f_n sur l'ensemble de deux points seulement $E_n(x_n, x_{n+1})$; nous avons donc immédiatement

$$\rho_n = \frac{1}{2}\,|f_n(x_{n+1}) - f_n(x_n)|.$$

Soit, en général, M_k^r le module maximum de $f_k^{(r)}$ sur (a, b); nous avons

$$\rho_n < \frac{1}{2}(x_{n+1} - x_n) M_n^1$$

et, par conséquent,

$$\rho_0 < (x_{n+1} - x_n)\,\frac{1}{2}(b-a)^n M_n^1.$$

Évaluons maintenant M_k^r. Nous avons

$$f_k(x + x_{k-1}) = \frac{f_{k-1}(x + x_{k-1}) - f_{k-1}(x_{k-1})}{x} = \int_0^1 f'_{k-1}(x_{k-1} + ux)\,du,$$

$$f_k^{(r)}(x + x_{k-1}) = \int_0^1 f_{k-1}^{(r+1)}(x_{k-1} + ux)\,u^r\,du.$$

Nous en concluons, par le théorème de la moyenne,

$$M_k^r < M_{k-1}^{r+1} \int_0^1 u^r\,du = \frac{1}{r+1} M_{k-1}^{r+1};$$

puis, de proche en proche,

$$M_n^1 < \frac{M_{n-1}^2}{2} < \frac{M_{n-2}^3}{2.3} < \ldots < \frac{M_0^{n+1}}{(n+1)!} = \frac{M}{(n+1)!}.$$

Finalement, si nous portons cette dernière valeur dans la borne assignée à ρ_0, nous obtenons

$$\rho_0 < (x_{n+1} - x_n)\,\frac{(b-a)^n M}{2(n+1)!}.$$

Dans ce calcul, nous avons fait la réduction des ensembles E_0, E_1, E_2, ... en supprimant chaque fois le point extrême sur la gauche. Nous pourrions tout aussi bien supprimer le point extrême sur la droite et même tantôt celui de gauche, tantôt celui de droite. Si la suppression porte d'abord i fois sur la gauche, ensuite $n - i$ fois sur la droite, nous obtiendrons, quel que soit l'indice i,

$$\rho_0 < (x_{i+1} - x_i)\,\frac{(b-a)^n M}{2(n+1)!},$$

ce qui revient au théorème énoncé.

60. Corollaire. — *Si $f(x)$ est continue dans l'intervalle (a, b); si, d'autre part, pour l'ordre n, ρ est la meilleure approximation de $f(x)$ sur l'ensemble E, formé de $n+2$ points de (a, b), on peut en conclure une borne inférieure de l'écart de deux points de E, pourvu que ρ soit > 0.*

En effet, soit ε un nombre positif donné < 1. Nous savons construire un polynome Q tel qu'on ait, sur tout (a, b),

$$|f - Q| < \varepsilon\rho.$$

La meilleure approximation d'ordre n de Q sur E est donc

$$\rho_0 > (1-\varepsilon)\rho.$$

Alors, en vertu du théorème précédent, le plus petit écart δ de deux points de E est supérieur à

$$\frac{2(n+1)!}{(b-a)^n M}(1-\varepsilon)\rho,$$

où M est le module maximum de $Q^{(n+1)}$.

61. Théorème. — *Soient $f(x)$ une fonction continue dans (a, b), E un ensemble de $n+2$ points de E, P le polynome de degré $\overline{\overline{<}}\, n$ qui donne la meilleure approximation sur E, ρ cette approximation. A tout nombre positif donné η correspond un nombre positif ε qui jouit de la propriété suivante : Si un polynome Q de degré $\overline{\overline{<}}\, n$ donne sur E une approximation*

$$\rho' < (1+\varepsilon)\rho,$$

on aura, dans l'intervalle (a, b),

$$|P - Q| < \eta.$$

Si $\rho = 0$, on a aussi $\rho' = 0$; donc P et Q, coïncidant sur E, sont identiques.

Supposons ρ différent de 0. Nous pouvons désigner les écarts de Q aux points successifs de E par

$$\pm u_1\rho', \quad \pm u_2\rho', \quad \ldots,$$

où le signe ambigu est celui de l'écart de P. Substituons à ρ' et ρ leurs valeurs (1) et (2) dans la condition $\rho' < (1+\varepsilon)\rho$; elle devient

$$A_0 u_0 + A_1 u_1 + \ldots + A_{n+1} u_{n+1} > \frac{A_0 + A_1 + \ldots + A_{n+1}}{1+\varepsilon},$$

d'où

$$A_0(1-u_0) + A_1(1-u_1) + \ldots < \frac{\varepsilon}{1+\varepsilon}(A_0 + A_1 + \ldots);$$

et, par conséquent, quel que soit k,

$$1 - u_k < \frac{\varepsilon}{1+\varepsilon} \frac{A_0 + A_1 + \ldots}{A_k}.$$

On peut, en prenant ε suffisamment petit, rendre u_k (qui est $\overline{\gtrless} 1$) aussi voisin qu'on veut de 1, donc rendre l'écart de Q au point x_k aussi voisin qu'on veut de celui de P. Ainsi Q peut être rendu aussi voisin qu'on veut de P sur E, donc sur (a, b), et Q peut être astreint à vérifier l'inégalité $|P - Q| < \eta$.

Remarque. — On peut appliquer le théorème précédent quand l'ensemble E varie d'une certaine manière dans (a, b). Le nombre ε (qui dépend de η) peut alors dépendre du choix des points de E. Mais on pourra le prendre indépendant de E, si l'écart de deux points de E ne peut pas tendre vers zéro. En effet, $A_1, A_2, \ldots$ ne tendent pas vers zéro non plus, $1 - u_k$ tend uniformément vers zéro avec ε et Q tend uniformément vers P sur E et, par conséquent, aussi sur (a, b). Cette condition sera certainement remplie, en vertu du corollaire précédent, si l'on sait que ρ reste supérieur à un nombre positif assigné quand E varie.

62. Théorème. — *Si un polynome* Q *de degré* $\overline{\gtrless} n$ *fournit sur* $E(x_0, x_1, \ldots, x_{n+1})$ *des écarts de signes alternés, dont les valeurs absolues (non toutes égales) sont*

$$r_0, \quad r_1, \quad \ldots, \quad r_{n+1},$$

la meilleure approximation sur E *est comprise entre la plus petite et la plus grande de ces valeurs absolues, limites exclues.*

La meilleure approximation de la fonction f est la même que celle de $f - Q$, à savoir

$$\rho = \frac{A_1 r_0 + A_1 r_1 + \ldots + A_{n+1} r_{n+1}}{A_0 + A_1 + \ldots + A_{n+1}},$$

ce qui prouve la proposition.

63. Meilleure approximation d'ordre n sur un ensemble de plus de $n+2$ points. — *La meilleure approximation d'ordre n sur un ensemble fini F de plus de $n+2$ points, est celle sur un ensemble de $n+2$ points de F, choisis de manière que cette meilleure approximation soit la plus grande possible.*

Soient E un ensemble de $n+2$ points, $x_0, x_1, \ldots, x_{n+1}$, faisant partie de F et satisfaisant à cette condition; P le polynome donnant la meilleure approximation, ρ, sur E. Je dis que P donne la même approximation ρ sur F.

En effet, dans le cas contraire, il existerait au moins un point ξ de F où l'écart $f - P$ serait de module $> \rho$. Si ξ tombe entre deux points consécutifs de E, x_0 et x_1 par exemple, $f - P$ a le même signe qu'au point ξ, soit en x_0, soit en x_1, par exemple en x_1. Alors, en vertu du théorème précédent, la meilleure approximation sur $(x_0, \xi, x_2, \ldots, x_{n+1})$ est plus grande que ρ, contrairement à l'hypothèse.

Si ξ est extérieur à l'intervalle (x_0, x_{n+1}), par exemple $< x_0$, on considérera l'un des deux ensembles de $n+2$ points,

$$(\xi, x_1, x_2, \ldots, x_{n+1}) \quad (\xi, x_0, x_1, \ldots, x_n),$$

selon que $f - P$ prend le même signe ou des signes contraires en ξ et en x_0. On sera conduit à la même conclusion.

64. Théorème. — *La meilleure approximation d'ordre n de la fonction continue $f(x)$ dans un intervalle (a, b) est celle sur un ensemble de $n+2$ points de cet intervalle, choisis de manière que cette meilleure approximation soit la plus grande possible.*

La meilleure approximation ρ_1 sur un ensemble

$$E_1(x_0, x_1, \ldots, x_{n+1})$$

de $n+2$ points de (a, b) est donnée par la formule (2) du n° 58. Celle-ci met en évidence que ρ_1 est une fonction continue de $x_0, x_1, \ldots, x_{n+1}$ dans (a, b). Cette fonction admet donc un maximum ρ et l'atteint pour un ensemble déterminé E contenu dans (a, b). Alors on montre, par un raisonnement identique à celui de la démonstration précédente, que ρ est aussi l'approximation minimum dans (a, b).

Nous avons ainsi démontré l'existence du polynome d'approximation minimum et retrouvé ses propriétés essentielles par une voie toute différente de celle utilisée au début du chapitre (n°s 55 et 56).

65. **Théorème.** — *Soit $f(x)$ une fonction continue dans (a, b) et* P *le polynome de degré $\leqq n$ qui en donne la meilleure approximation ρ. A tout nombre positif η correspond un nombre positif ε qui jouit de la propriété suivante : Si un polynome* Q *de degré $\leqq n$ donne sur (a, b) une approximation*

$$\rho' \leqq (1+\varepsilon)\rho,$$

on aura, dans l'intervalle (a, b),

$$|P-Q| < \eta.$$

En effet, ρ est la meilleure approximation sur un certain ensemble E de $2n+2$ points et elle est fournie par P. Or Q donne, sur E, l'approximation ρ'. Ce théorème revient donc à celui du n° 61.

66. **Calcul approché du polynome d'approximation minimum.** — Soit $f(x)$ une fonction continue dans un intervalle (a, b). Il s'agit de déterminer, avec une approximation donnée η, le polynome de degré $\leqq n$ qui en donne la meilleure approximation ρ. Il n'existe aucun procédé qui ait un caractère pratique pour résoudre ce problème. Mais nous allons montrer que *théoriquement* sa solution dépend d'un nombre fini d'opérations, qu'on peut délimiter *a priori*.

Nous supposons que $f(x)$ n'est pas un polynome de degré $\leqq n$. Alors nous commençons par déterminer une borne inférieure, ρ_0, de la meilleure approximation dans (a, b). Nous utiliserons à cet effet l'une des règles données précédemment.

Soit P le polynome inconnu de degré $\leqq n$ qui fournit la meilleure approximation ρ dans (a, b). C'est aussi celui d'approximation minimum ρ sur un certain ensemble E (n° 64) de $n+2$ points généralement inconnus. Le théorème du n° 60 nous permet de déterminer une borne inférieure δ de l'écart de deux points de E. Cette borne fixée, nous pouvons, sans connaître autrement E, d'après la remarque du n° 61, faire correspondre au nombre η un nombre ε tel que, si un polynome Q donne sur E une approximation $<(1+\varepsilon)\rho$, on ait $|P-Q|<\eta$.

Soit M le module maximum de f dans (a, b). Partageons (a, b) en n parties égales. La formule de Lagrange permet d'assigner un module de continuité uniforme à un polynome Q, de degré n, dont le module ne surpasse pas $2M$ sur l'ensemble des $n+1$ points de subdivision. Nous pouvons donc, en prenant l'entier λ assez grand, diviser (a, b) en λn parties assez petites pour que l'oscillation de $f-Q$ soit $<\varepsilon\rho_0$ dans chacune d'elles.

Ayant divisé (a, b) en λn parties satisfaisant à cette condition, désignons par F l'ensemble des points de subdivision (a et b compris) et soit Q le polynome d'approximation minimum sur F, lequel est de module $<2M$ et vérifie les conditions précédentes. Ce polynome Q se détermine par un nombre limité d'opérations, car il donne la meilleure approximation sur $n+2$ points de F choisis de manière à rendre cette meilleure approximation maximum, et il n'y a qu'un nombre limité de choix. Je dis que Q répond à la question et qu'on a $|Q-P|<\eta$.

En effet, Q donne sur F une approximation $\rho' \leqq \rho$; mais tout point de E tombe entre deux points consécutifs de F, entre lesquels l'oscillation de $f-Q$ est $<\varepsilon\rho_0$. Donc Q donne, sur E, une approximation $<\rho+\varepsilon\rho_0<(1+\varepsilon)\rho$, ce qui prouve la proposition.

67. **Détermination analytique du polynome d'approximation minimum.** — Soient $f(x)$ une fonction admettant une dérivée continue $f'(x)$, et

$$P(x)=a_0+a_1x+\ldots+a_nx^n$$

le polynome qui en donne la meilleure approximation ρ dans l'intervalle (a, b). Soit

$$E(x_0, x_1, x_2, \ldots, x_{n+1})$$

l'ensemble de $n+2$ points de (a, b) sur lequel P donne cette même meilleure approximation ρ. Supposons d'abord tous ces points différents de a et de b. Alors $f(x)-P(x)$ est un *extre-*

mum en chacun des points de E et nous avons le système de $2n+2$ équations

$$(1)\qquad \begin{cases} f(x_i) - P(x_i) \pm \rho = 0 \\ f'(x_i) - P'(x_i) = 0 \end{cases} \qquad (i = 0, 1, 2, \ldots, n+1),$$

qui peut servir à déterminer les $2n+2$ inconnues du problème : x_0, $x_1, \ldots, x_{n+1}$; $a_0, a_1, \ldots, a_n$ et ρ.

Si E contenait un des points a, b ou tous les deux, cela ferait une ou deux inconnues en moins, mais, en même temps, une ou deux équations seraient à supprimer dans la seconde série. Le problème est donc généralement déterminé.

Si $f(x)$ est un polynome, le système (1) est algébrique. Il peut, comme dans le cas général, admettre un nombre plus ou moins grand de solutions. Mais il n'y en a qu'une seule qui minime ρ, et c'est celle qui répond à la question. Lorsque le système (1) est algébrique, on peut, pour le résoudre, employer toutes les méthodes particulières d'approximation propres à ce cas.

Le cas général peut être ramené au précédent, comme M. Borel l'a déjà fait observer [1]. En effet, soit R un polynome voisin de f. Soient P le polynome qui donne la meilleure approximation ρ de f, Q celui qui donne la meilleure approximation ρ' de R. Je dis que $|P - Q|$ peut être rendu aussi petit qu'on veut avec $|f - R|$. En effet, si $|f - R|$ est $< \varepsilon$ sur (a, b), Q donne de f une approximation $< \rho + \varepsilon$ sur (a, b) et, en particulier, sur l'ensemble E où P est d'approximation ρ, donc Q est aussi voisin qu'on veut de P (n° **61**).

Il suit de là que le calcul approché de P se ramène à celui de la meilleure approximation d'un polynome R suffisamment voisin de f, c'est-à-dire au calcul précédent.

M. Bernstein a fait connaître un théorème qui peut être utile dans la question qui nous occupe, et que nous allons exposer.

68. Théorème de M. Bernstein. — Nous savons que l'approximation minimum sur (a, b) est la même que sur un certain ensemble E de $n+2$ points, mais il peut y avoir plusieurs ensembles vérifiant cette condition. Nous supposerons, dans ce

---

(1) *Leçons sur la théorie des fonctions.*

qui suit, que cet ensemble est unique. Nous distinguerons les quatre cas suivants : E est de la première classe s'il ne contient ni a ni b, de la seconde s'il contient a seul, de la troisième s'il contient b seul, de la quatrième s'il contient a et b. Voici maintenant le théorème de M. Bernstein [1] :

Théorème. — *Soient* $\varphi(x)$ *et* $\psi(x)$ *deux fonctions analytiques régulières sur le segment* ab, λ *un paramètre* $(0 \leqq \lambda \leqq 1)$. *Posons*

$$f(x, \lambda) = \lambda\varphi(x) + (1-\lambda)\psi(x).$$

Désignons par $P(x, \lambda)$ *le polynome d'approximation minimum de* $f(x, \lambda)$ *sur* (a, b), *par* E_λ *l'ensemble sur lequel l'approximation est précisément l'approximation minimum* $\rho(\lambda)$. *Si l'ensemble* E_λ *est unique et appartient toujours à la même classe quel que soit* λ; *si, en outre, la dérivée seconde de la fonction*

$$F(x) = f(x, \lambda) - P(x, \lambda)$$

ne s'annule en aucun point de E_λ, *alors les* $2n+2$ *inconnues du problème, à savoir* $\rho(\lambda)$, *les* $n+2$ *points* x_i *et les* $n+1$ *coefficients* a_k *sont des fonctions analytiques régulières de* λ *sur le segment* 01.

Supposons, pour fixer les idées, que E_λ soit toujours de la première classe. Alors les $2n+2$ inconnues sont déterminées par le système (1),

$$\text{(1)} \qquad \begin{cases} F(x_i) \pm \rho = 0 \\ F'(x_i) = 0 \end{cases} \qquad (i = 0, 1, 2, \ldots, n+1).$$

Formons son jacobien, qui est d'ordre $2n+2$. Ses $n+1$ premières lignes sont respectivement $(i = 0, 1, 2, \ldots, n+1)$,

$$\frac{\partial F(x_i)}{\partial x_0}, \quad \frac{\partial F(x_i)}{\partial x_1}, \quad \ldots, \quad \frac{\partial F(x_i)}{\partial x_{n+1}}, \quad \frac{\partial F(x_i)}{\partial a_0}, \quad \ldots, \quad \frac{\partial F(x_i)}{\partial a_n}, \quad \pm 1,$$

se réduisant à

$$0, \quad 0, \quad \ldots, \quad F'(x_i), \quad \ldots, \quad 0, \quad 1, \quad x_i, \quad x_i^2, \quad \ldots, \quad x_i^n, \quad \pm 1.$$

---

(1) M. Bernstein formule un énoncé plus général qui s'étend aux polynomes à exposants non entiers (*Sur la meilleure approximation des fonctions continues*).

Les $n+1$ dernières lignes sont $(k=0, 1, 2, \ldots, n+1)$

$$\frac{\partial F'(x_k)}{\partial x_0}, \quad \frac{\partial F'(x_k)}{\partial x_1}, \quad \ldots, \quad \frac{\partial F'(x_k)}{\partial x_{n+1}}, \quad \frac{\partial F'(x_k)}{\partial a_0}, \quad \ldots, \quad \frac{\partial F'(x_k)}{\partial a_n}, \quad 0,$$

se réduisant à

$$0, \quad 0, \quad \ldots, \quad F''(x_i), \quad \ldots, \quad 0, \quad \frac{\partial F'(x_k)}{\partial a_0}, \quad \ldots, \quad \frac{\partial F'(x_k)}{\partial a_n}, \quad 0.$$

Ce jacobien est donc

$$J = F''(x_0)\ldots F''(x_{n+1}) \begin{vmatrix} 1 & x_0 & \ldots & x_0^n & +1 \\ 1 & x_1 & \ldots & x_1^n & -1 \\ 1 & x_2 & \ldots & x_2^n & +1 \\ \ldots & \ldots & \ldots & \ldots & \ldots \end{vmatrix}.$$

Nous savons que ce déterminant est différent de zéro, car c'est celui dont dépend le calcul de la meilleure approximation sur l'ensemble E. Donc J ne s'annule pas, si les facteurs $F''(x_k)$ ne s'annulent pas. Le théorème est ainsi établi.

Voici maintenant comment le théorème de M. Bernstein s'applique au calcul de la meilleure approximation d'une fonction analytique donnée $\varphi(x)$, dans l'intervalle (a, b).

On suppose que l'on connaisse la meilleure approximation $\rho(0)$ d'une fonction analytique $\psi(x)$, voisine de $\varphi(x)$, ainsi que le polynome $P(x, 0)$ et l'ensemble E_0 correspondants. On forme la fonction

$$f(x) = \lambda\varphi(x) + (1-\lambda)\psi(x),$$

qui devra satisfaire aux conditions du théorème précédent. On connaît donc, par hypothèses, les valeurs initiales (pour $\lambda = 0$) des $2n+2$ inconnues du problème, ρ, a_i, x_k, et il s'agit d'en trouver les valeurs pour $\lambda = 1$, auquel cas $f(x) = \varphi(x)$.

On remarque que les valeurs initiales des dérivées des ordres successifs de ρ, a_i, x_k par rapport à λ, s'obtiennent, de proche en proche, en dérivant successivement les équations (1) par rapport à λ et posant chaque fois $\lambda = 0$. Les dérivées d'un même ordre s'obtiennent par la résolution d'un système linéaire dont le déterminant J est toujours le même. On peut donc écrire les développements de ρ, a_i, x_k suivant les puissances de λ par la formule de Maclaurin. Si ces développements convergent pour $\lambda = 1$, le problème est résolu. Dans le cas contraire, on connaît un élément analytique de chacune des fonctions ρ, a_i, x_k; ce qui suffit théoriquement pour les déterminer entièrement.

Si la fonction $\psi(x)$ est bien choisie, les développements de Maclaurin seront rapidement convergents, mais il est clair que c'est un tel choix qui fait toute la difficulté de la question.

M. Bernstein a fait la remarque que voici :

Les expressions approchées de P *et de* ρ, *pour* $\lambda = 1$, *qu'on obtient en bornant la série de Maclaurin à ses deux premiers termes, sont respectivement le polynome d'approximation minimum et l'approximation minimum de* $\varphi(x)$ *sur l'ensemble* E_0.

Pour le montrer, dérivons une première fois les $n+1$ premières équations du système (1), en observant que $F'(x_i)$ est nul; il vient ($i = 0, 1, 2, \ldots, n+1$)

$$\frac{\partial F(x_i)}{\partial\lambda} \pm \rho'(\lambda) = \varphi(x_i) - \psi(x_i) - \frac{\delta P(x_i)}{\delta\lambda} \pm \rho'(\lambda) = 0,$$

mais la caractéristique δ indique une dérivation dans laquelle les coefficients a seuls sont considérés comme dépendant de λ. Faisons $\lambda = 0$; il vient, x_i appartenant à E_0,

$$\varphi(x_i) - \psi(x_i) - \frac{\delta P(x_i, 0)}{\delta\lambda} \pm \rho'(0) = 0.$$

D'autre part, on a, par hypothèse, sur l'ensemble E_0,

$$\psi(x_i) - P(x_i, 0) \pm \rho(0) = 0;$$

d'où, en ajoutant membre à membre,

$$\varphi(x_i) - \left[P(x_i, 0) + \frac{\delta P(x_i, 0)}{\delta\lambda}\right] \pm [\rho(0) + \rho'(0)] = 0$$
$$(i = 0, 1, 2, \ldots, n+1).$$

Ces équations, relatives à E_0, mettent en évidence que

$$P(x) + \frac{\partial P(x)}{\partial\lambda}$$

est le polynome d'approximation minimum de $\varphi(x)$ sur l'ensemble E_0 et que cette approximation est $\rho(0) + \rho'(0)$. C'est le théorème énoncé. Il s'ensuit évidemment que l'on a

$$\rho(1) \gtreqless \rho(0) + \rho'(0).$$

Cette dernière remarque est encore due à M. Bernstein.

CHAPITRE VII.

APPROXIMATION TRIGONOMÉTRIQUE MINIMUM.

69. **Propriétés des expressions trigonométriques d'ordre** n. — Les théorèmes relatifs aux polynomes d'approximation minimum s'étendent aux expressions trigonométriques et se démontrent de la même manière. Mais il faut, au préalable, étendre aux expressions trigonométriques les propriétés algébriques des polynomes sur lesquelles reposent les démonstrations. Voici ces propriétés :

1° *Une expression trigonométrique d'ordre* $\leqq n$ *ne peut avoir plus de* $2n$ *racines non équivalentes, et cela en tenant compte de l'ordre de multiplicité des racines.*

Cette propriété a été démontrée au n° 30.

2° *Deux expressions d'ordres* $\leqq n$ *qui coïncident en* $2n+1$ *points non équivalents sont identiques. Autrement dit, une expression trigonométrique d'ordre* $\leqq n$ *est déterminée par ses valeurs en* $2n+1$ *points non équivalents.*

En effet, leur différence, ayant $2n+1$ racines, est identiquement nulle.

3° *Deux expressions d'ordres* $\leqq n$ *qui ont* $2n$ *racines non équivalentes communes sont les mêmes à un facteur constant près.*

En effet, soient $P(x)$ et $Q(x)$ deux expressions d'ordre $\leqq n$ ayant $2n$ racines communes et ne s'annulant pas au point a; la différence

$$P(x)Q(a) - Q(x)P(a)$$

admet les mêmes racines et une de plus a, en tout $2n+1$ racines, donc elle est identiquement nulle.

4° *On peut toujours construire une expression trigonométrique d'ordre n qui admet* $2n$ *racines arbitrairement données.*

S'il n'y a que deux racines x_1 et x_2, l'expression du premier ordre

$$\sin\frac{x-x_1}{2}\sin\frac{x-x_2}{2}=\frac{1}{2}\left[\cos\frac{x_1-x_2}{2}-\cos\left(x-\frac{x_1-x_2}{2}\right)\right]$$

satisfait à la question.

Si x_1 et x_2 ne sont pas équivalents, ces racines sont simples et l'expression change de signe quand x passe par ces valeurs.

S'il y a $2n$ racines données $x_1, x_2, \ldots, x_{2n}$, le produit d'un nombre pair de facteurs

$$\prod_i \sin\frac{x-x_i}{2} \qquad (i=1,\,2,\,\ldots,\,2n)$$

est une expression entière et répond encore à la question.

5° *Une expression d'ordre* $\overline{\gtrless}\, n$ *peut se déterminer par les* $2n+1$ *valeurs arbitrairement données qu'elle prend en* $2n+1$ *points non équivalents, et elle s'exprime par une formule analogue à celle de Lagrange.*

Désignons les points par $x_1, x_2, \ldots, x_{2n+1}$ et soit $f(x_i)$ la valeur assignée au point x_i. Formons l'expression (celle-ci non entière, car le nombre des facteurs est impair)

$$S(x)=\prod_i \sin\frac{x-x_i}{2} \qquad (i=1,\,2,\,\ldots,\,2n+1);$$

l'expression entière d'ordre n,

$$S(x)\sum_{i=1}^{2n+1}\frac{1}{2\sin\dfrac{x-x_1}{2}}\,\frac{f(x_i)}{S'(x_i)}$$

répond à la question et remplace la formule de Lagrange (n° 53). Cette nouvelle formule conduit, de la même manière, aux conclusions suivantes :

6° *Deux expressions d'ordre* $\overline{\gtrless}\, n$ *qui prennent des valeurs infiniment voisines en* $2n+1$ *points donnés, non équivalents, sont infiniment voisines.*

7° *Une expression d'ordre* $\leqq n$, *dont les coefficients sont variables, mais qui est bornée sur un ensemble de* $2n+1$ *points donnés, non équivalents, a tous ses coefficients bornés.*

70. Expression trigonométrique d'approximation minimum. — L'expression trigonométrique qui donne l'approximation minimum d'une fonction périodique $f(x)$ pour toutes les valeurs réelles de x, possède des propriétés analogues à celles du polynome d'approximation minimum. La généralisation des définitions et de la plupart des démonstrations est immédiate. Il suffira d'énoncer les théorèmes, quand les démonstrations pourront se calquer sur les précédentes. Voici les principaux de ces théorèmes :

1° *Il existe, pour chaque ordre* n, *une expression trigonométrique d'approximation minimum.*

2° *Si l'expression* $T(x)$ *d'ordre* $\leqq n$ *est d'approximation minimum pour la fonction périodique* $f(x)$, *on peut assigner* $2n+2$ *points, contenus à l'intérieur d'une même période d'amplitude* 2π, *où l'écart* $f-T$ *atteint ses valeurs extrêmes* $\pm\rho$ *avec alternance de signes d'un point au suivant.*

Il faut ici préciser quelques points de la démonstration.

Divisons une période, c'est-à-dire un intervalle donné d'amplitude 2π, en intervalles assez petits pour que l'écart $\varphi(x)=f-T$ ne s'annule dans aucun des intervalles, $\delta_1, \delta_2, \ldots, \delta_m$, où il atteint ses valeurs extrêmes. Désignons par $\varepsilon_1, \varepsilon_2, \ldots, \varepsilon_m$ les unités du signe de $\varphi(x)$ dans chacun de ces intervalles. Soit δ_{m+1} l'intervalle congru à δ_1 dans la période suivante, et $\varepsilon_{m+1}=\varepsilon_1$ l'unité du signe de $\varphi(x)$ dans δ_{m+1}. Le théorème énoncé revient à dire que la suite

$$\varepsilon_1, \quad \varepsilon_2, \quad \ldots, \quad \varepsilon_m, \quad \varepsilon_{m+1}=\varepsilon_1$$

contient $2n+2$ variations de signes. D'ailleurs, les termes extrêmes étant les mêmes, elle ne peut en contenir qu'un nombre pair.

Supposons, par impossible, que la suite ne contienne que $2k \leqq 2n$ variations. Soit $\varepsilon_i, \varepsilon_{i+1}$ l'une quelconque d'entre elles. Assignons un point ξ intermédiaire entre les deux intervalles correspondants δ_i et δ_{i+1}, qui sont nécessairement non contigus.

Soit $\xi_1, \xi_2, \ldots, \xi_{2k}$ la suite des $2k$ points ainsi choisis et qui sont tous intérieurs à la période. La fonction entière d'ordre $\overline{\overline{<}}\, n$,

$$\psi(x) = \varepsilon_1 \sin\frac{\xi_1 - x}{2} \sin\frac{\xi_2 - x}{2} \cdots \sin\frac{\xi_{2k} - x}{2}$$

aura le signe de φ dans chaque intervalle $\delta_1, \delta_2, \ldots, \delta_m$. Il en résulte, comme dans le cas des polynomes d'approximation, que l'expression d'ordre $\overline{\overline{<}}\, n$, $T + \varepsilon\psi$, donnerait une approximation meilleure que T, à condition de donner au nombre positif ε une valeur suffisamment petite.

3° *L'expression d'ordre $\overline{\overline{<}}\, n$ qui donne la meilleure approximation de $f(x)$ est unique.*

4° *La propriété 2° est caractéristique : une expression qui fournit des écarts de signes alternés et de module égal à l'approximation correspondante en $2n+2$ points consécutifs contenus à l'intérieur d'une période, n'est autre que l'expression d'approximation minimum.*

71. Borne inférieure de la meilleure approximation trigonométrique. — A la règle du n° 57 pour les polynomes correspond la règle suivante pour la représentation trigonométrique :

Soient $f(x)$ une fonction de période 2π et S une expression trigonométrique d'ordre n. Si $f - S$ prend, avec des signes alternés, des valeurs absolues $\overline{\overline{>}}\, \rho'$ en $2n+2$ points consécutifs et non équivalents d'une même période, alors ρ' est une borne inférieure de l'approximation minimum.

72. Meilleure approximation d'ordre n sur un ensemble de $2n+2$ points. — Les résultats obtenus dans le Chapitre précédent, quant à la représentation par polynomes sur un ensemble de points, s'étendent à la représentation trigonométrique.

Une expression trigonométrique d'ordre n peut être mise sous la forme

$$R(x) = \sum_{-n}^{n} a'_k e^{kix},$$

avec la condition que les coefficients a'_k et a'_{-k} soient des imaginaires conjuguées pour que R soit réel.

Considérons un ensemble E de $2n+2$ points,

$$(E) \qquad x_1 < x_2 < \ldots < x_{2n+1} < x_{2n+2},$$

non équivalents et contenus dans une même période 2π. Soit $f(x)$ une fonction; nous allons prouver que, parmi les expressions $R(x)$ d'ordre $\overline{\gtrless} n$, il en est une $T(x)$ qui donne la meilleure approximation de $f(x)$ sur l'ensemble E. Cette expression T est dite d'approximation minimum sur E, et nous montrerons qu'elle est unique.

Proposons-nous d'abord le problème plus général de déterminer $R(x)$ et l'approximation correspondante ρ' sur E, par la condition que les $2n+2$ écarts aux points successifs de E soient de mêmes signes et dans le même rapport que les $2n+2$ nombres donnés

$$u_1, \quad -u_2, \quad +u_3, \quad \ldots, \quad -u_{2n+2}.$$

Les lettres u désignent des nombres positifs ou négatifs de modules $\overline{\gtrless} 1$, mais l'un au moins de module 1. Ils sont précédés d'un signe alternatif pour la commodité des calculs ultérieurs.

Nous avons donc à déterminer ρ' et les $2n+1$ coefficients a de $R(x)$ par les $2n+2$ équations linéaires

$$f(x_m) = \pm u_m \rho' + \sum_{k=-n}^{n} a'_k e^{kx_m i} \qquad (m = 1, 2, \ldots, 2n+1).$$

Ce système a pour déterminant

$$D = \begin{vmatrix} +u_1 & e^{-nx_1 i} & e^{-(n-1)x_1 i} & \ldots & e^{nx_1 i} \\ -u_2 & e^{-nx_2 i} & e^{-(n-1)x_2 i} & \ldots & e^{nx_2 i} \\ \ldots\ldots & \ldots\ldots & \ldots\ldots\ldots & \ldots & \ldots\ldots \end{vmatrix}.$$

Soient $A_1, -A_2, +A_3, \ldots$ les mineurs relatifs aux éléments de la première colonne. Nous avons

$$D = A_1 u_1 + A_2 u_2 + \ldots + A_{2n+2} u_{2n+2}.$$

Calculons le coefficient A_k. Nous avons, en excluant la lettre x_k,

$$A_k = \begin{vmatrix} e^{-nx_1 i} & e^{-(\ -1)x_1 i} & \ldots & e^{nx_1 i} \\ e^{-nx_2 i} & e^{-(n-1)x_2 i} & \ldots & e^{nx_2 i} \\ \ldots\ldots & \ldots\ldots\ldots & \ldots & \ldots\ldots \end{vmatrix},$$

$$A_k = e^{-n(x_1+x_2+\ldots)i} \begin{vmatrix} 1 & e^{x_1 i} & \ldots & e^{2nx_1 i} \\ 1 & e^{x_2 i} & \ldots & e^{2nx_2 i} \\ \ldots & \ldots\ldots & \ldots & \ldots\ldots \end{vmatrix}.$$

Désignons par $\prod_k$ un produit qui s'étend à toutes les combinaisons de deux indices λ, μ différents de k avec la condition $\lambda > \mu$. Il vient

$$\begin{aligned}
A_k &= e^{-n(x_1+x_2+\ldots)i}\prod_k (e^{x_\lambda i} - e^{x_\mu i}) \\
&= \prod_k e^{-\frac{x_\lambda + x_\mu}{2}i}(e^{x_\lambda i} - e^{x_\mu i}) \\
&= \prod_k 2i \sin\frac{x_\lambda - x_\mu}{2}.
\end{aligned}$$

Désignons encore par ω le nombre des facteurs du produit $\prod_k$ (nombre qui est indépendant de k), nous obtenons

$$A_k = (2i)^\omega A'_k,$$
$$A'_k = \prod_k \sin\frac{x_\lambda - x_\mu}{2}.$$

Tous les facteurs étant positifs, A'_k est un nombre réel et positif.

Résolvons maintenant le système par rapport à ρ'; il vient

$$\rho' = \frac{A_1 f(x_1) - A_2 f(x_2) + \ldots - A_{2n+2} f(x_{2n+2})}{A_1 u_1 + A_2 u_2 + \ldots + A_{2n+2} u_{2n+2}};$$

et, en supprimant le facteur commun $(2i)^\omega$,

$$\rho' = \frac{A'_1 f(x_1) - A'_2 f(x_2) + \ldots - A'_{2n+2} f(x_{2n+2})}{A'_1 u_1 + A'_2 u_2 + \ldots + A'_{2n+2} u_{2n+2}}. \tag{1}$$

Les quantités A' sont réelles, positives et non nulles. Cette formule, entièrement analogue à la formule (1) du n° 58 concernant les polynomes, conduit aux mêmes conséquences.

L'approximation minimum se réalise en faisant tous les u égaux à ± 1 et du même signe que le numérateur de (1). L'approximation minimum ρ sur E sera donnée par la formule

$$\rho = \frac{|A'_1 f(x_1) - A'_2 f(x_2) + \ldots - A'_{2n+2} f(x_{2n+2})|}{A'_1 + A'_2 + \ldots + A'_{2n+2}}. \tag{2}$$

Ces formules conduisent, comme dans le cas des polynomes, aux théorèmes suivants :

1° *Il existe une expression d'ordre* $\leqq n$ *et une seule donnant la meilleure approximation sur un ensemble* E *de* $2n+2$ *points; elle fournit des écarts de même module et de signes contraires en deux points consécutifs de* E, *et cette propriété la caractérise.*

2° *L'expression d'ordre* $\overline{\overline{<}}\, n$ *qui donne la meilleure approximation sur un ensemble* F *de plus de* $2n+2$ *points* [*ou dans un intervalle* (a, b)], *est celle qui donne la meilleure approximation sur* $2n+2$ *points de* F [*ou de* (a, b)], *choisis de manière que cette meilleure approximation soit la plus grande possible.*

73. **Théorème.** — *Supposons que* $f(z)$, *de période* 2π, *soit une fonction analytique de* $z = x + yi$, *holomorphe dans la bande comprise entre les deux horizontales* $y = \pm b$, *et de module* $< M$ *sur ces droites; alors si* f *a pour meilleure approximation* ρ_0 *sur un ensemble* E_0 *de* $2n+2$ *points réels non équivalents, le plus petit écart* δ *de deux de ces points vérifie la condition*

$$\delta > \rho_0 \frac{16}{M}\left(\frac{1}{2}\operatorname{sh}\frac{b}{2}\right)^{2n+2}.$$

Nous pouvons supposer que les points $x_1, x_2, \ldots, x_{2n+2}$ de E_0 satisfassent à la condition

$$0 \overline{\overline{<}}\, x_1 < x_2 < x_3 < \ldots < x_{2n+2} < 2\pi.$$

Appelons, en abrégé, *distance de deux points* x_i et x_k de E l'expression

$$\left|\sin\frac{x_i - x_k}{2}\right|$$

et désignons par ϖ_k le produit des distances de x_k aux autres points de E. La formule (2) nous donne

$$\rho_0 = \frac{\left|\dfrac{f(x_1)}{\varpi_1} - \dfrac{f(x_2)}{\varpi_2} + \ldots - \dfrac{f(x_{2n+2})}{\varpi_{2n+2}}\right|}{\dfrac{1}{\varpi_1} + \dfrac{1}{\varpi_2} + \ldots + \dfrac{1}{\varpi_{2n+2}}}.$$

Soit E_1 l'ensemble obtenu en supprimant l'un des points extrêmes de E_0, par exemple x_1; posons

$$f_1(x) = \frac{f(x) - f(x_1)}{\sin\dfrac{x - x_1}{2}};$$

accentuons les produits relatifs à E_1. Nous avons, comme pour les polynomes (n° 59) et en observant que les sinus sont de modules $\overline{\overline{<}}\,1$,

$$\rho_0 < \rho_1 = \frac{\left|\dfrac{f(x_2)}{\varpi'_2} - \dfrac{f(x_3)}{\varpi'_3} + \ldots + \dfrac{f(x_{2n+2})}{\varpi'_{2n+2}}\right|}{\dfrac{1}{\varpi'_2} + \dfrac{1}{\varpi'_3} + \ldots + \dfrac{1}{\varpi'_{2n+2}}}.$$

Cette fois, le nombre ρ_1, défini par cette formule, n est pas la meilleure approximation de f_1 sur E_1, parce que le nombre des points de E_1 est impair. Mais cela n'empêche pas de poursuivre la réduction, parce que ρ_1 ne change pas quand on remplace, dans cette formule, $f(x)$ par $f(x) - a$. On a, en effet,

$$\frac{1}{\varpi'_2} - \frac{1}{\varpi'_3} + \ldots + \frac{1}{\varpi'_{2n+2}} = 0,$$

parce que cette somme ne diffère que par un facteur non nul du développement du déterminant

$$\begin{vmatrix} 1 & e^{-(n-1)x_1 i} & e^{-(n-2)x_1 i} & \ldots & e^{nx_1 i} \\ 1 & e^{-(n-1)x_2 i} & e^{-(n-2)x_2 i} & \ldots & e^{nx_2 i} \\ . & \ldots\ldots\ldots & \ldots\ldots\ldots & \ldots & \ldots\ldots \end{vmatrix}$$

suivant les éléments de la première colonne. On s'en assure par des calculs tout pareils à ceux du n° 72. Or ce déterminant est nul, parce que la $(n+1)^{\text{ième}}$ colonne est identique à la première.

Posons donc, en général,

$$f_k(x) = \frac{f_{k-1}(x) - f_{k-1}(x_k)}{\sin\dfrac{x - x_k}{2}}.$$

Désignons par ρ_k l'expression analogue à ρ_0 et ρ_1, mais relative à l'ensemble $E_k(x_{k+1}, \ldots, x_{2n+2})$, et qui est la meilleure approximation d'ordre $n - \frac{k}{2}$ de $f_k(x)$ sur E_k lorsque k est pair. Nous avons

$$\rho_k < \rho_{k+1}$$

et, de proche en proche,

$$\rho_0 < \rho_{2n}.$$

Ici ρ_{2n} est la meilleure approximation d'ordre 0 de f_{2n} sur l'ensemble de deux points seulement $E_{2n}(x_{2n+1}, x_{2n+2})$. Nous avons donc

$$\rho_{2n} = \frac{1}{2}\,|f_{2n}(x_{2n+2}) - f_{2n}(x_{2n+1})|.$$

Soit, en général, M'_{2n} le module maximum de f_{2n} *sur l'axe réel;* il vient ainsi

$$\rho_0 < \rho_{2n} < (x_{2n+2} - x_{2k+1})\,\frac{M'_{2n}}{2}.$$

Il faut maintenant évaluer M'_{2n}. Désignons, en général, par M_k le module maximum de f_k *dans la bande* comprise entre les horizontales $y = \pm b$, maximum atteint sur ces droites puisque f_k est holomorphe et périodique. La formule

$$f_k(z + x_k) = \frac{f_{k-1}(z + x_k) - f_{k-1}(x_k)}{\sin\frac{1}{2}z}$$

donne immédiatement

$$M_k \leqq \frac{2M_{k-1}}{\mathrm{h}\frac{1}{2}b};$$

d'où, de proche en proche, M désignant M_0,

$$M_{2n} \leqq \left(\frac{2}{\mathrm{sh}\frac{1}{2}b}\right)^{2n} M.$$

Pour évaluer la dérivée, désignons par C le contour du rectangle compris entre les deux abscisses $x \pm \pi$ et les deux ordonnées $\pm b$. On a, par la théorie des résidus,

$$f_{2n}(x) = \frac{1}{2\pi i}\int_C f_{2n}(z)\,\frac{1}{2}\cot\frac{z - x}{2}\,dz,$$

$$f'_{2n}(x) = \frac{1}{2\pi i}\int_C f_{2n}(z)\,\frac{dz}{4\sin^2\frac{z - x}{2}}.$$

Mais les intégrales sur les côtés verticaux se détruisent (à cause de la périodicité), les intégrales sur les côtés horizontaux $y = \pm b$ subsistent seules; et il vient, par le théorème de la moyenne,

$$M'_{2n} \leqq 2\,\frac{M_{2n}}{\left(2\,\mathrm{sh}\frac{b}{2}\right)^2} \leqq \frac{1}{2\,\mathrm{sh}^2\frac{b}{2}}\left(\frac{2}{\mathrm{sh}\frac{b}{2}}\right)^{2n} M.$$

On porte cette expression dans la borne de ρ_0, il vient

$$\rho_0 < (x_{2n+2} - x_{2n+1})\left(\frac{2}{\operatorname{sh}\frac{b}{2}}\right)^{2n+2}\frac{M}{16}.$$

On peut aussi faire la réduction de l'ensemble en retranchant les points sur la droite, ou encore sur les deux extrémités successivement. On a ainsi, quel que soit i,

$$\rho_0 < (x_{i+1} - x_i)\left(\frac{2}{\operatorname{sh}\frac{b}{2}}\right)^{2n+2}\frac{M}{16},$$

ce qui revient au théorème énoncé.

74. **Corollaire.** — *Soit $f(x)$ continue et périodique; si sa meilleure approximation d'ordre n est $\rho \neq 0$ sur un ensemble* E *de $2n+2$ points non équivalents, on peut en conclure une borne inférieure de l'écart de deux points de* E.

En effet, soit ε un nombre positif $< \rho$. Nous pouvons construire une expression trigonométrique S d'un certain ordre, telle qu'on ait, sur l'axe réel,

$$|f - S| < \rho - \varepsilon.$$

La meilleure approximation d'ordre n de S sur E est donc

$$\rho_0 > \rho - \varepsilon.$$

Alors, en vertu du théorème précédent, le plus petit écart δ de deux points de E est supérieur à

$$(\rho - \varepsilon)\frac{16}{M}\left(\frac{1}{2}\operatorname{sh}\frac{b}{2}\right)^{2n+2},$$

où M est le maximum du module de $S(z)$ sur les droites $y = \pm b$. Le choix de b reste arbitraire. On le choisira de manière à rendre cette borne aussi grande que possible.

75. **Détermination de la meilleure approximation d'ordre n.** — La détermination de la meilleure approximation trigonométrique d'ordre n, sur l'axe réel, d'une fonction périodique donnée $f(x)$

est un problème analogue à celui de la détermination du polynome d'approximation minimum dans un intervalle. Il se résout, au degré d'exactitude assigné, au moyen d'un nombre limité d'opérations que l'on peut fixer *a priori*. La méthode se justifie, comme dans le cas des polynomes, en s'appuyant sur les théorèmes correspondants, que nous avons établis ci-dessus. Il est inutile de reprendre cette question dans le détail.

Observons enfin que le théorème de M. Bernstein (n° 68) s'étend, sans difficulté aucune, à la représentation trigonométrique, et peut y rendre les mêmes services que dans la recherche du polynome d'approximation minimum. Cette extension n'a pas été faite par M. Bernstein, mais elle ne présente aucune difficulté.

76. Meilleure approximation sur un ensemble de points équidistants. — Revenons d'abord à la meilleure approximation ρ sur un ensemble E de $2n+2$ points

$$(\mathrm{E}) \qquad x_1 < x_2 < x_3 < \ldots < x_{2n+2},$$

non équivalents et intérieurs à une même période, c'est-à-dire à un intervalle d'origine arbitraire et d'amplitude 2π.

Désignons par $S(x)$ l'expression entière

$$S(x) = \sin\frac{x-x_1}{2}\sin\frac{x-x_2}{2}\cdots\sin\frac{x-x_{2n+2}}{2}$$

et par Π le produit, étendu à tous les couples d'indices λ, μ, vérifiant les conditions $\mu < \lambda \leqq 2n+2$,

$$\prod \sin\frac{x_\lambda - x_\mu}{2};$$

nous aurons (n° 72)

$$A'_k = \prod\nolimits_k \sin\frac{x_\lambda - x_\mu}{2} = (-1)^k \frac{\Pi}{S'(x_k)}.$$

La formule (2), du n° 72, nous donne donc la suivante :

$$\pm\rho = \frac{\dfrac{f(x_1)}{S'(x_1)} + \dfrac{f(x_2)}{S'(x_2)} + \ldots + \dfrac{f(x_{2n+2})}{S'(x_{2n+2})}}{\dfrac{1}{S'(x_1)} - \dfrac{1}{S'(x_2)} + \ldots - \dfrac{1}{S'(x_{2n+2})}},$$

qui est encore applicable au cas général (que les points soient équidistants ou non).

Arrivons maintenant au cas particulier qui nous intéresse. Supposons que les points de l'ensemble E partagent la période en parties égales, de sorte que l'équidistance des points x_1, x_2, ... soit $\frac{\pi}{n+1}$. Dans ce cas, $S(x)$ admet les mêmes racines que la fonction

$$\sin(n+1)(x-x_1)$$

et le rapport des deux fonctions est borné, car on vérifie de suite qu'il tend vers une limite finie quand x tend vers l'infini imaginaire. Donc le rapport des deux fonctions est une constante h et l'on a

$$S(x) = h\sin(n+1)(x-x_1).$$

L'équidistance des points étant $\frac{\pi}{n+1}$, on en conclut

$$S'(x_1) = (n+1)h, \qquad S'(x_2) = -(n+1)h, \qquad \dots.$$

Ces valeurs sont de même module et de signes alternés. La valeur de la meilleure approximation ρ se réduit à

$$\rho = \frac{|f(x_1) - f(x_2) + \ldots - f(x_{2n+2})|}{2n+2}.$$

De là, le théorème suivant :

La meilleure approximation de $f(x)$, de période 2π, par une expression trigonométrique d'ordre $\leqq n$, sur un ensemble de $2n+2$ points x_1, x_2, ..., x_{2n+2}, non équivalents, qui partagent la période en $2n+2$ parties égales, est la moyenne arithmétique des $2n+2$ valeurs $f(x_1)$, $-f(x_2)$, $+f(x_3)$, ..., $-f(x_{2n+2})$. Cette moyenne est donc une borne inférieure de la meilleure approximation d'ordre n pour x réel quelconque.

Cette moyenne peut être mise sous une forme intéressante qui se rattache à la série de Fourier. Supposons $f(x)$ développable en série de Fourier convergente :

$$f(x) = \frac{1}{2}a_0 + \sum_1^\infty (a_k \cos kx + b_k \sin kx)$$

Si nous posons

$$a'_k = \frac{a_k - ib_k}{2}, \qquad a'_{-k} = \frac{a_k + ib_k}{2},$$

nous pouvons écrire

$$f(x) = \frac{1}{2}\sum_{k=-\infty}^{\infty} a'_k e^{kxi}.$$

Considérons maintenant l'ensemble des points équidistants x_1, $x_2, \ldots, x_{2n+2}$ et supposons d'abord $x_1 = 0$, auquel cas

$$x_m = \frac{(m-1)\pi}{n+1}.$$

Il vient

$$\sum_{m=1}^{2n+2}(-1)^{m-1}f(x_m) = \frac{1}{2}\sum_{k=-\infty}^{\infty} a'_k \sum_{m=1}^{2n+2}(-1)^{m-1}e^{\frac{(m-1)k\pi i}{n+1}}$$

Si k est un multiple impair de $n+1$, on a

$$\sum_{m=1}^{2n+2}(-1)^{m-1}e^{\frac{(m-1)k\pi i}{n+1}} = \sum_{m=1}^{2n+2}(-1)^{m-1}(-1)^{m-1} = 2n+2.$$

Dans tous les autres cas, on a

$$\sum_{m=1}^{2n+2}(-1)^{m-1}e^{\frac{(m-1)k\pi i}{n+1}} = \frac{e^{2k\pi i}-1}{-e^{\frac{k\pi i}{n+1}}-1} = 0.$$

Il vient donc

$$\sum_{m=1}^{2n+2}(-1)^m f(x_m) = \frac{1}{2}\sum_{\lambda=-\infty}^{\infty} a'_{(2\lambda+1)(n+1)} = \sum_{\lambda=0}^{\infty} a_{(2\lambda+1)(n+1)}.$$

De là, le théorème suivant :

Si $f(x)$ périodique est développable en série de Fourier convergente, la meilleure approximation trigonométrique d'ordre n sur l'ensemble E *des* $2n+2$ *points,*

$$(\mathrm{E}) \qquad 0,\quad \frac{\pi}{n+1},\quad \frac{2\pi}{n+1},\quad \ldots,\quad \frac{(2n+1)\pi}{n+1},$$

a pour expression

$$\pm\rho = a_{n+1} + a_{3(n+1)} + a_{5(n+1)} + \ldots,$$

où les a sont les constantes de Fourier de la fonction $f(x)$.

Le cas où le premier point de l'ensemble E est x_1 (au lieu de o) se ramène au précédent par le changement de x en $x + x_1$. Or, on a

$$f(x+x_1) = \frac{1}{2} a_0 + \sum_1^\infty (a_k \cos k x_1 + b_k \sin k x_1) \cos k x$$
$$+ \sum_1^\infty (-a_k \sin k x_1 + b_k \cos k x_1) \sin k x.$$

De là, le théorème suivant :

La meilleure approximation d'ordre n de $f(x)$ sur l'ensemble E *des* $2n+2$ *points*,

$$(\mathrm{E}) \qquad x_1, \quad x_1 + \frac{\pi}{n+1}, \quad x_1 + \frac{2\pi}{n+1}, \quad \ldots, \quad x_1 + \frac{(2n+1)\pi}{n+1},$$

a pour expression

$$\pm \rho = \sum_{\lambda=0}^\infty [a_{(2\lambda+1)(n+1)} \cos(2\lambda+1)(n+1)x_1$$
$$+ b_{(2\lambda+1)(n+1)} \sin(2\lambda+1)(n+1)x_1].$$

77. Nouvelle borne inférieure de la meilleure approximation trigonométrique. — Revenons encore une fois à la meilleure approximation ρ pour l'ensemble de toutes les valeurs réelles de x. Le théorème qui termine le numéro précédent en fournit une borne inférieure quel que soit x_1, et cette borne se présente sous forme d'une série trigonométrique en x_1. Choisissons x_1 de manière à majorer le premier terme et remplaçons tous les suivants par leur borne inférieure pour x_1 quelconque; nous obtenons le théorème suivant :

La meilleure approximation trigonométrique d'ordre n pour une fonction périodique, développable en série de Fourier convergente, admet la borne inférieure

$$\sqrt{a_{n+1}^2 + b_{n+1}^2} - \sum_{\lambda=1}^\infty \sqrt{a_{(2\lambda+1)(n+1)}^2 + b_{(2\lambda+1)(n+1)}^2}$$

pourvu que cette expression soit positive.

Les diverses bornes que nous venons de signaler sont distinctes de celles rencontrées antérieurement.

78. **Application des résultats précédents à la meilleure approximation par polynomes.** — L'approximation de $f(x)$ par polynomes dans l'intervalle $(-1, +1)$ revient à l'approximation trigonométrique de $f(\cos\varphi)$. Nous venons de voir que la meilleure approximation de $f(\cos\varphi)$ sur l'ensemble

$$0, \quad \frac{\pi}{n+1}, \quad \frac{2\pi}{n+1}, \quad \ldots, \quad \frac{(2n+1)\pi}{n+1}$$

a pour valeur

$$\pm\rho = \frac{1}{2n+2}\left[f(\cos 0) - f\left(\cos\frac{\pi}{n+1}\right) + \ldots - f\left(\cos\frac{(2n+1)\pi}{n+1}\right)\right].$$

Sauf $f(\cos 0)$ et $f(\cos\pi)$, les termes sont deux à deux égaux et de même signe [ceux à égale distance des extrêmes quand on supprime $f(\cos 0)$]. De là, le théorème suivant :

La meilleure approximation de $f(x)$, par un polynome de degré $\overline{\gtrless}\, n$ sur l'ensemble E *des $n+2$ points,*

$$(\mathrm{E}) \qquad 1, \quad \cos\frac{\pi}{n+1}, \quad \cos\frac{2\pi}{n+1}, \quad \ldots, \quad \cos\frac{n\pi}{n+1}, \quad -1,$$

a pour expression

$$\pm\rho = \frac{1}{n+1}\left[\frac{1}{2}f(1) - f\left(\cos\frac{\pi}{n+1}\right) + f\left(\cos\frac{2\pi}{n+1}\right) - \ldots \right.$$
$$\left. \pm f\left(\cos\frac{n\pi}{n+1}\right) \mp \frac{1}{2}f(-1)\right].$$

En même temps cette expression est une borne inférieure de la meilleure approximation dans l'intervalle $(-1, +1)$ contenant E. *On peut aussi lui donner la forme*

$$\pm\rho = a_{n+1} + a_{3(n+1)} + a_{5(n+1)} + \ldots,$$

où les a sont les constantes de Fourier de $f(\cos\varphi)$, qui est alors supposée développable en série de Fourier convergente (¹).

(¹) M. S. Bernstein donne des résultats analogues, sauf quelques inadvertances de calcul (*Sur l'ordre de la meilleure approximation des fonctions continues,* nº 45).

79. Exemples simples d'approximation trigonométrique minimum. — L'étude des fonctions analytiques fournit des exemples remarquables d'approximation minimum sur lesquels nous reviendrons plus loin. Mais nous pouvons indiquer, dès maintenant, quelques exemples instructifs.

1° L'expression trigonométrique d'ordre $\leqq n$ qui donne la meilleure approximation du terme d'ordre $n+1$,

$$a\cos(n+1)x + b\sin(n+1)x,$$

est identiquement nulle.

En effet, posons $a = r\cos\alpha$, $b = r\sin\alpha$; cette dernière expression prend la forme

$$r\cos(n+1)(x-\alpha).$$

Elle prend $2n+2$ fois ses valeurs extrêmes $\pm r$ avec alternance de signes en des points intérieurs à une même période. Ce sont les valeurs de l'écart pour l'expression approchée $T=0$. Donc 0 est d'approximation minimum.

2° Le même raisonnement montre que l'on connaît aussi la meilleure approximation d'ordre n pour la fonction d'ordre $n+1$:

$$f(x) = \sum_{k=0}^{n+1} a_k \cos kx + b_k \sin kx.$$

L'expression d'approximation minimum est

$$T(x) = \sum_{k=0}^{n} a_k \cos kx + b_k \sin kx;$$

l'écart est

$$\varphi(x) = a_{n+1}\cos(n+1)x + b_{n+1}\sin(n+1)x$$

et l'approximation a pour valeur

$$\rho = \sqrt{a_{n+1}^2 + b_{n+1}^2}.$$

3° Un exemple d'un autre genre nous est donné par la fonction sans dérivée de Weierstrass. Nous allons montrer qu'on en connaît les expressions les plus approchées pour tous les ordres (1).

Soient a un nombre positif <1 et b un nombre entier impair >1;

(1) S. Bernstein, *Comptes rendus Acad. Sc.*, 25 novembre 1912, p. 1063.

la fonction de Weierstrass

$$f(x)=\sum_{m=0}^{\infty} a^m \cos b^m x$$

admet, comme expression d'approximation minimum d'ordre n, la somme des $k+1$ premiers termes de cette série, à savoir

$$\mathrm{T}(x)=\sum_{0}^{k} a^m \cos b^m x,$$

où k est déterminé par la condition

$$b^k \leqq n < b^{k+1}.$$

En effet, l'écart, qui a pour expression

$$\sum_{k+1}^{\infty} a^m \cos b^m x,$$

acquiert ses valeurs extrêmes avec alternance de signe aux $2b^{k+1}$ points consécutifs

$$x_\lambda = \frac{\lambda\pi}{b^{k+1}} \qquad (\lambda = 1, 2, 3, \ldots, 2b^{k+1})$$

et l'approximation correspondante est

$$\rho = \sum_{k+1}^{\infty} a^m = \frac{a^{k+1}}{1-a}.$$

CHAPITRE VIII.

FONCTIONS ANALYTIQUES PRÉSENTANT DES SINGULARITÉS POLAIRES.

80. Correspondance entre les séries de Fourier et de Laurent. — Soit $f(z)$ une fonction périodique de la variable complexe $z = x + yi$. Supposons que cette fonction soit holomorphe dans la bande du plan z comprise entre les deux droites $y = \pm b$, parallèles à l'axe réel. Son développement en série de Fourier est de la forme

$$f(z) = \frac{1}{2} A_0 + \sum_{1}^{\infty} A_k, \qquad A_k = a_k \cos kz + b_k \sin kz.$$

Faisons la substitution

$$(1) \qquad e^{zi} = t.$$

Cette substitution transforme $f(z)$ dans une fonction $\varphi(t)$ qui est uniforme, à cause de la périodicité.

Quand z varie de 2π sur l'axe réel, t décrit le cercle de centre origine et de rayon 1. Quand z varie de 2π sur les droites $y = \pm b$, t décrit les cercles de rayons e^{-b} et e^b. La substitution (1) fait donc correspondre à la bande du plan z comprise entre les deux droites $y = \pm b$, la couronne circulaire du plan t comprise entre les deux cercles de rayons e^{-b} et e^b; et $\varphi(t)$ est holomorphe dans cette bande.

Par la substitution (1), le terme général du développement de Fourier devient

$$(2) \qquad A_k = a'_k t^k + b'_k \frac{1}{t^k},$$

où

$$a'_k = \frac{a_k + b_k}{2}, \qquad b'_k = \frac{a_k - b_k}{2i}.$$

Donc le développement de Fourier de $f(z)$ se transforme dans celui de $\varphi(t)$ suivant les puissances positives et négatives de t, c'est-à-dire en série de Laurent, convergente dans la couronne circulaire considérée. Par conséquent, la série de Fourier de $f(z)$ sera aussi convergente dans la bande correspondante. Nous allons déterminer l'ordre de grandeur des coefficients et le degré de convergence de la série.

81. **Théorème I.** — *Si $f(z)$ de période 2π est holomorphe et que son module soit $\leqq M$ dans la bande comprise entre les deux droites $y = \pm b$, alors, pour z réel, le module du terme général de la série de Fourier vérifie la condition*

$$|A_k| \leqq 2 M e^{-kb}.$$

Considérons le terme général (2) du développement de $\varphi(t)$ en série de Laurent dans la couronne. Soient C_1 le cercle de rayon e^{-b} et C_2 le cercle de rayon e^b qui limitent la couronne. On a

$$a'_k = \frac{1}{2\pi i}\int_{C_2} \frac{\varphi(t)}{t^k}\,\frac{dt}{t}, \qquad b'_k = \frac{1}{2\pi i}\int_{C_1} \varphi(t)\, t^k\, \frac{dt}{t};$$

par conséquent,

$$|a'_k| \leqq e^{-kb}\,\frac{M}{2\pi}\int_{C_2}\left|\frac{dt}{t}\right| = M e^{-kb},$$

$$|b'_k| \leqq e^{-kb}\,\frac{M}{2\pi}\int_{C_1}\left|\frac{dt}{t}\right| = M e^{-kb};$$

et, z étant réel, $|A_k|$ ne surpasse pas la somme de ces deux bornes.

82. **Théorème II.** — *Si $f(z)$ est holomorphe et de module $\leqq M$ dans la bande comprise entre les deux droites $y = \pm b$, la somme S_n de Fourier donne, sur l'axe réel, une approximation*

$$\rho_n \leqq \frac{2M}{e^b - 1}\, e^{-nb}.$$

On a, en effet,

$$\left|\sum_{n+1}^{\infty} A_k\right| \leqq \sum_{n+1}^{\infty} 2 M e^{-kb} = 2M\,\frac{e^{-(n+1)b}}{1 - e^{-b}} = 2M\,\frac{e^{-nb}}{e^b - 1}.$$

83. **Singularités polaires. Décomposition de la partie principale**

en éléments simples. — Nous allons maintenant étudier comment se comporte la série de Fourier lorsque $f(z)$ admet des singularités polaires sur les droites $y = \pm b$. Nous devons d'abord mettre sous la forme la plus convenable la partie principale de la fonction au voisinage d'un pôle d'ordre r.

La fonction $f(z)$ est supposée réelle avec z; par conséquent, les pôles sont conjugués deux à deux et, si $z = a + bi$ est un pôle, $z = a - bi$ en est un autre du même ordre. Déterminons la forme de la partie principale de $f(z)$ au voisinage de deux pôles conjugués $a \pm bi$. En changeant au besoin z en $z + a$, ces pôles deviennent $\pm bi$. Considérons les deux fonctions

$$f(z) + f(-z), \qquad \frac{f(z) - f(-z)}{\sin z}.$$

Ce sont des fonctions paires de période 2π, donc des fonctions uniformes de $\cos z$. Supposons qu'elles admettent les points $\pm bi$ comme pôles de degré r; nous aurons

$$\frac{f(z)+f(-z)}{2} = \frac{A_0}{(\cos z - \cos bi)^r} + \ldots + \frac{A_r}{\cos z - \cos bi} + \psi(z),$$
$$\frac{f(z)-f(-z)}{2\sin z} = \frac{B_0}{(\cos z - \cos bi)^r} + \ldots + \frac{B_r}{\cos z - \cos bi} + \chi(z),$$

les fonctions ψ et χ étant holomorphes au voisinage des points $\pm bi$. Multiplions la seconde équation par $\sin z$ et ajoutons; nous obtenons la partie principale de $f(z)$, décomposée en une somme de termes que l'on peut considérer comme des *éléments simples* :

$$\frac{A_0 + B_0 \sin z}{(\cos z - \cos bi)^r} + \frac{A_1 + B_1 \sin z}{(\cos z - \cos bi)^{r-1}} + \ldots + \frac{A_r + B_r \sin z}{\cos z - \cos bi}.$$

Si le pôle est d'ordre r, un au moins des coefficients A_0, B_0 n'est pas nul. Si les pôles conjugués sont $z = a \pm bi$, on changera z en $z - a$ dans les formules précédentes.

84. Développement des éléments simples en série de Fourier. — Le développement en série de Fourier de la partie principale de $f(z)$ dans le domaine d'un pôle ne présente aucune difficulté. On l'obtient, comme il suit, presque sans calculs, si le pôle est simple. Soit b un nombre réel positif; on a

$$\sum_{k=0}^{\infty} e^{k(zi-b)} = \frac{1}{1-e^{zi-b}} = \frac{1-e^{-zi-b}}{(1-e^{zi-b})(1-e^{-zi-b})}$$
$$= \frac{e^b - e^{-zi}}{e^b + e^{-b} - 2\cos z} = \frac{\operatorname{ch} b + \operatorname{sh} b - \cos z + i \sin z}{2(\operatorname{ch} b - \cos z)}.$$

On tire de là

$$\sum_{k=0}^{\infty} e^{k(zi-b)} - \frac{1}{2} = \frac{\operatorname{sh} b + i \sin z}{2(\operatorname{ch} b - \cos z)}$$

et, en séparant les parties réelles et imaginaires,

$$\frac{\operatorname{sh} b}{2(\operatorname{ch} b - \cos z)} = \frac{1}{2} + \sum_{k=1}^{\infty} e^{-kb} \cos kz,$$
$$\frac{\sin z}{2(\operatorname{ch} b - \cos z)} = \sum_{k=1}^{\infty} e^{-kb} \sin kz.$$

On tire immédiatement de la combinaison de ces deux équations le développement en série de Fourier de l'élément simple du premier ordre :

$$\frac{A + B \sin z}{\cos z - \operatorname{ch} b}.$$

Le développement de l'élément simple d'ordre plus élevé est un peu plus compliqué, mais le calcul se fait par de simples dérivations et ne donne lieu à aucune difficulté. Posons, pour simplifier,

$$\operatorname{ch} b = m, \qquad \frac{db}{dm} = \frac{1}{\operatorname{sh} b};$$

nous aurons, en dérivant $r-1$ fois par rapport à m,

$$\frac{1}{(m-\cos z)^r} = \frac{2(-1)^{r-1}}{(r-1)!} \frac{d^{r-1}}{dm^{r-1}} \sum_{k=1}^{\infty} \frac{e^{-kb}}{\operatorname{sh} b} \cos kz,$$
$$\frac{\sin z}{(m-\cos z)^r} = \frac{2(-1)^{r-1}}{(r-1)!} \frac{d^{r-1}}{dm^{r-1}} \sum_{k=1}^{\infty} e^{-kb} \sin kz.$$

Il est actuellement inutile d'effectuer ces dérivations. Il est plus intéressant de déterminer la valeur principale des coefficients de Fourier pour $k=\infty$. Or cette valeur est manifestement celle qu'on obtient en dérivant $m-1$ fois de suite l'exponentielle e^{-kb}. On trouve ainsi que les coefficients de $\cos kz$ et de $\sin kz$ ont respectivement pour valeur asymptotique, pour $k=\infty$,

$$\frac{2k^{r-1}e^{-kb}}{(r-1)!(\operatorname{sh} b)^r}, \quad \frac{2k^{r-1}e^{-kb}}{(r-1)!(\operatorname{sh} b)^{r-1}}.$$

Si l'on considère le terme d'ordre k dans le développement de

$$\frac{A+B\sin x}{(\operatorname{ch} b-\cos x)^r},$$

on voit que le maximum de son module pour x réel a pour valeur asymptotique

$$\frac{2\sqrt{A^2+B^2\operatorname{sh}^2 b}}{(r-1)!(\operatorname{sh} b)^r}\,k^{r-1}c^{-kb}.$$

Ces diverses expressions sont de l'ordre de $k^{r-1}e^{-kb}$. Cette conclusion subsiste, quelle que soit la position du pôle sur les droites $y=\pm b$, car on passe du cas particulier traité ci-dessus au cas général par le changement de z en $z-a$.

Il est maintenant facile de démontrer le théorème suivant :

85. **Théorème III.** — *Si $f(z)$ est holomorphe dans la bande comprise entre les deux droites $y=\pm b$ et n'a, sur ces droites, que des pôles comme points critiques, ceux-ci d'ordre r au plus, alors, pour $z=x$, la somme S_n de Fourier donne une approximation*

$$\rho_n \leqq h n^{r-1} e^{-nb},$$

où h est une constante par rapport à n.

En effet, nous pouvons mettre $f(z)$ sous la forme

$$f(z)=P+\varphi(z),$$

où P est la somme des parties principales relatives aux divers pôles supposés ci-dessus, et $\varphi(z)$ une fonction holomorphe et bornée dans une bande débordant la précédente, comprise par exemple entre les droites $y=\pm(b+\varepsilon)$. Le terme général A_k de la série de Fourier de f est la somme des termes du même ordre dans les développements des diverses parties principales qui composent P et dans celui de $\varphi(z)$. En vertu du théorème I, le terme relatif à φ est de l'ordre de $e^{-k(b+\varepsilon)}$, et les termes relatifs aux parties principales, de l'ordre de $k^{r-1}e^{-kb}$ au plus. Donc leur somme A_k n'est pas d'un ordre supérieur à cette dernière expression. On peut donc assigner une constante h telle qu'on ait, quel que soit k,

$$|A_k| \leqq hk^{r-1}e^{-kb}.$$

Il vient alors

$$|S_n| \leqq h\sum_{n+1}^{\infty} k^{r-1}e^{-kb}.$$

Dans cette somme, on passe du terme écrit au suivant en le multipliant par l'expression

$$\left(\frac{k+1}{k}\right)^{r-1} e^{-b} < \left(\frac{n+1}{n}\right)^{r-1} e^{-b} = \lambda,$$

et nous pouvons supposer n assez grand pour que λ soit < 1. Il vient alors

$$\begin{aligned} |S_n| &< hn^{r-1}e^{-nb}\sum_{0}^{\infty}\lambda^k \\ &< \frac{h}{1-\lambda}\, n^{r-1}e^{-nb}, \end{aligned}$$

ce qui, sauf la manière d'écrire la constante, est le théorème énoncé.

Ce théorème montre la dépendance qu'il y a entre l'ordre de grandeur de l'approximation de $f(x)$ par les sommes de Fourier et l'ordre de grandeur de $f(z)$ quand z tend vers les droites $y = \pm b$. Nous allons démontrer maintenant un théorème qui établira la relation réciproque, mais qui s'applique à toute représentation trigonométrique et pas seulement à celle de Fourier.

86. **Théorème IV.** — *Soit $f(x)$ une fonction de période 2π; supposons qu'elle admette une expression trigonométrique approchée d'ordre n, T_n, telle que l'approximation sur l'axe réel vérifie, quel que soit n, la condition*

$$\rho_n < \varphi(n)e^{-nb},$$

où $\varphi(n)$ est une fonction non décroissante de n, mais qui finit par rester inférieure à $e^{\varepsilon n}$, quelque petit que soit ε, quand n

augmente indéfiniment; alors $f(z)$ est une fonction holomorphe de $z = x + yi$ dans la bande comprise entre les deux droites $y = \pm b$ (frontière exclue) et l'on a, en supposant y positif,

$$|f(x \pm yi)| < 2e^{2b} \int_1^\infty \varphi(t) e^{-(b-y)t}\, dt.$$

Dans notre hypothèse, la différence $T_n - T_{n-1} = \rho_{n-1} - \rho_n$ est une expression trigonométrique d'ordre n, dont le module reste (sur l'axe réel) inférieur à

$$2\varphi(n) e^{-(n-1)b}.$$

Nous avons donc sur l'axe réel, par le théorème général sur le module des dérivées (n° 30),

$$|T_{n-1}^{(k)} - T_n^{(k)}| < 2e^b \varphi(n) n^k c^{-nb}.$$

Considérons le développement, pour x réel,

$$f(x) = T_0 + (T_1 - T_0) + \ldots + (T_n - T_{n-1}) + \ldots.$$

Cette série est indéfiniment dérivable sur l'axe réel, car, pour un ordre k quelconque, nous formons la série majorante

$$|f^{(k)}(x)| < 2e^b[\varphi(1)e^{-b} + \varphi(2)e^{-2b}2^k + \ldots + \varphi(n)e^{-nb}n^k + \ldots].$$

Or cette série a une valeur finie, comme nous allons le montrer en la majorant elle-même par une intégrale. Nous avons

$$\begin{aligned} \varphi(n) n^k e^{-nb} &< \int_0^1 \varphi(n+t)(n+t)^k e^{-(n-1+t)b}\, dt \\ &< e^b \int_n^{n+1} \varphi(t) t^k e^{-bt}\, dt \end{aligned}$$

et, par conséquent,

$$|f^{(k)}(x)| < 2e^{2b} \int_1^\infty \varphi(t) t^k e^{-bt}\, dt.$$

Cette borne va nous permettre de définir $f(z)$ dans la bande par son développement de Taylor. Posons

$$z = x + u, \qquad |u| = \mu;$$

il vient

$$f(z) = \sum_{k=0}^{\infty} \frac{u^k}{k!} f^{(k)}(x).$$

Je dis que cette série converge dans la bande, donc si μ est $< b$, car on a, par la majorante précédente,

$$|f(z)| < 2e^{2b}\int_1^\infty e^{-bt}\varphi(t)\,dt\sum_{k=0}^{\infty}\frac{(\mu t)^k}{k!}$$
$$< 2e^{2b}\int_1^\infty \varphi(t)e^{-(b-\mu)t}\,dt.$$

Or cette intégrale existe pour $\mu < b$, car $\varphi(t)$ est d'ordre inférieur à $e^{\varepsilon t}$ par hypothèse. Si l'on fait $u = yi$, d'où $\mu = y$, on obtient la formule du théorème.

Remarque. — On peut aussi supposer la fonction $\varphi(n)$ non croissante. Dans ce cas, la majoration se fait en écrivant $\varphi(n-1)$ au lieu de $\varphi(n)$, donc $\varphi(t-1)$ au lieu de $\varphi(t)$. Il en résulterait *a fortiori*

$$|f(x \pm yi)| < 2e^{2b}\int_0^\infty \varphi(t)e^{-(b-y)t}\,dt.$$

87. **Théorème V.** — *Si, quel que soit n, $f(x)$ peut être représenté sur l'axe réel par une expression trigonométrique d'ordre n, avec une approximation*

$$\rho_n < \psi(n)n^{r-1}e^{-nb},$$

où r est un entier > 0 et $\psi(n)$ une fonction qui tend vers zéro pour $n=\infty$, alors $f(z)$ est holomorphe dans la bande comprise entre les deux droites $y = \pm b$. Si, de plus, $f(z)$ n'a, sur ces droites, d'autres points critiques que des pôles, ceux-ci sont d'ordre $< r$.

Nous avons, dans ce cas-ci,

$$\varphi(n) = n^{r-1}\psi(n)$$

et nous pouvons toujours admettre que cette fonction soit croissante si r est > 1, ou décroissante si r est < 1. Appliquons donc le théorème précédent ou la remarque finale; il vient, en tous cas,

$$|f(x \pm yi)| < 2e^{2b}\int_0^\infty \psi(t)t^{r-1}e^{-(b-y)t}\,dt.$$

Quand y tend vers b, cette expression est infiniment petite par rapport à

$$\int_0^{\infty} t^{r-1} e^{-(b-y)t}\, dt = \frac{\Gamma(r)}{(b-y)^r}$$

et, par conséquent, $f(z)$ ne peut pas avoir de pôle d'ordre r sur la droite $y = b$.

Comparons le théorème précédent au théorème III, nous obtenons l'énoncé suivant :

88. **Théorème VI.** — *Si la fonction $f(z)$, de période 2π, est holomorphe entre les droites $y = \pm b$ et n'a sur ces droites que des pôles comme points critiques; si, de plus, l'ordre maximum de ces pôles est r, alors $f(x)$ admet une représentation d'ordre n quelconque fournissant, sur l'axe réel, une approximation qui, pour $n = \infty$, est d'ordre égal ou inférieur à*

$$n^{r-1} e^{-nb},$$

mais cet ordre ne peut être inférieur, n restant arbitraire.

On conclut de ce théorème que, pour les fonctions considérées, *l'approximation obtenue par les sommes de Fourier est de l'ordre de la meilleure approximation.*

Il suit des théorèmes précédents que l'ordre de la meilleure approximation pour $n = \infty$ suffit, dans certains cas, pour déceler l'existence d'un point critique essentiel. Par exemple, si $f(z)$ est holomorphe entre les droites $y = \pm b$ et si sa meilleure approximation est d'ordre inférieur à $e^{-(b+\varepsilon)n}$ quel que soit ε, sans l'être jamais définitivement à $n^r e^{-nb}$ quel que soit r, on peut affirmer que $f(z)$, supposée uniforme, admet un point critique essentiel sur les droites $y = \pm b$.

89. **Approximation minimum d'un élément polaire simple du premier ordre.** — L'élément simple du premier ordre relatif au pôle $z = \pm bi$ est le suivant :

$$\frac{A + B \sin x}{\cos bi - \cos x}.$$

C'est un fait très intéressant qu'il soit possible d'en obtenir, pour chaque ordre n, l'expression trigonométrique d'approximation minimum. Nous allons former cette expression.

Supposons b positif et posons

$$(1)\qquad T(x) = -2e^{nix}\sin^2\frac{x-bi}{2};$$

$T(x)$ est une expression trigonométrique entière d'ordre $n+1$.

Soient, pour x réel, μ et φ le module et l'argument de

$$-2\sin^2\frac{x-bi}{2};$$

nous avons

$$-2\sin^2\frac{x-bi}{2} = \cos(x-bi) - 1 = (\cos x\cos bi - 1) + i\sin x\frac{\sin bi}{i};$$

par conséquent, le carré du module a pour valeur

$$\begin{aligned}\mu^2 &= (\cos x\,\mathrm{ch}\,b - 1)^2 + \sin^2 x\,\mathrm{sh}^2 b\\ &= \cos^2 x\,\mathrm{ch}^2 b - 2\cos x\,\mathrm{ch}\,b + 1 + \sin^2 x(\mathrm{ch}^2 b - 1)\\ &= (\mathrm{ch}\,b - \cos x)^2\end{aligned}$$

et l'argument φ est déterminé par les équations

$$\cos\varphi = \frac{\cos x\,\mathrm{ch}\,b - 1}{\mathrm{ch}\,b - \cos x}, \qquad \sin\varphi = \frac{\sin x\,\mathrm{sh}\,b}{\mathrm{ch}\,b - \cos x}.$$

Ces dernières formules mettent en évidence que φ varie de 0 à 2π quand x varie de 0 à 2π et que φ est une fonction impaire de x.

Il vient ainsi

$$T(x) = (\mathrm{ch}\,b - \cos x)e^{(nx+\varphi)i}.$$

On en tire

$$\frac{T(x)}{\mathrm{ch}\,b - \cos x} = \cos(nx+\varphi) + i\sin(nx+\varphi).$$

La partie réelle est paire et la partie imaginaire impaire. Nous pouvons donc poser, P_1 et P_2 désignant respectivement des polynomes de degrés $n+1$ et n,

$$T(x) = P_1(\cos x) + i\sin x\,P_2(\cos x).$$

Séparant alors les parties réelles et imaginaires dans l'équation précédente, on trouve

$$(2)\qquad \left\{\begin{aligned}\frac{P_1(\cos x)}{\mathrm{ch}\,b - \cos x} &= \cos(nx+\varphi),\\ \frac{\sin x\,P_2(\cos x)}{\mathrm{ch}\,b - \cos x} &= \sin(nx+\varphi).\end{aligned}\right.$$

Posons encore

$$R_1(\cos x) = \frac{P_1(\operatorname{ch} b) - P_1(\cos x)}{\operatorname{ch} b - \cos x},$$

$$R_2(\cos x) = \frac{P_2(\operatorname{ch} b) - P_2(\cos x)}{\operatorname{ch} b - \cos x},$$

R_1 et R_2 sont respectivement des polynomes de degré n et $n - 1$ et les équations précédentes peuvent s'écrire

$$(3) \quad \begin{cases} \dfrac{P_1(\operatorname{ch} b)}{\operatorname{ch} b - \cos x} - R_1 = \cos(nx + \varphi), \\ \dfrac{\sin x P_2(\operatorname{ch} b)}{\operatorname{ch} b - \cos x} - \sin x\, R_2 = \sin(nx + \varphi). \end{cases}$$

Quand x varie de 0 à 2π, $nx + \varphi$ varie de 0 à $2(n+1)\pi$ et les seconds membres atteignent $2n + 2$ fois leur maximum absolu 1 avec alternance de signes. Donc (n° 70, 4°) les expressions trigonométriques entières d'ordre n, R_1 et $\sin x R_2$, sont d'approximation minimum pour les fonctions respectives

$$\frac{P_1(\operatorname{ch} b)}{\operatorname{ch} b - \cos x}, \quad \frac{\sin x P_2(\operatorname{ch} b)}{\operatorname{ch} b - \cos x},$$

et l'approximation minimum est 1.

Calculons maintenant les valeurs de $P_1(\operatorname{ch} b)$ et de $P_2(\operatorname{ch} b)$. Nous avons

$$P_1(\cos x) = \frac{T(x) + T(-x)}{2},$$

$$P_2(\cos x) = \frac{T(x) - T(-x)}{2i \sin x}.$$

Faisons $x = bi$ et remarquons que l'on a, par (1),

$$T(bi) = 0, \qquad T(-bi) = -2e^{nb} \sin^2 bi = 2e^{nb} \operatorname{sh}^2 b;$$

il vient

$$P_1(\cos bi) = \frac{T(-bi)}{2} = e^{nb} \operatorname{sh}^2 b,$$

$$P_2(\cos bi) = -\frac{T(-bi)}{2i \sin bi} = \frac{T(-bi)}{2 \operatorname{sh} b} = e^{nb} \operatorname{sh} b.$$

Donc, en divisant respectivement les équations (3) par ces deux quantités, celles-ci prennent la forme

$$(4) \quad \begin{cases} \dfrac{1}{\operatorname{ch} b - \cos x} - R_1 \dfrac{e^{-nb}}{\operatorname{sh}^2 b} = \cos(nx + \varphi) \dfrac{e^{-nb}}{\operatorname{sh}^2 b}, \\ \dfrac{\sin x}{\operatorname{ch} b - \cos x} - R_2 \sin x \dfrac{e^{-nb}}{\operatorname{sh} b} = \sin(nx + \varphi) \dfrac{e^{-nb}}{\operatorname{sh} b}. \end{cases}$$

Ces formules mettent en évidence le théorème suivant :

Les deux éléments simples

$$\frac{1}{\operatorname{ch} b - \cos x}, \quad \frac{\sin x}{\operatorname{ch} b - \cos x}$$

admettent respectivement, comme expressions trigonométriques d'approximation minimum d'ordre n, les deux fonctions

$$R_1 \frac{e^{-nb}}{\operatorname{sh}^2 b}, \quad \sin x\, R_2 \frac{e^{-nb}}{\operatorname{sh} b},$$

et les approximations minimum correspondantes sont :

$$\frac{e^{-nb}}{\operatorname{sh}^2 b}, \quad \frac{e^{-nb}}{\operatorname{sh} b}.$$

Multiplions maintenant les équations (4) respectivement par les constantes A et B et ajoutons. Posons

$$S = \left(\frac{AR_1}{\operatorname{sh}^2 b} + \frac{BR_2}{\operatorname{sh} b} \sin x\right) e^{-nb};$$

l'expression S est d'ordre n et il vient

$$\frac{A + B \sin x}{\operatorname{ch} b - \cos x} - S = \left[\frac{A \cos(nx + \varphi)}{\operatorname{sh}^2 b} + \frac{B \sin(nx + \varphi)}{\operatorname{sh} b}\right] e^{-nb}.$$

Posons encore

$$A = \cos\alpha \sqrt{A^2 + B^2 \operatorname{sh}^2 b},$$

$$B \operatorname{sh} b = \sin\alpha \sqrt{A^2 + B^2 \operatorname{sh}^2 b};$$

la dernière équation devient

$$\frac{A + B \sin x}{\operatorname{ch} b - \cos x} - S = \cos(nx + \varphi - \alpha) \frac{\sqrt{A^2 + B^2 \operatorname{sh}^2 b}}{\operatorname{sh}^2 b} e^{-nb}. \tag{5}$$

On en conclut le théorème suivant :

La meilleure approximation de l'élément polaire simple du premier ordre

$$\frac{A + B \sin x}{\operatorname{ch} b - \cos x}$$

par une expression trigonométrique d'ordre $\leqq n$ *est*

$$\frac{\sqrt{A^2 + B^2 \operatorname{sh}^2 b}}{\operatorname{sh}^2 b} e^{-nb}.$$

90. Valeur asymptotique de la meilleure approximation d'un élément simple d'ordre quelconque. — Posons

$$\operatorname{ch} b = m, \qquad \frac{db}{dm} = \frac{1}{\operatorname{sh} b}.$$

Dérivons $r - 1$ fois l'équation (5) par rapport à m. Comme φ et α sont des fonctions analytiques de m et ne dépendent pas de n, la valeur asymptotique du second membre pour n infini se réduit au terme qui provient des dérivations successives de l'exponentielle e^{-nb}, parce que chacune de ces dérivations introduit le facteur n. Ce terme sera

$$(-1)^{r-1} \cos(nx + \varphi - \alpha) \frac{\sqrt{A^2 + B^2 \operatorname{sh}^2 b}}{(\operatorname{sh} b)^{r+1}} n^{r-1} e^{-nb}.$$

Il admet donc $2n + 2$ extrémés égaux et de signes alternés dans la période.

La dérivation de l'élément simple au premier membre de (5) donne comme résultat

$$(-1)^{r-1}(r-1)! \frac{A + B \sin x}{(m - \cos x)^r}.$$

En vertu de la règle du n° 71, la meilleure approximation d'ordre (infini) n de cette expression est enfermée entre deux bornes, asymptotiquement égales à la valeur absolue commune des extrémés mentionnés ci-dessus. De là, le théorème suivant :

L'approximation minimum de l'élément simple d'ordre r,

$$\frac{A + B \sin x}{(\operatorname{ch} b - \cos x)^r},$$

par une expression trigonométrique d'ordre $\lesseqgtr n$, a pour valeur asymtotique (pour $n = \infty$)

$$\frac{1}{(r-1)!} \frac{\sqrt{A^2 + B^2 \operatorname{sh}^2 b}}{(\operatorname{sh} b)^{r+1}} n^{r-1} e^{-nb}.$$

Il est intéressant de comparer cette approximation avec celle que donne la série de Fourier. D'après nos calculs antérieurs (n° 84), le terme d'ordre n du développement de Fourier de l'élément simple d'ordre r ci-dessus a pour valeur asymptotique

$$2 \frac{A \cos nx + B \operatorname{sh} b \sin nx}{(r-1)!(\operatorname{sh} b)^r} n^{r-1} e^{-nb}.$$

La valeur asymptotique de l'approximation correspondante sera donc

$$\frac{2\sqrt{A^2+B^2\,\mathrm{sh}^2 b}}{(r-1)!(\mathrm{sh}\, b)^r}\sum_{n+1}^{\infty} k^{r-1} e^{-kb},$$

ce qui, asymptotiquement, revient à

$$\frac{1}{(r-1)!}\,\frac{\sqrt{A^2+B^2\,\mathrm{sh}^2 b}}{(\mathrm{sh}\, b)^r\,\frac{1}{2}(e^b-1)}\, n^{r-1} e^{-nb}.$$

La meilleure approximation est donc à celle de Fourier dans le rapport

$$\frac{e^b-1}{2\,\mathrm{sh}\, b}=\frac{1}{1+e^{-b}}.$$

Ce rapport tend vers l'unité quand b tend vers l'infini.

Les résultats que nous venons d'obtenir pour les éléments simples peuvent s'étendre à la fonction $f(z)$ elle-même dans des cas assez généraux. La valeur asymptotique de la meilleure approximation de $f(x)$ sera connue si $f(z)$ n'a qu'un seul couple de pôles conjugués sur les droites $y=\pm b$, ou s'il existe sur ces droites un couple de pôles conjugués d'ordre plus élevé que les autres.

91. Application à la représentation par polynomes. — Les résultats précédents s'étendent, par la transformation $x=\cos\varphi$, à la représentation d'une fonction $f(x)$ en série de polynomes trigonométriques et à sa meilleure représentation par polynomes dans l'intervalle $(-1, +1)$.

Si φ décrit les droites $y=\pm b$, la variable x décrit une ellipse de foyers ± 1 et dont la somme des demi-axes est $R=e^b$. Nous l'appellerons, en abrégé, l'*ellipse* (R). A la bande du plan φ comprise entre les droites correspond, dans le plan x, l'aire intérieure à l'ellipse (R).

Il suffira donc d'énoncer quelques-uns des théorèmes transformés. Le théorème II (n° 82) se transforme dans le suivant :

Si $f(x)$ est holomorphe et de module $<M$ dans l'ellipse (R), *la somme S_n de la série de polynomes trigonométriques donne,*

sur l'axe réel, une approximation

$$\rho_n \overline{\overline{<}} \frac{2M}{R^n(R-1)}.$$

Voici maintenant le théorème transformé de IV (nº 86) :

Si, quel que soit n, f(x) peut être représenté dans l'intervalle $(-1, +1)$ *par un polynome de degré* $\overline{\overline{<}}\, n$, *avec une approximation*

$$\rho_n < \frac{\varphi(n)}{R^n} \qquad (R > 1),$$

où $\varphi(n)$ *est une fonction monotone de n, qui devient inférieure à* $e^{\varepsilon n}$ *quelque petit que soit* ε *quand n tend vers l'infini, alors f(z) est holomorphe dans l'ellipse* (R) (¹). *De plus, si* $r < R$, *on a dans l'ellipse* (*r*)

$$|f(z)| < 2R^2 \int_0^\infty \varphi(t)\left(\frac{r}{R}\right)^t dt.$$

Voici le théorème transformé de VI (nº 88) :

Si f(z) n'a pas d'autres points critiques que des pôles sur l'ellipse (R) *et que l'ordre maximum de ces pôles soit r, sa meilleure approximation d'ordre n infiniment grand sera infiniment petite d'ordre égal ou inférieur à* $n^{r-1} : R^n$, *mais cet ordre ne pourra pas être moindre si n reste arbitraire.*

Passons maintenant aux singularités polaires.

Considérons la fonction

$$\frac{1}{x-a},$$

où a est un nombre réel de module > 1. On peut toujours supposer a positif, car, si a était négatif, on changerait le signe de x et celui de la fonction. Posons

$$x = \cos\varphi, \qquad a = \operatorname{ch} b;$$

nous sommes ramenés à la fonction

$$\frac{1}{\cos\varphi - \operatorname{ch} b}, \qquad b = \log\left(a + \sqrt{a^2 - 1}\right).$$

(¹) Cette partie du théorème est due à M. Bernstein. *Sur la meilleure approximation des fonctions continues* (nº 24).

Or nous connaissons la meilleure approximation trigonométrique de cette fonction (n° 89). De là, le théorème suivant (1) :

On connaît la meilleure approximation de

$$\frac{1}{x-a} \quad (a>1)$$

par un polynome de degré n dans l'intervalle $(-1, +1)$ *et cette meilleure approximation est*

$$\rho_n = \frac{1}{(a^2-1)(a+\sqrt{a^2-1})^n}.$$

Si nous considérons maintenant l'expression simple

$$\frac{1}{(x-a)^r},$$

qui admet un pôle d'ordre r entier, nous pouvons encore déterminer la valeur asymptotique de sa meilleure approximation d'ordre n infiniment grand dans l'intervalle $(-1, +1)$. Cette valeur est

$$\frac{1}{(r-1)!}\,\frac{n^{r-1}}{(a^2-1)^{\frac{r+1}{2}}(a+\sqrt{a^2-1})^n}.$$

Si, au lieu d'un pôle réel, nous considérions un couple de pôles conjugués dans le plan x, la substitution $x = \cos\varphi$ introduirait, comme on s'en aperçoit facilement, deux couples de pôles conjugués distincts sur les droites $y = \pm b$ du plan φ. Nous ne sommes plus en état de déterminer la valeur asymptotique de la meilleure approximation d'ordre infiniment grand n. Cette approximation est un infiniment petit dont l'ordre seul nous sera connu.

Plus généralement, si une fonction n'admet pas d'autres points critiques que ces pôles, sa meilleure approximation, dans l'intervalle $(-1, +1)$, par un polynome d'ordre infiniment grand n, est

---

(1) S. Bernstein, *Sur la valeur asymptotique de la meilleure approximation des fonctions analytiques admettant des singularités données* [*Bull. Acad. R. de Belgique* (Classe des Sciences, n° 2, 1913)]. M. Bernstein n'a considéré que l'approximation par polynomes. Nous venons de montrer que l'on arrive à des résultats plus complets dans l'approximation trigonométrique.

un infiniment petit dont l'ordre est connu. On suppose toutefois que les pôles sont extérieurs au segment considéré $(-1, +1)$.

92. **Remarque générale.** — Les pôles sont des cas particuliers de points critiques plus généraux, que nous appellerons *points critiques d'ordre s* (s fractionnaire) et que nous étudierons dans le Chapitre suivant. Nous allons utiliser dans cette étude des procédés entièrement différents des précédents, mais qui s'appliquent au cas des singularités polaires. Nous serons ainsi conduits à des théorèmes plus généraux qui contiennent les précédents comme cas particuliers (s entier).

CHAPITRE IX.

FONCTIONS ANALYTIQUES PRÉSENTANT CERTAINES SINGULARITÉS NON POLAIRES (POINTS CRITIQUES D'ORDRE s).

93. **Détermination préliminaire de la valeur asymptotique d'une certaine intégrale complexe.** — Considérons, dans le plan de la variable $z = x + yi$, un segment vertical PQ ayant pour extrémités les deux points

$$P(\alpha + bi), \qquad Q[\alpha + (b + \varepsilon)i],$$

où b et ε sont positifs. Ce segment est de longueur ε. Désignons par L un lacet, parcouru dans le sens direct, formé des deux bords du segment PQ et d'un cercle infiniment petit décrit autour du point P. Formons l'intégrale sur ce lacet :

$$(1) \qquad I_k = \frac{1}{\pi} \int_L \frac{\varphi(z) e^{kzi}\, dz}{[\operatorname{ch} b - \cos(z - \alpha)]^s},$$

où $\varphi(z)$ est une fonction qui est régulière dans le cercle de centre P et de rayon PQ (ou ε) et qui ne s'annule pas au point P. Nous supposons que k et s sont des constantes et que s n'est pas un entier négatif ou nul, de sorte que P est un point singulier de la fonction à intégrer. Nous nous proposons maintenant de déterminer la valeur asymptotique de l'intégrale I_k, quand k est un entier positif qui augmente indéfiniment.

Faisons le changement de variables

$$z = \alpha + bi + t.$$

Cette substitution fait correspondre aux points P et Q les points $P'(t = 0)$ et $Q'(t = \varepsilon i)$ et transforme le lacet L dans un lacet égal L′ qui contourne le segment P′Q′ de l'axe imaginaire. Ce lacet se déduit du précédent par une simple translation. L'integrale transformée sera

$$\mathrm{I}_k = \frac{e^{-kb+k\alpha i}}{\pi} \int_{\mathrm{L}'} \frac{\varphi(\alpha + bi + t) e^{kti}\, dt}{[\operatorname{ch} b - \cos(bi + t)]^s}.$$

Par hypothèse, sur L′, on a le développement convergent, procédant suivant les puissances de t :

$$(2) \qquad \frac{\varphi(\alpha + bi + t)}{[\operatorname{ch} b - \cos(bi + t)]^s} = \frac{a_0 + a_1 t + a_2 t^2 + \ldots}{t^s};$$

donc, q désignant un entier positif et μ une fonction de t bornée sur L′, on a

$$\frac{\varphi(\alpha + bi + t)}{[\operatorname{ch} b - \cos(bi + t)]^s} = \sum_{\lambda=0}^{q-1} a_\lambda t^{\lambda - s} + \mu t^{q-s},$$

d'où

$$(3) \qquad \mathrm{I}_k = \sum_{\lambda=0}^{q-1} \frac{a_\lambda}{\pi} e^{-kb+k\alpha i} \int_{\mathrm{L}'} t^{\lambda-s} e^{kti}\, dt + \frac{1}{\pi} e^{-kb+k\alpha i} \int_{\mathrm{L}'} \mu t^{q-s} e^{kti}\, dt.$$

Prenons pour q le premier entier positif $> s$. Alors, dans la dernière intégrale, $q - s$ est positif, t^{q-s} s'annule sur le cercle infiniment petit de centre P′($t = 0$) et l'intégrale sur L′ se réduit à celles sur les deux bords du segment P′Q′ (où $t = ri$, r variant de 0 à ε). Soit M le module maximum de μ; on voit, en remplaçant la quantité à intégrer par son module, que le dernier terme de la formule précédente est de module inférieur à

$$\frac{2\mathrm{M}}{\pi} e^{-kb} \int_0^\varepsilon t^{q-s} e^{-kt}\, dt < \frac{2\mathrm{M}}{\pi} \frac{\Gamma(1 + q - s)}{k^{1+q-s}} e^{-kb}.$$

Nous allons constater que cette borne est infiniment petite par rapport à la valeur asymptotique des autres termes de la mêmer formule (3). Considérons donc l'un d'eux

$$\frac{a_\lambda}{\pi} e^{-kb+k\alpha i} \int_{\mathrm{L}'} t^{\lambda-s} e^{kti}\, dt.$$

Supposons provisoirement $\lambda - s > -1$, auquel cas l'intégrale est encore nulle sur le cercle infiniment petit de centre P′ et se réduit à celles sur les deux bords du segment P′Q′. Posons

$$t = re^{\varphi i};$$

l'argument φ de t est $-\frac{3\pi}{2}$ à gauche et $+\frac{\pi}{2}$ à droite du segment P′Q′. D'ailleurs, sur les deux bords, on a $t = ir$, $dt = i\,dr$ et r varie entre o et ε. Il vient ainsi

$$\begin{aligned}\int_{L'} t^{\lambda-s} e^{kti}\,dt = {} & ie^{-\frac{3\pi i}{2}(\lambda-s)} \int_{\varepsilon}^{0} r^{\lambda-s} e^{-kr}\,dr \\ & + ie^{\frac{\pi i}{2}(\lambda-s)} \int_{0}^{\varepsilon} r^{\lambda-s} e^{-kr}\,dr \\ = {} & 2e^{-\frac{\pi i}{2}(\lambda-s)} \sin(\lambda-s)\pi \int_{0}^{\varepsilon} r^{\lambda-s} e^{-kr}\,dr.\end{aligned}$$

Afin de faire disparaître la restriction imposée à $\lambda - s$, mettons cette relation sous la forme suivante :

$$(4) \quad \int_{L'} t^{\lambda-s} e^{kti}\,dt = 2e^{\frac{\pi i}{2}(s-\lambda)} \sin(\lambda-s)\pi \left[\frac{\Gamma(\lambda+1-s)}{k^{\lambda+1-s}} - \int_{\varepsilon}^{\infty} r^{\lambda-s} e^{-kr}\,dr \right].$$

Sous cette nouvelle forme, la relation subsiste pour toutes les valeurs de $\lambda - s$ et, en particulier, pour les valeurs réelles négatives, car les deux membres sont des fonctions analytiques uniformes de $\lambda - s$. Si k tend vers l'infini, le dernier terme est négligeable en présence du précédent. C'est donc celui-ci qui fournit la valeur asymptotique, et l'on a, par les propriétés classiques des fonctions Γ,

$$\int_{L'} t^{\lambda-s} e^{kti}\,dt \sim 2\pi e^{\frac{\pi i}{2}(s-\lambda)} \frac{k^{s-1-\lambda}}{\Gamma(s-\lambda)},$$

le signe $\sim$ désignant l'égalité asymptotique.

Donc (a_0 étant $\neq$ o), le terme principal dans la formule (3) est celui où $\lambda = 0$. La valeur asymptotique de I_k sera

$$I_k \sim 2a_0 e^{\frac{s\pi i}{2}} \frac{k^{s-1}}{\Gamma(s)} e^{-kb+k\alpha i}.$$

La valeur de a_0 se tire de la formule (2). On a

$$a_0 = \varphi(\alpha + bi) \lim_{t=0} \left[\frac{t}{\operatorname{ch} b - \cos(bi + t)} \right]^s$$
$$= \frac{\varphi(\alpha + bi)}{(\sin bi)^s} = e^{-\frac{s\pi i}{2}} \frac{\varphi(\alpha + bi)}{(\operatorname{sh} b)^s}.$$

Par la substitution de cette valeur, on trouve la relation asymptotique cherchée

$$(5) \qquad \frac{1}{\pi} \int_L \frac{\varphi(z) e^{kzi}\, dz}{[\operatorname{ch} b - \cos(z - \alpha)]^s} \sim 2\varphi(\alpha + bi) \frac{k^{s-1} e^{\;kt + k\alpha i}}{\Gamma(s)(\operatorname{sh} b)^s}.$$

Cette formule est en défaut si s est un entier nul ou négatif, et ne l'est que dans ce cas.

94. Dérivation de la formule asymptotique précédente. — La dérivation par rapport à la lettre s des formules (2), (3) et (4) se justifie à simple vue. Donc la formule (5) est aussi dérivable par rapport à s. Cette dérivation conduit à la formule asymptotique suivante, dans laquelle m est un entier positif :

$$(6) \qquad \frac{1}{\pi} \int_L \frac{\{\log[\operatorname{ch} b - \cos(z - \alpha)]\}^m}{[\operatorname{ch} b - \cos(z - \alpha)]^s} \varphi(z) e^{kzi}\, dz$$
$$\sim 2(-1)^m \frac{k^{s-1} (\log k)^m e^{-kb + k\alpha i}}{\Gamma(s)(\operatorname{sh} b)^s} \varphi(\alpha + \beta i).$$

Ceci suppose toutefois que s ne soit pas un entier nul ou négatif. Dans ce cas, nous poserons $s = -p$ (p entier positif). Il faut alors, pour obtenir le terme principal, faire porter une fois la dérivation sur le facteur $1 = \Gamma(s)$ qui s'annule pour $s = -p$. On trouve ainsi, comme valeur asymptotique de l'intégrale (6),

$$2(-1)^m m \left[\frac{1}{\Gamma(s)} \right]' \frac{k^{s-1} (\log k)^{m-1} e^{-kb + k\alpha i}}{(\operatorname{sh} b)^s} \varphi(\alpha + \beta i).$$

D'ailleurs, pour $s = -p$, on a

$$\left[\frac{1}{\Gamma(s)} \right]' = \left[\frac{\sin s\pi}{\pi} \Gamma(1 - s) \right]' = \cos s\pi \Gamma(1 - s) = (-1)^p p!$$

Donc, si $s = -p$ est un entier négatif, et en supposant pour simplifier $\alpha = 0$, la formule (6) doit être remplacée par la suivante :

$$(6') \qquad \frac{1}{\pi}\int_L (\operatorname{ch} b - \cos z)^p [\log(\operatorname{ch} b - \cos z)]^m \varphi(z) e^{kzi}\, dz$$
$$\sim 2m(-1)^{m+p} (\operatorname{sh} b)^p \frac{(\log k)^{m-1} e^{-kb}}{k^{p+1}} \varphi(bi).$$

95. Points critiques d'ordre *s*. — Nous allons maintenant étudier des fonctions présentant certains points critiques plus généraux que les pôles et comprenant les pôles comme cas particuliers. Il faut tout d'abord définir ces points critiques.

Soit $f(z)$ une fonction analytique, uniforme dans le voisinage d'un point z_0. Nous dirons que le point z_0 est un *point critique d'ordre s* de $f(z)$, si, dans le voisinage de ce point, $f(z)$ est de la forme

$$f(z) = \frac{\varphi_1(z)}{(z - z_0)^s},$$

où $\varphi_1(z)$ est régulière et non nulle au point z_0, et où s est un nombre réel quelconque autre qu'un entier nul ou négatif. Si s est rationnel, z_0 est un point critique algébrique.

Supposons maintenant que $f(z)$ soit périodique de période 2π. Il est utile de modifier la représentation précédente de manière à faire apparaître la périodicité. Considérons un couple de points critiques conjugués

$$\alpha \pm bi;$$

au voisinage de ces points, nous aurons

$$(7) \qquad f(z) = \frac{\varphi(z)}{[\operatorname{ch} b - \cos(z - \alpha)]^s},$$

où $\varphi(z)$ est holomorphe avec φ_1, car le quotient

$$\left[\frac{z - \alpha \pm bi}{\operatorname{ch} b - \cos(z - \alpha)}\right]^s$$

est régulier aux points $\alpha \pm bi$.

96. Élément simple d'ordre *s*. — Considérons un couple de points critiques conjugués d'ordre s, $z = \alpha \pm bi$. On les ramène sur l'axe imaginaire, donc à la forme $\pm bi$, par le changement de z en $z + \alpha$. Ainsi, soit $f(z)$ une fonction périodique admettant les deux points critiques conjugués $\pm bi$. Au voisinage de ces points, $f(z)$ est de la forme (7), à savoir

$$f(z) = \frac{\varphi(z)}{(\operatorname{ch} b - \cos z)^s}.$$

Les deux fonctions régulières

$$\frac{\varphi(z) + \varphi(-z)}{2}, \qquad \frac{\varphi(z) - \varphi(-z)}{2 \sin z}$$

sont paires de période 2π et sont, par conséquent, des fonctions uniformes de $\cos z$. Elles sont développables par la formule de Taylor suivant les puissances de $\cos z - \cos bi$. Elles sont donc respectivement de la forme

$$A + (\cos bi - \cos z)\psi_1(\cos z), \qquad B + (\cos bi - \cos z)\psi_2(\cos z),$$

où ψ_1 et ψ_2 sont holomorphes au voisinage des points $z = \pm bi$. On en tire

$$\begin{aligned} \varphi(z) &= A + B \sin z + (\cos bi - \cos z)(A\psi_1 + B \sin z \psi_2) \\ &= A + B \sin z + (\operatorname{ch} b - \cos z)\varphi_2(z), \end{aligned}$$

où φ_2 est régulière aux points $\pm bi$. Il vient ainsi finalement

$$(8) \qquad f(z) = \frac{A + B \sin z}{(\operatorname{ch} b - \cos z)^s} + \frac{\varphi_2(z)}{(\operatorname{ch} b - \cos z)^{s-1}}.$$

Nous donnerons au premier terme de cette décomposition, qui est le terme principal, le nom d'*élément simple d'ordre s*. Il est relatif aux deux points $\pm bi$. Dans le cas général, les deux points conjugués sont $\alpha \pm bi$. On revient à ce cas par le changement de z en $z - \alpha$. Donc l'expression de l'*élément simple d'ordre s* pour les deux points conjugués $\alpha \pm bi$ est

$$\frac{A + B \sin(z - \alpha)}{[\operatorname{ch} b - \cos(z - \alpha)]^s}.$$

La formule (8) nous permet d'énoncer le théorème suivant :

Au voisinage d'un point critique d'ordre s, $f(z)$ est la somme de l'élément simple d'ordre s et d'une fonction pour laquelle l'ordre du point critique est abaissé.

97. Valeur asymptotique des coefficients de Fourier. — Soit

$f(z)$ une fonction périodique, holomorphe entre les deux droites $y = \pm b$. Supposons d'abord qu'elle n'admette, sur ces deux droites, que deux points critiques conjugués non équivalents, $z = \alpha \pm bi$, ceux-ci d'ordre s positif ou négatif. Les coefficients a_k et b_k de Fourier, dont nous nous proposons de trouver les valeurs asymptotiques pour $k = \infty$, sont définis par l'intégrale, effectuée sur l'axe réel,

$$(9) \qquad a_k + ib_k = \frac{1}{\pi} \int_{AB} f(z) e^{kzi}\, dz,$$

en désignant par AB un segment de cet axe de longueur 2π et de situation quelconque. Nous choisirons un segment AB contenant le point α au sens étroit. Construisons le rectangle ABA′B′, qui a pour base le segment AB et dont le côté opposé A′B′ se trouve sur la droite $y = b + \varepsilon$. Nous supposons que ε est un nombre positif $< b$ et assez petit pour que le rectangle ABA′B′ ne contienne que le seul point critique $\alpha + bi$, que nous désignerons par P. Joignons ce point critique P au côté supérieur A′B′ du rectangle par une coupure verticale PQ et désignons par L le lacet qui contourne cette coupure dans le sens direct. La ligne d'intégration AB peut être remplacée par le contour AA′B′B en ayant soin de contourner le point critique P par le lacet L. Les intégrales sur les côtés verticaux AA′ et B′B du rectangle se détruisent, à cause de la périodicité. L'intégrale (9) se réduit donc aux intégrales sur A′B′ et sur L, c'est-à-dire que l'on a

$$(10) \qquad a_k + ib_k = \frac{1}{\pi} \int_{A'B'} + \frac{1}{\pi} \int_{L} f(z) e^{kzi}\, dz.$$

Il s'agit de trouver la valeur asymptotique de cette expression pour $k = \infty$. Le terme principal est l'intégrale sur L, car l'intégrale sur A′B′ est, $f(z)$ étant borné, de l'ordre de $|e^{kzi}| = e^{-k(b+\varepsilon)}$; donc infiniment petite par rapport à l'intégrale sur L, comme le calcul de celle-ci va nous le montrer. Nous aurons donc asymptotiquement

$$a_k + ib_k \sim \frac{1}{\pi} \int_{L} f(z) e^{kzi}\, dz.$$

Mais, par hypothèse, $f(z)$ est de la forme

$$f(z) = \frac{\varphi(z)}{[\operatorname{ch} b - \cos(z - \alpha)]^s}$$

et cette intégrale rentre dans celle dont nous avons déterminé la valeur asymptotique au début du Chapitre. Il vient, par la formule (5),

$$a_k + ib_k \sim 2\varphi(\alpha + bi)e^{k\alpha i}\frac{k^{s-1}e^{-kb}}{\Gamma(s)(\operatorname{sh} b)^s}, \tag{11}$$

ce qui fournit les valeurs asymptotiques cherchées de a_k et de b_k.

Il y a lieu de remarquer que si l'élément simple principal de $f(z)$ au point $\alpha + bi$ est

$$\frac{A + B\sin(z - \alpha)}{[\operatorname{ch} b - \cos(z - \alpha)]^s},$$

on a, d'après la formule (8),

$$\varphi(z) = A + B\sin(z - \alpha) + [\operatorname{ch} b - \cos(z - \alpha)]\varphi_2(z);$$

d'où

$$\varphi(\alpha + bi) = A + iB\operatorname{sh} b.$$

Par hypothèse, l'un au moins des deux coefficients A ou B est différent de o.

En second lieu, supposons que $f(z)$, holomorphe entre les droites $y = \pm b$, admette, sur ces droites, plusieurs couples de points critiques non équivalents et d'ordres déterminés; par exemple, les points

$$\alpha_1 \pm bi, \qquad \alpha_2 \pm bi,$$

des ordres $s_1, s_2, \ldots$ respectivement. Si l'un de ces ordres, par exemple s_1, est supérieur à tous les autres, je vais montrer que l'on connaîtra encore la valeur asymptotique de $a_k + ib_k$ et qu'elle conservera la même forme que dans la formule (11).

En effet, la valeur de $a_k + ib_k$ est donnée par l'intégrale (9) sur AB. Celle-ci se ramène, comme ci-dessus, à l'intégrale sur A'B' et sur divers lacets $L_1, L_2, \ldots$ analogues à L et contournant les divers points critiques situés au-dessus de l'axe réel. Ces intégrales se calculent comme ci-dessus, mais c'est l'intégrale sur L_1 qui est prépondérante. La formule (11) subsiste donc, sauf qu'il faut y remplacer α par α_1, φ par φ_1 et s par l'ordre maximum s_1.

Passons maintenant au cas général. Supposons que la fonction périodique $f(z)$, holomorphe entre les deux droites $y = \pm b$, admette, sur ces droites, λ couples de points critiques de l'ordre maximum s, à savoir

$$\alpha_1 \pm bi, \qquad \alpha_2 \pm bi, \qquad \ldots, \qquad \alpha_\lambda \pm bi.$$

Supposons que l'élément simple principal relatif à $\alpha_\mu \pm bi$ soit

$$\frac{A_\mu + B_\mu \sin(z - \alpha_\mu)}{[\operatorname{ch} b - \cos(z - \alpha_\mu)]^s} \qquad (\mu = 1, 2, \ldots, \lambda)$$

et posons, en abrégé,

$$A_\mu + i B_\mu \operatorname{sh} b = H_\mu.$$

D'après les raisonnements précédents, la valeur de $a_k + ib_k$ sera, en général, sauf une erreur d'ordre supérieur à $k^{s-1} e^{-kb}$,

$$(12) \qquad a_k + ib_k \sim \left(\sum_{\mu=1}^{\lambda} H_\mu e^{k\alpha_\mu i} \right) \frac{2 k^{s-1} e^{-kb}}{\Gamma(s)(\operatorname{sh} b)^s}.$$

Mais cette formule ne donne la valeur asymptotique de $a_k + ib_k$ que si la somme

$$\sum_{\mu=1}^{\lambda} H_\mu e^{k\alpha_\mu i}$$

n'est ni nulle ni infiniment petite. Dans ces cas d'exception, $a_k + ib_k$ est un infiniment petit d'ordre plus élevé que $k^{s-1} e^{-kb}$ et nous n'en connaissons plus la valeur asymptotique.

98. **Ordre de l'approximation fournie par la série de Fourier.** — Soit toujours $f(z)$ une fonction périodique, holomorphe entre les droites $y = \pm b$, n'ayant sur ces droites que des points critiques d'ordres déterminés et dont l'ordre maximum est s. Soient S_n la somme de Fourier d'ordre n de $f(z)$ et ρ'_n l'approximation correspondante; on a

$$\rho'_n \leqq \sum_{n+1}^{\infty} \sqrt{a_k^2 + b_k^2}.$$

Nous avons établi, au numéro précédent, que $\sqrt{a_k^2 + b_k^2}$ est un infiniment petit de l'ordre de $k^{s-1} e^{-kb}$ ou d'ordre plus élevé. Il en résulte que l'on peut assigner une constante h telle que l'on ait, quel que soit n,

$$\rho'_n \leqq h n^{s-1} e^{-nb}.$$

Donc : *L'approximation par la série de Fourier est un infiniment petit, qui est au moins de l'ordre de*

$$n^{s-1} e^{-nb},$$

et il en résulte qu'il est exactement de cet ordre, car nous allons prouver que c'est celui de la meilleure approximation.

Soit, en effet, ρ_n la meilleure approximation. Nous avons d'abord $\rho_n \overline{\overline{<}} \rho'_n$. D'autre part, nous avons, par une formule connue (n° 9, 6°),

$$\rho_n > \sqrt{\frac{1}{2}\sum_{n+1}^{\infty}(a_k^2 + b_k^2)}.$$

Si la valeur asymptotique de $a_k + ib_k$ est donnée par la formule (11), elle est de l'ordre de $k^{s-1} e^{-kb}$ et l'on peut assigner une constante h_1 telle qu'on ait

$$\rho_n > h_1 n^{s-1} e^{-nb}.$$

Donc ρ_n est du même ordre que ρ'_n. Dans ce cas, la conclusion est immédiate.

Il n'y a de difficulté que quand $f(z)$ admet λ couples de points critiques du même ordre maximum s, car, dans ce cas, la formule (12), qui remplace la formule (11), ne donne pas nécessairement la valeur asymptotique de $a_k + ib_k$.

On se tire d'affaire en déduisant de la formule (12) une formule asymptotique qui subsiste dans tous les cas.

A cet effet, formons le déterminant d'ordre λ :

$$\Delta = \begin{vmatrix} 1 & 1 & \dots & 1 \\ e^{\alpha_1 i} & e^{\alpha_2 i} & \dots & e^{\alpha_\lambda i} \\ e^{2\alpha_1 i} & e^{2\alpha_2 i} & \dots & e^{2\alpha_\lambda i} \\ \dots & \dots & \dots & \dots \\ e^{(\lambda-1)\alpha_1 i} & e^{(\lambda-1)\alpha_2 i} & \dots & e^{(\lambda-1)\alpha_\lambda i} \end{vmatrix}.$$

Ce déterminant n'est pas nul, car il est le produit de toutes les différences non nulles

$$e^{\alpha_2 i} - e^{\alpha_1 i}, \quad e^{\alpha_3 i} - e^{\alpha_1 i}, \quad \dots.$$

Nous désignerons les mineurs relatifs à la première colonne par $\Delta_0, \Delta_1, \Delta_2, \dots, \Delta_{\lambda-1}$.

Soit ν l'un des nombres $0, 1, 2, \ldots, \lambda - 1$. Remplaçons k par $k + \nu$ dans la formule (12); nous en tirons, avec le même ordre d'approximation,

$$a_{k+\nu} + i b_{k+\nu} \sim \left(\sum_{\mu=1}^{\lambda} H_\mu e^{(k+\nu)\alpha_\mu i} \right) \frac{2 k^{s-1} e^{-(k+\nu)b}}{\Gamma(s)(\operatorname{sh} b)^s}.$$

Multiplions cette relation par $\Delta_\nu e^{\nu b}$ et sommons par rapport à ν; il vient

$$\text{(13)} \qquad \sum_{\nu=0}^{\lambda-1} (a_{k+\nu} + i b_{k+\nu}) \Delta_\nu e^{\nu b} \sim \Delta H_1 e^{k\alpha_1 i} \frac{2 k^{s-1} e^{-kb}}{\Gamma(s)(\operatorname{sh} b)^s}.$$

C'est la formule que nous cherchions. Elle subsiste dans tous les cas comme formule asymptotique, car le coefficient ΔH_1 est différent de zéro par hypothèse. Il résulte immédiatement de cette formule ($\Delta_\nu e^{\nu b}$ étant borné) que l'on peut assigner une constante positive h_2 telle que l'on ait, quel que soit k,

$$\sum_{\nu=0}^{\lambda-1} |a_{k+\nu} + i b_{k+\nu}| > h_2 k^{s-1} e^{-kb},$$

ou (en remplaçant k par $n+1$, ν par k et en changeant au besoin la valeur de h_2) telle qu'on ait, quel que soit n,

$$\sum_{n+1}^{n+\lambda} \sqrt{a_k^2 + b_k^2} > h_2 n^{s-1} e^{-nb}.$$

Revenons maintenant à la meilleure approximation ρ_n. Elle vérifie *a fortiori* la condition

$$\rho_n > \sqrt{\frac{1}{2} \sum_{n+1}^{n+\lambda} (a_k^2 + b_k^2)}.$$

En prenant $p_k = \sqrt{a_k^2 + b_k^2}$ et $q_k = 1$ dans la relation classique

$$(p_1^2 + p_2^2 + \ldots + p_\lambda^2)(q_1^2 + q_2^2 + \ldots + q_\lambda^2) > (p_1 q_1 + \ldots + p_\lambda q_\lambda)^2,$$

on en conclut encore *a fortiori*, par ce qui précède,

$$\rho_n > \frac{1}{\sqrt{2\lambda}} \sum_{n+1}^{n+\lambda} \sqrt{a_k^2 + b_k^2} > \frac{h_2}{\sqrt{2\lambda}} n^{s-1} e^{-nb}.$$

Le théorème est donc démontré. L'approximation obtenue par la somme S_n de Fourier est de l'ordre de la meilleure approximation, et cet ordre est celui de $n^{s-1}e^{-nb}$ exactement.

99. **Valeur asymptotique de l'approximation minimum de l'élément simple d'ordre** s. — Établissons d'abord une formule préliminaire. Soit $P(x)$ un polynome de degré $n+1$ ayant toutes ses racines réelles et situées sur le segment $(-1, +1)$. Soit ensuite $f(x)$ une fonction analytique, régulière sur ce segment. Si l'on désigne par $R(x)$ le polynome de degré n qui se confond avec $f(x)$ aux $n+1$ points du segment qui sont racines de $P(x)$, on a

$$(14) \qquad f(x) - R(x) = \frac{P(x)}{2\pi i}\int_C \frac{f(z)\,dz}{(z-x)P(z)},$$

l'intégrale étant prise le long d'un contour C entourant le segment $(-1, +1)$ et ne contenant aucun point singulier de $f(z)$.

En effet, en remplaçant l'intégrale sur C par la somme des résidus de $f(z)$ au point x et aux $n+1$ points racines de $P(z)$, on retrouve $f(x) - P(x)$, où $P(x)$ est exprimé par la formule d'interpolation de Lagrange.

Nous allons transformer la formule (14). Remplaçons respectivement x par $\cos z$ et z par $\cos t$. Prenons comme contour C une ellipse de foyers $(-1, +1)$. La variable z décrit cette ellipse, quand t décrit le segment AB parallèle à l'axe réel, d'ordonnée positive et limité aux abscisses $-\pi$ et $+\pi$. L'aire intérieure à C correspond alors à celle du rectangle compris entre AB et l'axe réel, donc $f(\cos t)$ sera supposée régulière dans ce rectangle.

Par ces substitutions, la formule (14) devient (le sens direct étant BA)

$$(15) \qquad f(\cos z) - R(\cos z) = \frac{P(\cos z)}{2\pi i}\int_{AB} \frac{f(\cos t)\sin t\,dt}{(\cos t - \cos z)P(\cos t)}.$$

Nous aurons à faire deux applications de cette formule, en choisissant respectivement pour P deux polynomes que nous avons déjà rencontrés et sur lesquels nous allons tout d'abord revenir.

Nous savons (n° 89) que, si l'on pose

$$T(z) = -2e^{nzi}\sin^2\frac{z-bi}{2},$$

on a

$$T(z) = P_1(\cos z) + i \sin z P_2(\cos z),$$

où P_1 et P_2 sont deux polynomes de degrés n et $n-1$ respectivement, qui ont toutes leurs racines sur le segment $(-1, +1)$. Ce sont ces deux polynomes que nous aurons à introduire dans la formule (15). Avant de faire cette introduction, faisons encore une remarque préalable sur l'ordre de grandeur de ces polynomes pour n infini. Nous supposerons la variable $z = x + yi$ d'ordonnée y positive. Alors on voit immédiatement que $T(z)$ est infiniment petit de l'ordre de e^{-ny} et $T(-z)$ infiniment grand de l'ordre de e^{ny}. Donc les deux polynomes

$$P_1(\cos z) = \frac{T(z) + T(-z)}{2}, \qquad P_2(\cos z) = \frac{T(z) - T(-z)}{2 \sin z}$$

sont infiniment grands de l'ordre de e^{ny}.

Comme première application de la formule (15), nous allons déterminer la valeur asymptotique de l'approximation minimum de l'élément simple pair d'ordre s. A cette fin, nous substituons dans la formule les fonctions

$$f(\cos z) = \frac{1}{(\operatorname{ch} b - \cos z)^s}, \qquad P = P_1(\cos z),$$

ce qui nous donne

$$\frac{1}{(\operatorname{ch} b - \cos z)^s} - R_1(\cos z)$$
$$= \frac{P_1(\cos z)}{2\pi i} \int_{AB} \frac{\sin t \, dt}{(\operatorname{ch} b - \cos t)^s (\cos t - \cos z) P_1(\cos t)}.$$

La fonction $f(\cos t)$ n'a ici que le seul point critique $t = bi$. Enfermons ce point dans un rectangle $ABA'B'$ de base AB et tel que l'ordonnée $b + \varepsilon$ du côté supérieur $A'B'$ soit $< 2b$. Joignons le point bi, que nous désignerons par P, au côté $A'B'$ par une coupure verticale PQ ; désignons par L le lacet qui contourne cette coupure par les deux bords dans le sens direct. La ligne d'intégration AB peut être remplacée par le contour $AA'B'B$, à condition de contourner le point P par le lacet L. Les intégrales sur les côtés verticaux se détruisent. L'intégrale se réduit donc à celles sur $A'B'$ et sur L.

Nous nous proposons de trouver la valeur asymptotique de l'intégrale pour n infini. L'intégrale sur $A'B'$ est alors infiniment petite de l'ordre de $e^{-n(b+\varepsilon)}$, car $P_1(\cos t)$ est de l'ordre de $e^{n(b+\varepsilon)}$, tandis que les autres facteurs sous le signe d'intégration sont finis. Cette intégrale est négligeable par rapport à celle sur L. C'est ce que le calcul de celle-ci va démontrer. Nous obtiendrons ainsi la formule asymptotique

$$\frac{1}{(\operatorname{ch} b - \cos z)^s} - R_1(\cos z)$$
$$\sim \frac{P_1(\cos z)}{2\pi i}\int_L \frac{\sin t\, dt}{(\operatorname{ch} b - \cos t)^s(\cos t - \cos z)P_1(\cos t)}.$$

Calculons donc la valeur asymptotique de cette intégrale. Nous avons

$$P_1(\cos t) = -e^{nti}\sin^2\frac{t-bi}{2} - e^{-nti}\sin^2\frac{t+bi}{2}.$$

De là résulte, sur l'axe imaginaire positif (donc sur L), le développement convergent :

$$\frac{1}{P_1(\cos t)} = -\frac{e^{nti}}{\sin^2\frac{t+bi}{2}}\sum_{\lambda=0}^{\infty}\left[-e^{2nti}\left(\frac{\sin\frac{t-bi}{2}}{\sin\frac{t+bi}{2}}\right)^2\right]^\lambda.$$

Nous en concluons, en désignant par q un entier positif et par μ une fonction bornée sur L,

$$\frac{1}{P_1(\cos t)} = -\frac{e^{nti}}{\sin^2\frac{t+bi}{2}}\sum_{\lambda=0}^{q-1}\left[-e^{2nti}\left(\frac{\sin\frac{t-bi}{2}}{\sin\frac{t+bi}{2}}\right)^2\right]^\lambda$$
$$+\mu e^{(2q+1)nti}\left(\sin\frac{t-bi}{2}\right)^{2q}.$$

Donnons à q une valeur positive $> \frac{s}{2}$, substituons ce développement dans la dernière intégrale et désignons par μ_1 une fonction qui est bornée sur L en même temps que le facteur

$$\mu\frac{\left(\sin\frac{t-bi}{2}\right)^{2q}}{(\operatorname{ch} b - \cos t)^s};$$

nous obtenons l'équation

$$\frac{1}{(\operatorname{ch} b - \cos z)^s} - R_1(\cos z) \sim -\frac{P_1(\cos z)}{2\pi i}\sum_{\lambda=0}^{q-1}\int_L \frac{e^{(2\lambda+1)nti}\varphi_\lambda(t)\,dt}{(\operatorname{ch} b - \cos t)^s}$$
$$+\frac{P_1(\cos z)}{2\pi i}\int_L \mu_1 e^{(2q+1)nti}\,dt,$$

où l'on a posé, en abrégé,

$$\varphi_\lambda(t) = (-1)^\lambda \frac{\sin t}{\cos t - \cos z} \frac{\left(\sin\frac{t - bi}{2}\right)^{2\lambda}}{\left(\sin\frac{t + bi}{2}\right)^{2\lambda+2}}.$$

Comme $\varphi_\lambda(t)$ est holomorphe dans le cercle de centre bi et de rayon ε, chaque terme de la somme Σ est asymptotiquement donné par la formule (5) du n° **93**. Le terme complémentaire est de l'ordre de

$$\int_{\mathrm{L}} |e^{(2q+1)nti}\,dt| = 2e^{-(2q+1)bn} \int_0^\varepsilon e^{-(2q+1)rn}\,dr,$$

donc de l'ordre de $e^{-(2q+1)bn}$ et, par conséquent, négligeable. Le terme principal est celui où $\lambda = 0$. Il vient donc, par la formule rappelée,

$$\frac{1}{(\operatorname{ch} b - \cos z)^s} - \mathrm{R}_1(\cos z) \sim -\frac{\mathrm{P}_1(\cos z)}{i} \varphi_0(bi) \frac{n^{s-1} e^{-nb}}{\Gamma(s)(\operatorname{sh} b)^s}.$$

Substituons encore

$$\varphi_0(bi) = \frac{\sin bi}{(\cos bi - \cos z)\sin^2 bi} = \frac{-i}{(\operatorname{ch} b - \cos z)\operatorname{sh} b};$$

il vient, en définitive,

$$\frac{1}{(\operatorname{ch} b - \cos z)^s} - \mathrm{R}_1(\cos z) \sim \frac{\mathrm{P}_1(\cos z)}{\operatorname{ch} b - \cos z} \frac{n^{s-1} e^{-nb}}{\Gamma(s)(\operatorname{sh} b)^{s+1}}.$$

Rappelons (n° **89**) que le quotient

$$\frac{\mathrm{P}_1(\cos z)}{\operatorname{ch} b - \cos z} = \cos(nz + \varphi)$$

atteint $2n + 2$ fois son maximum absolu avec alternance de signes quand z varie de 0 à 2π; nous voyons que notre relation asymptotique entraîne le théorème suivant :

Théorème I. — *La meilleure approximation trigonométrique d'ordre n infiniment grand de la fonction (z réel)*

$$\frac{1}{(\operatorname{ch} b - \cos z)^s}$$

a pour valeur asymptotique

$$\rho_n = \frac{n^{s-1} e^{-nb}}{\Gamma(s)(\operatorname{sh} b)^{s+1}}.$$

Comme seconde application, nous allons déterminer la valeur asymptotique de l'élément simple impair d'ordre s. A cet effet, nous recommençons le calcul précédent, en conservant la même fonction

$$f(z) = \frac{1}{(\operatorname{ch} b - \cos z)^s},$$

mais en prenant, à la place de P, le polynome

$$P_2(\cos t) = \frac{T(t) - T(-t)}{2i \sin t}.$$

Le calcul est tout à fait analogue au précédent. Mais, comme $\sin t$ figure au dénominateur de l'expression de P_2, il s'introduit sous le signe d'intégration un facteur $\sin t$ en plus au numérateur, d'où un facteur $\operatorname{sh} b$ en moins au dénominateur du résultat. Il suffit d'indiquer ce résultat, qui est

$$\frac{1}{(\operatorname{ch} b - \cos z)^s} - R_2(\cos z) \sim \frac{P_2(\cos z)}{\operatorname{ch} b - \cos z} \frac{n^{s-1} e^{-nb}}{\Gamma(s)(\operatorname{sh} b)^s}.$$

Multiplions par $\sin z$; il vient

$$\frac{\sin z}{(\operatorname{ch} b - \cos z)^s} - \sin z R_2(\cos z) \sim \frac{\sin z P_2(\cos z)}{\operatorname{ch} b - \cos z} \frac{n^{s-1} e^{-nb}}{\Gamma(s)(\operatorname{sh} b)^s}.$$

Or, on a maintenant (n° 89)

$$\frac{\sin z P_2(\cos z)}{\operatorname{ch} b - \cos z} = \sin(nz + \varphi),$$

d'où le théorème suivant :

THÉORÈME II. — *La meilleure approximation trigonométrique d'ordre n infiniment grand de la fonction (z réel)*

$$\frac{\sin z}{(\operatorname{ch} b - \cos z)^s}$$

a pour valeur asymptotique

$$\rho_n \sim \frac{n^{s-1} e^{-nb}}{\Gamma(s)(\operatorname{sh} b)^s}.$$

En combinant les formules d'où découlent les deux théorèmes précédents, on obtient le théorème suivant, exactement comme dans le cas des singularités polaires (n° 89) :

THÉORÈME III. — *La meilleure approximation trigonométrique d'ordre n infiniment grand de la fonction* (z *réel*)

$$\frac{A + B \sin z}{(\operatorname{ch} b - \cos z)^s}$$

a pour valeur asymptotique

$$\rho_n \sim \sqrt{A^2 + B^2 \operatorname{sh}^2 b}\, \frac{n^{s-1} e^{-nb}}{\Gamma(s)(\operatorname{sh} b)^{s+1}}.$$

Les expressions précédentes de ρ_n supposent $\Gamma(s)$ positif. Quand s est négatif, $\Gamma(s)$ peut l'être aussi. Dans ce cas, il faut remplacer, dans les formules précédentes, $\Gamma(s)$ par sa valeur absolue.

Exactement comme dans le cas des singularités polaires, pour n infini, la meilleure approximation est à celle de Fourier dans le rapport

$$\frac{e^b - 1}{2 \operatorname{sh} b} = \frac{1}{1 + e^{-b}}$$

et ce rapport tend vers l'unité quand b croît indéfiniment.

100. Valeur asymptotique de l'approximation minimum dans le cas général. — Soit $f(z)$ une fonction périodique régulière entre les droites $y = \pm b$ et admettant plusieurs couples de points critiques d'ordres déterminés sur ces deux droites.

Nous connaissons (n° 98) l'ordre de l'approximation minimum d'ordre n, mais sa valeur asymptotique ne sera connue que s'il n'y a qu'un seul couple de points critiques distincts sur les droites, ou encore un couple d'ordre s plus élevé que tous les autres. En effet, dans ce cas, on peut isoler le terme principal de $f(z)$ au voisinage de ces points critiques. C'est un élément simple d'ordre s, qui est prépondérant dans la détermination de l'approximation. La valeur asymptotique de l'approximation de $f(z)$ sera la même que pour ce terme principal. Elle sera donc donnée par les théorèmes précédents.

101. Points singuliers logarithmiques. — On peut aussi trouver la valeur asymptotique de la meilleure approximation de la fonction

$$(A + B \sin z)\, \frac{[\log(\operatorname{ch} b - \cos z)]^m}{(\operatorname{ch} b - \cos z)^s},$$

dans laquelle m est un entier positif et s un nombre réel quelconque.

Nous ne développerons pas la démonstration; qu'il nous suffise de donner quelques indications sur la marche à suivre. Nous remarquons que cette fonction est, au signe près, la dérivée $m^{\text{ième}}$ par rapport à s de

$$\frac{A + B \sin z}{(\operatorname{ch} b - \cos z)^s}.$$

La détermination de la valeur asymptotique de la meilleure approximation de cette fonction dépend du calcul de l'intégrale (6) du n° 94 au lieu de celui de l'intégrale (5). De même que (6) se déduit de (5) par dérivation, de même cette valeur asymptotique se déduit par dérivation de la valeur de ρ_n fournie par le théorème III (n° 99). De là, le théorème suivant :

Si m est un entier positif, la meilleure approximation trigonométrique d'ordre n infiniment grand de la fonction

$$(A + B \sin z) \frac{[\log(\operatorname{ch} b - \cos z)]^m}{(\operatorname{ch} b - \cos z)^s}$$

a pour valeur asymptotique

$$\rho_n \sim \sqrt{A^2 + B^2 \operatorname{sh}^2 b}\, \frac{n^{s-1} (\log n)^m e^{-nb}}{\Gamma(s)(\operatorname{sh} b)^{s+1}}.$$

Cependant, si s est un entier nul ou négatif $-p$, la formule doit se modifier de la même manière que la formule (6), qui doit se remplacer par (6'). Le théorème est alors le suivant :

La meilleure approximation trigonométrique d'ordre n infiniment grand de la fonction

$$(A + B \sin z)(\operatorname{ch} b - \cos z)^p [\log(\operatorname{ch} b - \cos z)]^m$$

a pour valeur asymptotique

$$\rho_n \sim \sqrt{A^2 + B^2 \operatorname{sh}^2 b}\, p!\, m (\log n)^{m-1} (\operatorname{sh} b)^{p-1} \frac{e^{-nb}}{n^{p+1}}.$$

Comme cas particuliers intéressants, signalons les deux suivants : Les meilleures approximations d'ordre n des fonctions

$$\log(\operatorname{ch} b - \cos z), \quad (\operatorname{ch} b - \cos z)\log(\operatorname{ch} b - \cos z)$$

ont respectivement pour valeurs asymptotiques :

$$\rho_n \sim \frac{e^{-nb}}{n \operatorname{sh} b}, \qquad \rho_n \sim \frac{e^{-nb}}{n^2}.$$

102. Approximation par polynome. — Les résultats précédents se transforment, par les substitutions du n° **91**, en d'autres équivalents, relatifs à la meilleure approximation par un polynome de degré n dans l'intervalle $(-1, +1)$.

D'après cela, si a est une constante réelle > 1, on connaît les valeurs asymptotiques de la meilleure approximation par un polynome de degré n des fonctions

$$\log(a-x), \quad (a-x)\log(a-x)$$

et, plus généralement, de la fonction (m entier, nul ou positif)

$$\frac{[\log(a-x)]^m}{(a-x)^s}.$$

Ce résultat a été donné, pour $m = 0$ et $m = 1$, par M. Bernstein. Cet habile géomètre n'a étudié que la représentation par polynome. L'étude de la représentation trigonométrique nous a conduits à des formules plus générales et plus élégantes; mais, pour les établir, nous n'avions qu'une simple adaptation à faire des procédés analytiques imaginés par M. Bernstein.

CHAPITRE X.

APPROXIMATION TRIGONOMÉTRIQUE DES FONCTIONS ENTIÈRES.

103. Nous allons maintenant supposer que la fonction périodique $f(z)$ soit holomorphe dans tout le plan. Nous allons montrer que l'ordre d'approximation de $f(x)$ sur l'axe réel dépend, en première analyse, du degré plus ou moins rapide de croissance de $f(z)$ quand z s'éloigne de l'axe réel.

Supposons qu'on ait, pour toute valeur réelle et positive de y,

$$|f(x \pm yi)| < h\, e^{y\varphi(y)}, \tag{1}$$

où h est une constante et $\varphi(y)$ une fonction non décroissante. Le module de $f(z)$, entre les deux droites $y = \pm b$, ne surpasse pas la quantité

$$\mathrm{M} = h\, e^{b\varphi(b)}.$$

Appliquons le théorème II du Chapitre VI. La somme S_n de Fourier donne, sur l'axe réel, une approximation

$$\rho_n \lesseqgtr \frac{2\mathrm{M}\, e^{-nb}}{e^b - 1} = \frac{2h}{e^b - 1}\, e^{-b[n - \varphi(b)]} \tag{2}$$

Nous allons déduire quelques conséquences de cette formule.

104. Théorème I. — *Si $\varphi(y)$ est borné et $\lesseqgtr r$ (entier) quel que soit y, une fonction périodique entière, $f(z)$, qui satisfait à la condition* (1), *est une expression trigonométrique d'ordre $\lesseqgtr r$.*

En effet, nous pouvons poser, dans la relation (2), $n = r$, ensuite faire tendre b vers l'infini; nous trouvons alors $\rho_r = 0$. Ce théorème se ramène aussi aisément au théorème classique de Liouville sous sa forme généralisée.

Écartons dorénavant l'hypothèse que $f(z)$ soit une expression trigonométrique limitée. Nous supposerons donc que $\varphi(y)$ tend vers l'infini avec y. Il a déjà été entendu que cette fonction est non décroissante.

Nous désignerons par $y = \psi(u)$ la fonction inverse de $u = \varphi(y)$. Il n'y a pas d'ambiguïté si la fonction φ est croissante. S'il y avait des intervalles où $\varphi(y)$ est constant, on ferait disparaître l'ambiguïté de $\psi(u)$ en choisissant la plus petite solution possible. Dans ce cas, φ est la fonction inverse de ψ en choisissant la plus grande solution possible.

105. Théorème II. — *Supposons que la fonction périodique et entière $f(z)$ satisfasse à la condition* (1). *Désignons par ψ la fonction inverse de φ, par λ un nombre arbitraire compris entre* 0 *et* 1. *Alors la somme S_n de Fourier de $f(x)$ donne, sur l'axe réel, une approximation*

$$\rho_n < \frac{2h}{e^{\psi(\lambda n)} - 1} e^{-(1-\lambda)n\psi(\lambda n)}; \tag{3}$$

et l'on a, à partir d'une valeur suffisamment grande de n,

$$\rho_n < e^{-(1-\lambda)n\psi(\lambda n)}. \tag{4}$$

La formule (3) s'obtient en posant $b = \psi(\lambda n)$ dans la formule (2) et en observant que

$$\varphi[\psi(\lambda n)] = \lambda n.$$

La formule (4) se déduit de (3) en observant que $\psi(\lambda n)$ est infini avec n. Ceci suppose toutefois (si λ dépend de n) que λn soit infini avec n.

On peut faire $\lambda = n^{-\varepsilon} (0 < \varepsilon < 1)$ dans la formule (4). Donc, *quelque petit que soit ε positif donné, on a, à partir d'une valeur suffisamment grande de n,*

$$\rho_n < e^{-(1-n^{-\varepsilon})n\psi(n^{1-\varepsilon})}. \tag{5}$$

Observons encore que $n^{-\varepsilon}$ devient inférieur à tout nombre positif donné η. Donc, *quelque petits que soient ε et η positifs donnés, on a, à partir d'une valeur suffisamment grande de n,*

$$\rho_n < e^{-(1-\eta)n\psi(n^{1-\varepsilon})}. \tag{6}$$

Voici maintenant un théorème réciproque.

106. Théorème III. — *Si une fonction périodique de x réel, $f(x)$, admet, quel que soit n entier, une représentation trigonométrique T_n, d'ordre n, avec une approximation*

$$\rho_n < he^{-n\psi(n)},$$

où h est une constante et $\psi(n)$ une fonction non décroissante de n et infinie avec n; alors $f(z)$ est holomorphe dans tout le plan $z = x + yi$ et, quelque petit que soit ε positif donné, on a, à partir d'une valeur suffisamment grande de y (qui dépend de ε),

$$(7) \qquad |f(x \pm yi)| < e^{y[\varphi(y+\varepsilon)+2]} \qquad (y > 0),$$

où φ est la fonction inverse de ψ.

D'abord $f(z)$ est holomorphe dans tout le plan, en vertu du théorème IV du Chapitre VI (où l'on peut prendre b aussi grand que l'on veut).

Considérons le développement en série, pour x réel,

$$(8) \qquad f(x) = T_2 + (T_3 - T_2) + \ldots + (T_n - T_{n-1}) + \ldots;$$

l'expression trigonométrique d'ordre n

$$T_n - T_{n-1} = (f - T_{n-1}) - (f - T_n)$$

est de module inférieur à

$$2he^{-(n-1)\psi(n-1)}$$

et, par conséquent, sa dérivée d'ordre k est de module inférieur à

$$2hn^k e^{-(n-1)\psi(n-1)}.$$

Il s'ensuit que la série (8) peut être dérivée k fois terme à terme, car la série dérivée converge uniformément; et l'on en conclut

$$\begin{aligned} |f^{(k)}(x)| &< 2h\sum_{2}^{\infty} n^k e^{-(n-1)\psi(n-1)} \\ &< 2h\sum_{n=2}^{\infty}\int_0^1 dt(n+t)^k e^{-(n-2+t)\psi(n-2+t)} \\ &< 2h\int_0^{\infty} dt(2+t)^k e^{-t\psi(t)}. \end{aligned}$$

Substituons ces bornes dans le développement

$$f(x \pm yi) = \sum_k \frac{(\pm yi)^k}{k!} f^{(k)}(x);$$

il vient

$$|f(x \pm yi)| \leqq 2h \int_0^\infty dt\, e^{-t\psi(t)} \sum_k \frac{[(t+2)y]^k}{k!}$$

$$\leqq 2h \int_0^\infty dt\, e^{-t\psi(t)} e^{(t+2)y}$$

$$\leqq 2he^{2y} \int_0^\infty e^{t[y-\psi(t)]}\, dt.$$

Faisons la décomposition en deux intégrales

$$\int_0^\infty e^{t(y-\psi)}\, dt = \int_0^{\varphi(y+\varepsilon)} + \int_{\varphi(y+\varepsilon)}^\infty e^{t(y-\psi)} \quad t$$

Comme φ est l'inverse de ψ, on a

$$\psi[\varphi(y+\varepsilon)] = y + \varepsilon;$$

la seconde intégrale est inférieure à

$$\int_0^\infty e^{-\varepsilon t}\, dt = \frac{1}{\varepsilon};$$

la première intégrale est inférieure à

$$\int_0^{\varphi(y+\varepsilon)} e^{ty}\, dt < \frac{1}{y} e^{y\varphi(y+\varepsilon)}.$$

Il vient donc, quel que soit y positif,

$$|f(x \pm yi)| < 2he^{2y}\left[\frac{1}{y} e^{y\varphi(y+\varepsilon)} + \frac{1}{\varepsilon}\right].$$

A partir d'une valeur suffisamment grande de y, on a, quelque petit que soit ε donné,

$$e^{y\varphi(y+\varepsilon)} > \frac{y}{\varepsilon},$$

et dès lors

$$|f(x \pm yi)| < \frac{4h}{y} e^{y[\varphi(y+\varepsilon)+2]}.$$

La formule de l'énoncé est la conséquence immédiate de celle-ci.

La comparaison des théorèmes précédents conduit à des conséquences intéressantes sur l'ordre de la meilleure approximation. Nous en déduisons, en effet, le théorème suivant :

107. Théorème IV. — *Soit $f(z)$ une fonction périodique, holomorphe dans tout le plan. Désignons par $\varphi(y)$ la plus petite fonction non décroissante de y positif qui satisfait à la condition*

$$|f(x \pm yi)| \overline{\gtrless} e^{y\varphi(y)},$$

et supposons que $\varphi(y)$ croisse à l'infini avec y. Enfin soit ψ la fonction inverse de φ. Alors, quelque petit que soit ε positif donné, la meilleure approximation trigonométrique d'ordre n de $f(x)$ sur l'axe réel satisfait définitivement à la condition

$$\rho_n < e^{-(1-\varepsilon)n\psi(n^{1-\varepsilon})},$$

à partir d'une valeur suffisamment grande de n, tandis qu'elle ne vérifie jamais définitivement la condition

$$\rho_n < e^{-(1+\varepsilon)n\psi(n+2)}.$$

La première condition a été établie précédemment et rentre dans la formule (6). Nous allons montrer que la seconde est la conséquence du théorème précédent.

Si la dernière inégalité avait définitivement lieu, on pourrait assigner une constante h, telle que l'on ait, quel que soit y,

$$\rho_n < he^{-(1+\varepsilon)n\psi(n+2)}.$$

Mais la fonction inverse de

$$(1+\varepsilon)\psi(n+2) = y$$

est

$$n = \varphi\left(\frac{y}{1+\varepsilon}\right) - 2.$$

On conclurait donc de l'inégalité précédente, par le théorème III, que l'on a, à partir d'une valeur suffisamment grande de y,

$$|f(x \pm yi)| < e^{y\varphi\left(\frac{y+\varepsilon}{1+\varepsilon}\right)}.$$

Or ceci est contraire à la définition de φ, car φ pourrait être remplacé par une fonction plus petite $\varphi\left(\frac{y+\varepsilon}{1+\varepsilon}\right)$.

FIN.

THÉORIE DES OPÉRATIONS LINÉAIRES

By S. BANACH

—1933-63. xii + 250 pp. 5⅜x8. 8284-0110-1. **$4.95**

DIFFERENTIAL EQUATIONS

By H. BATEMAN

CHAPTER HEADINGS: I. Differential Equations and their Solutions. II. Integrating Factors. III. Transformations. IV. Geometrical Applications. V. Diff. Eqs. with Particular Solutions of a Specified Type. VI. Partial Diff. Eqs. VII. Total Diff. Eqs. VIII. Partial Diff. Eqs. of the Second Order. IX. Integration in Series. X. The Solution of Linear Diff. Eqs. by Means of Definite Integrals. XI. The Mechanical Integration of Diff. Eqs.

—1917-67. xi + 306 pp. 5⅜x8. 8284-0190-X. **$4.95**

ERGODENTHEORIE, u.a.

By H. BEHNKE, P. THULLEN, and E. HOPF

TWO VOLUMES IN ONE.

THEORIE DER FUNKTIONEN MEHRERER KOMPLEXER VERAENDERLICHEN, by *H. Behnke* and *P. Thullen.*

ERGODENTHEORIE, by *E. Hopf.*

—1934/1937-68. 210 pp. 5½x8½. 8284-0068-7. Two vols. in one. **Prob. $4.95**

L'APPROXIMATION

By S. BERNSTEIN and CH. de LA VALLÉE POUSSIN

TWO VOLUMES IN ONE:

Leçons sur les Propriétés Extrémales et la Meilleure Approximation des Fonctions Analytiques d'une Variable Réelle, *by Bernstein.*

Leçons sur l'approximation des Fonctions d'une Variable Réelle, *by Vallée Poussin.*

—1925/1919-69. 363 pp. 6x9. 8284-0198-5. Two vols in one. **In prep.**

CONFORMAL MAPPING

By L. BIEBERBACH

Translated from the fourth German edition by F. STEINHARDT.

Partial Contents: I. Foundations; Linear Functions (Analytic functions and conformal mapping, Integral linear functions, $w = 1/z$, Linear functions, Groups of linear functions). II. Rational Functions. III. General Considerations (Relation between c. m. of boundary and of interior of region, Schwarz's principle). IV. Further Study of Mappings ($w = z + 1/z$, Exponential function, Trigonometric functions, Elliptic integral of first kind). V. Mappings of Given Regions (Illustrations, Vitali's theorem, Proof of Riemann's theorem, Actual constructions, Potential-theoretic considerations, Distortion theorems, Uniformization, Mapping of multiply-connected plane regions onto canonical regions).

"Presented in very attractive and readable form."—*Math. Gazette.*

—1952. vi + 234 pp. 4½x6½. 8284-0090-3. Cloth **$3.25**
8284-0176-4. Paper **$1.50**

HISTORY OF SLIDE RULE, ***By F. CAJORI.*** *See* **BALL**

INTRODUCTORY TREATISE ON LIE'S THEORY OF FINITE CONTINUOUS TRANSFORMATION GROUPS

By J. E. CAMPBELL

Partial Contents: CHAP. I. Definitions and Simple Examples of Groups. II. Elementary Illustrations of Principle of Extended Point Transformations. III. Generation of Group from Its Infinitesimal Transformations. V. Structure Constants. VI. Complete Systems of Differential Equations. VII. Diff. Eqs. Admitting Known Transf. Groups. VIII. Invariant Theory of Groups. IX. Primitive and Stationary Groups. XI. Isomorphism. XIII. Construction of Groups from Their Structure Constants . . . XIV. Pfaff's Equation . . . XV. Complete Systems of Homogeneous Functions. XVI. Contact Transformations. XVII. Geometry of C. T.'s. XVIII. Infinitesimal C. T's. XX. Differential Invariants. XXI.-XXIV. Groups of Line, of Plane, of Space. XXV. Certain Linear Groups.

—1903-66. xx + 416 pp. 5⅜x8. 8284-0183-7. **$6.50**

THEORY OF FUNCTIONS

By C. CARATHÉODORY

Translated by F. STEINHARDT.

Partial Contents: **Part One.** Chap. I. Algebra of Complex Numbers. II. Geometry of Complex Numbers. III. Euclidean, Spherical, and Non-Euclidean Geometry. **Part Two.** Theorems from Point Set Theory and Topology. Chap. I. Sequences and Continuous Complex Functions. II. Curves and Regions. III. Line Integrals. **Part Three.** Analytic Functions. Chap. I. Foundations. II. The Maximum-modulus principle. III. Poisson Integral and Harmonic Functions. IV. Meromorphic Functions. **Part Four.** Generation of Analytic Functions by Limiting Processes. Chap. I. Uniform Convergence. II. Normal Families of Meromorphic Functions. III. Power Series. IV. Partial Fraction Decomposition and the Calculus of Residues. **Part Five.** Special Functions. Chap. I. The Exponential Function and the Trigonometric Functions. II. Logarithmic Function. III. Bernoulli Numbers and the Gamma Function.

Vol. II.: **Part Six.** Foundations of Geometric Function Theory. Chap. I. Bounded Functions. II. Conformal Mapping. III. The Mapping of the Boundary. **Part Seven.** The Triangle Function and Picard's Theorem. Chap. I. Functions of Several Complex Variables. II. Conformal Mapping of Circular-Arc Triangles. III. The Schwarz Triangle Functions and the Modular Function. IV. Essential Singularities and Picard's Theorems.

"A book by a master . . . Carathéodory himself regarded [it] as his finest achievement . . . written from a catholic point of view."—*Bulletin of A.M.S.*

—Vol. I. 2nd ed. 1958. 310 pp. 6x9. 8284-0097-0. **$6.50**
—Vol. II. 2nd ed. 1960. 220 pp. 6x9. 8284-0106-3. **$5.50**

ALGEBRAIC THEORY OF MEASURE AND INTEGRATION

By C. CARATHÉODORY

Translated from the German by FRED E. J. LINTON. By generalizing the concept of point function to that of a function over a Boolean ring ("soma" function), Prof. Carathéodory gives an algebraic treatment of measure and integration.

—1963. 378 pp. 6x9. 8284-0161-6. **$8.00**

VORLESUNGEN ÜBER REELLE FUNKTIONEN

By C. CARATHÉODORY

This great classic is at once a book for the beginner, a reference work for the advanced scholar and a source of inspiration for the research worker.

—3rd ed. (c.r. of 2nd). 1968. 728 pp. 5⅜x8. 8284-0038-5. **$12.00**

NON-EUCLIDEAN GEOMETRY, *by H. S. CARSLAW.* See BALL

COLLECTED PAPERS (OEUVRES)

By P. L. CHEBYSHEV

One of Russia's greatest mathematicians, Chebyshev (Tchebycheff) did work of the highest importance in the Theory of Probability, Number Theory, and other subjects. The present work contains his post-doctoral papers (sixty in number) and miscellaneous writings. The language is French, in which most of his work was originally published; those papers originally published in Russian are here presented in French translation.

—1962. Repr. of 1st ed. 1,480 pp. 5½x8¼. 8284-0157-8.
Two vol. set. **$27.50**

TEXTBOOK OF ALGEBRA

By G. CHRYSTAL

In addition to the standard topics, Chrystal's *Algebra* contains many topics not often found in an Algebra book: inequalities, the elements of substitution theory, and so forth. Especially extensive is Chrystal's treatment of infinite series, infinite products, and (finite and infinite) continued fractions.

OVER 2,400 EXERCISES (with solutions).

—7th ed. 1964. 2 vols. xxiv + 584 pp.; xxiv + 626 pp. 5⅜x8.
8284-0084-9. Cloth. Each vol. **$4.95**
8284-0181-0. Paper. Each vol. **$2.35**

MATHEMATICAL PAPERS

By W. K. CLIFFORD

One of the world's major mathematicians, Clifford's papers cover only a 15-year span, for he died at age 34. [Included in this volume is Clifford's English translation of an important paper of Riemann.]

—1882-67. 70 + 658 pp. 5⅜x8. 8284-0210-8. **$15.00**

MODERN PURE SOLID GEOMETRY

By N. A. COURT

In this second edition of this well-known book on synthetic solid geometry, the author has supplemented several of the chapters with an account of recent results.

—2nd ed. 1964. xiv + 353 pp. 5½x8¼. 8284-0147-0. **$7.50**

MODERN PURE GEOMETRY FOR HIGH-SCHOOL MATHEMATICS TEACHERS

By N. A. COURT

—1969. Approx. 100 pp. 6x9. **In prep.**

SPINNING TOPS AND GYROSCOPIC MOTION

By H. CRABTREE

Partial Contents: Introductory Chapter. CHAP. I. Rotation about a Fixed Axis. II. Representation of Angular Velocity. Precession. III. Discussion of the Phenomena Described in the Introductory Chapter. IV. Oscillations. V. Practical Applications. VI-VII. Motion of Top. VIII. Moving Axes. IX. Stability of Rotation. Periods of Oscillation. APPENDICES: I. Precession. II. Swerving of "sliced" golf ball. III. Drifting of Projectiles. IV. The Rising of a Top. V. The Gyro-compass. ANSWERS TO EXAMPLES.

—2nd ed. 1914-67. 203 pp. 6x9. 8284-0204-3. **$4.95**

GESAMMELTE MATHEMATISCHE WERKE

By R. DEDEKIND

—1930/31/32-68. 1,359 pp. 6x9. 8284-0220-5.
Three vol. set. **In prep.**

THE DOCTRINE OF CHANCES

By A. DE MOIVRE

In the year 1716 Abraham de Moivre published his *Doctrine of Chances*, in which the subject of Mathematical Probability took several long strides forward. A few years later came his *Treatise of Annuities*. When the third (and final) edition of the *Doctrine* was published in 1756 it appeared in one volume together with a revised edition of the work on Annuities. It is this latter two-volumes-in-one that is here presented in an exact photographic reprint.

—3rd ed. 1756-1967. xi + 348 pp. 6x9. 8284-0200-0. **$7.95**

THÉORIE GÉNÉRALE DES SURFACES

By G. DARBOUX

One of the great works of the mathematical literature.

An unabridged reprint of the latest edition of *Leçons sur la Théorie générale des surfaces et les applications géométriques du Calcul infinitésimal.*

—Vol. I (2nd ed.) xii+630 pp. Vol. II (2nd ed.) xvii+584 pp. Vol. III (1st ed.) xvi+518 pp. Vol. IV. (1st ed.) xvi+537 pp.
[216] **In prep.**

COLLECTED PAPERS

By L. E. DICKSON

—1969. 4 vols. Approx. 3,400 pp. 6½x9¼. **In prep.**

HISTORY OF THE THEORY OF NUMBERS

By L. E. DICKSON

"**A monumental work** . . . Dickson always has in mind the needs of the investigator . . . The author has [often] expressed in a nut-shell the main results of a long and involved paper *in a much clearer way than the writer of the article did himself*. The ability to reduce complicated mathematical arguments to simple and elementary terms is highly developed in Dickson."—*Bulletin of A. M. S.*

—Vol. I (Divisibility and Primality) xii + 486 pp. Vol. II (Diophantine Analysis) xxv + 803 pp. Vol. III (Quadratic and Higher Forms) v + 313 pp. 5⅜x8. 8284-0086-5.
Three vol. set. **$22.50**

STUDIES IN THE THEORY OF NUMBERS

By L. E. DICKSON

—1930-62. viii + 230 pp. 5⅜x8. 8284-0151-9. **$4.50**

ALGEBRAIC NUMBERS

By L. E. DICKSON, et al.

TWO VOLUMES IN ONE.

Both volumes of the *Report of the Committee on Algebraic Numbers* are here included, the authors being L. E. Dickson, R. Fueter, H. H. Mitchell, H. S. Vandiver, and G. E. Wahlen.

Partial Contents: CHAP. I. Algebraic Numbers. II. Cyclotomy. III. Hensel's *p*-adic Numbers. IV. Fields of Functions. I′. The Class Number in the Algebraic Number Field. II′. Irregular Cyclotomic Fields and Fermat's Last Theorem.

—1923/28-67. ii + 211 pp. 5⅜x9. 8284-0211-6.
Two vols. in one. **$4.95**

INTRODUCTION TO THE THEORY OF ALGEBRAIC EQUATIONS, *by L. E. DICKSON*. See SIERPIŃSKI

VORLESUNGEN UEBER ZAHLENTHEORIE

By P. G. L. DIRICHLET and R. DEDEKIND

The fourth (last) edition of this great work contains, in its final form, the epoch-making "Eleventh Supplement," in which Dedekind outlines his theory of algebraic numbers.

"Gauss' *Disquisitiones Arithmeticae* has been called a 'book of seven seals.' It is hard reading, even for experts, but the treasures it contains (and partly conceals) in its concise, synthetic demonstrations are now available to all who wish to share them, largely the result of the labors of Gauss' friend and disciple, Peter Gustav Lejeune Dirichlet (1805-1859), who first broke the seven seals . . . [He] summarized his personal studies and his recasting of the *Disquisitiones* in his *Zahlentheorie*. The successive editions (1863, 1871, 1879, 1893) of this text . . . made the classical arithmetic of Gauss accessible to all without undue labor."—*E. T. Bell*, in *Men of Mathematics* and *Development of Mathematics*.

—Repr. of 4th ed. 1893-1968. xv + 657 pp. 5⅜x8.
8284-0213-2. **$13.50**

WERKE

By P. G. L. DIRICHLET

The mathematical works of P. G. Lejeune Dirichlet, edited by L. Kronecker.

—1889/97-1969. 1,086 pp. 6½x9¼. 8284-0225-6.
Two vol. set. **In prep.**

THE INTEGRAL CALCULUS

By J. W. EDWARDS

A leisurely, immensely detailed, textbook of over 1,900 pages, rich in illustrative examples and manipulative techniques and containing much interesting material that must of necessity be omitted from less comprehensive works.

There are forty large chapters in all. The earlier cover a leisurely and a more-than-usually-detailed treatment of all the elementary standard topics. Later chapters include: Jacobian Elliptic Functions, Weierstrassian Elliptic Functions, Evaluation of Definite Integrals, Harmonic Analysis, Calculus of Variations, etc. Every chapter contains many exercises (with solutions).

—2 vols. 1921/22-55. 1,922 pp. 5x8.
8284-0102-0; 8284-0105-5. Each volume **$9.50**

TRANSFORMATIONS OF SURFACES

By L. P. EISENHART

Many of the advances in the differential geometry of surfaces in the present century have had to do with transformations of surfaces of a given type into surfaces of the same type. The present book studies two types of transformation to which many, if not all, such transformations can be reduced.

—2nd (Corr.) ed. 1962. ix + 379 pp. 5⅜x8.
8284-0167-5. **$6.50**

MATHEMATISCHE ABHANDLUNGEN

By G. EISENSTEIN

—Repr. of edition of 1847. iv+336 pp. 6½x9¼. **In prep.**

INTRODUCTION TO THE ALGEBRA OF QUANTICS

By E. B. ELLIOTT

—Repr. of 2nd ed. 1913-64. xvi + 416 pp. 5⅜x8.
8284-0184-5. **$6.00**

LOGARITHMIC POTENTIAL, and Other Monographs

By G. C. EVANS and G. A. BLISS

TWO VOLUMES IN ONE.

THE LOGARITHMIC POTENTIAL, by *G. C. Evans.*

FUNDAMENTAL EXISTENCE THEOREMS, by *G. A. Bliss.*

—1927/1934-68. viii + 150 + iv + 107 pp. 5⅜x8. **In prep.**

ASYMPTOTIC SERIES

By W. B. FORD

TWO VOLUMES IN ONE: *Studies on Divergent Series and Summability* and *The Asymptotic Developments of Functions Defined by MacLaurin Series.*

—1916/1936-60. x + 341 pp. 6x9. 8285-0143-8.
Two vols. in one. **$6.50**

AUTOMORPHIC FUNCTIONS

By L. R. FORD

"Comprehensive . . . remarkably clear and explicit."—*Bulletin of the A. M. S.*

—2nd ed. (Corr. repr.) 1929-51. x + 333 pp. 5⅜x8. 8284-0085-7. **$6.50**

THE CALCULUS OF EXTENSION

By H. G. FORDER

—1941-60. xvi + 490 pp. 5⅜x8. 8284-0135-7. **$6.50**

GRUNDGESETZE DER ARITHMETIK

By G. FREGE

TWO VOLUMES IN ONE.

—1893/1903-69. xxvi + 253 + xvi + 266 pp. 5⅜x8. Two vols. in one. **In prep.**

CURVE TRACING

By P. FROST

This much-quoted and charming treatise gives a very readable treatment of a topic that can only be touched upon briefly in courses on Analytic Geometry. Teachers will find it invaluable as supplementary reading for their more interested students and for reference. The Calculus is not used.

Partial Contents: Introductory Theorems. II. Forms of Certain Curves Near the Origin. Cusps. Tangents to Curves. Curvature. III. Curves at Great Distance from the Origin. IV. Simple Tangents. Direction and amount of Curvature. Multiple Points. Curvature at Multiple Points. VI. Asymptotes. VIII. Curvilinear Asymptotes. IX. The Analytical Triangle. X. Singular Points. XI. Systematic Tracing of Curves. XII. The Inverse Process. CLASSIFIED LIST OF THE CURVES DISCUSSED. FOLD-OUT PLATES.

Hundreds of examples are discussed in the text and illustrated in the fold-out plates.

—5th (unaltered) ed. 1960. 210 pp. + 17 fold-out plates. 5⅜x8. 8284-0140-3. **$4.50**

LECTURES ON ANALYTICAL MECHANICS

By F. R. GANTMACHER

Translated from the Russian by PROF. B. D. SECKLER, with additions and revisions by Prof. Gantmacher.

Partial Contents: CHAP. I. Differential Equations of Motion of a System of Particles. II. Equations of Motion in a Potential Field. III. Variational Principles and Integral-Invariants. IV. Canonical Transformations and the Hamilton-Jacobi Equation. V. Stable Equilibrium and Stability of Motion of a System (Lagrange's Theorem on stable equilibrium, Tests for unstable E., Theorems of Lyapunov and Chetayev, Asymptotically stable E., Stability of linear systems, Stability on basis of linear approximation, . . .). VI. Small Oscillations. VII. Systems with Cyclic Coordinates. BIBLIOGRAPHY.

—Approx. 300 pp. 6x9. 8284-0175-6. **In prep.**

THE THEORY OF MATRICES

By F. R. GANTMACHER

This treatise, by one of Russia's leading mathematicians gives, in easily accessible form, a coherent account of matrix theory with a view to applications in mathematics, theoretical physics, statistics, electrical engineering, etc. The individual chapters have been kept as far as possible independent of each other, so that the reader acquainted with the contents of Chapter I can proceed immediately to the chapters that especially interest him. Much of the material has been available until now only in the periodical literature.

Partial Contents. VOL. ONE. I. Matrices and Matrix Operations. II. The Algorithm of Gauss and Applications. III. Linear Operators in an n-Dimensional Vector Space. IV. Characteristic Polynomial and Minimal Polynomial of a Matrix (Generalized Bézout Theorem, Method of Faddeev for Simultaneous Computation of Coefficients of Characteristic Polynomial and Adjoint Matrix, . . .). V. Functions of Matrices (Various Forms of the Definition, Components, Application to Integration of System of Linear Differential Eqns, Stability of Motion, . . .). VI. Equivalent Transformations of Polynomial Matrices; Analytic Theory of Elementary Divisors. VII. The Structure of a Linear Operator in an n-Dimensional Space (Minimal Polynomial, Congruence, Factor Space, Jordan Form, Krylov's Method of Transforming Secular Eqn, . . .). VIII. Matrix Equations (Matrix Polynomial Eqns, Roots and Logarithm of Matrices, . . .). IX. Linear Operators in a Unitary Space. X. Quadratic and Hermitian Forms.

VOL. TWO. XI. Complex Symmetric, Skew-symmetric, and Orthogonal Matrices. XII. Singular Pencils of Matrices. XIII. Matrices with Non-Negative Elements (Gen'l and Spectral Properties, Reducible M's, Primitive and Imprimitive M's, Stochastic M's, Totally Non-Negative M's, . . .). XIV. Applications of the Theory of Matrices to the Investigation of Systems of Linear Differential Equations. XV. The Problem of Routh-Hurwitz and Related Questions (Routh's Algorithm, Lyapunov's Theorem, Infinite Hankel M's, Supplements to Routh-Hurwitz Theorem, Stability Criterion of Liénard and Chipart, Hurwitz Polynomials, Stieltjes' Theorem, Domain of Stability, Markov Parameters, Problem of Moments, Markov and Chebyshev Theorems, Generalized Routh-Hurwitz Problem, . . .). BIBLIOGRAPHY.

—Vol. I. 1960. x + 374 pp. 6x9. 8284-0131-4. **$7.50**
—Vol. II. 1960. x + 277 pp. 6x9. 8284-0133-0. **$6.50**

UNTERSUCHUNGEN UEBER HOEHERE ARITHMETIK

By C. F. GAUSS

In this volume are included all of Gauss's number-theoretic works: his masterpiece, *Disquisitiones Arithmeticae,* published when Gauss was only 25 years old; several papers published during the ensuing 31 years; and papers taken from material found in Gauss's handwriting after his death.

These papers (pages 457-695 of the present book) include a fourth, fifth, and sixth proof of the Quadratic Reciprocity Law, researches on biquadratic residues, quadratic forms, and other topics.

—1889-65. xv + 695 pp. 6x9. 8284-0191-8. **$8.75**

THEORY OF PROBABILITY

By B. V. GNEDENKO

This textbook, by Russia's leading probabilist, is suitable for senior undergraduate and first-year graduate courses. It covers, in highly readable form, a wide range of topics and, by carefully selected exercises and examples, keeps the reader throughout in close touch with problems in science and engineering.

The translation has been made from the fourth Russian edition by Prof. B. D. Seckler. Earlier editions have won wide and enthusiastic acceptance as a text at many leading colleges and universities.

"extremely well written . . . suitable for individual study . . . Gnedenko's book is a milestone in the writing on probability theory."—*Science.*

Partial Contents: I. The Concept of Probability (Various approaches to the definition. Space of Elementary Events. Classical Definition. Geometrical Probability. Relative Frequency. Axiomatic construction . . .). II. Sequences of Independent Trials. III Markov Chains IV. Random Variables and Distribution Functions (Continuous and discrete distributions. Multidimensional d. functions. Functions of random variables. Stieltjes integral). V. Numerical Characteristics of Random Variables (Mathematical expectation. Variance... Moments). VI. Law of Large Numbers (Mass phenomena. Tchebychev's form of law. Strong law of large numbers...). VII. Characteristic Functions (Properties. Inversion formula and uniqueness theorem. Helly's theorems. Limit theorems. Char. functs. for multidimensional random variables...). VIII. Classical Limit Theorem (Liapunov's theorem. Local limit theorem). IX. Theory of Infinitely Divisible Distribution Laws. X. Theory of Stochastic Processes (Generalized Markov equation. Continuous S. processes. Purely discontinuous S. processes. Kolmogorov-Feller equations. Homogeneous S. processes with independent increments. Stationary S. process. Stochastic integral. Spectral theorem of S. processes. Birkhoff-Khinchine ergodic theorem). XI. Elements of Queueing Theory (General characterization of the problems. Birth-and-death processes. Single-server queueing systems. Flows. Elements of the theory of stand-by systems). XII. Elements of Statistics (Problems. Variational series. Glivenko's Theorem and Kolmogorov's criterion. Two-sample problem. Critical region . . . Confidence limits). TABLES. BIBLIOGRAPHY. ANSWERS TO THE EXERCISES.

—4th ed. 1968. 527 pp. 6x9. 8284-0132-2. **$9.50**

A SHORT HISTORY OF GREEK MATHEMATICS

By J. GOW

A standard work on the history of Greek mathematics, with special emphasis on the Alexandrian school of mathematics.

—1884-68. xii + 325 pp. 5⅜x8. 8284-0218-3. **$6.50**